科学与工程计算技术丛书

MATLAB无线通信系统建模与仿真

丁伟雄 / 编著

清华大学出版社

北京

内 容 简 介

本书以 MATLAB R2021 为平台,以实际应用为背景,通过概念与实例相结合的形式,深入浅出地介绍了 MATLAB 信号处理和无线通信。全书共 9 章,主要介绍了 MATLAB 软件、信号处理和分析、小波分析合成信号和图像、通信仿真、射频损耗应用、天线技术的应用、无线通信的物理层、流信号设计与仿真、5G通信技术等内容。通过本书的学习,可使读者领略 MATLAB 的强大功能以及利用 MATLAB 实现 5G 通信技术的便捷。

本书可作为高等学校相关专业本科生和研究生的教学用书,也可作为相关专业科研人员、学者、工程技术人员的参考用书。

图书在版编目(CIP)数据

MATLAB无线通信系统建模与仿真/丁伟雄编著.—北京:清华大学出版社,(2024.1重印)
(科学与工程计算技术丛书)
ISBN 978-7-302-60600-0

Ⅰ.①M… Ⅱ.①丁… Ⅲ.①无线电通信-通信系统-系统建模-Matlab 软件 ②无线电通信-通信系统-系统仿真-Matlab 软件 Ⅳ.①TN92

中国版本图书馆 CIP 数据核字(2022)第 065182 号

责任编辑:刘　星
封面设计:吴　刚
责任校对:李建庄
责任印制:刘海龙

出版发行:清华大学出版社
　　　　网　　　址:https://www.tup.com.cn,https://www.wqxuetang.com
　　　　地　　　址:北京清华大学学研大厦 A 座　　　邮　　编:100084
　　　　社 总 机:010-83470000　　　邮　　购:010-62786544
　　　　投稿与读者服务:010-62776969,c-service@tup.tsinghua.edu.cn
　　　　质量反馈:010-62772015,zhiliang@tup.tsinghua.edu.cn
　　　　课件下载:https://www.tup.com.cn,010-83470236
印 装 者:三河市铭诚印务有限公司
经　　销:全国新华书店
开　　本:185mm×260mm　　印　　张:26　　　字　　数:636 千字
版　　次:2022 年 9 月第 1 版　　　印　　次:2024 年 1 月第 3 次印刷
印　　数:2301~3100
定　　价:89.00 元

产品编号:094791-01

通信(communication)是将信息从发送者传送到接收者的过程。自古以来,信息就如同物质和能量一样,是人类赖以生存和发展的基础资源之一。人类通信的历史可以追溯到远古时代,文字、信标、烽火及驿站等作为主要的通信方式,曾经延续了几千年。

电通信的发展历史从 1837 年美国人莫尔斯发明人工电报装置开始,至今不足两百年。翻开厚厚的电信史册,沿着历史的脚步一路走来,在技术和市场需求的双重驱动下,仅有一百多年历史的电通信发生了翻天覆地的变化,取得了令人惊叹的辉煌成就。

随着电通信系统性能的不断提高,人们发现工程上的许多问题可以通过计算机强大的计算功能来辅助完成,MATLAB 软件就是这样一款辅助软件。

MATLAB 是 Matrix 和 Laboratory 两个词的组合,意为矩阵工厂(矩阵实验室),是美国 MathWorks 公司发布的主要面对科学计算、可视化以及交互式程序设计的高科技计算环境。MATLAB 将数值分析、矩阵计算、科学数据可视化以及非线性动态系统的建模和仿真等诸多强大功能集成在一个易于使用的视窗环境中,为科学研究、工程设计以及必须进行有效数值计算的众多科学领域提供了一种全面的解决方案,并在很大程度上摆脱了传统非交互式程序设计语言(如 C 语言、FORTRAN 语言)的编辑模式,代表了当今国际科学计算软件的先进水平。

通信是一个非常热门的领域,无论是有线网络还是无线网络,都已逐渐应用到生活的各个方面,目前 5G 系统正逐步全面覆盖 4G 系统。5G 作为一种新型移动通信网络,不仅要解决人与人之间的通信,为用户提供增强现实、虚拟现实、超高清(3D)视频等更加身临其境的极致业务体验,更要解决人与物、物与物之间的通信问题,满足移动医疗、车联网、智能家居、工业控制、环境监测等物联网的应用需求。最终,5G 将渗透到经济社会的各行业、各领域,成为支撑经济社会数字化、网络化、智能化转型的关键新型基础设施。

本书以通信原理为主线,从 MATLAB 的基础入手,先介绍 MATLAB、信号处理等基础知识,让读者领略 MATLAB 软件的功能和利用 MATLAB 处理信号问题的简捷。再进一步详细介绍通信仿真、天线技术、无线通信、流信号、5G 通信等内容,并通过概念与实例相结合的形式,使图文巧妙地紧密结合,让读者对移动通信系统完成从量到质的认识。

【本书特色】

(1) 深入浅出,循序渐进。本书先对 MATLAB 软件进行概要介绍,让读者对 MATLAB 的强大功能有一定认识,接着实现利用 MATLAB 进行信号处理问题,让读者初步领略利用 MATLAB 处理信号的简捷。

(2) 实用性强,步骤详尽。本书结合 MATLAB 解决无线通信系统中的各种实际问题,详尽地介绍 MATLAB 的使用方法与技巧。在讲解过程中辅以相应的图片,使读者在阅读时一目了然,从而快速掌握书中内容。

(3) 内容新颖,步骤详细。书中每介绍一个概念或函数都给出相应的用法及实例进行

前言

说明，并利用 MATLAB 对 5G 移动通信进行快速仿真与建模。通过本书的学习，读者不仅可以全面掌握利用 MATLAB 实现无线通信系统的建模与仿真，还可以提高快速分析和解决实际通信问题的能力，并能够在最短的时间内实现利用 MATLAB 解决各种 5G 通信问题。

【配套资源】

本书提供教学课件、程序代码等配套资源，可以关注"人工智能科学与技术"微信公众号，在"知识"→"资源下载"→"配书资源"菜单获取本书配套资源（也可以到清华大学出版社网站本书页面下载）。

本书由佛山科学技术学院丁伟雄编写。由于时间仓促，加之作者水平有限，所以疏漏之处在所难免。在此，诚恳地期望各领域的专家和广大读者批评指正，联系邮箱见配套资源。

丁伟雄

2022 年 4 月

目录

目录

目录

目录

全世界数以百万计的工程师和科学家都在使用 MATLAB 分析和设计改变着世界的系统和产品。基于矩阵的 MATLAB 语言是世界上表示计算数学最自然的方式,可以使用内置图形轻松可视化数据和深入了解数据。

MATLAB 不仅可以将创意停留在桌面,还可以对大型数据集进行分析,并扩展到群集和云。MATLAB 代码可以与其他语言集成,能够在 Web、企业和生产系统中部署算法和应用程序。

1.1 MATLAB 概述

MATLAB 拥有众多的内置命令和数学函数,可以进行数学计算、绘图和执行数值计算等,而且 MATLAB 可以进行批处理作业。

1.1.1 MATLAB 是什么

MATLAB 是由美国 MathWorks 公司开发的一种编程语言,它最初是一个矩阵的编程语言,使线性代数编程变得很简单。MATLAB 是用于算法开发、数据可视化、数据分析以及数值计算的高级技术计算语言和交互式环境,主要包括 MATLAB 和 Simulink 两大部分。

MATLAB 和 Mathematica、Maple 并称为三大数学软件,它在数值计算方面首屈一指,如矩阵运算、绘制函数、实现算法等。

1.1.2 MATLAB 的优势

MATLAB 具有以下优势。

(1) 高效的数值计算及符号计算功能,能使用户从繁杂的数学运算分析中解脱出来。

(2) 拥有众多的线性代数、统计、傅里叶分析、筛选、优化、数值积分、解常微分方程的数学函数库。

(3) 具有完备的图形处理功能,易于实现计算结果和编程的可视化。

(4) 友好的用户界面及接近数学表达式的自然化语言,使学者易于学习和掌握。

(5) 功能丰富的应用工具箱(如信号处理工具箱、通信工具箱等),为用户提供了大量方便实用的处理工具。

(6) MATLAB 算法集成了 C、Java、.NET 和 Microsoft Excel 等外

部应用程序和语言功能。

1.1.3 MATLAB 的应用范围

MATLAB 作为计算工具广泛应用在科学和工程领域,包括信号处理和通信、图像和视频处理、控制系统、测试和测量、计算金融、计算生物学等领域。

1.1.4 MATLAB R2021 功能

MATLAB R2021 是针对专业的研究人员打造的一款实用的数学运算软件,该版本仅适用于 64 位操作系统,软件提供了丰富的数学符号和公式,并且与主流的编程软件兼容,以下是一些具体的功能介绍。

1. 共享工作

使用 MATLAB 实时编辑器在可执行记事本中创建组合了代码、输出和格式化文本的 MATLAB 脚本和函数。

- 实时任务:使用实时编辑器任务浏览各参数、查看结果并自动生成代码。
- 在实时编辑器中运行测试:直接从实时编辑器工具条运行测试。
- 隐藏代码:共享和导出实时脚本时隐藏代码。
- 保存到 Word:将实时脚本和函数另存为 Microsoft Word 文档。
- 动画:支持在绘图中使用动画,显示一段时间内的数据变化。
- 交互式表格:以交互方式筛选表格输出,然后将生成的代码添加到实时脚本中。

2. App 构建

App 设计工具让您无须成为专业的软件开发人员,也可创建专业的 App。

- uicontextmenu 函数:在 App 设计工具和基于 uifigure 的应用程序中添加和配置上下文菜单。
- uitoolbar 函数:向基于 uifigure 的应用程序添加自定义工具栏。
- App 测试框架:自动执行其他按键交互,如右击和双击。
- uihtml 函数:将 HTML、JavaScript 或 CSS 内容添加到应用程序。
- uitable 和 uistyle 函数:以互动方式对表格进行排序,并为表格 UI 组件中的行、列或单元格创建样式。

3. 数据导入和分析

从多个数据源访问、组织、清洗和分析数据。

- 实时编辑器任务:使用可自动生成 MATLAB 代码的任务,对数据进行交互式预处理并操作表格和时间表。
- 分组工作流程:使用 grouptransform、groupcounts 以及 groupfilter 执行分组操作。
- 数据类型 I/O:使用专用函数读取和写入矩阵、元胞数组和时间表。
- Parquet 文件支持:读取和写入单个或大量 Parquet 文件集。

4. 数据可视化

使用新绘图函数和自定义功能对数据进行可视化。

- 新增 boxchart 函数:创建盒须图以可视化分组的数值数据。
- 新增 exportgraphics 和 copygraphcis 函数:保存和复制图形,增强了对发布工作流的支持。

- tiledlayout 函数：定位、嵌套和更改布局的网格大小。
- 图表容器类：制作图表以显示笛卡儿、极坐标或地理图的平铺。
- 内置坐标轴交互：通过默认情况下启用的平移、缩放、数据提示和三维旋转来浏览数据。

5. 大数据

无须做出重大改动，就可对大数据进行分析。

- 数据存储写出：将数据存储中的大型数据集写出到磁盘，用于数据工程和基于文件的工作流。
- 自定义 Tall 数组：编写自定义算法以在 Tall 数组上对块或滑动窗口进行运算。
- 支持 Tall 数组的函数：更多函数支持对 Tall 数组进行运算，包括 innerjoin、outerjoin、xcorr、svd 以及 wordcloud。
- 自定义数据存储：使用自定义数据存储框架，从基于 Hadoop 的数据库中读取数据。
- FileDatastore 对象：通过将文件以小块形式导入来读取大型自定义文件。
- 数据存储：组合和变换数据存储。

6. 语言和编程

使用数据类型和语言构造来编写更清晰、更精简的可维护代码。

- 文件编码：增强了对非 ASCII 字符集的支持以及与 MATLAB 文件默认 UTF-8 编码的跨平台兼容性。
- 函数输入参数验证：声明函数输入参数，以简化输入错误检查。
- 十六进制和二进制数：使用十六进制和二进制文字指定数字。
- string 数组支持：在 Simulink 和 Stateflow 中使用 string 数组。
- 枚举：通过枚举提高了集合运算的性能。

7. 性能

MATLAB 运行代码的速度几乎是四年前的两倍，而且不需要对代码做出任何更改。

- 探查器：使用火焰图直观地研究和改进代码的执行性能。
- 实时编辑器：提高了循环绘图和动画绘图的性能。
- 大型数组中的赋值：通过下标索引对大型 table、datetime、duration 或 calendarDuration 数组中的元素赋值时，性能得到改善。
- uitable：当数据类型为数值、逻辑值或字符向量元胞数组时，性能得到提升。
- 对大型矩阵排序：使用 sortrows 更快地对大矩阵行数据进行排序。
- 启动速度：已提高 MATLAB 启动速度。
- 整体性能：已提升 Live Editor、App Designer 以及内置函数调用的性能。

8. 软件开发

软件开发工具管理和测试代码，与其他软件系统集成并将应用部署在云中。

- 进程外执行 Python：在进程外执行 Python 函数，以避免出现库冲突。
- 项目：组织工作、自动执行任务和流程以及与团队协作。
- C++接口：从 MATLAB 调用 C++库。
- 适用于 MATLAB 的 Jenkins 插件：运行 MATLAB 测试并生成 JUnit、TAP 以及 Cobertura 代码覆盖率报告等格式的测试报告。

- 参考架构：在 Amazon Web Services（AWS）和 Microsoft Azure 上部署并运行 MATLAB。
- 代码兼容性报告：从当前文件夹浏览器生成兼容性报告。

9. 控制硬件

控制 Arduino 和 Raspberry Pi 等常见微控制器，通过网络摄像头采集图像，还可以通过无人机获取传感器数据和图像数据。

- 无人机支持：使用 MATLAB 通过 Ryze Tello 无人机控制并获取传感器数据和图像数据。
- Parrot 无人机：从 MATLAB 控制 Parrot 无人机并获取传感器和图像数据。
- Arduino：使用 MCP2515 CAN 总线拓展板访问 CAN 总线数据。
- Raspberry Pi 支持：通过 MATLAB 与 Raspberry Pi 4B 硬件通信，并将 MATLAB 函数作为独立可执行程序部署在 Raspberry Pi 上。
- MATLAB Online 中的 Raspberry Pi：通过 MATLAB Online 与 Raspberry Pi 硬件板通信。
- 低功耗蓝牙：读写 BLE 设备。
- 支持的硬件：支持 Arduino、Raspberry Pi、USB 网络摄像头和 ThingSpeak IoT。

1.2　MATLAB R2021 运行界面

正确安装并激活 MATLAB R2021 后，把图标的快捷方式发送到桌面，即可双击 MATLAB 图标，启动 MATLAB R2021，启动工作界面如图 1-1 所示。

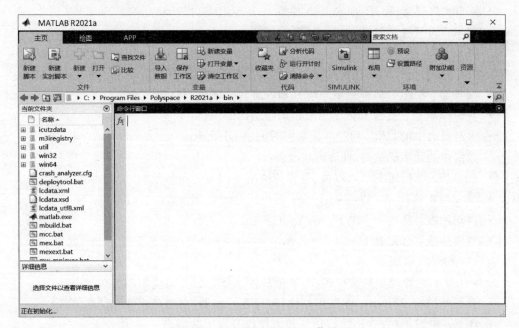

图 1-1　MATLAB R2021 工作界面

MATLAB R2021 的主界面即用户的工作环境，包括菜单栏、工具栏、开始按钮和各个不同用途的窗口。桌面包括下列面板。

- 当前文件夹：访问您的文件。
- 命令行窗口：在命令行中输入命令（由提示符"＞＞"表示）。
- 工作区：浏览创建或从文件导入的数据。

使用 MATLAB 时，可发出创建变量和调用函数的命令。例如，通过在命令行中键入以下语句来创建名为 a 的变量：

```
a = 2
```

MATLAB 将变量 a 添加到工作区，并在命令行窗口中显示结果。

```
a =
    2
```

创建更多变量。

```
b = 3
b =
    3
c = a + b
c =
    5
d = cos(a)
d =
    - 0.4161
```

如果未指定输出变量，MATLAB 将使用变量 ans（answer 的缩略形式）来存储计算结果。

```
sin(a)
ans =
    0.9093
```

如果语句以分号结束，MATLAB 会执行计算，但不在命令行窗口中显示输出。

```
e = a * b;
```

在空白命令行中或在键入命令的前几个字符之后按向上箭头键"↑"和向下箭头键"↓"可以重新调用以前的命令。例如，要重新调用命令 b＝3，请键入 b，然后按向上箭头键。

1.3　矩阵和数组

MATLAB 是 Matrix Laboratory 的缩写形式，主要用于处理整个矩阵和数组，而其他编程语言大多逐个处理数值。

所有 MATLAB 变量都是多维数组，与数据类型无关。矩阵通常是指用来进行线性代数运算的二维数组。

1.3.1　数组创建

要创建每行包含 4 个元素的数组，请使用逗号","或空格分隔各元素。

```
>> a = [ 1 4 7 9 ]
```

```
a =
    1    4    7    9
```

这种数组称为行向量。

要创建包含多行的矩阵,请使用分号";"分隔各行。

```
>> a = [1 4 3; 4 -5 6; 7 8 0]
a =
    1    4    3
    4   -5    6
    7    8    0
```

创建矩阵的另一种方法是使用 ones、zeros 或 rand 等函数。例如,创建一个由零组成的 5×1 列向量。

```
>> zeros(5,1)
ans =
    0
    0
    0
    0
    0
```

1.3.2　矩阵和数组运算

MATLAB 允许使用单一的算术运算符或函数来处理矩阵中的所有值。

```
>> a + 10
ans =
    11    14    13
    14     5    16
    17    18    10
>> cos(a)
ans =
    0.5403   -0.6536   -0.9900
   -0.6536    0.2837    0.9602
    0.7539   -0.1455    1.0000
```

要转置矩阵,请使用单引号"'":

```
>> a'
ans =
    1    4    7
    4   -5    8
    3    6    0
```

可以使用"*"运算符执行标准矩阵乘法,这将计算行与列之间的内积。例如,矩阵乘以其逆矩阵可返回单位矩阵。

```
>> p = a * inv(a)
p =
    1.0000    0.0000         0
         0    1.0000         0
    0.0000         0    1.0000
```

请注意，p 不是整数值矩阵。MATLAB 将数字存储为浮点值，算术运算可以区分实际值与其浮点表示之间的细微差别。使用 format 命令可以显示更多小数位数：

```
>> format long
p = a * inv(a)
p =
 1.000000000000000    0.000000000000000                      0
                 0    1.000000000000000                      0
 0.000000000000000                    0    1.000000000000000
```

使用以下命令将显示内容重置为更短格式：

```
>> format short
```

format 仅影响数字显示，而不影响 MATLAB 对数字的计算或保存方式。要执行元素乘法（而非矩阵乘法），请使用".*"运算符：

```
>> p = a. * a
p =
     1    16     9
    16    25    36
    49    64     0
```

乘法、除法和幂的矩阵运算分别具有执行元素级运算的对应数组运算符。例如，计算 a 的各个元素的三次方：

```
>> a.^3
ans =
     1     64     27
    64  - 125    216
   343    512      0
```

1.3.3　串联

串联是连接数组以形成更大数组的过程。实际上，第一个数组是通过将其各个元素串联起来而构成的。成对的方括号"[ ]"即为串联运算符。

```
>> A = [a,a]
A =
    1     4     3     1     4     3
    4    -5     6     4    -5     6
    7     8     0     7     8     0
```

使用逗号将彼此相邻的数组串联起来称为水平串联。每个数组必须具有相同的行数。同样，如果各数组具有相同的列数，则可以使用分号垂直串联。

```
>> A = [a; a]
A =
    1     4     3
    4    -5     6
    7     8     0
    1     4     3
    4    -5     6
    7     8     0
```

1.3.4 复数

复数包含实部和虚部,虚数单位是-1的平方根。

```
>> sqrt(-1)
ans =
    0.0000 + 1.0000i
```

要表示复数的虚部,请使用 i 或 j。

```
>> c = [3 + 4i, 4 + 3j; -i, 10j]
c =
   3.0000 + 4.0000i    4.0000 + 3.0000i
   0.0000 - 1.0000i    0.0000 +10.0000i
```

1.4 数组索引

MATLAB 中的每个变量都是一个可包含许多数字的数组。如果要访问数组的选定元素,请使用索引。

以 3×3 幻方矩阵 A 为例:

```
>> A = magic(3)
A =
     8     1     6
     3     5     7
     4     9     2
```

引用数组中的特定元素有两种方法,最常见的方法是指定行和列下标,例如:

```
>> A(3,2)
ans =
     9
```

另一种方法不太常用,但有时非常有用,即用单一下标按顺序向下遍历每一列:

```
>> A(6)
ans =
     9
```

使用单一下标引用数组中特定元素的方法称为线性索引。如果尝试在赋值语句右侧引用数组外部元素,MATLAB 会引发错误。

```
>> A(3,4)
```

位置 2 处的索引超出数组边界(不能超出 3)。不过,可以在赋值语句左侧指定当前维外部的元素,数组大小会增大以便容纳新元素。

```
>> A(3,4) = 11
A =
     8     1     6     0
     3     5     7     0
     4     9     2    11
```

要引用多个数组元素,请使用冒号运算符,可以指定一个格式为 start:end 的范围。例如,列出 A 前三行及第二列中的元素:

```
>> A(1:3,2)
ans =
     1
     5
     9
```

单独的冒号(没有起始值或结束值)指定该维中的所有元素。例如,选择 A 第三行中的所有列:

```
>> A(3,:)
ans =
     4     9     2    11
```

此外,冒号运算符还允许使用较通用的格式 start:step:end 创建等距向量值。

```
>> B = 0:10:100
B =
     0    10    20    30    40    50    60    70    80    90    100
```

如果省略中间的步骤(如 start:end 中),MATLAB 会使用默认步长值 1。

1.5　工作区变量

工作区包含在 MATLAB 中创建及从数据文件或其他程序导入的变量。例如,下列语句在工作区中创建变量 A 和 B:

```
>> clear all;        % 清除已有的内存变量
>> A = magic(4);
B = rand(3,5,2);
```

使用 whos 可以查看工作区的内容。

```
>> whos
  Name      Size              Bytes  Class     Attributes
  A         4x4                 128  double
  B         3x5x2               240  double
```

此外,桌面上的工作区窗格也会显示变量,如图 1-2 所示。

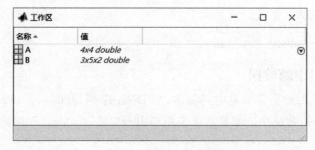

图 1-2　工作区显示变量

退出 MATLAB 后,工作区变量不会保留,可使用 save 命令保存数据以供将来使用。

```
save fileans.mat
```

通过保存,系统会使用.mat扩展名将工作区保存在当前工作文件夹中一个名为 MAT 文件的压缩文件中。可使用 load 命令将 MAT 文件中的数据还原到工作区。

```
load fileans.mat
```

1.6 文本和字符

1.6.1 字符串数组中的文本

当处理文本时,将字符序列括在双引号中,可以将文本赋给变量。

```
>> t = "Hello, MATLAB";
```

如果文本包含双引号,请在定义中使用两个双引号。

```
>> q = "Something ""quoted"" and something else."
q =
    "Something "quoted" and something else."
```

与所有 MATLAB 变量一样,t 和 q 为数组,它们的类或数据类型是 string。

```
>> whos t
  Name      Size        Bytes   Class      Attributes
  t         1x1         166     string
```

要将文本添加到字符串的末尾,请使用加号运算符"+"。

```
>> f = 51;
c = (f - 32)/1.6;
tempText = "Temperature is " + c + "C"
tempText =
    "Temperature is 11.875C"
```

与数值数组类似,字符串数组可以有多个元素。可使用 strlength 函数求数组中每个字符串的长度。

```
>> A = ["a","bb","abc"; "abcd","abcde","abcdef"]
A =
  2×3 string 数组
    "a"         "bb"        "abc"
    "abcd"      "abcde"     "abcdef"
```

1.6.2 字符数组中的数据

有时,字符表示的数据并不对应到文本,如 DNA 序列,此时可以将此类数据存储在数据类型为 char 的字符数组中。字符数组使用单引号"' '"。

```
>> seq = 'CGTAGTATDC';
whos seq
  Name      Size        Bytes   Class      Attributes
```

```
seq        1x10        20      char
```

数组的每个元素都包含单个字符。

```
>> seq(6)
ans =
    'T'
```

使用方括号串联字符数组，就像串联数值数组一样。

```
>> seq2 = [seq 'ADTACTAAGC']
seq2 =
    'CGTAGTATDCADTACTAAGC'
```

在字符串数组引入之前编写的程序中，字符数组很常见。接受 string 数据的所有 MATLAB 函数都能接受 char 数据，反之亦然。

1.7　调用函数

MATLAB 提供了大量执行计算任务的函数，在其他编程语言中，函数等同于子例程或方法。

要调用函数，如 min，请将其输入参数括在圆括号"（）"中。

```
>> A = [1 -3 5];
min(A)
ans =
    -3
```

如果存在多个输入参数，请使用逗号加以分隔。

```
>> B = [5 11 -4];
min(A,B)
ans =
    1    -3    -4
```

通过将函数赋值给变量，可返回该函数的输出。

```
>> minA = min(A)
minA =
    -3
```

如果存在多个输出参数，请将其括在方括号中。

```
>> [minA,location] = min(A)
minA =
    -3
location =
    2
```

将任何字符输入括在单引号中。

```
>> disp('hello MATLAB')
hello MATLAB
```

要调用不需要任何输入且不会返回任何输出的函数，请只键入函数名称。

```
clc
```

clc 函数用于清空命令行窗口。

1.8 二维图和三维图

1.8.1 线图

要创建二维线图,可使用 plot 函数。例如,绘制 0~2π 的正弦函数值:

```
>> x = 0:pi/100:2 * pi;
y = sin(x);
plot(x,y)
```

运行程序,效果如图 1-3 所示。

还可以标记轴并添加标题。

```
>> xlabel('x')
ylabel('sin(x)')
title('正弦函数')
```

运行程序,效果如图 1-4 所示。

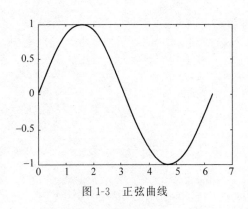

图 1-3 正弦曲线

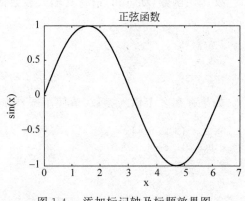

图 1-4 添加标记轴及标题效果图

通过向 plot 函数添加第三个输入参数,可以使用虚线绘制相同的变量。

```
>> plot(x,y,'b--')    % 效果如图 1-5 所示
```

其中,'b--' 为线条设定。每个设定可包含线条颜色、样式和标记等字符。标记是在绘制的每个数据点上显示的符号,如＋、o 或 ＊。例如,'g：＊'表示请求绘制使用 ＊ 标记的绿色点线。

请注意,为第一幅绘图定义的标题和标签不再被用于当前的图窗窗口中。默认情况下,每次调用绘图函数、重置坐标区及其他元素以准备新绘图时,MATLAB 都会清空图窗。

要将绘图添加到现有图窗中,请使用 hold on。在使用 hold off 或关闭窗口之前,当前图窗窗口中会显示所有绘图。

```
>> x = 0:pi/100:2 * pi;
y = sin(x);
plot(x,y)
```

```
hold on
y2 = cos(x);
plot(x,y2,'r:')
legend('sin','cos')
hold off
```

运行程序,效果如图 1-6 所示。

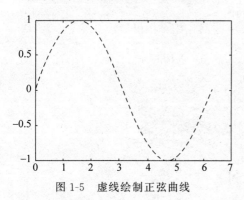

图 1-5   虚线绘制正弦曲线

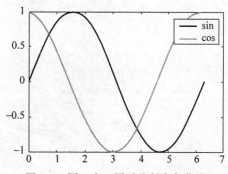

图 1-6   同一窗口同时绘制多条曲线

1.8.2   三维绘图

三维图通常显示一个由带两个变量的函数(即 $z=f(x,y)$)定义的曲面图。要计算 z,请首先使用 meshgrid 在此函数的域中创建一组(x,y)点。

```
>> [X,Y] = meshgrid(-2:.2:2);
Z = X.* exp(-X.^2 - Y.^2);
% 然后,创建曲面图,效果如图 1-7 所示
surf(X,Y,Z)
```

surf 函数及其伴随函数 mesh 以三维形式显示曲面图。surf 使用颜色显示曲面图的连接线和面。mesh 生成仅以颜色标记连接定义点的线条的线框曲面图。

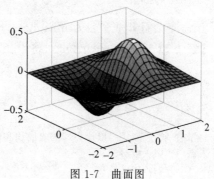

图 1-7   曲面图

1.8.3   子图

使用 subplot 函数可以在同一窗口的不同子区域显示多个绘图。subplot 的前两个输入表示每行和每列中的绘图数。第三个输入指定绘图是否处于活动状态。

【例 1-1】   在图窗窗口的 $2×2$ 网格中创建 4 个绘图。

```
>> t = 0:pi/10:2 * pi;
[X,Y,Z] = cylinder(4 * cos(t));
subplot(2,2,1); mesh(X); title('X');
subplot(2,2,2); mesh(Y); title('Y');
subplot(2,2,3); mesh(Z); title('Z');
subplot(2,2,4); mesh(X,Y,Z); title('X,Y,Z');
```

运行程序,效果如图 1-8 所示。

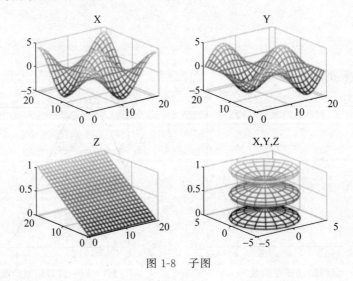

图 1-8　子图

1.9　编程和脚本

脚本是最简单的一种 MATLAB 程序。脚本是一个包含多行连续的 MATLAB 命令和函数调用的文件。在命令行中键入脚本名称即可运行该脚本。

1.9.1　脚本

要创建脚本,请使用 edit 命令。

```
>> edit mysphere
```

该命令会打开一个名为 mysphere.m 的空白文件。

【例 1-2】　创建一个单位球,将半径加倍并绘制结果图。

```
[x,y,z] = sphere;
r = 2;
surf(x * r,y * r,z * r)
axis equal
%接下来,添加代码以计算球的表面积和体积
A = 4 * pi * r^2;
V = (4/3) * pi * r^3;
```

编写代码时,最好添加描述代码的注释。注释能够让其他人员理解代码,并且有助于在稍后返回代码时再度记起。使用百分号(%)添加注释。

【例 1-3】　创建并绘制一个半径为 r 的球体。

```
[x,y,z] = sphere;          % 创建一个单位球
r = 2;
surf(x * r,y * r,z * r)    %调整每个尺寸和绘图
axis equal                 % 对每个轴使用相同的比例
%求表面积和体积
A = 4 * pi * r^2;
V = (4/3) * pi * r^3;
```

将文件保存在当前文件夹中。要运行脚本,请在命令行中键入脚本名称:

```
>> mysphere
```

还可以从编辑器使用运行按钮 ▶ 运行脚本。

1.9.2 实时脚本

可以使用实时脚本中的格式设置选项来增强代码,而不是以纯文本编写代码和注释。实时脚本有助于查看代码和输出并与之交互,还可以包含格式化文本、方程和图像。

例如,通过选择"另存为"并将文件类型更改为 MATLAB 实时代码文件"*.mlx",将 mysphere 转换为实时脚本,然后用格式化文本替换代码注释。例如:

- 将注释行转换为文本。选择以百分号开头的每一行,然后选择文本 ▤、删除百分号,效果如图 1-9 所示。
- 重写文本以替换代码行末尾的注释。要将等宽字体应用于文本中的函数名,请选择 M。要添加方程,请在插入选项卡上选择方程。

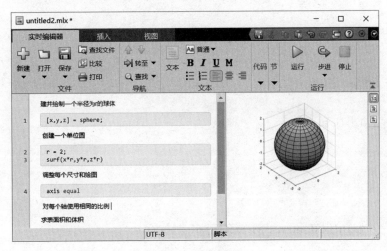

图 1-9 实时脚本

要使用 edit 命令创建新的实时脚本,请在文件名中包含".mlx"扩展名:

```
edit newfile.mlx
```

1.9.3 循环及条件语句

在任何脚本中,都可以定义按循环重复执行或按条件执行的代码段。循环使用关键字 for 或 while,条件语句使用关键字 if 或 switch。循环在创建序列时很有用。

【例 1-4】 创建一个名为 fibseq 的脚本,该脚本使用 for 循环来计算斐波那契数列的前 100 个数。在这个序列中,最开始的两个数是 1,随后的每个数是前面两个数的和,即 $F_n = F_{n-1} + F_{n-2}$。

```
>> N = 100;
f(1) = 1;
f(2) = 1;
for n = 3:N
```

```
        f(n) = f(n-1) + f(n-2);
    end
    f(1:10)
```

运行该脚本时,for 语句定义一个名为 n 的计数器,该计数器从 3 开始。然后,该循环重复为 f(n)赋值,n 在每次执行中递增,直至达到 100。脚本中的最后一条命令 f(1:10)显示 f 的前 10 个元素。

```
ans =
    1    1    2    3    5    8    13    21    34    55
```

条件语句仅在给定表达式为 true 时执行。

【例 1-5】 根据随机数的大小为变量赋值:'low'、'medium'或'high'。随机数是 1~100 的一个整数。

```
>> num = randi(100)
if num < 34
    sz = 'low'
elseif num < 67
    sz = 'medium'
else
    sz = 'high'
end
```

运行程序,输出如下:

```
num =
    10
sz =
    'low'
```

语句 sz = 'high'仅在 num 大于或等于 67 时执行。

1.10 帮助和文档

所有 MATLAB 函数都有辅助文档,这些文档包含一些实例,并介绍函数输入、输出和调用语法。从命令行访问此信息有以下多种方法。

• 使用 doc 命令在单独的窗口中打开函数文档。

```
doc mean
```

• 在键入函数输入参数的左括号之后暂停,此时命令行窗口中会显示相应函数的提示(函数文档的语法部分)。

```
mean(
```

• 使用 help 命令可在命令行窗口中查看相应函数的简明文档。

```
help mean
```

单击帮助图标 即可访问完整的产品文档。

1.11 数据分析

每个数据分析都包含以下一些标准的活动。

- 预处理：考虑离群值以及缺失值，并对数据进行平滑处理以便确定可能的模型。
- 汇总：计算基本的统计信息以描述数据的总体位置、规模及形状。
- 可视化：绘制数据以便确定模式和趋势。
- 建模：更全面地描述数据趋势，以便预测新数据值。

数据分析通过这些活动，来实现以下两个基本目标。

(1) 使用简单模型来描述数据中的模式，以便实现正确预测。

(2) 了解变量之间的关系，以便构建模型。

本节主要说明如何在 MATLAB 环境中执行基本数据分析。

1.11.1 数据的预处理

此实例显示如何预处理分析用的数据。

(1) 概述。

将数据加载到合适的 MATLAB 容器变量并区分"正确"数据和"错误"数据，开始数据分析。这是初级步骤，可确保在后续的分析过程中得出有意义的结论。

(2) 加载数据。

首先加载 count.dat 中的数据：

```
>> load count.dat
```

这个 24×3 数组 count 包含三个十字路口（列）在一天中的每小时流量统计（行）。

(3) 缺失数据。

MATLAB NaN（非数字）值通常用于表示缺失数据。通过 NaN 值，缺失数据的变量可以维护其结构体。在本实例中，所有三个十字路口中的索引都是 24×1 向量。下面代码使用 isnan 函数检查第三个十字路口的数据是否存在 NaN 值：

```
>> c3 = count(:,3); % Data at intersection 3
c3NaNCount = sum(isnan(c3))
c3NaNCount =
     0
```

isnan 返回一个大小与 c3 相同的逻辑向量，并且通过相应条目指明数据中 24 个元素内的每个元素是存在（1）还是缺少（0）NaN 值。在本实例中，逻辑值总和为 0，因此数据中没有 NaN 值。

离群值部分的数据中引入了 NaN 值。

(4) 离群值。

离群值是与其余数据的模式明显不同的数据值。离群值可能由计算错误所致，也可能表示数据的重要特点。根据对数据及数据源的了解，确定离群值并决定其处理方法。

确定离群值的一种常用方法是查找与均值 σ 的标准差 μ 大于某个数字的值。

【例 1-6】 绘制第三个十字路口的数据直方图以及 μ 和 $\mu + \eta\sigma(\eta=1,2)$ 处的直线。

```
>> h = histogram(c3,10);                          % 柱状图
N = max(h.Values);                                % 计算最大值
mu3 = mean(c3);                                   % 平均值
sigma3 = std(c3);                                 % 数据的标准差

hold on
plot([mu3 mu3],[0 N],'r','LineWidth',2)           % 绘制平均值
X = repmat(mu3 + (1:2) * sigma3,2,1);
Y = repmat([0;N],1,2);
plot(X,Y,'Color',[255 153 51]./255,'LineWidth',2) % 绘制标准差
legend('数据','平均值','标准差')
hold off
```

运行程序,效果如图 1-10 所示。此图表明某些数据比均值大两个标准差以上。如果将这些数据标识为错误(而非特点),请将其替换为 NaN 值,如下所示:

```
outliers = (c3 − mu3) > 2 * sigma3;
c3m = c3;                                         % 复制 c3 到 c3m
c3m(outliers) = NaN;                              % 添加 NaN 值
```

(5) 平滑和筛选。

第三个十字路口的数据时序图(已在离群值中删除该离群值)生成以下效果:

```
plot(c3m,'o-')    % 效果如图 1-11 所示
hold on
```

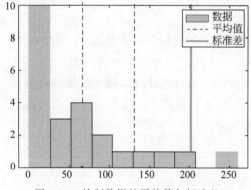

图 1-10　绘制数据的平均值与标准差

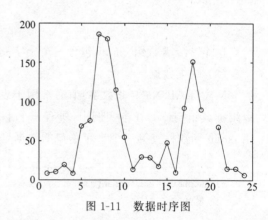

图 1-11　数据时序图

在绘图中,第 20 个小时的 NaN 值出现间隔。这种对 NaN 值的处理方式是 MATLAB 绘图函数所特有的。噪声数据围绕预期值显示随机变化。可能希望在构建模型之前对数据进行平滑处理,以便显示其主要特点。平滑处理应当以下面两个基本假定为基础。

- 预测变量(时间)和响应(流量)之间的关系平稳。
- 由于已减少噪声,因此平滑算法生成比预期值更好的估计值。

【例 1-7】　使用 MATLAB 的 convn 函数对数据应用简单移动平均平滑法。

```
>> span = 3;       % 平均窗口的大小
window = ones(span,1)/span;
smoothed_c3m = convn(c3m,window,'same');
h = plot(smoothed_c3m,'ro-');
```

```
legend('数据','平滑数据')
```

运行程序,效果如图 1-12 所示。

使用变量 span 控制平滑范围。当平滑窗口在数据中包含 NaN 值时,平均值计算返回 NaN 值,从而增大平滑数据中的间隔大小。

此外,还可以对平滑数据使用 filter 函数:

```
>> smoothed2_c3m = filter(window,1,c3m);
delete(h)
plot(smoothed2_c3m,'ro-','DisplayName','平滑数据');
```

运行程序,效果如图 1-13 所示。

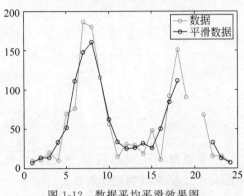
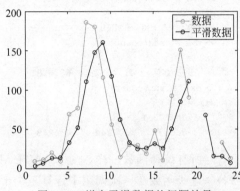

图 1-12　数据平均平滑效果图　　　　　　　图 1-13　增大平滑数据的间隔效果

平滑数据在以上绘图的基础上发生了偏移。带有'same'参数的 convn 返回卷积的中间部分,其长度与数据相同。filter 返回卷积的开头,其长度与数据相同。

平滑处理可估计预测变量的每个值的响应值分布的中心。它使许多拟合算法的基本假定无效,即预测器的每个值的错误彼此独立。相应地,可以使用平滑数据确定模型,但应避免使用平滑数据拟合模型。

1.11.2　汇总数据

此实例显示如何汇总数据。

(1)概述。

许多 MATLAB 函数都可以用于汇总数据样本的总体位置、规模和形状。使用 MATLAB 的一大优点是:函数处理整个数据数组,而不是仅处理单一标量值。这些函数称为向量化函数。

(2)位置度量。

通过定义"典型"值来汇总数据示例的位置。下面代码使用函数 mean、median 和 mode 计算常见位置度量或"集中趋势":

```
>> load count.dat
x1 = mean(count)
x1 =
   32.0000    46.5417    65.5833
>> x2 = median(count)
x2 =
```

```
    23.5000    36.0000    39.0000
>> x3 = mode(count)
x3 =
    11        9        9
```

与所有统计函数一样,上述 MATLAB 函数汇总多个观测(行)中的数据,并保留变量(列)。这些函数在一次调用中计算三个十字路口中的每个十字路口的数据位置。

(3) 规模度量。

有多种方法可以度量数据样本的规模或"分散程度"。MATLAB 函数 max、min、std 和 var 可计算某些常见度量。

```
>> dx1 = max(count) − min(count)
dx1 =
    107    136    250
>> dx2 = std(count)
dx2 =
    25.3703    41.4057    68.0281
>> dx3 = var(count)
dx3 =
    1.0e + 03 *
    0.6437    1.7144    4.6278
```

与所有统计函数一样,上述 MATLAB 函数汇总多个观测(行)中的数据,并保留变量(列)。这些函数在一次调用中计算三个十字路口中的每个十字路口的数据规模。

(4) 分布形状。

汇总分布的形状比汇总分布的位置或规模更难。MATLAB 的 hist 函数可绘制直方图,可视化显示汇总数据。

```
>> figure
hist(count)
legend('十字路口 1',...
        '十字路口 2',...
        '十字路口 3')
```

运行程序,效果如图 1-14 所示。

参数模型提供分布形状的汇总分析。指数分布和数据均值指定的参数 mu 非常适用于流量数据。

```
>> c1 = count(:,1);                          %十字路口 1 数据
[bin_counts,bin_locations] = hist(c1);
bin_width = bin_locations(2) − bin_locations(1);
hist_area = (bin_width) * (sum(bin_counts));
figure
hist(c1)
hold on
mu1 = mean(c1);
exp_pdf = @(t)(1/mu1) * exp( − t/mu1);       %集成到 1
t = 0:150;
y = exp_pdf(t);
plot(t,(hist_area) * y,'r','LineWidth',2)
legend('分布','指数拟合')
```

运行程序,效果如图 1-15 所示。

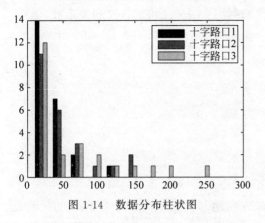

图 1-14　数据分布柱状图

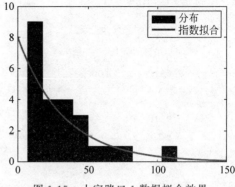

图 1-15　十字路口 1 数据拟合效果

常规参数模型与数据分布拟合的方法不在此部分的论述范围内。

1.11.3　可视化数据

可以使用多种 MATLAB 图形来可视化数据模式和趋势。此部分介绍的散点图有助于可视化不同十字路口的流量数据之间的关系。数据浏览工具用于在图形上查询各个数据点,并与数据点进行交互。

注意:此部分继续执行汇总数据中的数据分析。

1. 二维散点图

二维散点图使用 scatter 函数创建,用于显示前两个十字路口的流量之间的关系。

【例 1-8】　scatter 函数的使用演示。

```
>> load count.dat
c1 = count(:,1);          % 十字路口 1 数据
c2 = count(:,2);          % 十字路口 2 数据
figure
scatter(c1,c2,'filled')
xlabel('十字路口 1')
ylabel('十字路口 2')
```

运行程序,效果如图 1-16 所示。

使用 cov 函数计算的协方差可计算两个变量之间的线性关系强度(数据在散点图中沿着最小二乘直线排列的松紧度)。

```
>> C12 = cov([c1 c2])
C12 =
    1.0e + 03 *
    0.6437    0.9802
    0.9802    1.7144
```

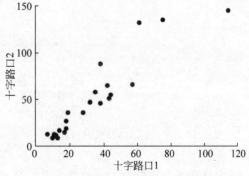

图 1-16　十字路口 1、2 的数据散点图

结果以对称的方阵形式显示,并在第 (i, j) 个位置中显示第 i 个和第 j 个变量的协方差。第 i 个对角线元素是第 i 个变量的方差。

协方差的缺点是：度量各个变量所使用的单位不一致。可以将变量的协方差除以标准差，以将值归一化为介于+1和−1之间。下面代码利用corrcoef函数计算相关系数：

```
>> R12 = corrcoef([c1 c2])
R12 =
    1.0000    0.9331
    0.9331    1.0000
>> r12 = R12(1,2)              % 相关系数
r12 =
    0.9331
>> r12sq = r12^2              % 确定系数
r12sq =
    0.8707
```

由于经过了归一化，因此相关系数的值可以方便地与其他成对的十字路口的值相比较。相关系数的平方（即决定系数）是最小二乘直线的方差除以均值方差的结果。因此，它与响应（在本示例中为第2个十字路口的流量）中的方差成比例，在散点图中，该方差已被清除，或者用最小平方直线以统计方式说明。

2. 三维散点图

三维散点图使用scatter3函数创建，用于显示所有三个十字路口的流量之间的关系。下面代码使用在上述步骤中创建的变量c1、c2和c3：

```
>> figure
c3 = count(:,3);              % 十字路口 3 数据
scatter3(c1,c2,c3,'filled')
xlabel('十字路口 1')
ylabel('十字路口 2')
zlabel('十字路口 3')
```

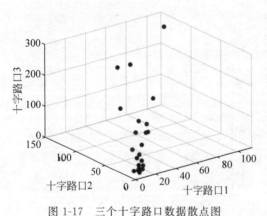

图 1-17　三个十字路口数据散点图

运行程序，效果如图1-17所示。

通过使用eig函数计算协方差矩阵的特征值来度量三维散点图中的变量之间的线性关系强度。

```
>> vars = eig(cov([c1 c2 c3]))
vars =
    1.0e + 03 *
    0.0442
    0.1118
    6.8300
>> explained = max(vars)/sum(vars)
explained =
    0.9777
```

特征值是基于数据的主分量的方差。变量explained度量数据轴上第一个主分量说明的方差的比例。与二维散点图的决定系数不同的是，此度量会区分预测器和响应变量。

此外，还可以使用plotmatrix函数比较多对十字路口之间的关系。

```
>> figure
plotmatrix(count)              % 效果如图1-18所示
```

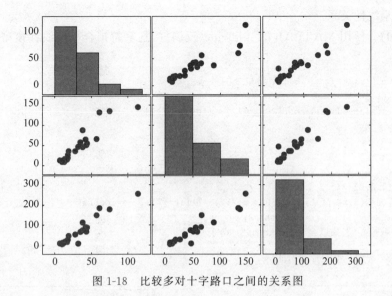

图 1-18 比较多对十字路口之间的关系图

位于数组第 (i,j) 个位置的绘图是一个散点图,第 i 个变量位于纵轴上,第 j 个变量位于横轴上,第 i 个对角线位置的绘图是第 i 个变量的直方图。

1.11.4 数据建模

参数模型将对数据关系的理解转换为具有预测能力的分析工具。对于流量数据的上升和下降趋势,多项式模型和正弦模型是理想选择。

1. 多项式回归

使用 polyfit 函数估计多项式模型的系数,然后使用 polyval 函数根据预测变量的任意值评估模型。

【例 1-9】 使用 6 次多项式模型拟合第三个十字路口的流量数据。

```
>> load count.dat
c3 = count(:,3); % 十字路口 3 的数据
tdata = (1:24)';
p_coeffs = polyfit(tdata,c3,6);
figure
plot(c3,'o - ')
hold on
tfit = (1:0.01:24)';
yfit = polyval(p_coeffs,tfit);
plot(tfit,yfit,'r - ','LineWidth',2)
legend('数据','多项式拟合','Location','NW')
```

运行程序,效果如图 1-19 所示。此模型的优点是可以非常简单地跟踪升降趋势。但是,此模型的预测能力可能有欠准确性,特别是在数据两端。

2. 一般线性回归

假定数据是周期为 12 小时的周期性数据,并且峰值出现在第 7 小时左右,拟合以下形式的正弦模型是合理的:

$$y = a + b\cos((2\pi/12)(t - 7))$$

系数 a 和 b 呈线性关系。

【例 1-10】 使用 MATLAB 的 mldivide(反斜杠)运算符拟合一般线性模型。

```
>> load count.dat
c3 = count(:,3);          % 十字路口 3 的数据
tdata = (1:24)';
X = [ones(size(tdata)) cos((2 * pi/12) * (tdata - 7))];
s_coeffs = X\c3;
figure
plot(c3,'o - ')
hold on
tfit = (1:0.01:24)';
yfit = [ones(size(tfit)) cos((2 * pi/12) * (tfit - 7))] * s_coeffs;
plot(tfit,yfit,'r - ','LineWidth',2)
legend('数据','正弦拟合','Location','NW')
```

运行程序,效果如图 1-20 所示。

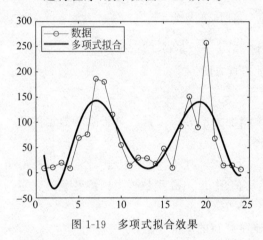

图 1-19　多项式拟合效果

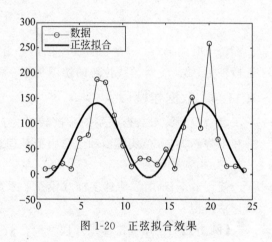

图 1-20　正弦拟合效果

使用 lscov 函数计算拟合时的统计信息。

【例 1-11】 利用 lscov 函数估计系数 X 的估计标准误差和均方误差。

```
>> [s_coeffs,stdx,mse] = lscov(X,c3)
s_coeffs =
    65.5833
    73.2819
stdx =
    8.9185
    12.6127
mse =
    1.9090e + 03
% 使用周期图(用 fft 函数计算)检查数据周期是否假定为 12 小时
Fs = 1;              % 采样频率(每小时)
n = length(c3);      % 窗长度
Y = fft(c3);         % DFT 数据
f = (0:n - 1) * (Fs/n); % 频率
P = Y. * conj(Y)/n;  % DFT 功率
figure
plot(f,P)
```

```
xlabel('频率')
ylabel('功率')
```

运行程序,效果如图 1-21 所示。

```
>> predicted_f = 1/12
predicted_f =
    0.0833
```

对比图 1-21 及结果可知,0.0833 附近的峰值证明此假定是正确的。但其出现频率稍微高一点,可以依此相应调整此模型。

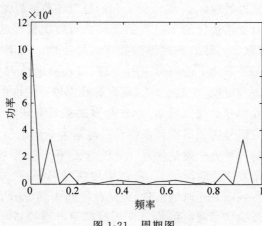

图 1-21　周期图

第2章 信号处理和分析

信号处理(signal processing)是对各种类型的电信号,按各种预期的目的及要求进行加工过程的统称。对模拟信号的处理称为模拟信号处理,对数字信号的处理称为数字信号处理。所谓"信号处理",就是把记录在某种媒体上的信号进行处理,以便抽取出有用信息的过程,它是对信号进行提取、变换、分析、综合等处理过程的统称。

在信号处理领域中,存在众多的频域分析方法,其基本思想都是通过研究信号的频谱特征来得到进行信号处理的信息,最古老也是发展最充分的一种方法就是傅里叶分析方法,但是傅里叶分析的一个严重缺陷在于不能表达时域信息,所以应用很受局限,后来提出的短时傅里叶变换虽然可以表达时域信息,但是相空间中的分辨率是固定的,不够灵活,不能反映信号瞬时的特点。短时傅里叶变换近年来越来越多地应用于信号处理、图像处理、量子场论、地震勘探、语音识别与合成、音乐、雷达、CT成像、彩色复印、流体湍流、天体识别、机器视觉、机器故障诊断与监控、分析与数字电视等领域。

2.1 信号处理概述

在 MATLAB 中,提供了 Signal Processing Toolbox(信号处理工具箱)实现信号处理。在 Signal Processing Toolbox 中提供了一些函数和 App 用来分析、预处理及提取均匀和非均匀采样信号的特征。该工具箱包含可用于滤波器设计和分析、重新采样、平滑处理、去除趋势和功率谱估计的工具。该工具箱还提供了提取特征(如变化点和包络)、寻找波峰和信号模式、量化信号相似性以及执行 SNR(信噪比)和失真等测量的函数,且可以对振动信号执行模态和阶次分析。

使用 Signal Analyzer App(信号分析仪的应用)可以在时域、频域和时频域同时预处理和分析多个信号,而无须编写代码,还可以探查长信号以及提取关注的区域。通过 Filter Designer App(滤波器设计应用),可以从多种算法和响应中进行选择来设计和分析数字滤波器。这两个 App(应用)都生成 MATLAB 代码。

2.2 信号生成和预处理

Signal Processing Toolbox 提供的函数可对信号进行去噪、平滑和去除趋势处理,为进一步分析做好准备;可以从数据中去除噪声、离群值和乱真内容;可以增强信号以对其可视化并发现模式;可以更改信号的采样率,或者使不规则采样信号或带缺失数据信号的采样率趋于恒定;还可以为仿真和算法测试生成脉冲信号和 chirp 等合成信号。

2.2.1 信号的产生和可视化

在信号处理工具箱中,提供对应的函数,用于产生广泛的周期和非周期波形、扫频波形、脉冲序列等,下面通过实例来演示这些信号波形的产生。

1. 周期波形

除了 MATLAB 中的 sin 和 cos 函数,Signal Processing Toolbox 还提供了其他函数产生周期信号,如锯齿和平方。

- 锯齿函数产生锯齿波,峰值为 ±1,周期为 2π。一个可选的宽度参数指定信号的最大值出现在 2π 的分数倍。
- 方波函数产生一个周期为 2π 的方波。一个可选参数指定占空比,即信号为正的周期百分比。

【例 2-1】 产生 1.5s、50Hz 的锯齿波(和方波),采样率为 10kHz。

```
fs = 10000;
t = 0:1/fs:1.5;
x1 = sawtooth(2 * pi * 50 * t);
x2 = square(2 * pi * 50 * t);
subplot(2,1,1)
plot(t,x1)
axis([0 0.2 - 1.2 1.2])
xlabel('时间(sec)')
ylabel('振幅')
title('周期锯齿波')
subplot(2,1,2)
plot(t,x2)
axis([0 0.2 - 1.2 1.2])
xlabel('时间 (sec)')
ylabel('振幅')
title('周期方波')
```

运行程序,效果如图 2-1 所示。

2. 非周期波形

在信号处理中,为了产生三角形、矩形和高斯脉冲,Signal Processing Toolbox 提供了三角形脉冲、矩形和高斯脉冲函数。

- tripuls 函数产生一个以 t = 0 为中心,默认宽度为 1,采样非周期、单位高度的三角形脉冲。
- rectpuls 函数生成一个以 t = 0 为中心,默认宽度为 1,采样非周期、单位高度的矩形脉冲。注意,非零振幅区间在右侧被定义为开放的,即 rectpuls(−0.5)=1,rectpuls(0.5)=0。

【例 2-2】 产生 2s 采样率为 10kHz、宽度为 20ms 的三角形(和矩形)脉冲。

```
>> fs = 10000;
```

```
t = -1:1/fs:1;
x1 = tripuls(t,20e-3);
x2 = rectpuls(t,20e-3);
subplot(2,1,1)
plot(t,x1)
axis([-0.1 0.1 -0.2 1.2])
xlabel('时间(sec)')
ylabel('振幅')
title('三角形非周期脉冲')
subplot(2,1,2)
plot(t,x2)
axis([-0.1 0.1 -0.2 1.2])
xlabel('时间(sec)')
ylabel('振幅')
title('矩形非周期脉冲')
```

运行程序,效果如图 2-2 所示。

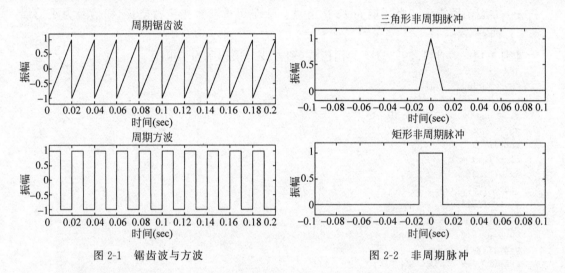

图 2-1　锯齿波与方波　　　　　　　　图 2-2　非周期脉冲

此外,高斯脉冲函数产生一个具有指定时间、中心频率和分数带宽的高斯调制正弦脉冲。sinc 函数计算数学 sinc 函数的输入向量或矩阵。sinc 函数是宽度为 2π,高度为 1 的矩形脉冲的连续傅里叶逆变换。

【例 2-3】　产生一个中心频率为 $50kHz$ 的高斯脉冲,脉冲的带宽为 60%,采样率为 $1MHz$,并在包络线低于峰值 40dB 处截断脉冲。

```
>> tc = gauspuls('cutoff',50e3,0.6,[],-40);
t1 = -tc:1e-6:tc;
y1 = gauspuls(t1,50e3,0.6);
>> %产生一个傅里叶逆变换信号
>> t2 = linspace(-5,5);
y2 = sinc(t2);
>> subplot(2,1,1)
plot(t1*1e3,y1)
xlabel('时间(sec)')
ylabel('振幅')
title('高斯脉冲')
```

```
subplot(2,1,2)
plot(t2,y2)
xlabel('时间(sec)')
ylabel('振幅')
title('Sinc 函数')
```

运行程序,效果如图 2-3 所示。

3. 扫频波形

Signal Processing Toolbox 还提供了生成扫频波形的函数,如 chirp(啁啾)函数。它的两个可选参数分别指定可选的扫描方法和初始化。下面是几个使用 chirp 函数生成线性或二次,凸和凹二次啁啾的例子。

【例 2-4】 产生线性啁啾。

```
>> t = 0:0.001:2;                % 时间为 2s,采样率为 1kHz
ylin = chirp(t,0,1,150);         % 开始时直流,在 t = 1s 时跳跃到 150Hz
% 生成一个二次啁啾
t = -2:0.001:2;                  % 时间为 ±2s,采样率为 1kHz
yq = chirp(t,100,1,200,'q');     % 开始时采样率为 100Hz,当 t = 1s 时,跳跃到 200Hz
% 计算和显示光谱图
subplot(2,1,1)
spectrogram(ylin,256,250,256,1E3,'yaxis')
title('线性 Chirp')
subplot(2,1,2)
spectrogram(yq,128,120,128,1E3,'yaxis')
title('二次 Chirp')
```

运行程序,效果如图 2-4 所示。

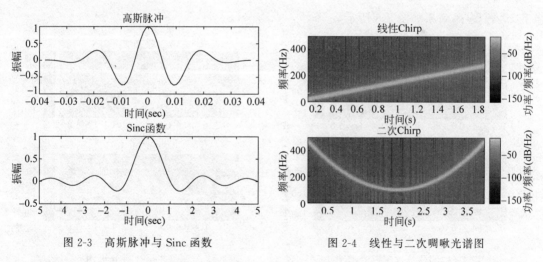

图 2-3 高斯脉冲与 Sinc 函数   图 2-4 线性与二次啁啾光谱图

【例 2-5】 生成一个凸(凹)二次啁啾。

```
>> t = -1:0.001:1;               % 时间为 ±1s,采样率为 1kHz
fo = 100;
f1 = 400;                        % 开始时采样率为 100Hz,可升到 400Hz
ycx = chirp(t,fo,1,f1,'q',[],'convex');
% 产生一个凹二次啁啾
 t = -1:0.001:1;                 % 时间为 ±2s,采样率为 1kHz
```

```
fo = 400;
f1 = 100;                              % 开始时采样率为 400Hz, 可降到 100Hz
ycv = chirp(t,fo,1,f1,'q',[],'concave');
% 计算和显示光谱图
 subplot(2,1,1)
spectrogram(ycx,256,255,128,1000,'yaxis')
title('凸二次啁啾')
subplot(2,1,2)
spectrogram(ycv,256,255,128,1000,'yaxis')
title('凹二次啁啾')
```

运行程序,效果如图 2-5 所示。

另一个函数发生器是 vco(压控振荡器),它产生一个信号,振荡频率由输入向量决定。下面来观察两个使用三角形和矩形输入 vco 的例子。

【例 2-6】 产生采样时间 2s、瞬时频率为 10kHz 的信号。

```
>> fs = 10000;
t = 0:1/fs:2;
x1 = vco(sawtooth(2 * pi * t,0.75),[0.1 0.4] * fs,fs);
x2 = vco(square(2 * pi * t),[0.1 0.4] * fs,fs);
% 绘制生成信号的光谱图
 subplot(2,1,1)
spectrogram(x1,kaiser(256,5),220,512,fs,'yaxis')
title('VCO 三角形')
subplot(2,1,2)
spectrogram(x2,256,255,256,fs,'yaxis')
title('VCO 矩形')
```

运行程序,效果如图 2-6 所示。

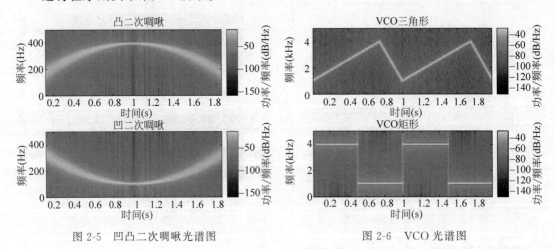

图 2-5 凹凸二次啁啾光谱图   图 2-6 VCO 光谱图

4. 脉冲序列

为了产生脉冲序列,可以使用 pulstran 函数。下面将展示使用这个函数的两个实例。

【例 2-7】 构造一个 2GHz 的矩形脉冲序列,采样频率为 100GHz,间隔为 7.5ns。

```
>> fs = 100E9;                    % 采样率
D = [2.5 10 17.5]' * 1e-9;        % 脉冲延迟时间
```

```
t = 0 : 1/fs : 2500/fs;          % 信号评估时间
w = 1e - 9;                      % 每个脉冲的宽度
yp = pulstran(t,D,@rectpuls,w);
% 在 10kHz 产生周期高斯脉冲信号,带宽为 50%,脉冲重复频率为 1kHz,采样率为 50kHz,脉冲串长度
% 为 10ms,重复振幅每次应衰减 0.8,这个例子使用了一个函数句柄来引用生成器函数
T = 0 : 1/50e3 : 10e - 3;
D = [0 : 1/1e3 : 10e - 3; 0.8.^(0:10)]';
Y = pulstran(T,D,@gauspuls,10E3,.5);
subplot(2,1,1)
plot(t * 1e9,yp);
axis([0 25 - 0.2 1.2])
xlabel('时间(ns)')
ylabel('振幅')
title('矩形序列')
subplot(2,1,2)
plot(T * 1e3,Y)
xlabel('时间(ns)')
ylabel('振幅')
title('高斯脉冲序列')
```

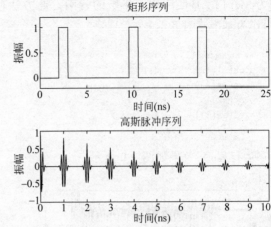

运行程序,效果如图 2-7 所示。

图 2-7 脉冲序列效果图

2.2.2 信号与不同开始时间对齐

许多测量涉及多个传感器异步采集的数据,如果要集成信号,必须同步它们。Signal Processing Toolbox 中提供的一些函数可实现此目的。

【例 2-8】 假设有一辆汽车经过一座桥,它产生的振动由位于不同位置的三个相同的传感器进行测量,信号到达时间不同。

```
>> % 将信号加载到 MATLAB 工作区并进行绘图
load relatedsig          % 载入信号
ax(1) = subplot(3,1,1);
plot(s1)
ylabel('s_1')
ax(2) = subplot(3,1,2);
plot(s2)
ylabel('s_2')
ax(3) = subplot(3,1,3);
plot(s3)
ylabel('s_3')
xlabel('样本')
linkaxes(ax,'x')
```

运行程序,效果如图 2-8 所示。由图可看出,信号 s_1 落后于 s_2,但领先于 s_3。可以使用 finddelay 函数精确计算延迟。可以看到,s_2 领先于 s_1 的 350 个样本,s_3 落后于 s_1 的 150 个样本,而 s_2 领先于 s_3 的 500 个样本。

```
>> t21 = finddelay(s2,s1)
t31 = finddelay(s3,s1)
t32 = finddelay(s2,s3)
t21 =
   350
t31 =
```

```
 − 150
t32 =
 500
```

下面通过保持最早的信号不动并截除其他向量中的延迟来对齐信号。滞后需要加 1，因为 MATLAB 使用从 1 开始的索引。此方法使用最早的信号到达时间（即 s_2 的到达时间）作为基准来对齐信号。

```
>> axes(ax(1))
plot(s1(t21 + 1:end))
axes(ax(2))
plot(s2)
axes(ax(3))
plot(s3(t32 + 1:end))
```

运行程序，效果如图 2-9 所示。

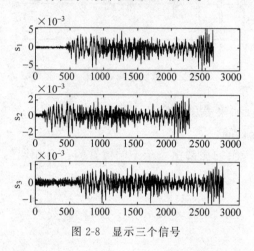

图 2-8 显示三个信号

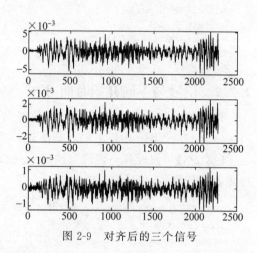

图 2-9 对齐后的三个信号

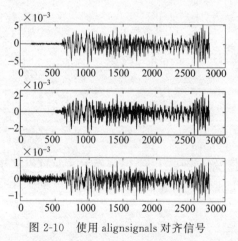

图 2-10 使用 alignsignals 对齐信号

使用 alignsignals 对齐信号，该函数会延迟较早的信号，使用最晚的信号到达时间（即 s_3 的到达时间）作为基准。

```
>> [x1,x3] = alignsignals(s1,s3);
x2 = alignsignals(s2,s3);
axes(ax(1))
plot(x1)
axes(ax(2))
plot(x2)
axes(ax(3))
plot(x3)
```

运行程序，效果如图 2-10 所示。

这些信号现在已同步，可用于进一步处理。

2.2.3 平滑和去噪

从信号中去除不需要的峰值、趋势和离群值，可使用 Savitzky-Golay 滤波器、移动平均值、移动中位数、线性回归或二次回归对信号进行平滑处理。在 MATLAB 信号处理工具箱中也提供了相关函数实现平滑和去噪操作。下面通过几个例子来说明各函数的用法。

1. 信号平滑处理

平滑是指如何在数据中发现重要的东西,而忽略不重要的东西(如噪声)。平滑的目标是使产生数值进行缓慢变化,以便更容易看到数据中的变化趋势。在 MATLAB 中,使用滤波来实现平滑。

有时,在检查输入数据时可能希望平滑数据,以便看到信号中的变化趋势。在下面的例子中,有一组 2018 年 1 月在洛根机场每小时采集的摄氏温度读数。

本节展示了使用移动平均滤波器和周期重采样时间消除对每小时温度读数的影响,以及从开环电压测量中去除不必要的线路噪声。

此外,还展示了如何平滑一个时钟信号的电平,如何通过使用中值滤波器保留边缘,以及如何使用 Hampel 过滤器来移除较大的异常值。

【例 2-9】 "机场温度"的显示效果。

```
>> load bostemp
days = (1:31 * 24)/24;
plot(days, tempC)
axis tight
ylabel('温度(\circC)')
xlabel('时间从 2018 年 1 月 1 日开始 ')
title('洛根机场温度')
```

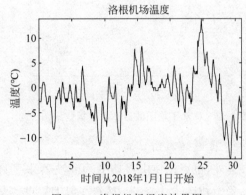

图 2-11 洛根机场温度效果图

运行程序,效果如图 2-11 所示。

请注意,从图 2-11 中可以直观地看到一天中的时间对温度读数的影响。如果只对一个月的每日温度变化感兴趣,那么每小时的波动只会造成噪声,这可能会使每日的变化难以辨别。为了消除一天中时间的影响,下面使用移动平均滤波器平滑数据。

2. 移动平均滤波器

在最简单的形式中,长度为 N 的移动平均滤波器的波形取每 N 个连续样本的平均值。为了对每个数据点应用移动平均滤波器,可以构造滤波器的系数,使每个点的权重相等,对总平均值的贡献是 1/24,这样就可得到每 24 小时的平均温度。

```
>> hoursPerDay = 24;
coeff24hMA = ones(1, hoursPerDay)/hoursPerDay;
avg24hTempC = filter(coeff24hMA, 1, tempC);
plot(days,[tempC avg24hTempC])
legend('每小时的温度','24 小时平均(延迟)温度','location','best')
ylabel('温度(\circC)')
xlabel('时间从 2018 年 1 月 1 日开始 ')
title('洛根机场温度')
```

运行程序,效果如图 2-12 所示。

3. 滤波器延迟

注意,过滤后的输出延迟了约 12 小时,这是由于移动平均滤波器有一个延迟。因为任

何长度为 N 的对称滤波器都有 $(N-1)/2$ 个样本的延迟,下面手动解释延迟的原因。

```
>> fDelay = (length(coeff24hMA) - 1)/2;
plot(days,tempC, ...
     days - fDelay/24,avg24hTempC)
axis tight
legend('每小时的温度','24 小时平均(延迟)温度','location','best')
ylabel('温度(\circC)')
xlabel('时间从 2018 年 1 月 1 日开始 ')
title('洛根机场温度')
```

运行程序,效果如图 2-13 所示。

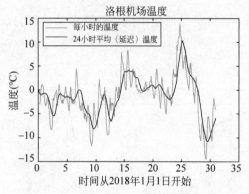

图 2-12　移动平均滤波器平滑数据效果图

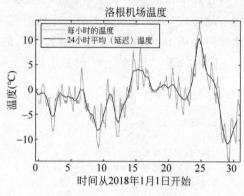

图 2-13　手动延迟效果图

4．提取的平均差异

另外,也可以使用移动平均滤波器来更好地估计一天中的时间是如何影响整体温度的。要做到这一点,首先,从每小时的温度测量中减去平滑数据。然后,将不同的数据分割成天数,并取一个月中所有 31 天的平均值。

```
>> figure
deltaTempC = tempC - avg24hTempC;
deltaTempC = reshape(deltaTempC, 24, 31).';
plot(1:24, mean(deltaTempC))
axis tight
title('24 小时平均温度差')
xlabel('时间(从午夜开始)')
ylabel('温差(\circC)')
```

运行程序,效果如图 2-14 所示。

5．提取包络峰值

有时,也想要一个平稳变化的信号来估计每天温度的最高温度和最低温度变化。为此,可以使用包络函数来连接在 24 小时内检测到的一个子集的极端高和极端低。在本例中,确保每个极端高和极端低之间至少有 16 小时。还可以通过取两个极端之间的平均值来了解高点和低点的趋势。

```
>> [envHigh, envLow] = envelope(tempC,16,'peak');
```

```
envMean = (envHigh + envLow)/2;
plot(days,tempC,':', ...
     days,envHigh,'r - .', ...
     days,envMean,'--', ...
     days,envLow)
axis tight
legend('每小时的温度','最高温度','平均温度','最低温度','location','best')
ylabel('温度(\circC)')
xlabel('时间从 2018 年 1 月 1 日开始 ')
title('洛根机场温度')
```

运行程序,效果如图 2-15 所示。

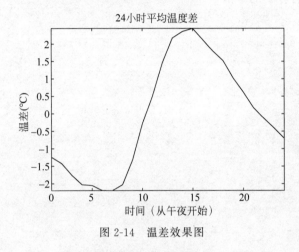

图 2-14 温差效果图

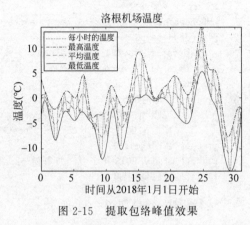

图 2-15 提取包络峰值效果

6. 加权移动平均滤波器

加权移动平均滤波器就是根据同一个移动段内不同时间的数据对预测值的影响程度,分别给予不同的权数,然后再进行平均移动以预测未来值。

加权移动平均滤波器不像简单移动平均滤波器那样,在计算平均值时对移动期内的数据同等看待,而是根据越是近期数据对预测值影响越大这一特点,不同地对待移动期内的各个数据。对近期数据给予较大的权数,对较远的数据给予较小的权数,这样来弥补简单移动平均法的不足。

加权移动平均滤波器是对移动平均滤波器的改进。采用加权移动平均,既可以做到按数据点的顺序逐点推移,逐段平均,使不规则的数据点形成比较平滑的排列规则,又可以通过权数的设定使与当前值距离不同的数据,所起的作用不同。

【例 2-10】 利用 $[1/2, 1/2]^n$ 二次项作为卷积,进行 5 次迭代。

```
>> h = [1/2 1/2];
binomialCoeff = conv(h,h);
for n = 1:4
     binomialCoeff = conv(binomialCoeff,h);
end
figure
fDelay = (length(binomialCoeff) - 1)/2;
binomialMA = filter(binomialCoeff, 1, tempC);
plot(days,tempC, '-.', ...
```

```
        days - fDelay/24, binomialMA)
axis tight
legend('每小时的温度', '二项加权平均', 'location', 'best')
ylabel('温度(\circC)')
xlabel('时间从 2018 年 1 月 1 日开始 ')
title('洛根机场温度')
```

运行程序,效果如图 2-16 所示。

另一个类似于高斯扩展滤波器的滤波器是指数移动平均滤波器。这种加权移动平均滤波器易于构造,且不需要很大的窗口尺寸。该滤波器通过 0～1 的 alpha 参数调整指数加权移动平均滤波。一个较高的 alpha 值将有较少的平滑。

```
>> alpha = 0.45;
exponentialMA = filter(alpha, [1 alpha - 1], tempC);
plot(days, tempC, '- .', ...
        days - fDelay/24, binomialMA, '.', ...
        days - 1/24, exponentialMA)
axis tight
legend('每小时的温度', ...
        '二项加权平均', ...
        '指数加权平均', 'location', 'best')
ylabel('温度(\circC)')
xlabel('时间从 2018 年 1 月 1 日开始 ')
title('洛根机场温度')
```

运行程序,效果如图 2-17 所示。

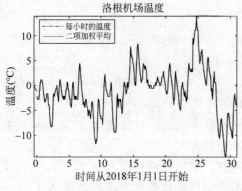

图 2-16　加权移动平均滤波器效果

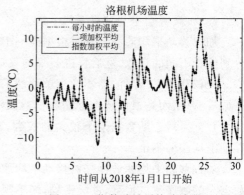

图 2-17　指数移动平均滤波器

7. Savitzky-Golay 平滑滤波器

通过平滑数据,极端值在某种程度上被删除了。为了更紧密地跟踪信号,可以使用 Savitzky-Golay 平滑滤波器,它试图在最小二乘意义上对指定数量的样本拟合指定顺序的多项式。

在 MATLAB 信号处理工具箱中,可以使用函数 sgolayfilt 来实现 Savitzky-Golay 平滑滤波器。要使用 sgolayfilt,需要指定数据的奇长段和严格小于段长度的多项式顺序。

【例 2-11】　使用 sgolayfilt 函数在内部计算平滑多项式系数,执行延迟对齐,并处理数据记录开始和结束时的瞬态影响。

```
>> cubicMA = sgolayfilt(tempC, 3, 7);
quarticMA = sgolayfilt(tempC, 4, 7);
quinticMA = sgolayfilt(tempC, 5, 9);
plot(days,[tempC cubicMA quarticMA quinticMA])
legend('每小时的温度','Cubic－Weighted平滑滤波器', 'Quartic－Weighted平滑滤波器', ...
        'Quintic－Weighted平滑滤波器','location','southeast')
ylabel('温度(\circC)')
xlabel('时间从2018年1月1日开始')
title('洛根机场温度')
axis([3 5 －5 2])
```

运行程序，效果如图2-18所示。

8. 重新采样信号

有时为了正确地应用移动平均线，可以重新采样信号。

【例2-12】 在60Hz交流电源线噪声干扰的情况下，通过模拟仪器的输入对开环电压进行采样，以1kHz采样率对电压进行采样。

```
>> load openloop60hertz
fs = 1000;
t = (0:numel(openLoopVoltage)－1) / fs;
plot(t,openLoopVoltage)
ylabel('电压(V)')
xlabel('时间(s)')
title('测量开环电压')
```

运行程序，效果如图2-19所示。

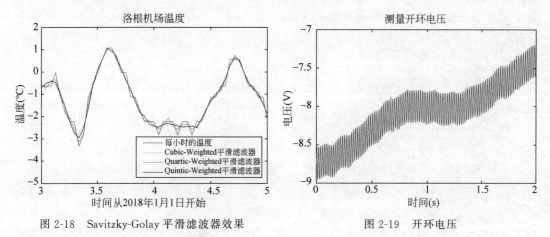

图2-18 Savitzky-Golay平滑滤波器效果   图2-19 开环电压

下面尝试使用移动平均滤波器来消除线噪声的影响。

【例2-13】 构造一个均匀加权移动平均滤波器，它将移除任何与滤波器持续时间相关的周期性组件。在1000Hz采样时，在60Hz的一个完整周期内，大约有$1000/60 = 16.667$个样本。进行"四舍五入"，即使用17点过滤器，这将在$1000Hz/17 = 58.82Hz$的基频下获得最大滤波。

```
>> plot(t,sgolayfilt(openLoopVoltage,1,17))
ylabel('电压(V)')
xlabel('时间(s)')
```

```
title('测量开环电压')
legend('移动平均滤波器工作在 58.82 Hz', ...
        'Location','southeast')
```

运行程序,效果如图 2-20 所示。注意,由图 2-20 可以看出,虽然电压明显平滑了,但它仍然包含一个小的 60 Hz 纹波。

如果对信号重新采样,通过移动平均滤波器捕获 60 Hz 信号的完整周期,就可以显著降低纹波。

如果在 $17×60＝1020$ Hz 处重新采样信号,可以使用 17 点移动平均滤波器来去除 60 Hz 的线噪声。

```
>> fsResamp = 1020;
vResamp = resample(openLoopVoltage, fsResamp, fs);
tResamp = (0:numel(vResamp) − 1) / fsResamp;
vAvgResamp = sgolayfilt(vResamp,1,17);
plot(tResamp,vAvgResamp)
ylabel('电压 (V)')
xlabel('时间(s)')
title('测量开环电压')
legend('移动平均滤波器工作在 60Hz', ...
        'Location','southeast')
```

运行程序,效果如图 2-21 所示。

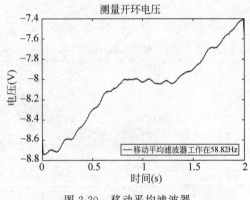

图 2-20 移动平均滤波器
工作在 58.82Hz 的滤波效果

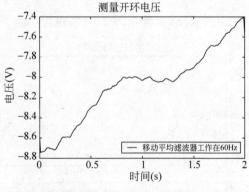

图 2-21 移动平均滤波器
工作在 60Hz 的滤波效果

9. 中值滤波器

移动平均、加权移动平均和 Savitzky-Golay 滤波器平滑所有它们过滤的数据,可能有些数据并不希望被平滑。例如,如果数据来自一个时钟信号,并且有不希望被平滑的尖锐边缘,那么采用目前为止所讨论的滤波器效果并不是很好,该怎么办? 尝试采用以下实例中的中值滤波器。

【例 2-14】 中值滤波器的演示。

```
>> load clockex
yMovingAverage = conv(x,ones(5,1)/5,'same');
ySavitzkyGolay = sgolayfilt(x,3,5);
plot(t,x, ...
```

```
    t,yMovingAverage,'-.', ...
    t,ySavitzkyGolay,'.')
legend('原始信号','移动平均','Savitzky-Golay平滑')
```

运行程序,效果如图 2-22 所示。由图 2-22 可看出,移动平均和 Savitzky-Golay 平滑分别在时钟信号的边缘处进行欠校正和过校正,效果不理想,这时可使用中值滤波器来保持边缘。

```
>> yMedFilt = medfilt1(x,5,'truncate');
plot(t,x, ...
    t,yMedFilt,'-')
legend('原始信号','中值滤波')
```

运行程序,效果如图 2-23 所示。

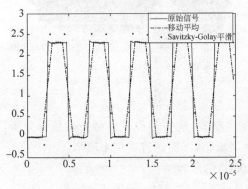

图 2-22　几种滤波效果

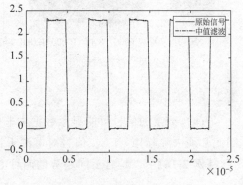

图 2-23　中值滤波效果

10. 通过 Hampel 滤波器去除异常值

许多滤波器对异常值很敏感,与中值滤波器密切相关的一种滤波器是 Hampel 滤波器。该滤波器有助于在不过度平滑数据的情况下去除信号中的异常值。

【例 2-15】 加载一段火车汽笛的录音,并添加一些人工噪声尖峰。

```
>> load train
y(1:400:end) = 2.1;
plot(y)
```

运行程序,效果如图 2-24 所示。

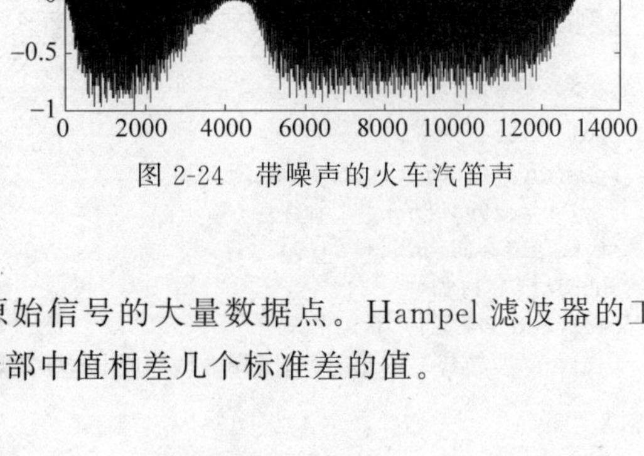

因为引入的每个峰值都只有一个样本的持续时间,所以可以使用三个元素的中值滤波器来移除峰值。

```
>> hold on
plot(medfilt1(y,3),'.')
hold off
legend('原始信号','滤波后信号')
```

图 2-24　带噪声的火车汽笛声

运行程序,效果如图 2-25 所示。

滤波器去除了尖峰信号,但也去除了原始信号的大量数据点。Hampel 滤波器的工作原理类似于中值滤波器,但是它只替换与局部中值相差几个标准差的值。

```
>> hampel(y,13)
legend('location','best')
```

运行程序,效果如图 2-26 所示。从图 2-26 中可观察到,只有离群值被从原始信号中移除。

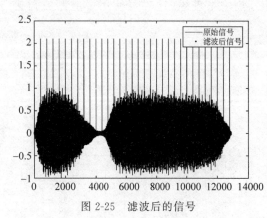

图 2-25　滤波后的信号　　　　　　　图 2-26　Hampel 滤波器效果

2.2.4　去除趋势

有时,测量的信号可能显示数据中非固有的整体模式,这些趋势有时会妨碍数据分析,因此必须去除趋势。ECG 信号对电源干扰等扰动很敏感,下面通过实例来演示。

【例 2-16】　以具有不同趋势的两种心电图(ECG)信号为例。

```
>>% 加载信号并绘制它们
load ecgSignals
t = (1:length(ecgl))';
subplot(2,1,1)
plot(t,ecgl), grid
title( '心电信号趋势'),ylabel('电压(mV)')
subplot(2,1,2)
plot(t,ecgnl), grid
xlabel('样本'), ylabel('电压(mV)')
```

运行程序,效果如图 2-27 所示。图 2-27 中的第一个绘图上的信号显示线性趋势,第二个信号的趋势是非线性的,要去除线性趋势,可使用 MATLAB 的 detrend 函数。

```
>> dt_ecgl = detrend(ecgl);
```

要去除非线性趋势,请对信号进行低阶多项式拟合并减去它。

【例 2-17】　去除 6 阶多项式的线性趋势。

```
>>%绘制两个新信号
opol = 6;
[p,s,mu] = polyfit(t,ecgnl,opol);
f_y = polyval(p,t,[],mu);
dt_ecgnl = ecgnl − f_y;
subplot(2,1,1)
plot(t,dt_ecgl), grid
title ('去趋势 ECG 信号'), ylabel('电压(mV)')
```

```
subplot(2,1,2)
plot(t,dt_ecgnl), grid
xlabel(样本), ylabel('电压(mV)')
```

运行程序,效果如图 2-28 所示。

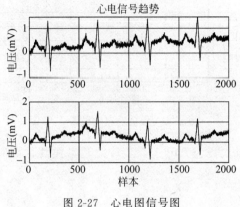

图 2-27　心电图信号图

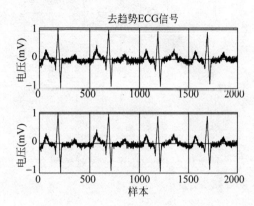

图 2-28　ECG 信号去除趋势后效果

由图 2-28 可看出,这些趋势已被有效去除,可以看到信号的基线已不再偏移,它们现在可用于进一步处理。

2.2.5　去除杂声

有些国家或地区的交流电以 60Hz 的频率振荡,这些振荡通常会破坏测量结果,必须将其去除。

【例 2-18】　在存在 60Hz 电力线噪声的情况下,演示模拟仪器的输入开环电压,电压采样频率为 1kHz。

```
>> % 载入数据
load openloop60hertz,
openLoop = openLoopVoltage;
Fs = 1000;
t = (0:length(openLoop) − 1)/Fs;
plot(t,openLoop)
ylabel('电压 (V)')
xlabel('时间 (s)')
title('带有 60Hz 噪声的开环电压')
grid
```

运行程序,效果如图 2-29 所示。

使用 designfilt 进行设计,用 Butterworth 陷波滤波器消除 60Hz 噪声,陷波的宽度定义为 59～61Hz 的频率区间。这样滤波器至少去除该范围内频率分量的一半功率。

```
>> d = designfilt('bandstopiir','FilterOrder',2, ...
           'HalfPowerFrequency1',59,'HalfPowerFrequency2',61, ...
           'DesignMethod','butter','SampleRate',Fs);
```

接着,绘制滤波器的频率响应。请注意,此陷波滤波器提供高达 45dB 的衰减。

```
>> fvtool(d,'Fs',Fs)    % 效果如图 2-30 所示
```

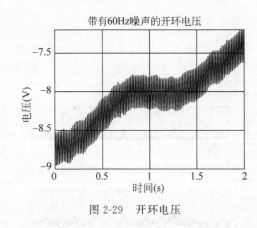

图 2-29　开环电压

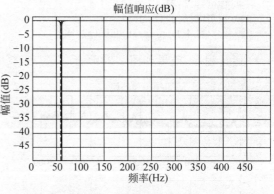

图 2-30　幅值响应效果图

下面代码用 filtfilt 函数对信号进行滤波,以补偿滤波器延迟。请注意观察振荡是如何显著减少的。

```
>> buttLoop = filtfilt(d,openLoop);
plot(t,openLoop,'.',t,buttLoop)
ylabel('电压 (V)')
xlabel('时间 (s)')
title('开环电压')
legend('未滤波前','滤波后')
grid
```

运行程序,效果如图 2-31 所示。

下面代码显示周期图,通过观察周期图可以看到 60Hz 的“峰值”已去除。

```
>> [popen,fopen] = periodogram(openLoop,[],[],Fs);
[pbutt,fbutt] = periodogram(buttLoop,[],[],Fs);
plot(fopen,20 * log10(abs(popen)),fbutt,20 * log10(abs(pbutt)),'--')
ylabel('功率/频率 (dB/Hz)')
xlabel('频率(Hz)')
title('功率谱')
legend('未滤波前','滤波后')
grid
```

运行程序,效果如图 2-32 所示。

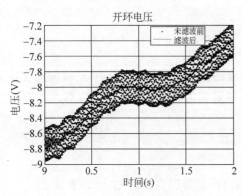

图 2-31　filtfilt 函数实现滤波效果

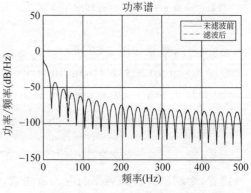

图 2-32　功率谱图

2.2.6 去除峰值

在信号处理中有时数据会出现不必要的瞬变(即峰值),在众多方法中,中位数滤波是消除它的好方法。

【例 2-19】 以存在 60Hz 电线噪声时模拟仪器输入的开环电压为例,采样率为 1kHz。

```
>> % 载入信号数据
load openloop60hertz
fs = 1000;
t = (0:numel(openLoopVoltage) - 1)/fs;
```

通过在随机点添加随机符号来加入瞬变以破坏信号,重置随机数生成器以获得可再现性。

```
>> rng default   % 重置随机
spikeSignal = zeros(size(openLoopVoltage));
spks = 10:100:1990;
spikeSignal(spks + round(2 * randn(size(spks)))) = sign(randn(size(spks)));
noisyLoopVoltage = openLoopVoltage + spikeSignal;
plot(t,noisyLoopVoltage)
xlabel('时间(s)')
ylabel('电压(V)')
title('带尖峰的开环电压')
```

运行程序,效果如图 2-33 所示。

在信号处理工具箱中,函数 medfilt1 将信号的每个点替换为该点和指定数量的邻点的中位数。因此,中位数滤波会丢弃与其周围环境相差很大的点。下面代码通过使用 3 个邻点的集合计算中位数来对信号进行滤波。

```
>> yax = ylim;
medfiltLoopVoltage = medfilt1(noisyLoopVoltage,3);
plot(t,medfiltLoopVoltage)
xlabel('时间(s)')
ylabel('电压(V)')
title('中值滤波后的开环电压')
ylim(yax)
grid
```

运行程序,效果如图 2-34 所示。

2.2.7 从不规则采样数据重建信号

有凝血倾向的人用血液稀释剂华法林治疗,可以用国际标准化比率(INR)衡量药物的效果:较大剂量增加 INR,较小剂量降低 INR。护士定期监测病人,当他们的 INR 超出目标范围时,他们的剂量和检测频率会发生变化。

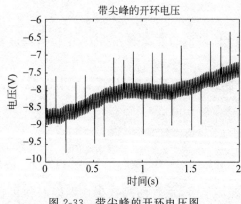

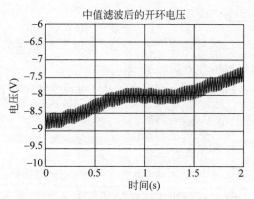

图 2-33　带尖峰的开环电压图　　　　　图 2-34　去除尖峰后的开环电压图

【例 2-20】　文件 INR. mat 包含了一位病人 5 年的 INR 测量结果,该文件包括一个 datetime 数组,其中包含每次测量的日期和时间,以及一个带有相应 INR 读数的向量。

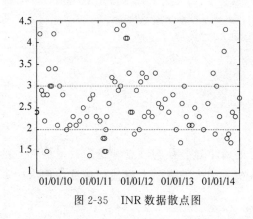

图 2-35　INR 数据散点图

```
>> % 加载数据,绘制 INR 作为时间的函数,
% 并覆盖目标 INR 范围
load('INR.mat')
plot(Date,INR,'o','DatetimeTickFormat',
'MM/dd/yy')
xlim([Date(1) Date(end)])
hold on
plot([xlim;xlim]',[2 3;2 3],'k:')
```

运行程序,效果如图 2-35 所示。

使用 resample 重新采样数据以使 INR 读数均匀分布。第一次检测是在星期五上午 11 点 28 分,在随后的每个星期五,都使用重采样来估计患者当时的 INR。使用样条插值进行重采样,指定每周一次读数的采样率,其等效于每秒读数 $1/(7 \times 86400)$ 次。

```
>> Date.Format = 'eeee, MM/dd/yy, HH:mm';
First = Date(1)
First =
  datetime
   星期五, 05/15/09, 11:28
>> perweek = 1/7/86400;
[rum,tee] = resample(INR,Date,perweek,1,1,'spline');
plot(tee,rum,'. - ','DatetimeTickFormat','MM/dd/yy')
title('INR')
xlim([Date(1) Date(end)])
hold off
```

运行程序,效果如图 2-36 所示。

每一个 INR 读数都决定了病人何时必须进行下一步测试。使用 diff 来构造量之间的时间间隔向量,以周为单位表示时间间隔,并使用与之前相同的 x 轴绘制它们。

```
>> nxt = datetime('10/30/2014 07:00 PM','Locale','en_US');
plot(Date,diff(datenum([Date;nxt]))/7,'o - ', ...
     'DatetimeTickFormat','MM/dd/yy')
title('下一次测试时间')
xlim([Date(1) Date(end)])
ylabel('周')
```

运行程序,效果如图 2-37 所示。

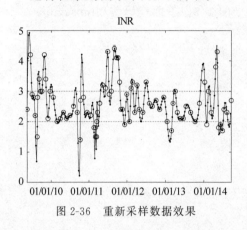

图 2-36　重新采样数据效果

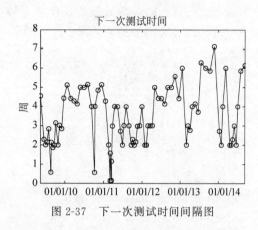

图 2-37　下一次测试时间间隔图

当 INR 超出范围时,INR 读数的时间间隔很短。当 INR 过低时,由于血栓形成的风险增加,患者更容易得到读数。当 INR 在正常范围内时,读数的时间会稳步增加,直到比率变得太小或太大。

重采样中的大波动可能是超调的迹象。因为,华法林对身体有巨大的影响,所以华法林剂量的微小变化可以极大地改变 INR。此外,当比率很低时,华法林通过紧急注射依诺肝素来补充,其效果甚至更大。

2.3　重采样

重采样是指将均匀或非均匀数据重新采样为新固定速率,执行抽取和线性插值或更高阶插值,而不引入混叠,使用自回归估计填补信号中的缺口。

2.3.1　下采样

对于一个样值序列间隔几个样值取样一次,这样得到新序列就是原序列的下采样。采样率变化主要是由于信号处理的不同模块可能有不同的采样率要求。下采样相对于最初的连续时间信号而言,还是要满足采样定理才行,否则这样的下采样会引起信号成分混叠。

下采样就是抽取,是多速率信号处理中的基本内容之一。在不同应用场合,下采样可以带来许多相应的好处。

1. 下采样实现信号相位

此实例说明如何使用 downsample 函数获得信号的相位。以 M 为因子对信号下采样可以产生 M 个唯一相位。例如,如果有一个离散时间信号 x,它具有 $x(0),x(1),x(2),$ $x(3),\cdots,$ 则 x 的 M 个相位是 $x(nM+k)$,其中 $k=0,1,\cdots,M-1$。这 M 个信号称为 x 的多相分量。

下面实例将随机数生成器重置为默认设置,以产生可重复的结果。

【例 2-21】 生成一个白噪声随机向量,并以 3 为因子下采样以得到 3 个多相分量。

```
>> rng default
x = randn(36,1);
x0 = downsample(x,3,0);
x1 = downsample(x,3,1);
x2 = downsample(x,3,2);
```

以上代码得到的多相分量的长度等于原始信号的 1/3。下面代码使用 upsample 对多相分量进行以 3 为因子的上采样。

```
>> y0 = upsample(x0,3,0);
y1 = upsample(x1,3,1);
y2 = upsample(x2,3,2);
% 绘制结果
subplot(4,1,1)
stem(x,'Marker','none')
title('原始信号')
ylim([-4 4])
subplot(4,1,2)
stem(y0,'Marker','none')
ylabel('相位 0')
ylim([-4 4])
subplot(4,1,3)
stem(y1,'Marker','none')
ylabel('相位 1')
ylim([-4 4])
subplot(4,1,4)
stem(y2,'Marker','none')
ylabel('相位 2')
ylim([-4 4])
```

运行程序,效果如图 2-38 所示。

如果对上采样的多相分量求和,就可以得到原始信号。

下面代码创建角频率为($\pi/4$ 弧度)/采样点的离散时间正弦波。将值为 2 的 DC 偏移量加到正弦波上,以帮助实现多相分量的可视化。对正弦波以 2 为因子下采样,以获得偶数和奇数多相分量。

```
>> n = 0:127;
x = 2 + cos(pi/4 * n);
x0 = downsample(x,2,0);
x1 = downsample(x,2,1);
% 对两个多相分量进行下采样
y0 = upsample(x0,2,0);
y1 = upsample(x1,2,1);
% 绘制下采样后的多相分量和原始信号以进行比较
subplot(3,1,1)
stem(x,'Marker','none')
ylim([0.5 3.5])
title('原始信号')
subplot(3,1,2)
stem(y0,'Marker','none')
```

```
ylim([0.5 3.5])
ylabel('相位 0')
subplot(3,1,3)
stem(y1,'Marker','none')
ylim([0.5 3.5])
ylabel('相位 1')
```

运行程序,效果如图 2-39 所示。

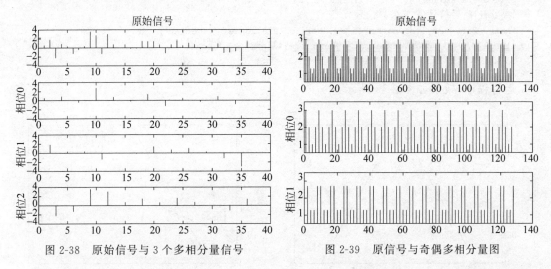

图 2-38 原始信号与 3 个多相分量信号   图 2-39 原信号与奇偶多相分量图

如果对图 2-39 中的两个下采样后的多相分量(相位 0 和相位 1)求和,将得到原始正弦波。

2. 下采样避免混叠

此实例说明如何在对信号进行下采样时避免混叠。如果离散时间信号的基带频谱支持不限于宽度为 $2\pi/M$ 弧度的区间,则以 M 为因子下采样会导致混叠。混叠是当信号频谱的多个副本重叠在一起时发生的失真。信号的基带频谱支持超出 $2\pi/M$,弧度越大,混叠越严重。

【例 2-22】 以 2 为因子下采样的信号产生混叠,信号的基带频谱支持超过 π 弧度的宽度。

```
>> % 使用 fir2 函数创建一个基带频谱支持等于 3π/2 弧度的信号,并绘制信号的频谱
F = [0 0.2500 0.5000 0.7500 1.0000];
A = [1.00 0.6667 0.3333 0 0];
Order = 511;
B1 = fir2(Order,F,A);
[Hx,W] = freqz(B1,1,8192,'whole');
Hx = [Hx(4098:end) ; Hx(1:4097)];
omega = - pi + (2 * pi/8192):(2 * pi)/8192:pi;
plot(omega,abs(Hx))
xlim([ - pi pi])
grid
title('频谱')
xlabel('弧度/样本')
ylabel('幅度')
```

运行程序,效果如图 2-40 所示,从图中可以看到信号的基带频谱支持超出$[-\pi/2,\pi/2]$。
以下代码以 2 为因子对信号下采样,并绘制下采样信号的频谱和原始信号的频谱。

```
>> y = downsample(B1,2,0);
[Hy,W] = freqz(y,1,8192,'whole');
Hy = [Hy(4098:end) ; Hy(1:4097)];
hold on
plot(omega,abs(Hy),'r-.','linewidth',2)
legend('原始信号','下采样信号')
text(-2.5,0.35,'\downarrow 混叠','HorizontalAlignment','center')
text(2.5,0.35,'混叠\downarrow','HorizontalAlignment','center')
hold off
```

运行程序,效果如图 2-41 所示。

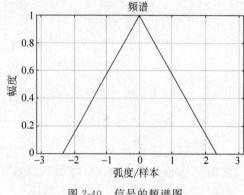

图 2-40　信号的频谱图

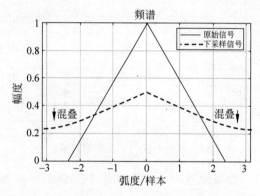

图 2-41　下采样信号的频谱和原始信号的频谱图

除频谱的幅值缩放之外,重叠频谱副本的叠合还会导致$|\omega|>\pi/2$的原始频谱失真。

将信号的基带频谱支持增加到$[-7\pi/8,7\pi/8]$并以 2 为因子对信号下采样,绘制原始频谱和下采样信号的频谱。

```
>> F = [0 0.2500 0.5000 0.7500 7/8 1.0000];
A = [1.00 0.7143 0.4286 0.1429 0 0];
Order = 511;
B2 = fir2(Order,F,A);
[Hx,W] = freqz(B2,1,8192,'whole');
Hx = [Hx(4098:end) ; Hx(1:4097)];
omega = -pi+(2*pi/8192):(2*pi)/8192:pi;
plot(omega,abs(Hx))
xlim([-pi pi])
y = downsample(B2,2,0);
[Hy,W] = freqz(y,1,8192,'whole');
Hy = [Hy(4098:end) ; Hy(1:4097)];
hold on
plot(omega,abs(Hy),'r-.','linewidth',2)
grid
legend('原始信号','下采样信号')
xlabel('弧度/样本')
ylabel('幅度')
hold off
```

运行程序,效果如图 2-42 所示。频谱宽度的增加导致下采样信号频谱中更明显的混叠,因为有更多信号能量处在[−π/2,π/2]之外。

最后,构造基带频谱支持仅限于[−π/2,π/2]的信号。以 2 为因子对信号下采样,并绘制原始信号的频谱和下采样信号的频谱。下采样信号是全频带信号,但频谱的形状得以保留,因为频谱副本不重叠,没有混叠。

```
>> F = [0 0.250 0.500 0.7500 1];
A = [1.0000 0.5000 0 0 0];
Order = 511;
B3 = fir2(Order,F,A);
[Hx,W] = freqz(B3,1,8192,'whole');
Hx = [Hx(4098:end) ; Hx(1:4097)];
omega = − pi + (2 * pi/8192):(2 * pi)/8192:pi;
plot(omega,abs(Hx))
xlim([ − pi pi])
y = downsample(B3,2,0);
[Hy,W] = freqz(y,1,8192,'whole');
Hy = [Hy(4098:end) ; Hy(1:4097)];
plot(omega,abs(Hx))
hold on
plot(omega,abs(Hy),'r − .','linewidth',2)
grid
legend('原始信号','下采样信号')
xlabel('弧度/样本')
ylabel('幅度')
hold off
```

运行程序,效果如图 2-43 所示。

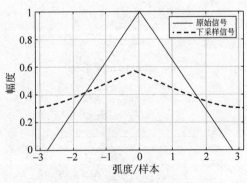

图 2-42 修改基带频谱后的下
采样信号的频谱和原始信号的频谱图

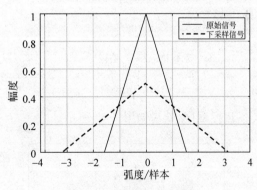

图 2-43 去除混叠的频谱图

在图 2-43 中,可以看到频谱的形状得以保留,该下采样信号的频谱是原始信号频谱的扩展和缩放,但没有混叠。

2.3.2 上采样

通常采样指的是下采样,也就是对信号的抽取。其实,上采样和下采样都是对数字信号进行重采,重采的采样率与原来获得该数字信号(比如从模拟信号采样而来)的采样率比较,大于原信号的称为上采样,小于的则称为下采样。上采样的实质也就是内插或插值。

上采样是下采样的逆过程,也称增取样(Upsampling)或内插(Interpolating)。增取样在频分多路复用中的应用是一个很好的例子。如果这些序列原先是以奈奎斯特频率对连续时间信号取样得到的,那么在进行频分多路利用之前必须对它们进行上采样。

1. 上采样产生成像伪影

这个例子展示了如何对信号进行上采样,以及上采样如何产生图像。信号的上采样缩小了频谱,例如,将一个信号向上采样2,就会使频谱收缩为原来的1/2。因为离散时间信号的频谱是周期性的,收缩会导致通常在基带之外的频谱复制出现在间隔内。

【例2-23】 创建一个基带光谱支持为$[-\pi,\pi]$的离散时间信号,并画出幅度谱。

```
>> f = [0 0.250 0.500 0.7500 1];
a = [1.0000 0.5000 0 0 0];
nf = 512;
b = fir2(nf - 1,f,a);
Hx = fftshift(freqz(b,1,nf,'whole'));
omega = - pi:2 * pi/nf:pi - 2 * pi/nf;
plot(omega/pi,abs(Hx))
grid
xlabel('\times\pi 弧度/样本')
ylabel('幅度')
```

运行程序,效果如图2-44所示。

对信号向上采样2,绘制上采样信号的频谱。谱的收缩使谱的后续周期在区间$[-\pi,\pi]$内。

```
>> y = upsample(b,2);
Hy = fftshift(freqz(y,1,nf,'whole'));
hold on
plot(omega/pi,abs(Hy))
hold off
legend('原始信号','上采样')
text(0.65 * [ - 1 1],0.45 * [1 1],["\leftarrow Imaging" "Imaging \rightarrow"], ...
    'HorizontalAlignment','center')
```

运行程序,效果如图2-45所示。

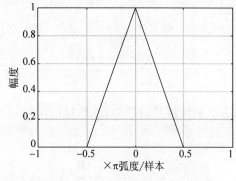

图2-44 原始信号的幅度谱

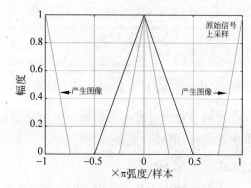

图2-45 原始信号与上采样后信号

2. 上采样插值

这个例子展示了如何对信号进行上采样并应用 interp 低通插值滤波器。L 的上采样在原始信号的每个元素之间插入 $L-1$ 个 0。上采样后的低通滤波可以消除这些成像伪影，在时域，低通滤波对上采样插入的 0 进行插值。

【例 2-24】　创建一个离散时间信号，其基带光谱支持为 $[-\pi/2,\pi/2]$，并画出幅度谱。

```
>> f = [0 0.250 0.500 0.7500 1];
a = [1.0000 0.5000 0 0 0];
nf = 512;
b = fir2(nf-1,f,a);
Hx = fftshift(freqz(b,1,nf,'whole'));
omega = -pi:2*pi/nf:pi-2*pi/nf;
plot(omega/pi,abs(Hx))
grid
xlabel('\times\pi 弧度/样本')
ylabel('幅度')
```

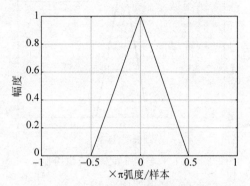

图 2-46　离散时间信号的幅度谱

运行程序，效果如图 2-46 所示。

将上采样信号应用于低通滤波器去除成像伪影，画出幅度谱。上采样仍然收缩频谱，但低通滤波器消除了成像伪影。

```
>> y = interp(b,2);
Hy = fftshift(freqz(y,1,nf,'whole'));
hold on
plot(omega/pi,abs(Hy))
hold off
legend('原始信号','上采样信号')
```

运行程序，效果如图 2-47 所示。

3. 模拟一个取样保持系统

这个例子展示了几种通过上采样和滤波信号来模拟采样保持系统输出的方法。

【例 2-25】　构造一个正弦信号，指定一个采样率，使 16 个采样恰好对应一个信号周期。并绘制一个信号阶梯图，以实现取样和保持的可视化。

```
>> fs = 16;
t = 0:1/fs:1-1/fs;
x = .9*sin(2*pi*t);
stem(t,x)
hold on
stairs(t,x)
hold off
```

运行程序，效果如图 2-48 所示。

对信号进行 4 倍的上采样，upsample 通过在现有样本之间加 0 来增加信号的采样率，并将结果与原始信号画在一起。

```
>> ups = 4;
fu = fs*ups;
tu = 0:1/fu:1-1/fu;
y = upsample(x,ups);
```

```
stem(tu,y,'-- x')
hold on
stairs(t,x)
hold off
```

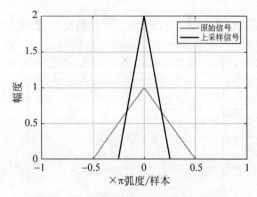

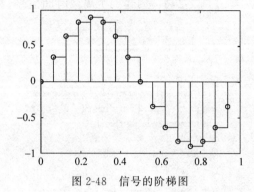

图 2-47 上采样与插值去除成像伪影

图 2-48 信号的阶梯图

运行程序,效果如图 2-49 所示。

用移动平均 FIR 滤波器实现采样和保持值填充零点。

```
>> h = ones(ups,1);
z = filter(h,1,y);
stem(tu,z,'-- .')
hold on
stairs(t,x)
hold off
```

运行程序,效果如图 2-50 所示。

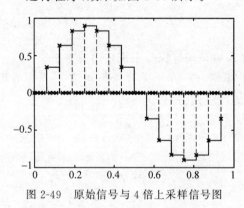

图 2-49 原始信号与 4 倍上采样信号图

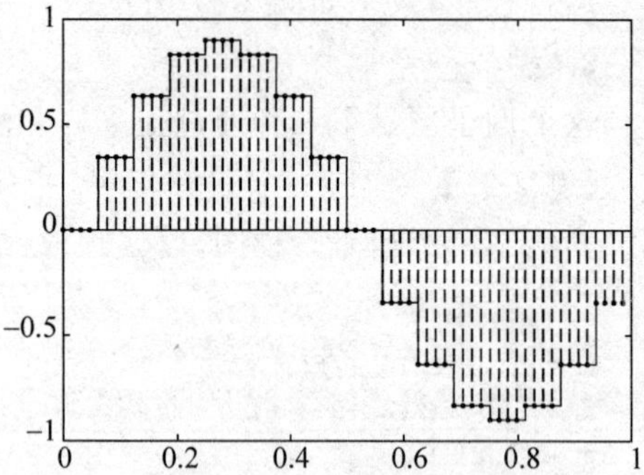

图 2-50 FIR 滤波器

使用 MATLAB 的 interp1 函数的最近邻插值法实现移动原点以对齐序列。

```
>> zi = interp1(t,x,tu,'nearest');
dl = floor(ups/2);
stem(tu(1 + dl:end),zi(1:end - dl),'-- .')
hold on
stairs(t,x)
hold off
```

运行程序,效果如图 2-51 所示。

如果将最后一个输入参数设置为 0,函数 resample 将产生相同的结果。

```
>> q = resample(x,ups,1,0);
stem(tu(1 + dl:end),q(1:end - dl),'-- .')
hold on
stairs(t,x)
hold off
```

运行程序,效果如图 2-52 所示。

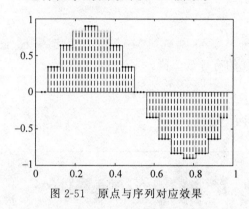 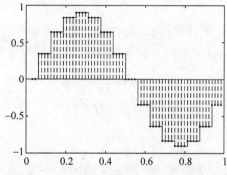

图 2-51 原点与序列对应效果　　　　图 2-52 resample 函数实现原点与序列对齐

2.3.3 更改信号采样率

此实例说明如何更改信号的采样率,实例有两个部分,第一部分将正弦输入的采样率从 44.1kHz 改为 48kHz。此工作流在音频处理中很常见,光盘上使用的采样率是 44.1kHz,而数字音频磁带上使用的采样率是 48kHz。第二部分将录制的语音样本的采样率从 7418Hz 更改为 8192Hz。

【例 2-26】 创建一个由多个正弦波组成的输入信号,采样率为 44.1kHz,这些正弦波的频率为 2kHz、4kHz 和 8kHz。

```
>> Fs = 44.1e3;
t = 0:1/Fs:1 - 1/Fs;
x = cos(2 * pi * 2000 * t) + 1/2 * sin(2 * pi * 4000 * (t - pi/4)) + 1/4 * cos(2 * pi * 8000 * t);
```

要将采样率从 44.1kHz 更改为 48kHz,必须确定一个有理数(整数之比)P/Q,使得 P/Q 与原始采样率 44100 之积在某个指定容差内等于 48000。

要确定这些因子,在 MATLAB 中可使用 rat 函数,输入新采样率 48000 与原始采样率 44100 之比。

```
>> [P,Q] = rat(48e3/Fs);
abs(P/Q * Fs - 48000)
ans =
   7.2760e - 12
```

由结果可以看到,P/Q * Fs 与所需采样率 48000 相差的数量级仅为 10^{-12}。下面使用 rat 函数求得的分子和分母因子作为 resample 的输入,以 48kHz 采样的波形作为输出。

如果计算机可以播放音频,就可以播放这两种波形。在播放信号前,请将音量设置为舒适的水平,对两种采样率的信号分别执行 play 命令并收听。

```
P44_1 = audioplayer(x,44100);
P48 = audioplayer(xnew,48000);
play(P44_1)
play(P48)
```

将语音样本的采样率从 7418Hz 更改为 8192Hz,语音信号是说话者朗读 "MATLAB" 的录音。

```
>> % 加载该语音样本
load mtlb
```

加载文件 mtlb.mat 会将语音信号 mtlb 和采样率 Fs 加载到 MATLAB 工作区中。使用 rat 函数确定新采样率 8192 与原始采样率之比的有理近似值。

```
>> [P,Q] = rat(8192/Fs);
```

以新采样率对语音样本进行重采样,并绘制两个信号。

```
>> mtlb_new = resample(mtlb,P,Q);
subplot(2,1,1)
plot((0:length(mtlb) - 1)/Fs,mtlb)
subplot(2,1,2)
plot((0:length(mtlb_new) - 1)/(P/Q * Fs),
mtlb_new)
```

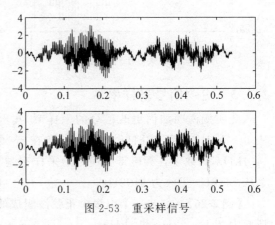

图 2-53　重采样信号

运行程序,效果如图 2-53 所示。

如果计算机能够输出音频,可以将这两个波形以其各自的采样率播放以进行比较。在播放声音前,请将计算机上的音量设置为舒适的聆听水平。分别执行 play 命令,比较不同采样率下的语音样本。

```
Pmtlb = audioplayer(mtlb,Fs);
Pmtlb_new = audioplayer(mtlb_new,8192);
play(Pmtlb)
play(Pmtlb_new)
```

2.4　测量和特征提取

Signal Processing Toolbox 提供的函数可用于测量信号的不同特征,如定位信号波峰并确定其高度、宽度和与邻点的距离;测量时域特征,如峰间幅值和信号包络;测量脉冲指标,如过冲和占空比;在频域中,测量基频、均值频率、中位数频率和谐波频率、通道带宽和频带功率。通过测量无乱真动态范围(SFDR)、信噪比(SNR)、总谐波失真(THD)、信号与噪声失真比(SINAD)和三阶截距(TOI)来表征系统。

2.4.1　峰值分析

本节实例展示了如何执行基本的峰值分析。它将帮助回答这样的问题:如何在信号中找到峰值?如何测量峰与峰之间的距离?如何测量受趋势影响的信号的峰值幅度?如何在有噪声的信号中找到峰值?如何找到局部最小值?

1. 寻找最大值或峰值

下面的例子利用苏黎世太阳黑子相对数测量了太阳黑子的数量和大小,在此使用findpeaks函数来查找峰值的位置和值。

【例 2-27】 分析 sunspot.dat 数据的峰值。

```
>> load sunspot.dat    % 载入数据
year = sunspot(:,1);
relNums = sunspot(:,2);
findpeaks(relNums,year)
xlabel('年')
ylabel('太阳黑子数')
title('寻找所有的山峰')
```

运行程序,效果如图 2-54 所示,图中显示了 300 年来的太阳黑子数,并标注了探测到的峰值。接下来将展示如何测量这些峰值之间的距离。

2. 测量峰间的距离

信号的峰值似乎定期出现,然而,有些山峰彼此非常接近。在信号处理工具箱中,利用minpeak 函数可以过滤掉这些峰值。下面代码实现在遇到一个更大的值之前,两侧的峰值会减少至少 40 个相对太阳黑子数。

```
findpeaks(relNums,year,'MinPeakProminence',40)
xlabel('年')
ylabel('太阳黑子数')
title('寻找最大的山峰')
```

运行程序,效果如图 2-55 所示。

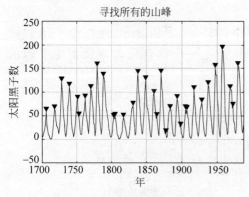

图 2-54 显示太阳黑子数所有峰值

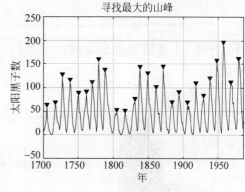

图 2-55 显示最大山峰效果图

下面的程序给出了高峰时段的年分布情况。

```
>> figure
[pks, locs] = findpeaks(relNums,year,'MinPeakProminence',40);
peakInterval = diff(locs);
hist(peakInterval)
grid on
xlabel('年的间隔')
ylabel('发生的频率')
title('峰值间隔直方图(年)')
```

```
AverageDistance_Peaks = mean(diff(locs))
AverageDistance_Peaks =
    10.9600
```

运行程序,效果如图 2-56 所示。从图 2-56 分布上可以看出,大多数峰值间隔在 10~12 年,表明信号具有周期性。此外,两个峰值之间的平均间隔为 10.96 年,与已知的 11 年的太阳黑子周期活动相匹配。

3. 在截断或饱和信号中寻找峰值

如果想把平峰排除掉,可以将一个最小偏移定义为一个峰值,并使用阈值属性指定与它的近邻之间的振幅差。

```
>> load clippedpeaks.mat
figure
%第一个图显示所有峰值
ax(1) = subplot(2,1,1);
findpeaks(saturatedData)
xlabel('样本')
ylabel('幅度')
title('检测饱和峰')
%第二个图指定最小偏移
ax(2) = subplot(2,1,2);
findpeaks(saturatedData,'threshold',5)
xlabel('样本')
ylabel('幅度')
title('滤除饱和峰')
%链接并放大以显示更改
linkaxes(ax(1:2),'xy')
axis(ax,[50 70 0 250])
```

运行程序,效果如图 2-57 所示。在图 2-57 中,第一个子图显示,在一个平坦的峰的情况下,上升边被检测为峰。第二个子图表明,指定一个阈值可以帮助拒绝平坦的峰值。

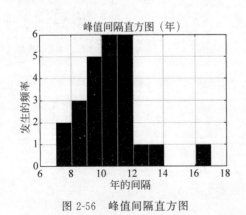

图 2-56　峰值间隔直方图

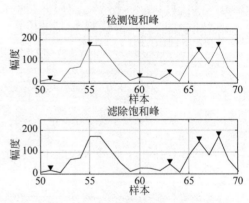

图 2-57　检测和滤除饱和峰效果

4. 测量峰值的振幅

心电图是一种随着时间推移记录心脏电活动的测量方法,这种信号是通过附着在皮肤上的电极来测量的,并且对电源干扰和运动伪影引起的噪声等干扰非常敏感。

【例 2-28】 此例展示了心电图信号的峰值分析。

```
>> load noisyecg.mat
t = 1:length(noisyECG_withTrend);
figure
plot(t,noisyECG_withTrend)
title('有趋势的信号')
xlabel('样本');
ylabel('电压(mV)')
legend('带噪声的心电图信号')
grid on
```

运行程序，效果如图 2-58 所示。在图 2-58 中，信号显示了基线偏移，因此不代表真实振幅，为了去除趋势，对信号拟合一个低阶多项式，并使用该多项式去除趋势。

```
>> [p,s,mu] = polyfit((1:numel(noisyECG_withTrend))',noisyECG_withTrend,6);
f_y = polyval(p,(1:numel(noisyECG_withTrend))',[],mu);
ECG_data = noisyECG_withTrend - f_y;        % 去趋势数据
figure
plot(t,ECG_data)
grid on
ax = axis;
axis([ax(1:2) -1.2 1.2])
title('去趋势 ECG 信号')
xlabel('样本');
ylabel('电压(mV)')
legend('去趋势 ECG 信号')
```

运行程序，效果如图 2-59 所示。去除趋势后，找到 QRS 复峰，这是心电信号中最显著的重复峰。QRS 复合体对应于人类心脏左右心室的去极化，它可以用来确定病人的心率或预测心功能异常。

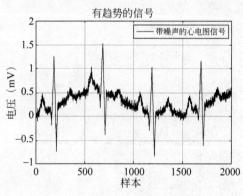

图 2-58 带噪声的心电图信号

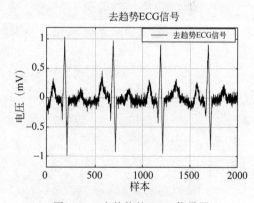

图 2-59 去趋势的 ECG 信号图

5. 设置阈值找到感兴趣的峰值

QRS 波由三大部分组成：Q 波、R 波、S 波。在 0.5mV 以上设置阈值可以检测到 R 波。注意 R 波被 200 多个样本分开。可使用属性"MinPeakDistance"来删除不需要的峰值。

```
>> [~,locs_Rwave] = findpeaks(ECG_data,'MinPeakHeight',0.5,...
                              'MinPeakDistance',200);
```

对于 S 波的检测,要找到信号的局部最小值并适当地设置阈值。

```
% 局部最小值可以通过在原始信号的反向上找到峰值来检测
>> ECG_inverted = - ECG_data;
[~,locs_Swave] = findpeaks(ECG_inverted,'MinPeakHeight',0.5,...
                                        'MinPeakDistance',200);
% 下图显示了信号中检测到的 R 波和 S 波
hold on
plot(t,ECG_data)
plot(locs_Rwave,ECG_data(locs_Rwave),'rv','MarkerFaceColor','r')
plot(locs_Swave,ECG_data(locs_Swave),'rs','MarkerFaceColor','b')
axis([0 1850 -1.1 1.1])
grid on
legend('ECG信号','R波','S波')
xlabel('S样本')
ylabel('电压(mV)')
title('在带噪声的 ECG 信号中的 R 波与 S 波')
```

运行程序,效果如图 2-60 所示。

接下来,试着确定 Q 波的位置。对峰值进行阈值化以定位 Q 波的结果可检测出不需要的峰值,因为 Q 波被埋没在噪声中,所以先对信号进行滤波,然后找出峰值,Savitzky-Golay 滤波用于去除信号中的噪声。

```
>> smoothECG = sgolayfilt(ECG_data,7,21);
figure
plot(t,ECG_data,'b',t,smoothECG,'r-.')
grid on
axis tight
xlabel('样本')
ylabel('电压(mV)')
legend('带噪声的 ECG 信号','过滤后的信号')
title('过滤有噪声的心电信号')
```

运行程序,效果如图 2-61 所示。

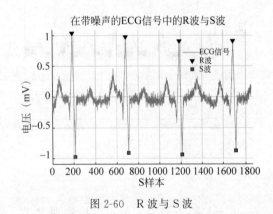

图 2-60　R 波与 S 波

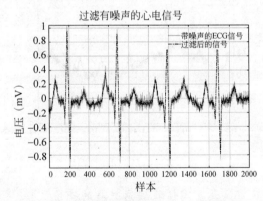

图 2-61　过滤带噪声的 ECG 信号效果图

下面对平滑信号进行峰值检测,并使用逻辑索引来找到 Q 波的位置。

```
>> [~,min_locs] = findpeaks( - smoothECG,'MinPeakDistance',40);
% 峰值在 - 0.5～ - 0.2mV
```

```
locs_Qwave = min_locs(smoothECG(min_locs)> - 0.5 & smoothECG(min_locs)< - 0.2);
figure
hold on
plot(t,smoothECG);
plot(locs_Qwave,smoothECG(locs_Qwave),'rs','MarkerFaceColor','g')
plot(locs_Rwave,smoothECG(locs_Rwave),'rv','MarkerFaceColor','r')
plot(locs_Swave,smoothECG(locs_Swave),'rs','MarkerFaceColor','b')
grid on
title('信号中的阈值峰值')
xlabel('样本')
ylabel('电压(mV)')
ax = axis;
axis([0 1850 - 1.1 1.1])
legend('平滑 ECG 信号','Q 波','R 波','S 波')
```

运行程序,效果如图 2-62 所示。从图 2-62 可以看出,在有噪声的心电信号中成功检测到了 QRS 波。注意原始信号和去趋势滤波信号中 QRS 杂波的平均差异。

```
>> % 极值的值
[val_Qwave, val_Rwave, val_Swave] = deal(smoothECG(locs_Qwave), smoothECG(locs_Rwave),
smoothECG(locs_Swave));
meanError_Qwave = mean((noisyECG_withTrend(locs_Qwave) - val_Qwave))
meanError_Qwave =
     0.2771
>> meanError_Rwave = mean((noisyECG_withTrend(locs_Rwave) - val_Rwave))
meanError_Rwave =
     0.3476
>> meanError_Swave = mean((noisyECG_withTrend(locs_Swave) - val_Swave))
meanError_Swave =
     0.1844
```

这表明,为了进行有效的峰值分析,去噪信号是必不可少的。

峰值的一些重要的特性包括上升时间、下降时间、上升水平和下降水平。这些特性计算 ECG 信号中的每一个 QRS 复合体,QRS 复合体如图 2-63 所示。

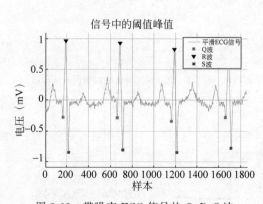

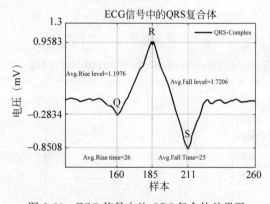

图 2-62　带噪声 ECG 信号的 Q、R、S 波　　　　图 2-63　ECG 信号中的 QRS 复合体效果图

```
>> avg_riseTime = mean(locs_Rwave - locs_Qwave);   % 平均上升时间(Average Rise time)
avg_fallTime = mean(locs_Swave - locs_Rwave);   % 平均下降时间(Average Fall time)
avg_riseLevel = mean(val_Rwave - val_Qwave);   % 平均增长水平(Average Rise Level)
```

```
avg_fallLevel = mean(val_Rwave - val_Swave);       % 平均下降水平(Average Fall Level)
helperPeakAnalysisPlot(t,smoothECG,...
                       locs_Qwave,locs_Rwave,locs_Swave,...
                       val_Qwave,val_Rwave,val_Swave,...
                       avg_riseTime,avg_fallTime,...
                       avg_riseLevel,avg_fallLevel)
title('ECG信号中的QRS复合体')
xlabel('样本')
ylabel('电压(mV)')
```

2.4.2 检测病毒爆发和信号的显著变化

1. 通过累积和检测病毒爆发

在许多实际的应用程序中,当我们正在监视数据,并且希望在底层流程发生更改时尽快得到通知。实现这一目标的一种非常流行的技术是使用累积和(CUSUM)控制图。

【例 2-29】 本实例说明 CUSUM 的工作原理,首先检查 2014 年西非埃博拉疫情的报告病例总数。

```
>> load WestAfricanEbolaOutbreak2014
plot(WHOreportdate, [TotalCasesGuinea TotalCasesLiberia TotalCasesSierraLeone],'. - ')
legend('Guinea', 'Liberia', 'Sierra Leone');
title('埃博拉病毒疾病疑似病例、疑似病例和确诊病例总数');
```

运行程序,效果如图 2-64 所示。如果看几内亚首次疫情爆发的前沿地带,将会看到第一批 100 例病例是在 2014 年 3 月 25 日左右报告的,在那之后显著增加。

下面代码绘制了从 2015 年 3 月 25 日发病开始的病例总数的相对日变化,以了解新病例的病例率。

```
>> daysSinceOutbreak = datetime(2014, 3, 24 + (0:400));
cases = interp1(WHOreportdate, TotalCasesLiberia, daysSinceOutbreak);
dayOverDayCases = diff(cases);
plot(dayOverDayCases)
title('自 2014 年 3 月 25 日以来利比里亚的新病例率(每日)');
ylabel('每日报告病例数的变化');
xlabel('自爆发以来的天数');
```

运行程序,效果如图 2-65 所示。

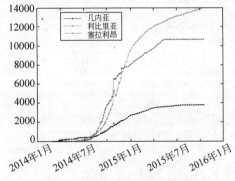

图 2-64 疑似与确认病例数据图

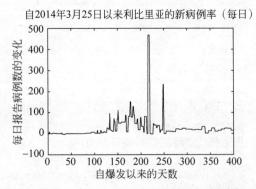

图 2-65 利比里亚 2014 年 3 月 25 日以来的新病例率图

　　如果放大前一百天的数据,可以看到,虽然最初有大量病例涌入,但许多病例在第 30 天之后被排除,在第 30 天,变化率暂时降至零以下。在第 95~100 天之间,还会看到一个显著的上升趋势,每天有 7 个新病例。

```
>> xlim([1 101])    % 如图 2-66 所示
```

　　对输入数据执行 CUSUM 测试可能是确定何时发生爆发的快速方法。CUSUM 跟踪两个累积和:一个检测局部均值何时向上移动的上和,一个检测均值何时向下移动的下和。积分技术为 CUSUM 提供了忽略传入速率中一个大(瞬态)尖峰的能力,但仍然对更稳定的速率小变化敏感。

　　使用默认参数调用 CUSUM 将检查前 25 个样本的数据,当它遇到与初始数据之间的均值偏移超过 5 个标准差时发出警报。

```
>> cusum(dayOverDayCases(1:101))    % 效果如图 2-67 所示
legend('上和','下和')
```

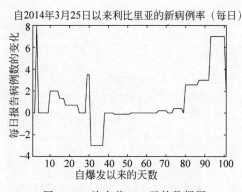

图 2-66　放大前 100 天的数据图

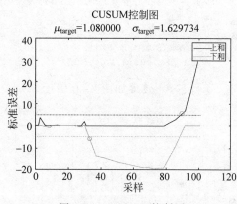

图 2-67　CUSUM 控制图

　　注意,CUSUM 在第 30 天(第 33 天)发现了虚假报告的病例,并在第 80 天(第 90 天)发现了疫情的最初爆发。如果仔细比较这些结果与之前的图,会发现 CUSUM 能够忽略第 29 天的虚假上升,但仍然在第 95 天的大上升趋势开始前 5 天触发警报。

　　如果调整 CUSUM,使其目标平均值为零病例/天,目标为 ±3 例/天,则可以忽略第 30 天的假警报,并在第 92 天发现疫情。

```
>> climit = 5;
mshift = 1;
tmean = 0;
tdev = 3;
cusum(dayOverDayCases(1:100),climit,mshift,
tmean,tdev) % 效果如图 2-68 所示
```

2. 发现方差的显著变化

　　另一种检测统计量突变的方法是通过变化点检测,它将信号分割成相邻的段,其中每个段内的一个统计量(如平均值、方差、斜率等)是常数。

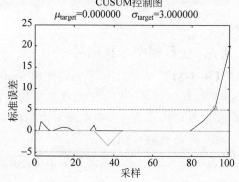

图 2-68　调整 CUSUM 后控制图

【例2-30】 此例分析了尼罗河在公元 622—1281 年的最低水位，这是在开罗附近的罗达测量仪测量到的。

```
>> load nilometer
years = 622:1284;
plot(years,nileriverminima)
title('尼罗河年最低水位')
xlabel('年')
ylabel('水位(m)')
```

运行程序，效果如图 2-69 所示。

大约在公元 715 年，建造开始于一种更新更精确的测量设备，在此之前知道的人并不多，但通过进一步的检查，会发现在 722 年左右之后，使用这种新测量设备的人就少了很多。要找到新设备开始运行的时间，可以在执行元素微分后寻找均方根水位的最佳变化，以消除任何缓慢变化的趋势。

```
>> i = findchangepts(diff(nileriverminima),'Statistic','rms');
ax = gca;
xp = [years(i) ax.XLim([2 2]) years(i)];
yp = ax.YLim([1 1 2 2]);
patch(datenum(xp),yp,[.5 .5 .5],'facealpha',0.1);
```

运行程序，效果如图 2-70 所示。

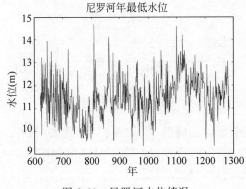

图 2-69　尼罗河水位情况

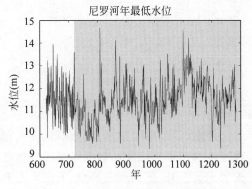

图 2-70　更新设备后的水位效果图

虽然样本分化是去除趋势的一种简单方法，但其应用有限，还有其他更复杂的方法来检查更大尺度上的方差。

2.4.3　在数据中寻找信号

【例2-31】 此例展示了如何使用 findsignal 函数在数据中查找时变信号。

它包括如何通过使用距离度量来找到精确和紧密匹配的信号，如何补偿缓慢变化的偏移量，以及使用动态时间扭曲来允许采样的变化。

1. 找到精确匹配

当希望找到一个信号的数字精确匹配时，可以使用 strfind 来执行匹配。

```
% 例如,有一个数据向量
>> data = [1 4 3 2 5 5 2 3 1 5 2 5 5 2 3 1 6 4 2 5 5 2 3 1 6 4 2];
```

```
>> %想要找到信号的位置
>> signal = [55 2 3 1];
>> %可以使用 strfind 来找到信号在数据中存在的起始索引,只要信号和数据在数值上是精确的
>> iStart = strfind(data,signal)
iStart =
      5      11      18
```

2. 寻找最接近的匹配信号

strfind 函数适用于数字精确匹配,然而,当信号中的量化噪声或其他伪影可能导致错误时,这种方法会失败。

```
%例如,如果有一个正弦函数
>> data = sin(2 * pi * (0:25)/16);
>> %想要找到信号的位置
>> signal = cos(2 * pi * (0:10)/16);
>> % strfind 无法在从第 5 个样本开始的数据中定位正弦信号
>> iStart = strfind(data,signal)
iStart =
      []
>> % strfind 无法在数据中找到信号,因为由于舍入误差,不是所有的值在数字上都相等,为了看到
这一点,从匹配区域的信号中减去数据
>> data(5:15) - signal
ans =
   1.0e - 15 *
      0      0      0   0.0555   0.0612   0.0555      0   0.2220      0   0.2220      0
```

要解决这个问题,可以使用 findsignal 函数,默认情况下,findsignal 函数会在数据中扫描信号,并在每个位置计算信号和数据之间的差的平方和,寻找最小的和。要绘制信号和数据的图表,突出显示最佳匹配位置,可以调用 findsignal 函数,如下所示:

```
>> findsignal(data,signal)        %效果如图 2-71 所示
```

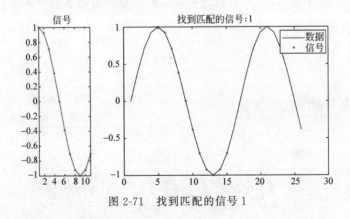

图 2-71　找到匹配的信号 1

3. 在阈值下找到最接近的匹配

默认情况下,findsignal 总是返回与数据最匹配的信号,如果要返回多个匹配项,可以指定最大差值平方和的范围。

```
>> data = sin(2 * pi * (0:100)/16);
signal = cos(2 * pi * (0:10)/16);
```

```
findsignal(data,signal,'MaxDistance',1e-14)    % 效果如图 2-72 所示
>> % findsignal 函数按接近度排序返回匹配项
[iStart, iStop, distance] = findsignal(data,signal,'MaxDistance',1e-14);
fprintf('iStart iStop   total squared distance\n')
iStart iStop   total squared distance
>> fprintf('% 4i % 5i                        % .7g\n',[iStart; iStop; distance])
    53    63    0
    69    79    0
    85    95    0
     5    15    1.776357e-15
    21    31    1.776357e-15
    37    47    1.776357e-15
```

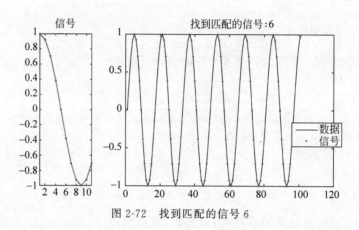

图 2-72   找到匹配的信号 6

4. 搜索具有变化偏移量的复杂信号轨迹

【例 2-32】 此例展示了如何使用 findsignal 函数来查找跟踪已知轨迹的信号。

文件 cursiveex. mat 包含一个对笔尖 x 和 y 位置的记录,当它在一张纸上描出 "phosphorescence"这个词时,x、y 数据分别被编码为复信号的实分量和虚分量。

```
>> load cursiveex
plot(data)
xlabel('实轴')
ylabel('虚轴')
```

运行程序,效果如图 2-73 所示。

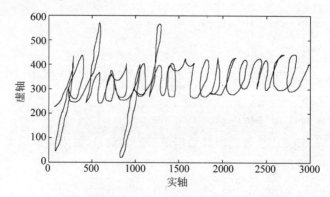

图 2-73   cursiveex. mat 文件数据效果图

```
>> % 画出一个字母"p"作为模板信号
plot(signal)
title('信号')
xlabel('实轴')
ylabel('虚轴')
```

运行程序,效果如图 2-74 所示。

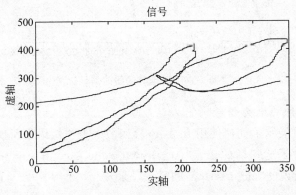

图 2-74 绘制"p"模板信号

% 使用 findsignal 函数可以很容易地找到数据中的第一个"p",这是因为信号的值在数据开始时排
% 列得相当好
>> findsignal(data,signal)   % 效果如图 2-75 所示

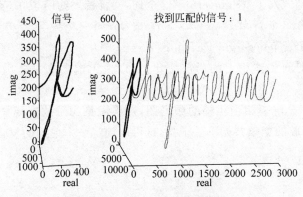

图 2-75 第一个"p"模板信号

然而,第二个"p"有两个特征,这使得寻找信号很难识别:它与第一个字母有显著但恒定的偏移量,并且字母的部分绘制速度与模板信号不同。

如果只对匹配字母的整体形状感兴趣,可以从信号和数据元素中减去一个窗口化的局部均值,这可以减轻不断变化的影响。为了减轻字母绘制速度的变化所带来的影响,可以使用动态时间扭曲,这将在执行搜索时将信号或数据拉伸到一个通用的时间基。

```
>> findsignal(data,signal,'TimeAlignment','dtw', ...
              'Normalization','center', ...
              'NormalizationLength',600, ...
              'MaxNumSegments',2)   % 效果如图 2-76 所示
```

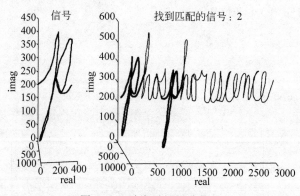

图 2-76　动态时间扭曲信号

5. 寻找时间延伸的电力信号

【例2-33】 此例展示了如何使用 findsignal 函数来查找短语中所说单词的位置。

下面的文件包含了这句话的录音"Accelerating the pace of engineering and science"，以及由同一发言者所说的"engineering"的另一段录音。

```
>> load slogan
soundsc(phrase,fs)
soundsc(hotword,fs)
```

同一发言者在一个句子或短语中改变单个口语单词的发音是很常见的。例子中的发言者用两种不同的方式发了"engineering"这个词，发言者大约用了 0.5s 才发完这个词组中的单词，他强调了第二个音节（"en-GIN-eer-ing"）；同一个发言者单独读这个单词用了 0.75s，重读了第三个音节（"en-gin-EER-ing"）。

为了补偿这些时间和体积上的局部变化，可以使用谱图来报告随时间演变的谱功率分布。

首先，使用频率分辨率相当粗糙的频谱图，这样做是为了故意模糊声道的窄带声门脉冲，只保留口腔和鼻腔的宽频共振不受干扰，这可以锁定一个单词的发音。

```
%下面的代码计算一个谱图
Nwindow = 64;
Nstride = 8;
Beta = 64;
Noverlap = Nwindow − Nstride;
[∼,∼,∼,PxxPhrase] = spectrogram(phrase, kaiser(Nwindow,Beta), Noverlap);
[∼,∼,∼,PxxHotWord] = spectrogram(hotword, kaiser(Nwindow,Beta), Noverlap);
```

现在已经有了短语和搜索词的谱图，可以使用动态时间扭曲来解释单词长度的局部变化。类似地，可以通过结合对称的 Kullback-Leibler 距离使用幂标准化来解释幂的变化。

```
>> [istart,istop] = findsignal(PxxPhrase, PxxHotWord, ...
    'Normalization','power','TimeAlignment','dtw','Metric','symmkl')
istart =
      1144
istop =
      1575
```

```
% 绘制并播放确定的单词
>> findsignal(PxxPhrase, PxxHotWord, 'Normalization','power', ...
      'TimeAlignment','dtw','Metric','symmkl')    % 效果如图 2-77 所示
>> soundsc(phrase(Nstride * istart − Nwindow/2 : Nstride * istop + Nwindow/2),fs)  % 播放单词
```

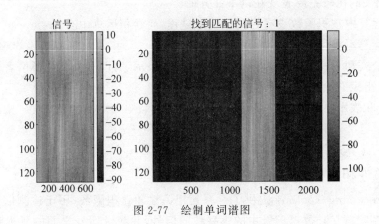

图 2-77　绘制单词谱图

2.5　相关性和卷积

在介绍信号的相关性和卷积前,先对相关性和卷积的定义进行介绍。

2.5.1　卷积和相关函数的定义

1. 卷积的定义

设函数 $f(x)$、$g(x)$ 是 **R** 上的两个可积函数,作积分:

$$F(x) = \int_{-\infty}^{+\infty} f(\xi)g(x - \xi)\mathrm{d}\xi$$

则称 $F(x)$ 为函数 $f(x)$、$g(x)$ 的卷积。常表示为 $F(x) = f(x) * g(x)$。

卷积是频率分析的一种工具,其与傅里叶变换有着密切的关系。

2. 互相关函数的定义

设函数 $f(x)$,$g(x)$ 是 **R** 上的两个可积函数,作积分:

$$G_{fg}(x) = \int_{-\infty}^{+\infty} f(\eta)g(\eta + x)\mathrm{d}\eta$$

则称 $G_{fg}(x)$ 为函数 $f(x)$、$g(x)$ 的互相关函数。

互相关函数描述了两信号之间的相关情况或取值依赖关系。如果对一个理想测试系统的输入与输出信号求互相关函数,那么,互相关函数取得最大值的 x 等于系统的滞后时间。

相关特性用于表征两个信号之间(互相关)或者一个信号相隔一定时间的两点之间(自相关)相互关联的程度。

互相关函数:

$$R_{12}(\tau) = \int_{-\infty}^{+\infty} s_1(t)s_2^*(t - \tau)\mathrm{d}t = \int_{-\infty}^{+\infty} s_1(t + \tau)s_2^*(t)\mathrm{d}t$$

$$R_{21}(\tau) = \int_{-\infty}^{+\infty} s_2(t)s_1^*(t - \tau)\mathrm{d}t = \int_{-\infty}^{+\infty} s_2(t + \tau)s_1^*(t)\mathrm{d}t$$

自相关函数:

$$R(\tau) = \int_{-\infty}^{+\infty} s(t) s^*(t - \tau) dt = \int_{-\infty}^{+\infty} s(t + \tau) s^*(t) dt$$

3. 卷积与相关的比较

卷积与相关的比较主要表现在以下几方面。

- 相关运算中被积函数没有时间反褶的过程,而卷积运算中有。
- 相关运算不满足交换率,而卷积满足。
- 相关公式和卷积公式很像,相关能利用卷积表示,所以有人就觉得两者概念有关,其实二者从概念上没有关系。

相关用卷积表示:

$$R_{12}(\tau) = s_1(\tau) \otimes s_2^*(-\tau)$$

- 相关的运算过程和卷积相似,但是不对折。

2.5.2 相关性和卷积的实现

Signal Processing Toolbox 提供了一系列相关性和卷积函数,用于检测信号相似性,确定周期性,找到隐藏在长数据记录中的感兴趣的信号,并测量信号之间的延迟以同步它们;计算线性定常(LTI)系统对输入信号的响应,执行多项式乘法,并执行循环卷积。

1. 在测量中找到一个信号

假如收集到一些数据,想知道它是否与自己所测量的更长的流相匹配。即使数据被噪声损坏,互相关仍可以实现上述功能。

将一个环在桌面上旋转的记录加载到工作空间,截取一秒钟的片段并听一听。

【例 2-34】 实现在测量数据中寻找信号。

```
>> load('Ring.mat')
Time = 0:1/Fs:(length(y) - 1)/Fs;
m = min(y);
M = max(y);
Full_sig = double(y);
timeA = 7;
timeB = 8;
snip = timeA * Fs:timeB * Fs;
Fragment = Full_sig(snip);
% 听,输入 soundsc(片段,Fs)
% 绘制信号和碎片,突出显示片段端点以供参考
plot(Time,Full_sig, [timeA timeB;timeA timeB],
[m m;M M],'r--')    % 效果如图 2-78 所示
xlabel('时间(s)')
```

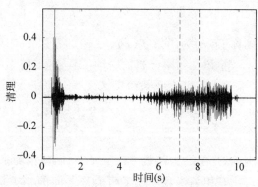

图 2-78　桌面上旋转的记录信号

```
ylabel('清理')
axis tight
>> plot(snip/Fs,Fragment)    % 效果如图 2-79 所示
xlabel('时间(s)')
ylabel('清理')
title('片段')
axis tight
>> % 计算并绘制完整信号和片段的互相关系
>> [xCorr,lags] = xcorr(Full_sig,Fragment);
plot(lags/Fs,xCorr)    % 效果如图 2-80 所示
grid
```

```
xlabel('滞后 (s)')
ylabel('清理')
axis tight
```

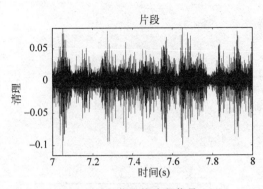

图 2-79 截取的片段信号

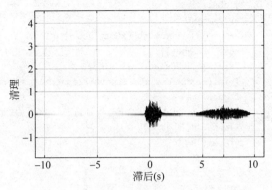

图 2-80 片段信号与完整信号的互相关

由图 2-80 可看出,互相关最大的滞后是信号起始点之间的时间延迟。下面代码重新绘制信号并覆盖片段。

```
>> [~,I] = max(abs(xCorr));
maxt = lags(I);
Trial = NaN(size(Full_sig));
Trial(maxt + 1:maxt + length(Fragment)) = Fragment;
plot(Time,Full_sig,Time,Trial)   % 效果如图 2-81 所示
xlabel('时间(s)')
ylabel('清理')
axis tight
>> % 重复这个过程,但是给信号和片段分别添加噪声,从杂音中辨不出这声音来
NoiseAmp = 0.2 * max(abs(Fragment));
Fragment = Fragment + NoiseAmp * randn(size(Fragment));
Full_sig = Full_sig + NoiseAmp * randn(size(Full_sig));
% 听,输入 soundsc(片段,Fs)
plot(Time,Full_sig,[timeA timeB;timeA timeB],[m m;M M],'r-- ')  % 效果如图 2-82 所示
xlabel('时间 (s)')
ylabel('噪声')
axis tight
```

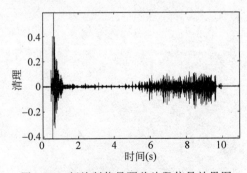

图 2-81 新绘制信号覆盖片段信号效果图

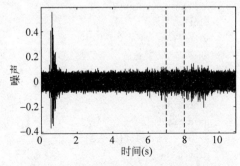

图 2-82 添加噪声的信号和片段信号

```
>> % 尽管噪声很高,这个程序还是找到了丢失的碎片
[xCorr,lags] = xcorr(Full_sig,Fragment);
```

```
plot(lags/Fs,xCorr)    % 效果如图 2-83 所示
grid
xlabel('滞后 (s)')
ylabel('噪声')
axis tight
>> [~,I] = max(abs(xCorr));
maxt = lags(I);
Trial = NaN(size(Full_sig));
Trial(maxt + 1:maxt + length(Fragment)) = Fragment;
figure
plot(Time,Full_sig,Time,Trial)    % 效果如图 2-84 所示
xlabel('时间 (s)')
ylabel('噪声')
axis tight
```

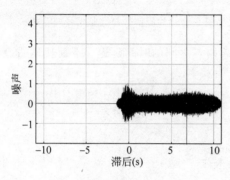

图 2-83　在噪声的信号

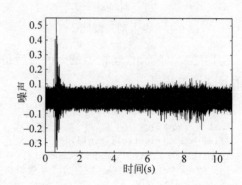

图 2-84　在噪声信号中寻找到的丢失碎片信号

2. 使用互相关性对齐信号

许多测量涉及多个传感器异步采集的数据,如果要集成信号并以关联式研究它们,必须同步它们,为此可使用 xcorr 函数。

【例 2-35】　假设有一辆汽车经过一座桥,它产生的振动由位于不同位置的三个相同传感器进行测量,信号有不同的到达时间。

```
>> % 将信号加载到 MATLAB 工作区并进行绘图
load relatedsig
ax(1) = subplot(3,1,1);
plot(s1)
ylabel('s_1')
axis tight
ax(2) = subplot(3,1,2);
plot(s2)
ylabel('s_2')
axis tight
ax(3) = subplot(3,1,3);
plot(s3)
ylabel('s_3')
axis tight
xlabel('样本')
linkaxes(ax,'x')
```

运行程序,效果如图 2-85 所示。

```
>> % 计算三对信号之间的互相关性,将它们归一化,使其最大值为 1
[C21,lag21] = xcorr(s2,s1);
C21 = C21/max(C21);
[C31,lag31] = xcorr(s3,s1);
C31 = C31/max(C31);
[C32,lag32] = xcorr(s3,s2);
C32 = C32/max(C32);
% 互相关性最大值的位置指示领先或滞后时间
>> [M21,I21] = max(C21);
t21 = lag21(I21);
[M31,I31] = max(C31);
t31 = lag31(I31);
[M32,I32] = max(C32);
t32 = lag31(I32);
% 绘制互相关图,在每个绘图中显示最大值的位置
>> subplot(3,1,1)
plot(lag21,C21,[t21 t21],[ - 0.5 1],'r:')
text(t21 + 100,0.5,['Lag: ' int2str(t21)])
ylabel('C_{21}')
axis tight
title('互相关')
subplot(3,1,2)
plot(lag31,C31,[t31 t31],[ - 0.5 1],'r:')
text(t31 + 100,0.5,['Lag: ' int2str(t31)])
ylabel('C_{31}')
axis tight
subplot(3,1,3)
plot(lag32,C32,[t32 t32],[ - 0.5 1],'r:')
text(t32 + 100,0.5,['Lag: ' int2str(t32)])
ylabel('C_{32}')
axis tight
xlabel('样本')
```

运行程序,效果如图 2-86 所示。

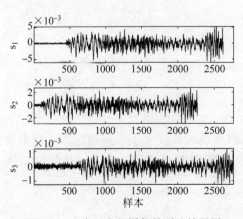

图 2-85　汽车三个相同信号到达效果图

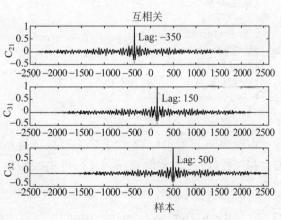

图 2-86　三个信号的互相关图

由图 2-86 可看出，s_2 领先于 s_1 350 个样本；s_3 落后于 s_1 150 个样本。因此，s_2 领先于 s_3 500 个样本，可通过截断具有较长延迟的向量来对齐信号。

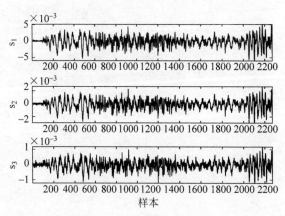

```
>> s1 = s1( - t21:end);
s3 = s3(t32:end);
ax(1) = subplot(3,1,1);
plot(s1)
ylabel('s_1')
axis tight
ax(2) = subplot(3,1,2);
plot(s2)
ylabel('s_2')
axis tight
ax(3) = subplot(3,1,3);
plot(s3)
ylabel('s_3')
axis tight
xlabel('样本')
linkaxes(ax,'x')
```

图 2-87　截断具有较长延迟的向量来对齐信号效果图

运行程序，效果如图 2-87 所示。

至此，这些信号已同步，可用于进一步处理。

3. 使用自相关求周期性

测量不确定性和噪声有时会导致难以发现信号中的振荡行为，即使该振荡行为是预期存在的。周期信号的自相关序列与信号本身具有相同的周期特征，因此，自相关可以帮助验证周期的存在并确定其持续时间。

【例 2-36】　以办公楼内温度计采集的一组温度数据为例，该设备每半小时读取一次读数，持续读取四个月。

加载数据并对其绘图，减去均值以重点关注温度波动，将温度转换为摄氏度，测量时间以天为单位。因此，采样率为 2 次测量/小时×24 小时/天＝48 次测量/天。

```
>> load officetemp
tempC = (temp - 32) * 5/9;
tempnorm = tempC - mean(tempC);
fs = 2 * 24;
t = (0:length(tempnorm) - 1)/fs;
plot(t,tempnorm)
xlabel('时间(天)')
ylabel('温度 ( {}^\circC )')
axis tight
```

运行程序，效果如图 2-88 所示。

由图 2-88 可看出，温度似乎确实有振荡特性，但周期的长度并不容易确定。计算温度的自相关性(时滞为零时该值为 1)，将正时滞和负时滞限制为三周。请注意信号的双周期性。

```
>> [autocor,lags] = xcorr(tempnorm,3 * 7 * fs,'coeff');
plot(lags/fs,autocor)    % 效果如图 2-89 所示
xlabel('滞后(天)')
```

```
ylabel('自相关')
axis([ - 21 21 - 0.4 1.1])
```

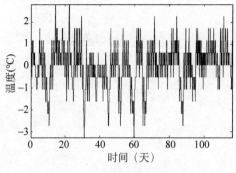

图 2-88　采集的温度数据

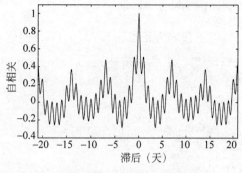

图 2-89　信号的自相关

通过找到峰值位置并确定它们之间的平均时间差来确定短周期和长周期。要找到长周期,请将 findpeaks 函数限制为只寻找间隔时间超过短周期且最小高度为 0.3 的峰值。

```
>> [pksh,lcsh] = findpeaks(autocor);
short = mean(diff(lcsh))/fs
short =
     1.0021
>> [pklg,lclg] = findpeaks(autocor, ...
     'MinPeakDistance',ceil(short) * fs,'MinPeakheight',0.3);
long = mean(diff(lclg))/fs
long =
     6.9896
>> hold on
pks = plot(lags(lcsh)/fs,pksh,'or', ...
     lags(lclg)/fs,pklg + 0.05,'vk');
hold off
legend(pks,[repmat('周期: ',[2 1]) num2str([short;long],0)])
axis([ - 21 21 - 0.4 1.1])
```

运行程序,效果如图 2-90 所示。

自相关每天和每周都呈现振荡行为,而且非常近似,这是意料之中的,因为大楼内温度在人们工作时间较高,晚上和周末较低。

4. 样本自相关的置信区间

通过一个实例说明如何为白噪声过程的自相关序列创建置信区间。

【例 2-37】　创建长度为 $L = 1000$ 个采样点的白噪声过程,计算最大滞后为 20

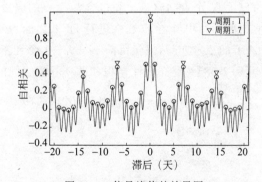

图 2-90　信号峰值的效果图

的样本自相关,并绘制白噪声过程的样本自相关和大约 95% 的置信区间。

```
% 下面代码创建白噪声随机向量,采用随机数生成器的默认设置,以获得可重现的结果,求出最大滞
% 后为 20 的归一化样本自相关
```

```
>> rng default
L = 1000;
x = randn(L,1);
[xc,lags] = xcorr(x,20,'coeff');
```

以下代码为正态分布 $N(0,1/L)$ 创建 95% 的上、下置信边界,其标准差为 $1/\sqrt{L}$。对于 95% 置信区间,临界值是 $\sqrt{2}\,\mathrm{erf}^{-1}(0.95) \approx 1.96$,置信区间是:

$$\Delta = 0 \pm \frac{1.96}{\sqrt{L}}$$

```
>> vcrit = sqrt(2) * erfinv(0.95)
vcrit =
      1.9600
>> lconf = - vcrit/sqrt(L);
upconf = vcrit/sqrt(L);
>> %绘制样本自相关和95%置信区间
stem(lags,xc,'filled')
hold on
plot(lags,[lconf;upconf] * ones(size(lags)),'r-.')
hold off
ylim([lconf-0.03 1.05])
title('用95%的置信区间样本自相关')
```

运行程序,效果如图 2-91 所示。从图 2-91 中可以看出,唯一位于 95% 置信区间之外的自相关值出现在滞后 0 处,正如白噪声过程所预期的那样。基于此结果,可以得出结论,该数据是白噪声过程的实现。

5. 线性和循环卷积

线性卷积和循环卷积是本质不同的运算,然而,在某些条件下,线性卷积和循环卷积是等效的,建立这种等效关系具有重要意义。对于两个向量 x 和 y,循环卷积等于二者的离散傅里叶变换(DFT)之积的逆 DFT 变换,了解线性卷积和循环卷积等效的条件,可使用 DFT 来高效地计算线性卷积。

包含 N 个点的向量 x 和包含 L 个点的向量 y 的线性卷积长度为 $N+L-1$。为了使 x 和 y 的循环卷积与之等效,在进行 DFT 之前,必须用 0 填充向量,使长度至少为 $N+L-1$。对 DFT 的积求逆后,只保留前 $N+L-1$ 个元素。

【例 2-38】 建立线性卷积和循环卷积之间的等效关系。

```
>> %创建两个向量x和y,并计算两个向量的线性卷积
>> clear all;
x = [2 1 2 1];
y = [1 2 3];
clin = conv(x,y);
```

输出长度为 4+3-1,用 0 填充两个向量,使长度为 4+3-1,求出两个向量的 DFT,将其相乘,并求乘积的逆 DFT。

```
>> xpad = [x zeros(1,6 - length(x))];
ypad = [y zeros(1,6 - length(y))];
ccirc = ifft(fft(xpad) .* fft(ypad));
```

填 0 后的向量 xpad 和 ypad 的循环卷积等效于 x 和 y 的线性卷积。保留 ccirc 的所有元素，因为输出长度为 4＋3－1。

```
>> % 绘制线性卷积的输出和 DFT 之积的逆,以显示二者等效
subplot(2,1,1)
stem(clin,'filled')
ylim([0 11])
title('x 和 y 的线性卷积')
subplot(2,1,2)
stem(ccirc,'filled')
ylim([0 11])
title('xpad 和 ypad 的循环卷积')
```

运行程序，效果如图 2-92 所示。

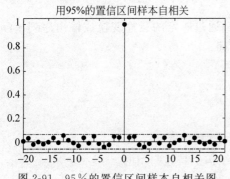

图 2-91　95％的置信区间样本自相关图

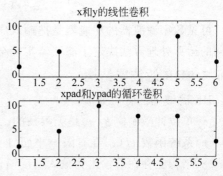

图 2-92　线性卷积的输出和 DFT 之积的逆效果图

将向量填充到长度为 12，并使用 DFT 之积的逆 DFT 求得循环卷积，仅保留前 4＋3－1 个元素，以产生与线性卷积等效的结果。

```
>> N = length(x) + length(y) - 1;
xpad = [x zeros(1,12 - length(x))];
ypad = [y zeros(1,12 - length(y))];
ccirc = ifft(fft(xpad). * fft(ypad));
ccirc = ccirc(1:N);
```

Signal Processing Toolbox 中提供了函数 cconv，该函数返回两个向量的循环卷积，可以通过以下代码使用循环卷积来求 *x* 和 *y* 的线性卷积。

```
>> ccirc = ccirc(1:N)
ccirc =
    2.0000    5.0000    10.0000    8.0000    8.0000    3.0000
```

cconv 内部使用的就是上例中基于 DFT 的步骤。

2.6　数字滤波器

Signal Processing Toolbox 提供的函数和 App 可用于设计、分析和实现各种 FIR 和 IIR 滤波器，如低通滤波器、高通滤波器和带阻滤波器；通过测试稳定性和相位线性来计算滤波器性能，对数据应用滤波器，并使用零相位滤波消除延迟和相位失真。

Signal Processing Toolbox 还提供了一些函数,用于设计和分析模拟滤波器,包括Butterworth、Chebyshev、Bessel 和椭圆设计;使用脉冲不变性和双线性变换等离散化方法执行模/数滤波器转换。

2.6.1　数字滤波器概述

一个数字滤波器可以用系统函数表示为:

$$H(z) = \frac{\sum\limits_{k=0}^{M} b_k z^{-k}}{1 - \sum\limits_{k=1}^{N} a_k z^{-k}} = \frac{Y(z)}{X(z)}$$

由此式可得出表示输入/输出关系的常系数线性差分方程为:

$$y(n) = \sum\limits_{k=0}^{N} a_k y(n-k) + \sum\limits_{k=0}^{M} b_k x(n-k)$$

可见数字滤波器的功能就是把输入序列 $x(n)$ 通过一定的运算变换成输出序列 $y(n)$。不同的运算处理方法决定了滤波器实现结构的不同。

2.6.2　IIR 滤波器结构

IIR 滤波器的特点如下。

- 单位冲激响应 $h(n)$ 是无限长的。
- 系统函数 $H(z)$ 在有限 z 平面($1 < |z| < \infty$)上有极点存在。
- 结构上存在着输出到输入的反馈,也就是结构上是递归型的。
- 稳定的 IIR 滤波器其全部极点一定在单位圆内。

一个 IIR 滤波器的有理系统函数为:

$$H(z) = \frac{\sum\limits_{k=0}^{M} b_k z^{-k}}{1 - \sum\limits_{k=1}^{N} a_k z^{-k}} = \frac{Y(z)}{X(z)}$$

各种实现方式都是在它的基础上进行变形得到的。以下讨论 $M \leqslant N$ 的情况。

- 直接型结构(包括直接 I 型与直接 II 型)。
- 基本二阶节的级联与并联结构。

1. 直接型

直接型主要包括直接 I 型和直接 II 型。

1) 直接 I 型

设系统输入/输出关系的 N 阶差分方程为:

$$y(n) = \sum\limits_{k=0}^{N} a_k y(n-k) + \sum\limits_{k=0}^{M} b_k x(n-k)$$

这就是一种由差分方程直接实现的方式,又称为直接型 I 结构。

结构的特点如下。

- 两个网络级联:第一个横向结构 M 节延时网络实现零点,第二个有反馈的 N 节延时网络实现极点。
- 共需($N + M$)级延时单元。

- 缺点是系数不是直接决定单个零极点，因而不能很好地进行滤波性能控制；极点对系数的变化过于灵敏，从而使系统频率响应对系统变化过于灵敏，也就是对有限精度（有限字长）运算过于灵敏，容易出现不稳定或产生较大误差。

2）直接Ⅱ型

一个线性移不变系统，如果交换其级联子系统的次序，系统函数不变。把该原理应用于直接Ⅰ型结构，即：

- 交换两个级联网络的次序。
- 合并两个具有相同输入的延时支路。

这样就得到另一种结构，称为直接Ⅱ型结构。

此结构的特点如下。

- N 节延时网络实现极点，第二个横向结构 M 节延时网络实现零点。
- 实现 N 阶滤波器（一般 $N \geqslant M$）只需 N 级延时单元，所需延时单元最少，故又称典范型。
- 同直接Ⅰ型一样，具有直接型实现的一般缺点。

2. 基本二阶节的级联结构和并联结构

1）基本二阶节的级联结构

将系统函数按零、极点进行因式分解，表示为基本二阶子系统的乘积形式：

$$H(z) = \frac{\sum_{k=0}^{M} b_k z^{-k}}{1 - \sum_{k=1}^{N} a_k z^{-k}} = \frac{Y(z)}{X(z)}$$

$$H(z) = A \prod_{k} \frac{1 + \beta_{1k} z^{-1} + \beta_{2k} z^{-2}}{1 - \alpha_{1k} z^{-1} - \alpha_{2k} z^{-2}} = A \prod_{k} H_k(z)$$

它的实现结构即可表示为基本二阶节 $H_k(k)$ 的级联形式，每个二阶节用直接Ⅱ型实现。

级联结构的特点如下。

- 每个二阶节系数单独控制一对零点和一对极点，有利于控制频率响应。
- 分子分母中二阶因子配合成基本二阶节的方式，各二阶节的排列次序不同，其级联结构也不同，它们表示同一个 $H(z)$，但有限精度运算时带来的误差是不同的。

2）基本二阶节的并联结构

将因式分解的 $H(z)$ 展成部分分式的形式，表示为二阶子系统和形式：

$$H(z) = G_0 + \sum_{k} \frac{\gamma_{0k} + \gamma_{1k}^{-1}}{1 - \alpha_{1k} z^{-1} - \alpha_{2k} z^{-2}} = G_0 + \sum_{k} H_k(z)$$

其实现结构表示为基本二阶节的并联形式。当 $M < N$ 时，$G_0 = 0$。

并联结构的特点如下。

- 能精确调整每对极点，但全体零点随任一并联二阶节系数变化而变化，因此不适用于要求精确传输零点的场合。
- 各节误差相互无影响，累加即可，故一般来说比级联型的误差稍小一些。

3. IIR 与 FIR 滤波器的比较

与 FIR 滤波器相比，IIR 滤波器的主要优点是，要满足同一组设定，它的滤波器阶数通常远远低于 FIR 滤波器。虽然 IIR 滤波器具有非线性相位，但 MATLAB 软件中的数据处理通常是"离线"执行的，即整个数据序列在滤波之前是可用的。这允许采用非因果零相位滤波方法（通过 filtfilt 函数），消除 IIR 滤波器的非线性相位失真。

4. 经典 IIR 滤波器

信号处理工具箱提供五种不同类型的经典 IIR 滤波器，它们各有所长。下面将简单介绍每种滤波器的主要特征。

1) Butterworth 滤波器

Butterworth 滤波器提供理想低通滤波器在模拟频率 $\Omega=0$ 和 $\Omega=\infty$ 处的响应的最佳泰勒级数逼近；对于任意阶 N，幅值平方响应在这两个位置的 $2N-1$ 阶导数为零（即 $\Omega=0$ 和 $\Omega=\infty$ 处达到最大平坦）。总体而言，响应呈单调形态，从 $\Omega=0$ 到 $\Omega=\infty$ 下降。在 $\Omega=1$ 处，$|H(j\Omega)|=\frac{1}{\sqrt{2}}$。

2) Chebyshev I 类滤波器

Chebyshev I 类滤波器通过在通带中引入 R_p dB 的等波纹，将整个通带的理想和实际频率响应之间的绝对差降至最低。其阻带响应达到最大平坦度。从通带到阻带的过渡比 Butterworth 滤波器更快。在 $\Omega=1$ 处，$|H(j\Omega)|=10^{-R_p/20}$。

3) Chebyshev II 类滤波器

Chebyshev II 类滤波器通过在阻带中加入 R_s dB 的等波纹，将整个阻带的理想频率响应和实际频率响应之间的绝对差降至最低。其通带响应达到最大平坦度。

阻带不像 I 类滤波器那样快地逼近零（对于偶数滤波器阶 n 则根本不会逼近零）。然而，通带中没有波纹通常是重要优势。在 $\Omega=1$ 处，$|H(j\Omega)|=10^{-R_s/20}$。

4) 椭圆滤波器

椭圆滤波器在通带和阻带中均采用等波纹。它们通常以任何支持的滤波器类型中的最低阶满足滤波器要求。在给定滤波器阶数 n、以分贝为单位的通带波纹 R_p、以分贝为单位的阻带波纹 R_s 的情况下，椭圆滤波器可以最小化过渡宽度。在 $\Omega=1$ 处，$|H(j\Omega)|=10^{-R_p/20}$。

5) Bessel 滤波器

模拟 Bessel 低通滤波器在零频率处具有最大平坦度的群延迟，并且在整个通带内保持几乎恒定的群延迟。因此，滤波后的信号在通带频率范围内保持其波形。当模拟 Bessel 低通滤波器通过频率映射转换为数字滤波器时，它不再具有这种最大平坦属性。Signal Processing Toolbox 仅支持使用完整 Bessel 设计函数实现模拟滤波器。

相比其他滤波器，Bessel 滤波器通常需要更高的阶数才能获得理想的阻带衰减。在 $\Omega=1$ 处 $|H(j\Omega)|<\frac{1}{\sqrt{2}}$，并且会随着滤波器阶数 n 的增大而减小。

注意：上面显示的低通滤波器是用模拟原型函数 besselap、buttap、cheb1ap、cheb2ap 和 ellipap 创建的。这些函数求截止频率为 1rad/s 的适当类型的 n 阶模拟滤波器的零点、极点和增益。滤波器整体设计函数（besself、butter、cheby1、cheby2 和 ellip）将调用原型函数作为设计过程的第一步。

5．其他 IIR 滤波器

直接滤波器设计函数 yulewalk 用于设计幅值响应接近特定频率响应函数的滤波器。这是创建多频带带通滤波器的一种方法。也可以使用参数化建模或系统识别函数来设计 IIR 滤波器。

6．直接 IIR 滤波器设计

在信号处理工具箱中使用直接设计方法来说明 IIR 的设计，这些方法基于离散域中的设定设计滤波器。与模拟原型方法不同，直接设计方法不受标准低通、高通、带通或带阻配置的约束。相反，这些函数设计的滤波器具有任意（也许是多频带）频率响应。本节讨论专门用于滤波器设计的 yulewalk 函数，除了此方法外，还有一些其他比较直接的方法，如 Prony 方法、线性预测、Steiglitz-McBride 方法和逆频率设计法。

yulewalk 函数通过拟合指定的频率响应来设计递归 IIR 数字滤波器。yulewalk 的名称反映其求滤波器分母系数的方法：它求理想的指定幅值平方响应的逆 FFT，并使用所得的自相关函数样本求解修正的 Yule-Walker 方程。函数的语法格式为：

[b,a] = yulewalk(n,f,m)：返回行向量 b 和 a，分别包含 n 阶 IIR 滤波器的 n+1 个分子系数和分母系数，该滤波器的频率幅值特征逼近向量 f 和 m 中给出的频率幅值特征。f 是频率点向量，范围从 0 到 1，其中 1 代表 Nyquist 频率。m 是向量，包含 f 中各点的特定幅值响应。f 和 m 可以说明任何分段线性形状幅值响应，包括多频带响应。此函数的对应 FIR 函数是 fir2，它还基于任意分段线性幅值响应设计滤波器。

请注意，yulewalk 不接收相位信息，也不对最终滤波器的最佳性做出声明。

【例 2-39】 使用 yulewalk 设计多频带滤波器，并绘制指定和实际频率响应。

```
>> m = [0    0    1    1    0    0    1    1    0    0];
f = [0 0.1 0.2 0.3 0.4 0.5 0.6 0.7 0.8 1];
[b,a] = yulewalk(10,f,m);
[h,w] = freqz(b,a,128)
plot(f,m,w/pi,abs(h))
```

运行程序，输出如下，效果如图 2-93 所示。

```
h =
   0.0311 + 0.0000i
   0.0301 − 0.0012i
   0.0272 − 0.0022i
   …
   0.0015 − 0.0106i
   0.0007 − 0.0072i
   0.0002 − 0.0036i
w =
        0
   0.0245
   0.0491
   …
   3.0680
   3.0925
   3.1170
```

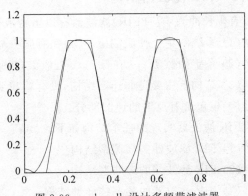

图 2-93 yulewalk 设计多频带滤波器

7. 广义 Butterworth 滤波器设计

可以使用工具箱函数 maxflat 设计广义 Butterworth 滤波器,即零点和极点数量不同的 Butterworth 滤波器。这非常适合一些极点比零点计算成本高的实现。maxflat 与 butter 函数非常相似,区别在于使用前者时,可以指定两个阶(分子阶与分母阶各一阶)而不是只指定一个。这些滤波器具有最大平坦度,这意味着所得滤波器对于任何分子和分母阶均为最佳,即在 0 处和 Nyquist 频率 $w=\pi$ 处的最高阶导数均设置为 0。

【例 2-40】 广义 Butterworth 滤波器设计演示。

例如,当两个阶数相同时,maxflat 与 butter 相同:

```
>> [b,a] = maxflat(3,3,0.25)
b =
    0.0317    0.0951    0.0951    0.0317
a =
    1.0000   -1.4590    0.9104   -0.1978
>> [b,a] = butter(3,0.25)
b =
    0.0317    0.0951    0.0951    0.0317
a =
    1.0000   -1.4590    0.9104   -0.1978
```

但是,maxflat 函数更通用,因为它允许设计零点多于极点的滤波器。

```
>> [b,a] = maxflat(3,1,0.25)
b =
    0.0950    0.2849    0.2849    0.0950
a =
    1.0000   -0.2402
```

maxflat 函数的第三个输入是半功率频率,该频率介于 0 和 1 之间,幅值响应为 $\frac{1}{\sqrt{2}}$。还可以使用 'sym' 选项设计具有最大平坦度属性的线性相位滤波器。

```
>> maxflat(4,'sym',0.3)
ans =
    0.0331    0.2500    0.4337    0.2500    0.0331
```

2.6.3 FIR 滤波器结构

有限长冲激响应(FIR)滤波器有以下特点。

(1) 系统的单位冲激响应 $h(n)$ 在有限个 n 值处不为零。

(2) 系统函数 $H(z)$ 在 $|z|>0$ 处收敛,极点全部在 $z=0$ 处(稳定系统)。

(3) 结构上主要是非递归结构,没有输出到输入的反馈,但在有些结构中(例如频率抽样结构)也包含有反馈的递归部分。

FIR 滤波器实现的基本结构如下。

(1) FIR 滤波器的横截型结构。

(2) FIR 滤波器的级联型结构。

(3) FIR 滤波器的频率抽样型结构。

(4) FIR 滤波器的快速卷积型结构。

下面对前 3 种基本结构进行介绍。

1．横截型结构

1）一般 FIR 滤波器的横截型（直接型、卷积型）结构

设 FIR 滤波器的单位冲激响应 $h(n)$ 为一个长度为 N 的序列，则滤波器系统的函数为：

$$H(z) = \sum_{n=0}^{N-1} h(n) z^{-n}$$

表示这一系统输入/输出关系的差分方程为：

$$y(n) = \sum_{n=0}^{N-1} h(m) x(n-m)$$

这就是 FIR 滤波器的横截型结构，又称直接型或卷积型结构。

2）线性相位 FIR 滤波器的横截型结构

如果 $h(n)$ 呈现对称特性，即此 FIR 滤波器具有线性相位，则可以简化为横截型结构。

2．级联型结构

将 $H(z)$ 分解成实系数二阶因子的乘积形式：

$$H(z) = \sum_{n=0}^{N-1} h(n) z^{-n} = \prod_{k=1}^{\left[\frac{N}{2}\right]} \beta_{0k} + \beta_{1k} z^{-1} + \beta_{2k} z^{-2}$$

这时 FIR 滤波器可用二阶节的级联结构来实现，每个二阶节用横截型结构来实现。

3．频率抽样型结构

如果 FIR 滤波器的冲激响应为有限长（N 点）序列 $h(n)$，则有如图 2-94 所示的关系。

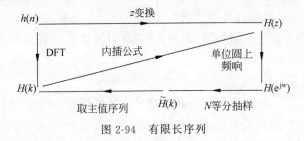

图 2-94　有限长序列

因此，对 $h(n)$ 可以利用 DFT 得到 $H(k)$，然后利用内插公式：

$$H(z) = (1 - z^{-N}) \frac{1}{N} \sum_{k=0}^{N-1} \frac{H(k)}{1 - W_N^{-K} z^{-1}}$$

来表示系统函数。这就为 FIR 滤波器提供了另外一种结构：频率抽样型结构。这种结构由两部分级联而成：

$$H(z) = (1 - z^{-N}) \frac{1}{N} \sum_{k=0}^{N-1} H_k(z)$$

（1）级联的第一部分为：

$$H_c(z) = 1 - z^{-N}$$

是一个梳状滤波器，它滤掉了频率 $w = \dfrac{2\pi}{N}$ 及其各次谐波。

（2）级联的第二部分由 N 个一阶网络并联而成，第 k 个一阶网络为：

$$H'_k(z) = \frac{H(k)}{1 - W_N^{-K} z^{-1}}$$

它在单位圆上有一个极点：

$$z_k = W_N^{-K} = e^{j\frac{2\pi}{N}k}$$

这是一个谐振频率 $w = \frac{2\pi}{N}$ 的无损耗谐振器。这个谐振器的极点正好与梳状滤波器的一个零点（$i=k$）相抵消，从而使这个频率上的频率响应等于 $H(k)$。这样，N 个谐振器的 N 个极点就和梳状滤波器的 N 个零点相抵消，从而在 N 个频率抽样点上的频率响应就分别等于 N 个 $H(k)$ 值。

4. FIR 滤波器与 IIR 滤波器的比较

与无限持续时间脉冲响应(IIR)滤波器相比，具有有限持续时间脉冲响应的数字滤波器（全零或 FIR 滤波器）既有优点又有缺点。

FIR 滤波器具有以下主要优点。

- 它们可以具有精确的线性相位。
- 它们始终稳定。
- 设计方法通常是线性的。
- 它们可以在硬件中高效实现。
- 滤波器启动瞬态具有有限持续时间。

FIR 滤波器的主要缺点是，要达到同样的性能水平，其所需阶数远高于 IIR 滤波器。相应地，这些滤波器的延迟通常比同等性能的 IIR 滤波器大得多。

FIR 滤波器设计方法主要有加窗、多频带（包含过渡带）、约束最小二乘、任意响应、升余弦等方法。

5. 线性相位滤波器

除 cfirpm 外，所有 FIR 滤波器设计函数都只设计线性相位滤波器。这些滤波器系数或"抽头"遵循偶数或奇数对称关系。根据这种对称性以及滤波器的阶数 n 是偶数还是奇数，线性相位滤波器（存储在长度为 $n+1$ 的向量 b 中）对其频率响应有一定的固有限制。

线性相位 FIR 滤波器的相位延迟和群延迟在整个频带内相等且恒定。对于 n 阶线性相位 FIR 滤波器，群延迟为 $n/2$，滤波后的信号延迟 $n/2$ 个时间步（其傅里叶变换的幅值按滤波器的幅值响应进行缩放）。该属性保持通带中信号的波形，也就是说，没有相位失真。

默认情况下，函数 fir1、fir2、firls、firpm、fircls 和 fircls1 都可用于设计Ⅰ类和Ⅱ类线性相位 FIR 滤波器。rcosdesign 只用于设计Ⅰ类滤波器。在给定 'hilbert' 或 'differentiator' 标志的情况下，firls 和 firpm 都可用于设计Ⅲ和Ⅳ类线性相位 FIR 滤波器。cfirpm 可用于设计任何类型的线性相位滤波器和非线性相位滤波器。

注意：由于Ⅱ类滤波器在 Nyquist 频率（"高"频率）下的频率响应为零，fir1 不用于设计Ⅱ类高通和带阻滤波器。在这些情况下，如果 n 为奇数值，fir1 将阶加 1，并返回Ⅰ类滤波器。

6. 加窗方法

假设有一个截止频率为 $w_0\,\mathrm{rad/s}$ 的理想矩形数字低通滤波器，该滤波器在幅值小于

w_0 的所有频率上都具有幅值 1,在幅值介于 w_0 和 π 之间的频率上具有幅值 0,其脉冲响应序列 $h(n)$ 为

$$h(n) = \frac{1}{2\pi} \int_{-\pi}^{\pi} H(w) e^{jwn} \, \mathrm{d}w = \frac{1}{2\pi} \int_{-w_0}^{w_0} e^{jwn} \, \mathrm{d}w = \frac{\sin w_0 n}{\pi n}$$

该滤波器不可实现,因为它的脉冲响应是无限的和非因果的。要创建有限持续时间脉冲响应,请通过应用加窗来截断它,通过在此截断中保留脉冲响应的中心部分,可以获得线性相位 FIR 滤波器。

【例 2-41】 设计一个低通截止频率 w_0 为 0.4π rad/s、长度为 51 的滤波器。

```
>> b = 0.4 * sinc(0.4 * ( - 25:25));
```

此处应用的加窗是简单的矩形窗,根据 Parseval 定理,长度为 51 的滤波器在积分最小二乘意义上最接近理想的低通滤波器。以下命令在 FVTool 中显示滤波器的频率响应:

```
fvtool(b,1)    % 效果如图 2-95 所示
```

请注意,图 2-95 中显示的 y 轴采用幅值的二次方。

在图 2-95 的响应中会出现振铃和波纹,尤其是在频带边缘附近。这种"吉布斯效应"不会随着滤波器长度的增加而消失,但非矩形窗会减小其幅值。在时域中将信号乘以一个窗函数会使信号在频域中发生卷积或平滑。将长度为 51 的 Hamming 窗应用于滤波器,并使用 FVTool 显示结果。

```
>> b = 0.4 * sinc(0.4 * ( - 25:25));
b = b. * hamming(51)';
fvtool(b,1)    % 效果如图 2-96 所示
```

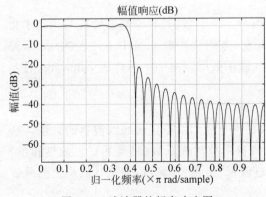

图 2-95 滤波器的频率响应图

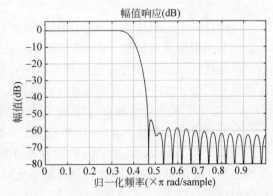

图 2-96 Hamming 窗应用于滤波器效果图

使用 Hamming 窗可以大大降低振铃。这一改善以过渡带宽度和最优性为代价:加窗的滤波器需要更长时间从通带下降到阻带,且无法最小化平方误差积分。

函数 fir1 和 fir2 基于此加窗过程。对于给定的理想滤波器阶数和描述,这些函数返回该理想滤波器的加窗傅里叶逆变换。默认情况下,两者都使用 Hamming 窗,但它们接受任何窗函数。有关窗口及其属性的概述,请参阅加窗法。

1）标准频带 FIR 滤波器设计：fir1

fir1 函数是实现加窗的线性相位 FIR 数字滤波器设计的经典方法。它类似于 IIR 滤波器的设计函数，因为它用于设计标准频带配置（低通、带通、高通和带阻）条件下的滤波器。

例如以下语句：

```
n = 50;
Wn = 0.4;
b = fir1(n,Wn);
```

在程序中创建行向量 b，其中包含 n 阶 Hamming 窗滤波器的系数。这是一个低通线性相位 FIR 滤波器，截止频率为 Wn。Wn 是介于 0 和 1 的数字，其中 1 对应于 Nyquist 频率，即采样频率的一半（与其他方法不同，此处 Wn 对应于 6dB 点）。要获得高通滤波器，只需将'high'添加到函数的参数列表中。要获得带通或带阻滤波器，请将 Wn 指定为包含通带边缘频率的二元素向量。为带阻配置追加'stop'。

2）Kaiser 窗阶估计

kaiserord 函数估计滤波器阶数、截止频率和 Kaiser 窗 β 参数，使之满足一组给定的滤波器设定。在给定频带边缘向量和对应的幅值向量以及最大允许波纹的情况下，kaiserord 为 fir1 函数返回适当的输入参数。

3）多频带 FIR 滤波器设计

fir2 函数还可用于设计加窗的 FIR 滤波器，但具有任意形状的分段线性频率响应。这与 fir1 不同，fir1 仅设计具有标准低通、高通、带通和带阻配置的滤波器。

例如以下命令：

```
n = 50;
f = [0 .4 .5 1];
m = [1  1  0  0];
b = fir2(n,f,m);
```

返回行向量 b，其中包含 n 阶 FIR 滤波器的 n+1 个系数，其频率幅值特征与向量 f 和 m 给出的频率幅值特征相匹配。f 是频率点的向量，范围从 0 到 1，其中 1 代表 Nyquist 频率。m 是向量，包含 f 中指定点的指定幅值响应（该函数的对应 IIR 函数是 yulewalk，后者还可基于任意分段线性幅值响应设计滤波器）。

7. 具有过渡带的多频带 FIR 滤波器设计

与 fir1 和 fir2 函数相比，firls 和 firpm 函数提供更通用的指定理想滤波器的方法。这些函数用于设计 Hilbert 变换器、微分器和其他具有奇数对称系数（Ⅲ类和Ⅳ类线性相位）的滤波器。它们还允许包括误差没有最小化的过渡或"不重要"区域，并执行最小化的频带相关加权。

firls 函数是 fir1 和 fir2 函数的扩展，它用于最小化指定频率响应和实际频率响应之间误差平方的积分。

firpm 函数实现 Parks-McClellan 算法，该算法使用 Remez 交换算法和 Chebyshev 逼近理论来设计在指定频率响应和实际频率响应之间具有最佳拟合的滤波器。这种滤波器可最小化指定频率响应和实际频率响应之间的最大误差，从这种意义上而言，它们是最优的滤波器；它们有时被称为 minimax 滤波器。以这种方式设计的滤波器在频率响应方面表现出等波纹特性,因此也称为等波纹滤波器。Parks-McClellan FIR 滤波器设计算法可能是最流行和最广泛使用的 FIR 滤波器设计方法。

firls 和 firpm 的语法相同,唯一的区别体现在最小化方案上。

下面说明用 firls 和 firpm 设计的滤波器如何反映这些不同方案。

1）基本配置

firls 和 firpm 的默认操作模式是设计 Ⅰ 类或 Ⅱ 类线性相位滤波器,具体取决于所需的阶是偶数还是奇数。以下低通在 $0 \sim 0.4$Hz 逼近幅值 1,在 $0.5 \sim 1.0$Hz 逼近幅值 0:

```
>> n = 20;             % 滤波阶数
f = [0 0.4 0.5 1];     % 频带边缘
a = [1  1  0  0];      % 振幅
b = firpm(n,f,a);
```

从 0.4Hz 到 0.5Hz,firpm 不执行误差最小化;这是一个过渡带或"不重要"区域。过渡带将关心的频带中的误差降至最低,但代价是过渡速率变慢。在这种方式下,这些类型的滤波器具有固有折中,类似于加窗的 FIR 设计。

要将最小二乘与等波纹滤波器设计进行比较,请使用 firls 创建一个类似的滤波器。

```
>> bb = firls(n,f,a);
```

并使用 FVTool 比较其频率响应。

```
>> fvtool(b,1,bb,1)    % 效果如图 2-97 所示
```

使用 firpm 设计的滤波器表现出等波纹行为。另请注意,firls 滤波器在大部分通带和阻带上都有更好的响应,但在频带边缘($f=0.4$ 和 $f=0.5$)处,响应不如 firpm 滤波器的响应理想。这表明,firpm 滤波器在通带和阻带上的最大误差较小,事实上,对于该频带边缘配置和滤波器长度来说,这是可能的最小值。

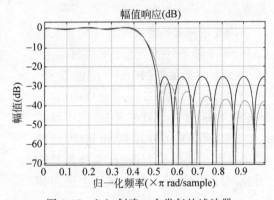

图 2-97 firls 创建一个类似的滤波器

可以将频带视为短频率间隔内的线。firpm 和 firls 使用此方案来表示具有任何过渡带的任何分段线性频率响应函数。firls 和 firpm 用于设计低通、高通、带通和带阻滤波器。

以下是一个带通实例:

```
>> f = [0 0.3 0.4 0.7 0.8 1];   % 双边带
a = [0  0   1   1   0  0];      % 带通滤波器幅值
```

从技术上讲,这些 f 和 a 向量定义五个频带:

- 两个阻带,0.0～0.3 和 0.8～1.0。
- 一个通带,0.4～0.7。
- 两个过渡带,0.3～0.4 和 0.7～0.8。

以下为高通和带阻滤波器的示例:

```
>> f = [0  0.7  0.8  1];              % 双边带
a = [0  0    1    1];                 % 高通滤波器幅值
f = [0  0.3  0.4  0.5  0.8  1];       % 双边带
a = [1  1    0    0    1    1];       % 带阻滤波幅值
```

以下是多频带带通滤波器的示例：

```
f = [0 0.1 0.15 0.25 0.3 0.4 0.45 0.55 0.6 0.7 0.75 0.85 0.9 1];
a = [1 1    0    0    1   1   0    0    1   1   0    0    1   1];
```

另一种可能的滤波器以连接通带和阻带的线作为过渡区域，这有助于控制宽过渡区域的"失控"幅值响应：

```
f = [0 0.4 0.42 0.48 0.5  1];
a = [1 1 1 0.8 0.2 0 0];               % 通带,线性过渡,阻带
```

2）权重向量

firls 和 firpm 都允许有所侧重地将某些频带的误差降至最低。为此，请在频率和幅值向量后指定权重向量。在以下低通等波纹滤波器代码中，阻带中的波纹为通带中的1/10。

```
n = 20;                    % 阶数
f = [0 0.4 0.5 1];         % 频带
a = [1  1    0  0];        % 幅值
w = [1 10];                % 权值
b = firpm(n,f,a,w);
```

合法权重向量始终是 f 和 a 向量长度的一半，每个频带只能有一个对应权重。

3）反对称滤波器/Hilbert 变换器

当用尾部 'h' 或 'Hilbert' 选项调用时，firpm 和 firls 会设计奇对称的 FIR 滤波器，即Ⅲ类（偶数阶）或 Ⅳ类（奇数阶）线性相位滤波器。理想的 Hilbert 变换器具有这种反对称属性，且在整个频率范围内幅值为1。

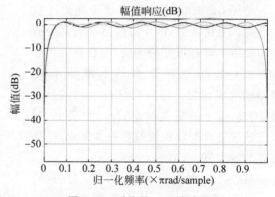

图 2-98　对称的 FIR 滤波器

【例 2-42】　尝试设计以下逼近 Hilbert 变换器，并使用 FVTool 对其绘图。

```
>> b = firpm(21,[0.05 1],[1 1],'h');        % 高通希尔伯特
bb = firpm(20,[0.05 0.95],[1 1],'h');       % 阻带希尔伯特
fvtool(b,1,bb,1)                            % 效果如图 2-98 所示
```

通过这些滤波器，可以求得信号 x 的延迟 Hilbert 变换。

```
>> fs = 1000;                % 采样频率
t = (0:1/fs:2)';             % 间隔2s的时间向量
x = sin(2*pi*300*t);         % 300Hz 正弦波信号
xh = filter(bb,1,x);         % x 的希尔伯特变换
```

对应于 x 的分析信号是以 x 为实部、以 x 的 Hilbert 变换为虚部的复信号。对于这种 FIR 方法（hilbert 函数的替代方法），必须将 x 延迟一半滤波器阶数才能创建分析信号。

```
>>  xd = [zeros(10,1); x(1:length(x) - 10)];      %延迟 10 个样本
xa = xd + j * xh;                                  %分析信号
```

这种方法不能直接用于奇数阶滤波器，因为奇数阶滤波器需要非整数延迟。在这种情况下，Hilbert 变换中所述的 hilbert 函数可估算解析信号。或者，使用 resample 函数将信号延迟非整数个样本。

2.6.4 补偿 FIR 滤波器引入的延迟

对信号进行滤波引入延迟，这意味着相对于输入，输出信号在时间上有所偏移。下面用实例说明如何抵消这种影响。

有限脉冲响应滤波器经常将所有频率分量延迟相同的时间量。这样，就很容易通过对信号进行时移处理来针对延迟进行校正。

【例 2-43】 以 500Hz 的频率对心电图读数采样，采样时间为 1s，添加随机噪声，重置随机数生成器以获得可再现性。

```
>> load ecgSignals
Fs = 500;
N = 500;
rng default
xn = ecgl(N) + 0.25 * randn([1 N]);
tn = (0:N - 1)/Fs;
```

使用滤波器阻挡 75Hz 以上的频率，以消除一部分噪声。使用 designfilt 设计一个阶数为 70 的滤波器。

```
>> nfilt = 70;
Fst = 75;
d = designfilt('lowpassfir','FilterOrder',nfilt, ...
                'CutoffFrequency',Fst,'SampleRate',Fs);
```

下面对信号进行滤波并绘图。与原始信号相比，结果更平滑，但存在滞后。

```
>> xf = filter(d,xn);
plot(tn,xn)
hold on, plot(tn,xf,'-- r','linewidth',1.5), hold off
title '心电图'
xlabel '时间(s)', legend('原始信号','滤波后信号')
```

运行程序，效果如图 2-99 所示。

使用 grpdelay 函数确定滤波器造成的延迟等于滤波器阶数的一半。

```
>> grpdelay(d,N,Fs)    %效果如图 2-100 所示
>> delay = mean(grpdelay(d))
delay =
    35
```

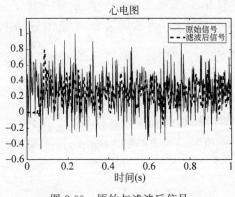

图 2-99　原始与滤波后信号

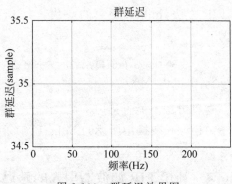

图 2-100　群延迟效果图

对滤波后的信号进行时移以对齐数据。删除信号的前 delay 个样本,删除原始采样点和时间向量的最后 delay 个采样点。

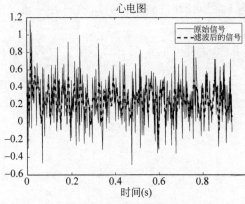

图 2-101　时移对齐数据效果

```
>> tt = tn(1:end - delay);
sn = xn(1:end - delay);
sf = xf;
sf(1:delay) = [];
% 对信号绘图,并验证它们是否对齐
plot(tt, sn)
hold on, plot(tt, sf, ' - - r', 'linewidth',
1.5), hold off
title '心电图'
xlabel('时间(s)'), legend('原始信号','滤波
后的信号')
```

运行程序,效果如图 2-101 所示。

2.6.5　补偿 IIR 滤波器引入的延迟

对信号进行滤波会引入延迟,这意味着相对于输入,输出信号在时间上有所偏移。

无限脉冲响应滤波器对某些频率分量的延迟可能比其他频率分量更长,它们会使输入信号呈现明显失真。函数 filtfilt 可补偿此类滤波器引入的延迟,从而校正滤波器失真,这种"零相位滤波"是对信号进行前向和后向滤波的结果。

【例 2-44】　以 500Hz 的频率对心电图读数采样,采样时间为 1s,添加随机噪声。

```
>> Fs = 500;
N = 500;
rng default
xn = ecg1(N) + 0.2 * randn([1 N]);
tn = (0:N - 1)/Fs;
```

使用滤波器阻挡 75Hz 以上的频率,以消除一部分噪声。指定一个 7 阶 IIR 滤波器,通带波纹为 1dB,阻带衰减为 60dB。

```
>> Nf = 7;
Fp = 75;
```

```
Ap = 1;
As = 60;
d = designfilt('lowpassiir','FilterOrder',Nf,'PassbandFrequency',Fp, ...
       'PassbandRipple',Ap,'StopbandAttenuation',As,'SampleRate',Fs);
```

对信号进行滤波,滤波后的信号比原始信号干净,但相对于原始信号存在滞后。由于滤波器的非线性相位,它在放大峰值附近的区域也存在失真。

```
>> xfilter = filter(d,xn);
plot(tn,xn,tn,xfilter,'r-.')
title '心电图'
xlabel '时间(s)', legend('原始信号','滤波后信号')
axis([0.25 0.55 -1 1.5])
```

运行程序,效果如图 2-102 所示。

通过观察滤波器引入的群延迟,可以看出延迟与频率有关。

```
>> grpdelay(d,N,Fs)      % 效果如图 2-103 所示
```

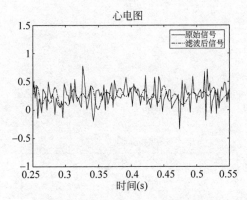

图 2-102　原始与滤波后信号

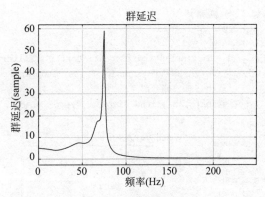

图 2-103　群延迟效果

使用 filtfilt 对信号进行滤波,延迟和失真已被有效消除。当需要使信号的相位信息保持原样时,可使用 filtfilt 函数。

```
>> xfiltfilt = filtfilt(d,xn);
plot(tn,xn,'b--',tn,xfilter)
hold on
plot(tn,xfiltfilt,'r-.','linewidth',2)
hold off
title '心电图'
xlabel '时间(s)'
legend('原始信号','滤波后信号',零相位滤
波与 ''filtfilt''')
axis([0.25 0.55 -1 1.5])
```

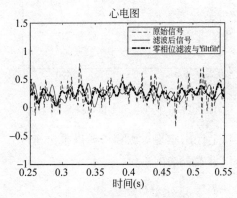

图 2-104　原始信号、滤波信号
与零相位滤波信号效果图

运行程序,效果如图 2-104 所示。

2.6.6　取信号的导数

MATLAB 提供的函数 diff 在对信号求导时会放大噪声,对于高阶导数会恶化不精确

性,要在不增加噪声功率的情况下对信号求导,请改用微分滤波器。

【例 2-45】 分析地震时建筑物楼层的位移,以速度和加速度作为时间的函数。

加载文件 earthquake,该文件包含以下变量。

- drift:楼层位移,以 cm 为单位进行测量。
- t:时间,以 s 为单位进行测量。
- Fs:采样率,等于 1kHz。

```
>> load earthquake.mat
```

使用 pwelch 函数显示信号功率谱的估计值,请注意大部分信号能量包含在低于 100Hz 的频率中。

```
>> pwelch(drift,[],[],[],Fs)    % 效果如图 2-105 所示
```

使用 designfilt 设计一个阶数为 50 的 FIR 微分器,并请指定滤波器的通带频率为 100Hz、阻带频率为 120Hz,使用 fvtool 检查滤波器。

```
>> Nf = 50;
Fpass = 100;
Fstop = 120;
d = designfilt('differentiatorfir','FilterOrder',Nf, ...
     'PassbandFrequency',Fpass,'StopbandFrequency',Fstop, ...
     'SampleRate',Fs);
fvtool(d,'MagnitudeDisplay','zero - phase','Fs',Fs)    % 效果如图 2-106 所示
```

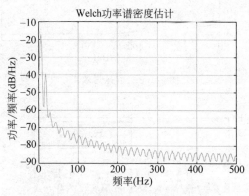

图 2-105　Welch 功率谱密度估计

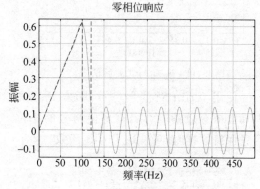

图 2-106　零相位响应

以上代码实现对漂移求导以求出速度。下面将导数除以 dt(即连续样本之间的时间间隔),以设置正确的单位。

```
>> dt = t(2) - t(1);
vdrift = filter(d,drift)/dt;
```

滤波后的信号存在延迟,使用 grpdelay 函数确定延迟是滤波器阶数的一半,通过丢弃样本对此进行补偿。

```
>> delay = mean(grpdelay(d))
delay =
```

```
25
>> tt = t(1:end-delay);
vd = vdrift;
vd(1:delay) = [];
```

以上代码输出还包括瞬变,其长度等于滤波器阶数,或者是群延迟的两倍。在上面已丢弃 delay 个样本,下面再次丢弃 delay 个样本以消除瞬变。

```
>> tt(1:delay) = [];
vd(1:delay) = [];
```

对漂移和漂移速度绘图,使用 findpeaks 函数验证漂移的最大值和最小值对应于其导数的过零点。

```
>> [pkp,lcp] = findpeaks(drift);
zcp = zeros(size(lcp));
[pkm,lcm] = findpeaks(-drift);
zcm = zeros(size(lcm));
subplot(2,1,1)
plot(t,drift,t([lcp lcm]),[pkp -pkm],'or')
xlabel('时间(s)')
ylabel('位移(cm)')
grid
subplot(2,1,2)
plot(tt,vd,t([lcp lcm]),[zcp zcm],'or')
xlabel('时间(s)')
ylabel('速度(cm/s)')
grid
```

运行程序,效果如图 2-107 所示。

下面代码实现对漂移速度求微分以求出加速度,时滞长度是原来的两倍,丢弃两倍数量的样本来补偿延迟,丢弃相同数量的样本来消除瞬变,绘制速度和加速度图。

```
>> adrift = filter(d,vdrift)/dt;
at = t(1:end-2*delay);
ad = adrift;
ad(1:2*delay) = [];
at(1:2*delay) = [];
ad(1:2*delay) = [];
subplot(2,1,1)
plot(tt,vd)
xlabel('时间(s)')
ylabel('速度(cm/s)')
grid
subplot(2,1,2)
plot(at,ad)
ax = gca;
ax.YLim = 2000*[-1 1];
xlabel('时间(s)')
ylabel('加速度(cm/s^2)')
grid
```

运行程序,效果如图 2-108 所示。

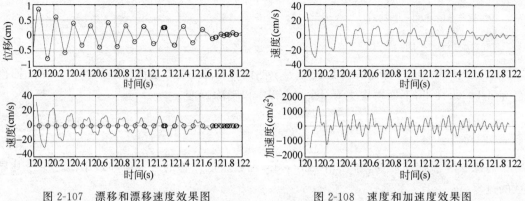

图 2-107　漂移和漂移速度效果图　　　　图 2-108　速度和加速度效果图

使用 diff 函数计算加速度,添加零来补偿数组大小的变化,将结果与使用滤波器获得的结果进行比较。请注意高频噪声的数量。

```
>> vdiff = diff([drift;0])/dt;
adiff = diff([vdiff;0])/dt;
subplot(2,1,1)
plot(at,ad)
ax = gca;
ax.YLim = 2000 * [-1 1];
xlabel('时间(s)')
ylabel('加速度(cm/s^2)')
grid
legend('滤波')
title('微分滤波器加速')
subplot(2,1,2)
plot(t,adiff)
ax = gca;
ax.YLim = 2000 * [-1 1];
xlabel('时间(s)')
ylabel('加速度(cm/s^2)')
grid
legend('导数(diff)')
```

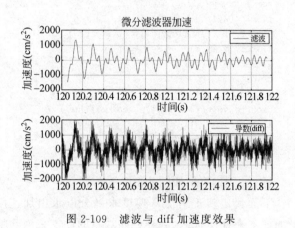

图 2-109　滤波与 diff 加速度效果

运行程序,效果如图 2-109 所示。

2.7　变换

Signal Processing Toolbox 提供的函数可用于计算广泛使用的正变换和逆变换,包括快速傅里叶变换(FFT)、离散余弦变换(DCT)、Walsh-Hadamard 变换、提取信号包络并使用分析信号估计瞬时频率、在时频域中分析信号、研究幅值-相位关系、估计基频,并使用倒频谱检测频谱周期性,使用二阶 Goertzel 算法计算离散傅里叶变换。

2.7.1　离散傅里叶变换

离散傅里叶变换(即 DFT)是数字信号处理的首要工具,它的基础是快速傅里叶变换(FFT),这是一种可减少执行时间的 DFT 计算方法。许多工具箱函数(包括 z 域频率响应、频谱和倒频谱分析,以及一些滤波器设计和实现函数)都支持 FFT。

在 MATLAB 中提供 fft 和 ifft 函数,分别用于计算离散傅里叶变换及其逆变换。对于输入序列 x 及其变换后的 X(围绕单位圆的等间隔频率的离散时间傅里叶变换),这两个函数实现以下关系:

$$X(k+1) = \sum_{n=0}^{N-1} x(n+1) W_N^{kn}$$

和

$$x(n+1) = \frac{1}{N} \sum_{k=0}^{N-1} X(k+1) W_N^{-kn}$$

在这些方程中,序列下标从 1 而不是 0 开始,因为采用 MATLAB 向量索引方案,并且

$$W_N = e^{-\frac{j2\pi}{N}}$$

注意:MATLAB 约定是对 fft 函数使用负 j,这是工程约定,物理和纯数学通常使用正 j。

使用单个输入参数 x 的 fft 计算输入向量或矩阵的 DFT。如果 x 是向量,fft 计算向量的 DFT;如果 x 是矩形数组,fft 计算每个数组列的 DFT。

【例 2-46】 离散傅里叶变换实例演示。

```
>> % 创建时间向量和信号
clear all;
t = 0:1/100:10 - 1/100;              % 时间序列
x = sin(2 * pi * 15 * t) + sin(2 * pi * 40 * t);   % 信号
```

计算信号的 DFT 以及变换后的序列的幅值和相位,通过将小幅值变换值设置为零来减少计算相位时的舍入误差。

```
>> y = fft(x);                       % 计算 x 的 DFT
m = abs(y);                          % 幅值
y(m < 1e - 6) = 0;
p = unwrap(angle(y));               % 相位
```

要以度为单位绘制幅值和相位,请输入以下命令:

```
>> f = (0:length(y) - 1) * 100/length(y);   % 频率向量
subplot(2,1,1)
plot(f,m)
title('幅度')
ax = gca;
ax.XTick = [15 40 60 85];
subplot(2,1,2)
plot(f,p * 180/pi)
title('相位')
ax = gca;
ax.XTick = [15 40 60 85];
```

运行程序,效果如图 2-110 所示。

fft 的第二个参数指定变换的点数 n,表示 DFT 的长度。

```
>> n = 512;
y = fft(x,n);
m = abs(y);
```

```
p = unwrap(angle(y));
f = (0:length(y) − 1) * 100/length(y);
subplot(2,1,1)
plot(f,m)
title('幅度')
ax = gca;
ax.XTick = [15 40 60 85];
subplot(2,1,2)
plot(f,p * 180/pi)
title('相位')
ax = gca;
ax.XTick = [15 40 60 85];
```

运行程序,效果如图 2-111 所示。

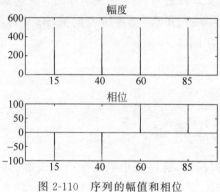

图 2-110　序列的幅值和相位

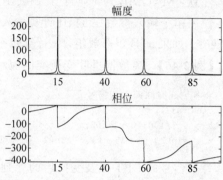

图 2-111　指定 n 表示 DFT 的长度效果图

在实例中,如果输入序列比 n 短,fft 会用零填充输入序列,如果输入序列比 n 长,则会截断序列。如果未指定 n,则默认为输入序列的长度。fft 的执行时间取决于其执行的 DFT 的长度 n。

注意:得到的 FFT 幅值是 $A * n/2$,其中 A 是原始幅值,n 是 FFT 点数。仅当 FFT 点的数量大于或等于数据样本的数量时,上述情形才成立。如果 FFT 点数小于数据样本数,则 FFT 幅值比原始幅值低上述量。

离散傅里叶逆变换函数 ifft 也接受输入序列以及可选的变换所需点数。尝试以下实例;原始序列 x 和重新构造的序列是相同的(在舍入误差内)。

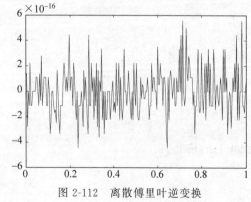

图 2-112　离散傅里叶逆变换

```
>> t = 0:1/255:1;
x = sin(2 * pi * 120 * t);
y = real(ifft(fft(x)));
figure
plot(t,x − y)
```

运行程序,效果如图 2-112 所示。

信号处理工具箱还包括二维 FFT 及其逆变换的函数,即 fft2 和 ifft2。这些函数对于二维信号或图像处理非常有用。goertzel 函数是计算 DFT 的另一种算法,它也包含在工具箱中,此函数可高效计算长信号中一部分的 DFT。

有时可以方便地重新排列 fft 或 fft2 函数的输出，使零频率分量位于序列的中心。函数 fftshift 将零频率分量移至向量或矩阵的中心。

2.7.2 Hilbert 变换

Hilbert 变换可用于形成解析信号，解析信号在通信领域中很有用，尤其是在带通信号处理中。信号处理工具箱函数 hilbert 计算实数输入序列 x 的 Hilbert 变换，并返回相同长度的复数结果，即 $y = \text{hilbert}(x)$，其中 y 的实部是原始实数数据，虚部是实际 Hilbert 变换。在涉及连续时间解析信号时，y 有时被称为解析信号。离散时间解析信号的关键属性是它的 z 变换在单位圆的下半部分为 0。解析信号的许多应用都与此属性相关。例如，用解析信号避免带通采样操作的混叠效应，解析信号的幅值是原始信号的复包络。

【例 2-47】 用 Hilbert 变换对实际数据作 90°相移，正弦变为余弦，反之亦然。

```
>> t = 0:1/1024:1;
x = sin(2 * pi * 60 * t);
y = hilbert(x);
plot(t(1:50),real(y(1:50)),'m - .')
hold on
plot(t(1:50),imag(y(1:50)))
hold off
axis([0 0.05 - 1.1 2])
legend('实部','虚部')
```

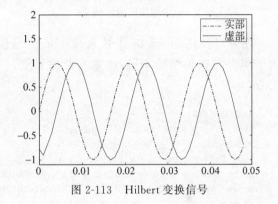

图 2-113　Hilbert 变换信号

运行程序，效果如图 2-113 所示。

解析信号可用于计算时序的瞬时属性，即时序在任一时间点的属性，该过程要求信号是单分量的。

2.7.3 包络提取

本节通过一个实例来演示如何提取信号的包络。

【例 2-48】 创建双边带幅值调制信号，载波频率为 1kHz。调制频率为 50Hz，调制深度为 100%，采样率为 10kHz。

```
>> t = 0:1e - 4:0.1;
x = (1 + cos(2 * pi * 50 * t)). * cos(2 * pi * 1000 * t);
plot(t,x)          % 效果如图 2-114 所示
xlim([0 0.04])
```

包络是 Hilbert 计算的解析信号的幅值，使用 hilbert 函数提取包络，并绘制包络和原始信号，分析信号的幅值捕获信号的缓慢变化特性，相位包含高频信息，将 plot 函数的名称-值对组参数存储在元胞数组中，供以后使用。

```
>> y = hilbert(x);
env = abs(y);
plot_param = {'Color', [0.6 0.1 0.2],'Linewidth',2};
plot(t,x)
hold on
```

```
plot(t,[-1;1] * env,plot_param{:})
hold off
xlim([0 0.04])
title('希尔伯特包络线')
```

运行程序,效果如图 2-115 所示。

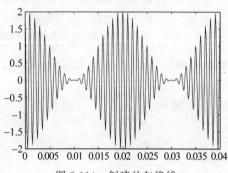

图 2-114　创建的包络线

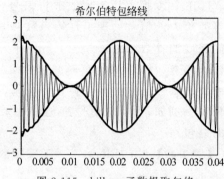

图 2-115　hilbert 函数提取包络

还可以使用 envelope 函数直接生成信号包络并修改其计算方式。例如,可以调整用于求得分析包络的 Hilbert 滤波器的长度。如果使用太小的滤波器长度会导致包络失真。

```
>> fl1 = 12;
[up1,lo1] = envelope(x,fl1,'analytic');
fl2 = 30;
[up2,lo2] = envelope(x,fl2,'analytic');
param_small = {'Color',[0.9 0.4 0.1],'Linewidth',2};
param_large = {'Color',[0 0.4 0],'Linewidth',2};
plot(t,x)
hold on
p1 = plot(t,up1,param_small{:});
plot(t,lo1,':',param_small{:});
p2 = plot(t,up2,param_large{:});
plot(t,lo2,'-.',param_large{:});
hold off
legend([p1 p2],'fl = 12','fl = 30')
xlim([0 0.04])
title('修改包络线计算方式')
```

运行程序,效果如图 2-116 所示。

可以使用滑动窗生成移动 RMS 包络线。使用太小的窗长度会导致包络失真,使用太大的窗长度则会平滑掉包络。

```
>> wl1 = 3;
[up1,lo1] = envelope(x,wl1,'rms');
wl2 = 5;
[up2,lo2] = envelope(x,wl2,'rms');
wl3 = 300;
[up3,lo3] = envelope(x,wl3,'rms');
plot(t,x)
hold on
```

```
p1 = plot(t,up1,param_small{:});
plot(t,lo1,'--',param_small{:});
p2 = plot(t,up2,plot_param{:});
plot(t,lo2,'.',plot_param{:});
p3 = plot(t,up3,param_large{:});
plot(t,lo3,'-.',param_large{:})
hold off
legend([p1 p2 p3],'wl = 3','wl = 5','wl = 300')
xlim([0 0.04])
title('RMS 包络线')
```

运行程序，效果如图 2-117 所示。

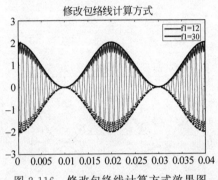

图 2-116　修改包络线计算方式效果图

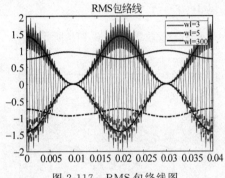

图 2-117　RMS 包络线图

彩色图片

可以通过对相隔可变数量采样点的局部最大值进行样条插值来生成峰值包络。注意，样本太分散会平滑包络。

```
>> np1 = 5;
[up1,lo1] = envelope(x,np1,'peak');
np2 = 50;
[up2,lo2] = envelope(x,np2,'peak');
plot(t,x)
hold on
p1 = plot(t,up1,param_small{:});
plot(t,lo1,param_small{:})
p2 = plot(t,up2,param_large{:});
plot(t,lo2,param_large{:})
hold off
legend([p1 p2],'np = 5','np = 50')
xlim([0 0.04])
title('Peak 包络线')
```

运行程序，效果如图 2-118 所示。

增大峰值分隔参数可以降低噪声引起的伪峰效应。向信号引入随机噪声，先使用包含 5 个样本的区间了解噪声对峰值包络的影响，然后用包含 25 个样本的区间重新生成峰值包络。

```
>> rng default
q = x + randn(size(x))/10;
np1 = 5;
[up1,lo1] = envelope(q,np1,'peak');
```

```
np2 = 25;
[up2,lo2] = envelope(q,np2,'peak');
plot(t,q)
hold on
p1 = plot(t,up1,param_small{:});
plot(t,lo1,param_small{:})
p2 = plot(t,up2,param_large{:});
plot(t,lo2,param_large{:})
hold off
legend([p1 p2],'np = 5','np = 25')
xlim([0 0.04])
title('Peak 包络线')
```

运行程序,效果如图 2-119 所示。

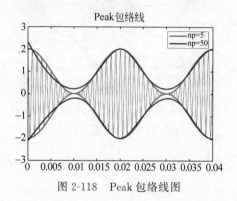

图 2-118　Peak 包络线图　　　　　图 2-119　伪峰效应效果图

2.7.4　Hilbert 变换与瞬时频率

Hilbert 变换仅可估计单分量信号的瞬时频率,单分量信号在时频平面中用单一"脊"来描述。单分量信号包括单一正弦波信号和 chirp 等信号。

【例 2-49】　生成以 1kHz 采样的时长为 2s 的 chirp 信号,并指定 chirp 信号的最初频率为 100Hz,1s 后增加到 200Hz。

```
>> fs = 1000;
t = 0:1/fs:2 - 1/fs;
y = chirp(t,100,1,200);
```

使用通过 pspectrum 函数实现的短时傅里叶变换来估计 chirp 信号的频谱图。图 2-120 中每个时间点有一个峰值频率,很好地描述了这一信号。

```
>> pspectrum(y,fs,'spectrogram')    % 效果如图 2-120 所示
```

计算解析信号并对相位进行微分得到瞬时频率,对导数进行缩放得到有意义的估计。

```
>> z = hilbert(y);
instfrq = fs/(2 * pi) * diff(unwrap(angle(z)));
clf
plot(t(2:end),instfrq)    % 效果如图 2-121 所示
ylim([0 fs/2])
```

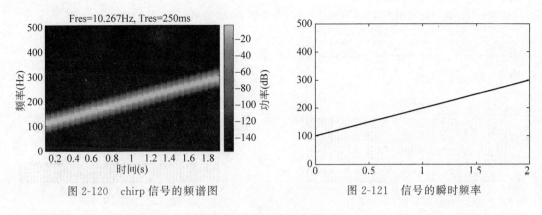

图 2-120　chirp 信号的频谱图　　　　图 2-121　信号的瞬时频率

而利用 instfreq 函数只需一步即可计算并显示瞬时频率

```
>> instfreq(y, fs, 'Method', 'hilbert')    % 效果如图 2-122 所示
```

当信号不是单分量时，该方法会失败。下面代码生成频率为 60 Hz 和 90 Hz 的两个正弦波的总和。以 1023 Hz 采样 2 s，计算并绘制频谱图，在每个时间点都显示存在两个分量。

```
>> fs = 1023;
t = 0:1/fs:2 - 1/fs;
x = sin(2 * pi * 60 * t) + sin(2 * pi * 90 * t);
pspectrum(x, fs, 'spectrogram')    % 效果如图 2-123 所示
yticks([60 90])
```

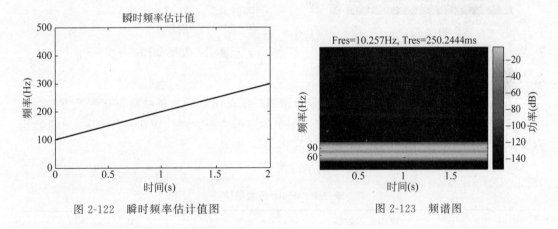

图 2-122　瞬时频率估计值图　　　　　图 2-123　频谱图

计算分析信号并对其相位求微分，放大包含正弦波频率的区域，分析信号预测瞬时频率，即正弦波频率的平均值。

```
>> z = hilbert(x);
instfrq = fs/(2 * pi) * diff(unwrap(angle(z)));
plot(t(2:end), instfrq)    % 效果如图 2-124 所示
ylim([60 90])
xlabel('时间(s)')
ylabel('频率(Hz)')
```

利用 instfreq 函数也可以估算平均值。

```
>> instfreq(x,fs,'Method','hilbert')    % 效果如图 2-125 所示
```

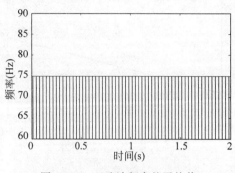

图 2-124　正弦波频率的平均值

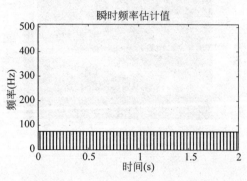

图 2-125　instfreq 函数估算平均值

要采用时间的函数来估算这两个频率,可使用 spectrogram 函数求功率频谱密度,使用 tfridge 函数跟踪两个脊。在 tfridge 中,将更改频率指定为 0.1。

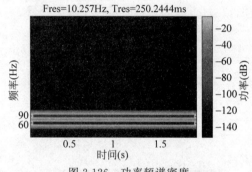

图 2-126　功率频谱密度

```
>> instfreq(x,fs,'Method','hilbert')
[s,f,tt] = pspectrum(x,fs,'spectrogram');
numcomp = 2;
[fridge, ~, lr] = tfridge(s, f, 0.1,
'NumRidges',numcomp);
pspectrum(x,fs,'spectrogram')
hold on
plot3(tt,fridge,abs(s(lr)),'LineWidth',4)
hold off
yticks([60 90])
```

运行程序,效果如图 2-126 所示。

2.7.5　Walsh-Hadamard 变换

Walsh-Hadamard 变换是一种将信号分解成一组基函数的非正弦类正交变换方法。这些基函数是 Walsh 函数,它们是值为 +1 或 −1 的矩形波或方波。Walsh-Hadamard 变换也称为 Hadamard 变换、Walsh 变换或 Walsh-Fourier 变换。

前 8 个 Walsh 函数具有如表 2-1 所示的值。

表 2-1　Walsh 函数取值

索　引	Walsh 函数值	索　引	Walsh 函数值
0	1 1 1 1 1 1 1 1	4	1 -1 -1 1 1 -1 -1 1
1	1 1 1 1 -1 -1 -1 -1	5	1 -1 -1 1 -1 1 1 -1
2	1 1 -1 -1 -1 -1 1 1	6	1 -1 1 -1 -1 1 -1 1
3	1 1 -1 -1 1 1 -1 -1	7	1 -1 1 -1 1 -1 1 -1

Walsh-Hadamard 变换返回列率值,列率是一种更广义的频率,定义为每单位时间间隔平均过零次数的一半。每个 Walsh 函数都有唯一的列率值,可以使用返回的列率值来估计原始信号中的信号频率。

用来存储 Walsh 函数的排序方案有三种:列率法、Hadamard 法和并元法。列率排序

用于信号处理应用,其中 Walsh 函数的顺序如表 2-1 所示。Hadamard 排序用于控制应用,函数顺序为 0、4、6、2、3、7、5、1。并元或格雷码排序用于数学,函数顺序为 0、1、3、2、6、7、5、4。

Walsh-Hadamard 变换可用于许多应用,如图像处理、语音处理、滤波和功率谱分析。它对于降低带宽存储要求和扩频分析非常有用。像 FFT 一样,Walsh-Hadamard 变换也有快速版本,即快速 Walsh-Hadamard 变换(FWHT)。与 FFT 相比,FWHT 所需的存储空间更少,并且计算速度更快,因为它只使用实数加法和减法,而 FFT 需要复数值。与 FFT 相比,FWHT 能够用更少的系数更精确地表示具有明显不连续性的信号。FWHT(fwht)和逆 FWHT (ifwht)是对称的,因此使用相同的计算过程。长度为 N 的信号 $x(t)$ 的 FWHT 和 IFWHT 定义为:

$$y_n = \frac{1}{N} \sum_{i=0}^{N-1} x_i \mathrm{WAL}(n,i)$$

$$x_i = \sum_{i=0}^{N-1} y_n \mathrm{WAL}(n,i)$$

其中 $i=0,1,\cdots,N-1$ 和 $\mathrm{WAL}(n,i)$ 是 Walsh 函数。与 FFT 的 Cooley-Tukey 算法相似,这 N 个元素被分解成元素个数为 $N/2$ 的两组,然后用蝶形结构合并以形成 FWHT。对于图像(其输入通常是二维信号),其 FWHT 系数的计算方法是先横向计算行,再纵向计算列。

【例 2-50】 对于以下简单信号,得到的 FWHT 表明 x 是使用列率值为 0、1、3 和 6 的 Walsh 函数创建的,这些值是变换后的 x 的非零索引,然后使用逆 FWHT 可重新创建原始信号。

```
>> x = [4 2 2 0 0 2 -2 0]
y = fwht(x)
x =
    4    2    2    0    0    2   -2    0
y =
    1    1    0    1    0    0    1    0
>> x1 = ifwht(y)
x1 =
    4    2    2    0    0    2   -2    0
```

2.7.6　复倒频谱

【例 2-51】 实例演示了如何使用复倒频谱估计说话者的基频,实例同时使用过零方法估计基频,并比较两种方法所得的结果。

加载语音信号。录音内容是女声朗读的"MATLAB",采样频率为 7418Hz。以下代码将语音波形 mtlb 和采样频率 Fs 加载到 MATLAB 工作区中。

```
>> load mtlb
```

使用频谱图识别一个浊音段进行分析。

```
>> segmentlen = 100;
noverlap = 90;
NFFT = 128;
```

```
spectrogram(mtlb,segmentlen,noverlap,NFFT,Fs,'yaxis')     % 效果如图 2-127 所示
```

在浊音段中提取从 $0.1 \sim 0.25$s 的段进行分析,提取的段大致对应于"MATLAB"中的第一个元音/ae/。

```
>> dt = 1/Fs;
I0 = round(0.1/dt);
Iend = round(0.25/dt);
x = mtlb(I0:Iend);
% 获得复倒频谱
c = cceps(x);
```

选择 $2 \sim 10$ms 的时间范围,对应的频率范围为 $100 \sim 500$Hz。确定所选范围内倒频谱的最高峰值,找到对应于该峰值的频率,使用该峰值作为基频的估计值。

```
>> t = 0:dt:length(x) * dt - dt;
trng = t(t > = 2e - 3 & t < = 10e - 3);
crng = c(t > = 2e - 3 & t < = 10e - 3);
[~,I] = max(crng);
fprintf('复倒谱 F0 估计为 %3.2f Hz.\n',1/trng(I))
复倒谱 F0 估计为 239.29 Hz.
```

以下代码绘制选定时间范围内的倒频谱,并叠加绘制峰值。

```
>> plot(trng * 1e3,crng)
xlabel('ms')
hold on
plot(trng(I) * 1e3,crng(I),'o')
hold off
```

运行程序,效果如图 2-128 所示。

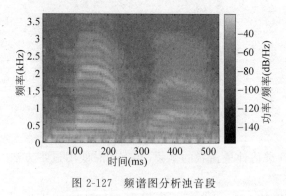

图 2-127　频谱图分析浊音段　　　　　　图 2-128　叠加绘制峰值效果图

对经过低通滤波和形式调整的元音使用过零检测器来估计基频。

```
>> [b0,a0] = butter(2,325/(Fs/2));
xin = abs(x);
xin = filter(b0,a0,xin);
xin = xin - mean(xin);
x2 = zeros(length(xin),1);
x2(1:length(x) - 1) = xin(2:length(x));
zc = length(find((xin > 0 & x2 < 0) | (xin < 0 & x2 > 0)));
```

```
F0 = 0.5 * Fs * zc/length(x);
fprintf('零交叉 F0 估计为 % 3.2f Hz.\n',F0)
```

运行程序,输出如下:

零交叉 F0 估计为 233.27 Hz.

使用复倒频谱获得的基频估计值为 239.29Hz,使用过零检测器获得的估计值为 233.27Hz。

2.7.7 倒频谱分析

倒频谱分析是一种非线性信号处理方法,在语音和图像处理等领域有多种应用。序列 x 的复倒频谱是通过求 x 的傅里叶变换的复自然对数,然后对得到的序列进行傅里叶逆变换来得到的:

$$\hat{x} = \frac{1}{2\pi}\int_{-\pi}^{\pi} \log[X(e^{jw})]e^{jwn}dw$$

在信号处理工具箱中,提供 cceps 函数执行此运算,估计输入序列的复倒频谱,它返回与输入序列大小相同的实数序列。

【例 2-52】 尝试在回声检测应用中使用 cceps。

```
>> %首先,创建以 100Hz 采样的 45Hz 正弦波,
在信号开始 0.2s 后,添加一个幅值减半的回声
t = 0:0.01:1.27;
s1 = sin(2 * pi * 45 * t);
s2 = s1 + 0.5 * [zeros(1,20) s1(1:108)];
%计算并绘制新信号的复倒频谱
c = cceps(s2);
plot(t,c)     %效果如图 2-129 所示
```

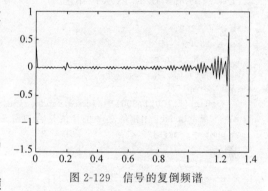

图 2-129 信号的复倒频谱

由图 2-129 可见,复倒频谱在 0.2s 处出现一个峰值,指示该回声。

信号 x 的实倒频谱,有时直接称为倒频谱,是通过确定 x 的傅里叶变换的幅值的自然对数,然后获取所得序列的傅里叶逆变换来得到的:

$$c_x = \frac{1}{2\pi}\int_{-\pi}^{\pi} \log\mid X(e^{jw})\mid e^{jwn}dw$$

信号处理工具箱中,提供了 rceps 函数执行此运算,返回序列的实倒频谱。返回的序列是与输入向量大小相同的实数值向量。

rceps 函数还返回唯一的最小相位序列,该序列具有与输入相同的实倒频谱。要同时求得一个序列的实倒频谱和最小相位重构,可使用[y,ym]=rceps(x),其中 y 是实倒频谱, ym 是 x 的最小相位重构。

【例 2-53】 显示 rceps 的输出之一是一个唯一的最小相位序列,其实倒频谱与 x 相同。

```
>> y = [4 1 5];        %非最小相位序列
[xhat,yhat] = rceps(y);
xhat2 = rceps(yhat);
[xhat' xhat2']
```

```
ans =
    1.6225    1.6225
    0.3400    0.3400
    0.3400    0.3400
```

2.8　频谱分析

频谱分析主要包括频谱估计、加窗法、周期法、相干性及频率重排等内容,本节主要对频谱估计、加窗法、相干性进行介绍。

2.8.1　频谱估计

在信号处理工具箱,使用 periodogram、pwelch 或 plomb 函数可分析均匀或非均匀采样信号的频谱内容。本节主要介绍测量信号的功率、幅值估计和填零、比较两个信号的频谱、交叉频谱和幅值平方相干性等内容。

1. 测量信号的功率

信号的功率是其时域样本的绝对值平方和除以信号长度,或者等效地表示为其 RMS 水平的平方。在 MATLAB 中,使用函数 bandpower 只需一步即可估算信号功率。

【例 2-54】 考虑嵌入在高斯白噪声中的单位线性调频,采样率为 1kHz,采样时间为 1.2s。该线性调频的频率在 1s 内从初始值 100Hz 增加到 300Hz,噪声具有方差 0.01^2。

```
>> N = 1200;
Fs = 1000;
t = (0:N-1)/Fs;
sigma = 0.01;
rng('default')
s = chirp(t,100,1,300) + sigma * randn(size(t));
% 验证 bandpower 给出的功率估计值是否与定义相符
>> pRMS = rms(s)^2
pRMS =
    0.5003
>> powbp = bandpower(s,Fs,[0 Fs/2])
powbp =
    0.5005
```

使用 obw 函数来估计包含 99% 信号功率的频带宽度、频带的下限和上限以及频带中的功率。该函数还可以绘制频谱估计值,并对占用带宽进行注释。

```
>> obw(s,Fs);    % 效果如图 2-130 所示
>> [wd,lo,hi,power] = obw(s,Fs);
powtot = power/0.99
powtot =
    0.5003
```

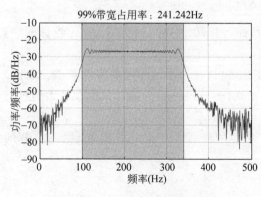

图 2-130　obw 函数绘制频谱图

2. 幅值估计和填零

此实例说明如何使用填零来获得正弦信号幅值的精确估计。离散傅里叶变换(DFT)中频率的间隔为 F_s/N,其中 F_s 为

采样率,N 为输入时序的长度。在尝试估计正弦波幅值时,如果频率无法对应到 DFT,则可能导致估计不准确。在计算 DFT 之前对数据填零通常有助于提高幅值估计的准确度。

【例 2-55】 创建由两个正弦波组成的信号,这两个正弦波的频率分别为 100 Hz 和 202.5 Hz,采样率为 1000 Hz,信号长度为 1000 个采样点。

```
>> Fs = 1e3;
t = 0:0.001:1 - 0.001;
x = cos(2 * pi * 100 * t) + sin(2 * pi * 202.5 * t);
```

获取信号的 DFT,DFT 的间距为 1 Hz。相应地,100 Hz 正弦波对应到一个 DFT,但 202.5 Hz 正弦波无法对应。

由于信号是实数值信号,此处只使用 DFT 的正频率来估计幅值,按输入信号的长度缩放 DFT,并将 0 和 Nyquist 之外的所有频率乘以 2。

```
>>%绘制结果并与已知幅值进行比较
xdft = fft(x);
xdft = xdft(1:length(x)/2 + 1);
xdft = xdft/length(x);
xdft(2:end - 1) = 2 * xdft(2:end - 1);
freq = 0:Fs/length(x):Fs/2;
plot(freq,abs(xdft))
hold on
plot(freq,ones(length(x)/2 + 1,1),'LineWidth',2)
xlabel('Hz')
ylabel('幅值')
hold off
```

运行程序,效果如图 2-131 所示。图 2-131 中的 100 Hz 的幅值估计是准确的,因为该频率对应到一个 DFT。然而,202.5 Hz 的幅值估计并不准确,因为该频率无法对应到一个 DFT。

可以通过填零对 DFT 插值,填零能够获得可分辨信号分量的更精确的幅值估计。但填零并不能提高 DFT 的频谱(频率)分辨率,分辨率由采样点数量和采样率决定。

下面代码将 DFT 的长度填充到 2000,即 x 原始长度的两倍。使用此长度时,DFT 的间距是 $F_s/2000 = 0.5$ Hz。此时,202.5 Hz 正弦波的能量正好落入一个 DFT。获得 DFT 并绘制幅值估计,填零以使采样点数量达到 2000。

```
>> lpad = 2 * length(x);
xdft = fft(x,lpad);
xdft = xdft(1:lpad/2 + 1);
xdft = xdft/length(x);
xdft(2:end - 1) = 2 * xdft(2:end - 1);
freq = 0:Fs/lpad:Fs/2;
plot(freq,abs(xdft))
hold on
plot(freq,ones(2 * length(x)/2 + 1,1),'LineWidth',2)
xlabel('Hz')
ylabel('幅值')
hold off
```

运行程序,效果如图 2-132 所示。

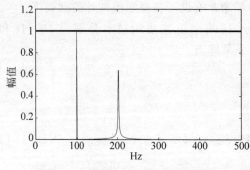

图 2-131　信号与已知幅值比较效果

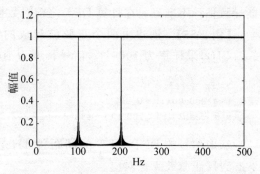

图 2-132　填零补充的比较效果

3. 比较两个信号的频谱

频谱相干性有助于识别频域中信号之间的相似性,大数值表示信号共有的频率分量。

【例 2-56】　将两个声音信号加载到工作区中,以 1kHz 的频率对其进行采样,使用 periodogram 函数计算其功率频谱,并以彼此相邻的方式对其绘图。

```
>> load relatedsig
Fs = FsSig;
[P1,f1] = periodogram(sig1,[],[],Fs,'power');
[P2,f2] = periodogram(sig2,[],[],Fs,'power');
subplot(2,1,1)
plot(f1,P1,'k')
grid
ylabel('P_1')
title('功率谱')
subplot(2,1,2)
plot(f2,P2,'r')
grid
ylabel('P_2')
xlabel('频率(Hz)')
```

运行程序,效果如图 2-133 所示。由图 2-133 可看出,每个信号有 3 个具有显著能量的频率分量,其中有 2 个分量似乎是共享分量。下面使用 findpeaks 求出对应的频率。

```
>> [pk1,lc1] = findpeaks(P1,'SortStr','descend','NPeaks',3);
P1peakFreqs = f1(lc1)
P1peakFreqs =
  165.0391
   35.1563
   94.7266
>> [pk2,lc2] = findpeaks(P2,'SortStr','descend','NPeaks',3);
P2peakFreqs = f2(lc2)
P2peakFreqs =
  165.0391
   35.1563
  134.7656
```

由结果可看出,公共分量大约位于 165Hz 和 35Hz 处。接着可以使用 mscohere 函数直接求出匹配的频率,并对相干性估计绘图,找到阈值 0.75 以上的波峰。

```
>> [Cxy,f] = mscohere(sig1,sig2,[],[],[],Fs);
thresh = 0.75;
[pks,locs] = findpeaks(Cxy,'MinPeakHeight',thresh);
MatchingFreqs = f(locs)
MatchingFreqs =
    35.1563
   164.0625
>> figure
plot(f,Cxy)
ax = qca;
grid
xlabel('频率(Hz)')
title('一致性估计')
ax.XTick = MatchingFreqs;
ax.YTick = thresh;
axis([0 200 0 1])
```

运行程序,效果如图 2-134 所示。

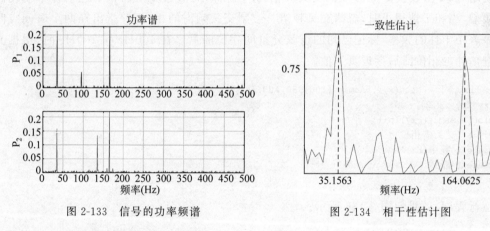

图 2-133　信号的功率频谱　　　　　　　　图 2-134　相干性估计图

4. 交叉频谱和幅值平方相干性

【**例 2-57**】　此实例使用交叉频谱来获得二元时序中正弦分量之间的相位滞后,并使用幅值平方相干性在各个正弦波频率处识别显著频域相关性。

每个序列都由频率分别为 $100\,Hz$ 和 $200\,Hz$ 的两个正弦波组成,这些序列带有加性高斯白噪声,采样频率为 $1\,kHz$。x 序列中的正弦波幅值都等于 1,y 序列中的 $100\,Hz$ 正弦波幅值为 0.5,y 序列中的 $200\,Hz$ 正弦波幅值为 0.35。y 序列中的 $100\,Hz$ 和 $200\,Hz$ 正弦波的相位滞后分别为 $\pi/4\,rad$ 和 $\pi/2\,rad$。可以将 y 序列视为输入 x 的线性系统被噪声损坏的输出,采用随机数生成器的默认设置,以获得可重现的结果。

```
>> rng default
Fs = 1000;
t = 0:1/Fs:1-1/Fs;
x = cos(2*pi*100*t) + sin(2*pi*200*t) + 0.5*randn(size(t));
y = 0.5*cos(2*pi*100*t - pi/4) + 0.35*sin(2*pi*200*t - pi/2) + 0.5*randn(size(t));
```

下面实现获得二元时序的幅值平方相干性估计,幅值平方相干性能够识别两个时序之间的显著频域相关性。交叉频谱中的相位估计仅在显著频域相关性的情况下有用。

为了防止在所有频率处获得的幅值平方相干性估计都等于1,必须使用平均相干性估算器。Welch重叠分段平均法(WOSA)和多窗谱法均适用。mscohere函数可实现WOSA估算器。

将窗长度设置为100个采样点,此窗长度包含10个周期的100Hz正弦波和20个周期的200Hz正弦波。使用默认的Hamming窗,重叠长度为80个采样点,显式输入采样率以获得单位为Hz的输出频率,绘制幅值平方相干性。在100Hz和200Hz处,幅值平方相干性大于0.8。

```
>> [Cxy,F] = mscohere(x,y,hamming(100),80,100,Fs);
plot(F,Cxy)
title('平方的一致性')
xlabel('频率(Hz)')
grid
```

运行程序,效果如图2-135所示。

使用cpsd函数获得 x 和 y 的交叉频谱,使用相同的参数获得在相干性估计中使用的交叉频谱,当相干性很小时,忽略交叉频谱。绘制交叉频谱的相位,并指出在两个时间点间具有显著相干性的频率,标记已知的正弦分量间相位滞后。在100Hz和200Hz时,根据交叉频谱估计的相位滞后接近真实值。

```
>> [Pxy,F] = cpsd(x,y,hamming(100),80,100,Fs);
Pxy(Cxy < 0.2) = 0;
plot(F,angle(Pxy)/pi)
title('交叉谱相位')
xlabel('频率(Hz)')
ylabel('滞后 (\times\pi rad)')
grid
```

运行程序,效果如图2-136所示。

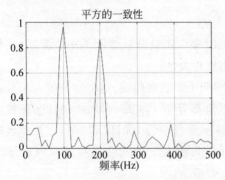

图 2-135　幅值平方相干性效果图

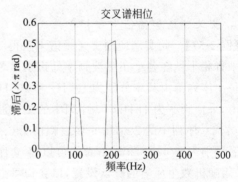

图 2-136　交叉频谱的相位图

2.8.2　加窗法

本节主要介绍加窗法的设计、可视化和实现窗函数。并比较窗在不同大小和其他参数设置下主瓣宽度和旁瓣电平。

1. 为什么使用加窗法

在数字滤波器设计和频谱估计中,加窗函数的选择对于整体结果的质量有重大影响。

加窗的主要作用是减弱因无穷级数截断而产生的吉布斯现象的影响。

2. 窗的基本形状

在 MATLAB 的信号处理中,基本窗是矩形窗,即由 1 组成的适当长度的向量。

【例 2-58】 演示加窗法的使用。

```
>> % 以下是一个长度为 50 的矩形窗
n = 50;
w = rectwin(n);
% 将窗存储在列向量中,等效的表达式是
w = ones(50,1);
```

要使用 Window Designer App 创建此窗,代码为

```
windowDesigner       % 效果如图 2-137 所示
```

App 打开并默认加载一个 Hamming 窗,要显示矩形窗,请在"当前窗信息"面板中设置
"类型=矩形"和"长度=50",然后单击"应用"按钮,效果如图 2-137 所示。

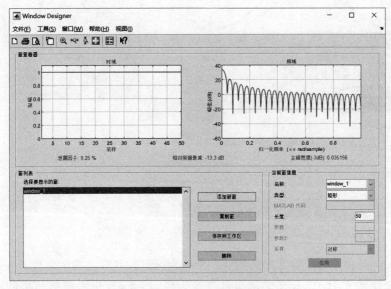

图 2-137　矩形窗查看器

Bartlett(或三角形)窗是两个矩形窗的卷积。函数 bartlett 和 triang 相似,都计算三角
形窗,但有三个重要区别:

① bartlett 函数始终返回在序列末尾有两个零的窗,因此对于奇数 n,bartlett$(n+2)$
的中间部分等效于 triang(n)。

```
>> Bartlett = bartlett(7);
isequal(Bartlett(2:end-1),triang(5))
ans =
  logical
  1
```

② 对于偶数 n,bartlett 仍然是两个矩形序列的卷积,偶数 n 的三角形窗则没有标准定
义,在这种情况下,triang 结果的线段斜率比 bartlett 稍陡。

```
>> w = bartlett(8);
[w(2:7) triang(6)]
ans =
     0.2857      0.1667
     0.5714      0.5000
     0.8571      0.8333
     0.8571      0.8333
     0.5714      0.5000
     0.2857      0.1667
```

可以在 Window Designer 中看到奇数和偶数 Bartlett 窗的区别,如图 2-138 所示。

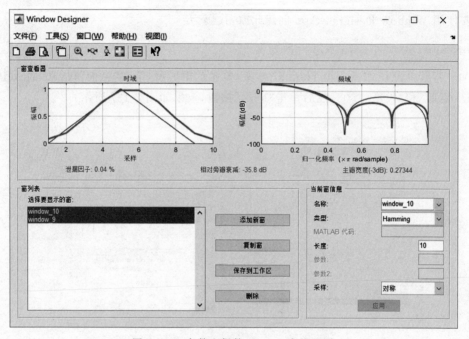

图 2-138　奇数和偶数 Bartlett 窗的区别

③ Bartlett 窗和三角形窗之间的最后一个区别可以在这些函数的傅里叶变换中清楚地观察到。对于偶数 n,Bartlett 窗的傅里叶变换为负,然而,三角形窗的傅里叶变换始终为非负。

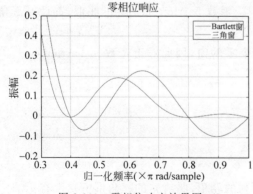

图 2-139　零相位响应效果图

图 2-138 描绘了包含 10 个点的 Bartlett 窗和三角形窗的零相位响应,以说明这种差异。

```
>> zerophase(bartlett(10))
hold on
zerophase(triang(10))
legend('Bartlett 窗','三角窗')
axis([0.3 1 − 0.2 0.5])
title('零相位响应');
```

运行程序,效果如图 2-139 所示。

当为某些频谱估计方法(如 Blackman-

Tukey 方法)选择窗时,这一差异可能会很关键。Blackman-Tukey 通过计算自相关序列的傅里叶变换来形成频谱估计值,如果窗的傅里叶变换为负值,则在某些频率下得到的估计值可能是负值。

3. Kaiser 窗

Kaiser 窗近似于扁长椭圆形窗,它使主瓣能量与旁瓣能量之比最大。对于特定长度的 Kaiser 窗,参数 β 控制相对旁瓣衰减。对于给定的 β,旁瓣衰减相对于窗长度是固定的。语句 kaiser (n,beta)计算长度为 n、参数为 beta 的 Kaiser 窗。

随着 β 的增加,相对旁瓣衰减降低,主瓣宽度增加。图 2-140 显示了长度为 50、β 参数分别为 1、4 和 9 的 Kaiser 窗。

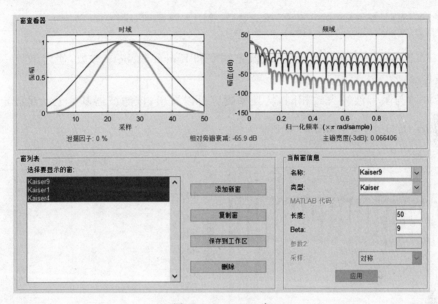

图 2-140 Kaiser 窗

如果使用 MATLAB 命令行创建这些 Kaiser 窗,代码如下:

```
>> n = 50;
w1 = kaiser(n,1);
w2 = kaiser(n,4);
w3 = kaiser(n,9);
[W1,f] = freqz(w1/sum(w1),1,512,2);
[W2,f] = freqz(w2/sum(w2),1,512,2);
[W3,f] = freqz(w3/sum(w3),1,512,2);
plot(f,20 * log10(abs([W1 W2 W3])))
grid
legend('\beta = 1','\beta = 4','\beta = 9')
```

运行程序,效果如图 2-141 所示。

4. 在 FIR 设计中使用 Kaiser 窗

有两个设计公式可以使用 Kaiser 窗设计 FIR 滤波器,使之满足一组滤波器设定。要获得 $-\alpha$dB 的相对旁瓣衰减,β(beta)参数为:

$$\beta = \begin{cases} 0.1102(\alpha - 8.7), & \alpha > 50 \\ 0.5842(\alpha - 21)^{0.4} + 0.7886(\alpha - 21), & 50 \geqslant \alpha \geqslant 21 \\ 0, & \alpha < 21 \end{cases}$$

要获得 Δw 弧度/采样点的过渡带宽度,请使用长度:

$$n = \frac{\alpha - 8}{2.285\Delta w} + 1$$

通过上述试探方法设计的滤波器将大致符合设定,但应该对此进行验证。

【**例 2-59**】 设计截止频率为 0.5π 弧度/采样点、过渡带宽度为 0.2π 弧度/采样点、阻带衰减为 40dB 的低通滤波器。

```
>> [n,wn,beta] = kaiserord([0.4 0.6] * pi,[1 0],[0.01 0.01],2 * pi);
h = fir1(n,wn,kaiser(n + 1,beta),'noscale');
```

kaiserord 函数可估计滤波器阶数、截止频率和 Kaiser 窗 beta 参数,使之满足一组给定的频域设定。

通带波纹与阻带波纹大致相同,从频率响应可以看出,该滤波器基本上满足设定。

```
>> fvtool(h,1)    % 效果如图 2-142 所示
```

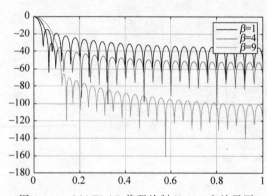

图 2-141 MATLAB 代码绘制 Kaiser 窗效果图

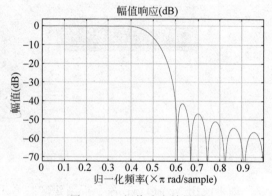

图 2-142 幅值响应效果图

2.9 信号建模

Signal Processing Toolbox 提供参数化建模方法,主要有:可估计描述信号、系统或过程的有理传递函数;使用信号的已知信息来查找对其建模的线性系统的系数;使用 Prony 和 Steiglitz-McBride ARX 模型逼近给定的时域脉冲响应;找到与给定复频率响应匹配的模拟或数字传递函数;使用线性预测滤波器对共振建模。

2.9.1 参数化建模

参数化建模主要包括估计信号的 AR 参数,从频率-响应数据开始估计传递函数。

1. 线性预测和自回归建模

这个例子展示了如何比较自回归建模和线性预测之间的关系。线性预测和自回归建模是两个不同的问题,可以产生相同的数值结果。在这两种情况下,最终目标都是确定线性滤波器的参数,然而,在每个问题中使用的过滤器是不同的。

（1）概述。

在线性预测的情况下，目的是确定一个 FIR 滤波器，它可以根据过去样本的线性组合，最优地预测自回归过程的未来样本。实际自回归信号与预测信号之间的差异称为预测误差，理想情况下，这个误差是白噪声。

对于自回归建模的情况，目的是确定一个全极点 IIR 滤波器，当受白噪声激励时产生一个与试图建模的自回归过程具有相同统计数据的信号。

（2）用白噪声为输入的全极滤波器产生 AR 信号。

这里，使用 LPC 函数和 FIR 滤波器简单地得出参数，我们将使用这些参数来创建自回归信号。例如，可以用简单的[1 1/2 1/3 1/4 1/5 1/6 1/7 1/8]来代替 d，用类似于 1e-6 来代替 p0。

```
>> b = fir1(1024, .5);
[d,p0] = lpc(b,7);
```

为了产生自回归信号，将激励一个方差为 p0 的高斯白噪声的全极点滤波器。注意，为了得到方差 p0，必须使用根号(p0)作为噪声发生器中的"增益"项。

```
>> rng(0,'twister');
u = sqrt(p0) * randn(8192,1);   % 方差为 p0 的高斯白噪声
```

现在使用高斯白噪声信号和全极滤波器来产生 AR 信号。

```
>> x = filter(1,d,u);
```

（3）利用 Yule-Walker 方法从信号中找到 AR 模型。

通过求解 Yule-Walker 方程，可以确定全极滤波器的参数，当受白噪声激励时，该滤波器将产生与给定信号 x 的统计数据相匹配的 AR 信号。再次强调，这被称为自回归建模。为了求解 Yule-Walker 方程，需要估计 x 的自相关函数，然后使用 Levinson 算法高效地求解 Yule-Walker 方程。

```
>> [d1,p1] = aryule(x,7);
```

（4）比较 AR 模型和 AR 信号。

现在想用模型 AR 信号 x 计算整机全极滤波器的频率响应。一种计算输出功率谱密度的方法是使用 freqz 函数，如下所示：

```
>> [H1,w1] = freqz(sqrt(p1),d1);
```

为了对自回归信号 x 建模，将使用 freqz 函数计算的模型的输出功率谱密度与使用周期图计算 x 的功率谱密度估计数叠加起来。注意，周期图被缩放了 2π，并且是单侧的，需要对此进行调整，以便进行比较。

```
>> periodogram(x)
hold on
hp = plot(w1/pi,20 * log10(2 * abs(H1)/(2 * pi)),'r');     % Scale to make one-sided PSD
hp.LineWidth = 2;
xlabel('归一化频率(\times \pi rad/sample)')
ylabel('单侧 PSD (dB/rad/sample)')
legend('x 的 PSD 估计','模型输出的 PSD')
```

运行程序,效果如图 2-143 所示。

(5) 使用 LPC 进行线性预测。

现在来讨论线性预测问题,在此尝试确定一个 FIR 预测滤波器。使用 LPC 来实现这一点,LPC 返回整个白化滤波器 $A(z)$ 的系数,该滤波器将自回归信号 x 作为输入,将预测误差作为输出。而 $A(z)$ 中嵌入了预测过滤器,形式为 $B(z) = 1 - A(z)$,其中 $B(z)$ 是预测过滤器。请注意,用 LPC 计算的系数和误差方差与用 ARYULE 计算的系数和误差方差本质上是相同的,但它们的解释是不同的。

```
[d2,p2] = lpc(x,7);
[d1.',d2.']
ans =
    1.0000      1.0000
  - 3.5245    - 3.5245
    6.9470      6.9470
  - 9.2899    - 9.2899
    8.9224      8.9224
  - 6.1349    - 6.1349
    2.8299      2.8299
  - 0.6997    - 0.6997
```

如前所述,现在从 $A(z)$ 中提取 $B(z)$,使用 FIR 线性预测器滤波器,根据过去值的线性组合获得自回归信号值的估计。

```
>> xh = filter( - d2(2:end),1,x);
```

(6) 比较实际信号和预测信号。

下面代码绘制了原始自回归信号(20 个样本)以及线性预测器产生的信号估计,保存预测滤波器中的一个样本延迟。

```
>> cla
stem([x(2:end),xh(1:end-1)])
xlabel('样本时间')
ylabel('信号值')
legend('原始自回归信号','线性预测器的信号估计')
axis([0 200 - 0.08 0.1])
```

运行程序,效果如图 2-144 所示。

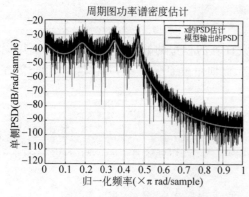

图 2-143　周期图功率谱图

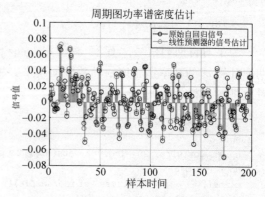

图 2-144　线性预测器的信号估计效果图

（7）比较预测错误。

预测误差功率（方差）作为 LPC 的第二次输出返回，它的值（理论上）与 AR 建模问题（p1）中驱动全极滤波器的白噪声的方差相同。估算这个方差的另一种方法是根据预测误差本身：

```
>> p3 = norm(x(2:end) - xh(1:end-1),2)^2/(length(x)-1);
```

下面所有的值理论上都是相同的，结果中的这种差异是由于计算和近似误差的不同造成的。

```
>> [p0 p1 p2 p3]
ans =
  1.0e-05 *
    0.5127    0.5305    0.5305    0.5068
```

2. 基于偏自相关序列的 AR 顺序选择

这个例子展示了如何使用偏自相关序列来评估自回归模型的顺序，对于值为 $X(1)$，$X(2)$，…，$X(k+1)$ 的平稳时间序列，滞后 k 处的偏自相关序列是在 $X(2)$，$X(3)$，$X(4)$，…，$X(k)$ 区间上对 $X(1)$ 和 $X(k+1)$ 进行回归后，实现 $X(1)$ 和 $X(k+1)$ 之间的相关性。对于一个移动平均过程，可以使用自相关序列来评估顺序。然而，对于自回归（AR）或自回归移动平均（ARMA）过程，自相关序列无助于顺序选择。这个例子在 AR 流程中使用了以下步骤。

- 模拟 AR(2) 过程的一个实现。
- 图表探索了时间序列滞后值之间的相关性。
- 检查时间序列的样本自相关序列。
- 通过求解 Yule-Walker 方程（aryule），将 AR(15) 模型与时间序列相匹配。
- 使用 aryule 返回的反射系数来计算偏自相关序列。
- 检查偏自相关序列以选择模型顺序。

考虑定义的 AR(2) 模型为：
$$X(n) + 1.5X(n-1) + 0.75X(n-2) = \varepsilon(n)$$
其中 $\varepsilon(n)$ 是一个服从 $N(0,1)$ 分布的高斯白噪声。

【例 2-60】 实现从差分方程定义的 AR(2) 过程中模拟 1000 个样本的时间序列，并将随机数生成器设置为可重现结果的默认设置。

```
>> A = [1 1.5 0.75];
rng default    % 设置重复性
x = filter(1,A,randn(1000,1));
>> % 查看 AR(2)过程的频率响应
freqz(1,A)    % 效果如图 2-145 所示
```

在这种情况下，AR(2) 过程就像高通滤波器一样。通过生成 $n=2,3,4,5$ 时 $X(n+1)$ 与 $X(1)$ 的散点图，以图形方式检查 x 之间的相关性。

```
>> figure
for k = 1:4
    subplot(2,2,k)
```

```
    plot(x(1:end - k),x(k + 1:end),'*')
    xlabel('X_1')
    ylabel(['X_' int2str(k + 1)])
    grid
end
```

运行程序,效果如图 2-146 所示。

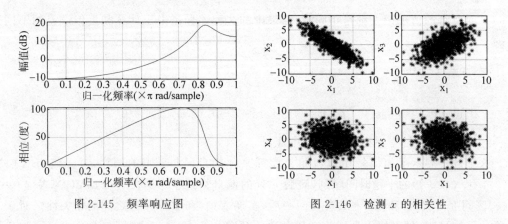

图 2-145　频率响应图　　　　　　图 2-146　检测 x 的相关性

在散点图 2-146 中,可以看到 $X(1)$ 和 $X(2)$、$X(1)$ 和 $X(3)$ 之间存在线性关系,但 $X(1)$ 和 $X(4)$ 或 $X(5)$ 之间没有线性关系。

图 2-146 中的顶部散点图中的点大约落在左上角为负斜率、右上角为正斜率的直线上。下面两个面板中的散点图没有显示任何明显的线性关系。

$X(1)$ 和 $X(2)$ 之间的负相关与 $X(1)$ 和 $X(3)$ 之间的正相关可以用 AR(2) 过程的高通滤波来解释。以下代码找到样本自相关序列直到滞后 50,并绘制结果。

```
>> [xc,lags] = xcorr(x,50,'coeff');
figure
stem(lags(51:end),xc(51:end),'filled')
xlabel('滞后')
ylabel('序列')
title('样本自相关序列')
grid
```

运行程序,效果如图 2-147 所示。

样本自相关序列在滞后 1 时为负值,在滞后 2 时为正值。根据散点图,这个结果是预期的,但是,不能从样本自相关序列中确定 AR 模型的适当顺序。

下面代码使用 aryule 函数匹配 AR(15) 模型,返回反射系数序列,其负值为偏自相关序列。

```
>> [arcoefs,E,K] = aryule(x,15);
pacf = - K;
```

绘制大样本 95% 置信区间的偏自相关序列图,如果数据是由 p 阶自回归过程产生的,则滞后大于 p 的样本偏自相关序列的值服从 $N(0,1/N)$ 分布,其中 N 为时间序列的长度。对于 95% 的置信区间,临界值为 $\sqrt{2}\,\mathrm{erf}^{-1}(0.95)\approx1.96$,置信区间为 $\Delta=0\pm1.96/\sqrt{N}$。

```
>> stem(pacf,'filled')
xlabel('滞后')
ylabel('偏自相关函数')
title('偏自相关序列')
xlim([1 15])
conf = sqrt(2) * erfinv(0.95)/sqrt(1000);
hold on
plot(xlim,[1 1]' * [ – conf conf],'r')
hold off
grid
```

运行程序,效果如图 2-148 所示。

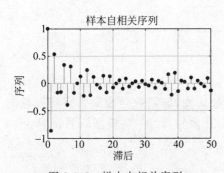

图 2-147　样本自相关序列

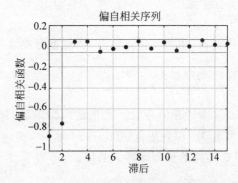

图 2-148　大样本 95％ 置信区间的偏自相关序列效果图

图 2-148 中的偏自相关序列的值只有第 1 和第 2 个时滞点出现在 95％ 置信范围之外。这表明 AR 流程的正确模型顺序是 2。

在实践中,只有观察到的时间序列,而没有任何关于模型顺序的先验信息。在实际情况下,偏自相关序列是平稳自回归时间序列中选择合适的模型序的重要工具。

2.9.2　线性预测编码

线性预测编码用于提取线性预测系数和反射系数,应用 Levinson-Durbin 递归。

1. 基于 LPC 系数的共振峰估计

【例 2-61】　使用线性预测编码(LPC)来估计元音共振峰频率。共振峰频率可以通过求预测多项式的根来计算。

此实例使用语音样本 mtlb. mat,它包含在 Signal Processing Toolbox 中。该语音经过低通滤波,由于采样率低,故该语音样本并不是本实例的最佳素材。低采样率限制了可以拟合到数据的自回归模型的阶数,尽管存在这一限制,此实例仍展示了使用 LPC 系数确定元音共振峰的方法。

```
>> % 加载语音信号,录音内容是女声朗读的 "MATLAB",采样率为 7418Hz
load mtlb
% MAT 文件包含语音波形 mtlb 和采样频率 Fs.使用 spectrogram 函数识别一个浊音段进行分析
segmentlen = 100;
noverlap = 90;
NFFT = 128;
spectrogram(mtlb,segmentlen,noverlap,NFFT,Fs,'yaxis')
title('信号频谱')
```

运行程序,效果如图 2-127 所示。

提取从 0.1～0.25s 的段进行分析,提取的段大致对应于"MATLAB"中的第一个元音 /ae/。

```
>> dt = 1/Fs;
I0 = round(0.1/dt);
Iend = round(0.25/dt);
x = mtlb(I0:Iend);
```

在线性预测编码之前,应用于语音波形的两个常见预处理步骤是加窗和预加重(高通)滤波。下面使用 Hamming 窗对语音段加窗。

```
>> x1 = x. * hamming(length(x));
```

接着,应用预加重滤波器,预加重滤波器是全极点高通(AR(1))滤波器。

```
>> preemph = [1 0.63];
x1 = filter(1,preemph,x1);
```

获得线性预测系数。要指定模型阶数,请使用一般规则,即阶数是预期共振峰数量的两倍加上 2。在频率范围 $[0, |Fs|/2]$ 中,预期会有三个共振峰,因此,将模型阶数设置为 8,求 LPC 返回的预测多项式的根。

```
>> A = lpc(x1,8);
rts = roots(A);
```

由于 LPC 系数是实数值,故根以复共轭对组形式出现,只保留虚部具有同一符号的根,并确定与这些根对应的角。

```
>> rts = rts(imag(rts)>=0);
angz = atan2(imag(rts),real(rts));
```

将用角表示的角频率(弧度/采样点)转换为赫兹(Hz),并计算共振峰的带宽。共振峰的带宽用预测多项式零点到单位圆的距离表示。

```
>> [frqs,indices] = sort(angz. * (Fs/(2 * pi)));
bw = - 1/2 * (Fs/(2 * pi)) * log(abs(rts(indices)));
```

下面代码以频率大于 90Hz 且带宽小于 400Hz 为标准来确定共振峰。

```
>> nn = 1;
for kk = 1:length(frqs)
    if (frqs(kk) > 90 && bw(kk) < 400)
        formants(nn) = frqs(kk);
        nn = nn + 1;
    end
end
formants
formants =
   1.0e + 03 *
    0.8697    2.0265    2.7380
```

结果显示,前三个共振峰频率为 869.70Hz、2026.50Hz 和 2738.0Hz。

2. 预测多项式

【例 2-62】 此实例展示了如何从一个自相关序列中获得预测多项式。实例还表明,所得到的预测多项式它产生一个稳定的全极滤波器。下面代码可以使用全极滤波器对一个广义平稳白噪声序列进行滤波,以产生广义平稳的自回归过程。

创建的自相关序列为:

$$r(k) = \frac{24}{5} 2^{-|k|} - \frac{27}{10} 3^{-|k|}, \quad k = 0, 1, 2$$

实现的代码如下:

```
>> k = 0:2;
rk = (24/5) * 2.^( - k) - (27/10) * 3.^( - k);
```

利用 ac2poly 得到 2 阶的预测多项式,即:

$$A(z) = 1 - \frac{5}{6} z^{-1} + \frac{1}{6} z^{-2}$$

```
>> A = ac2poly(rk);
```

检查 FIR 滤波器的零点图,查看零点是否在单位圆内。

```
>> zplane(A,1)     % 效果如图 2-149 所示
grid
```

当极点在单位圆内时,逆全极滤波器是稳定的。

```
>> zplane(1,A)     % 效果如图 2-150 所示
grid
title('极点与零点')
```

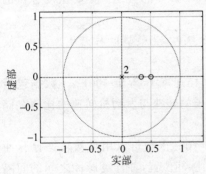

图 2-149　FIR 滤波器的零点图

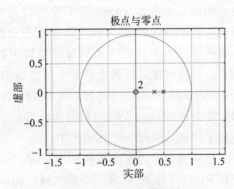

图 2-150　极点与零点图

以下代码使用全极滤波器从白噪声序列产生一个广义平稳 AR(2)过程的实现,将随机数生成器设置为可重现结果的默认设置。

```
>> rng default
x = randn(1000,1);
y = filter(1,A,x);
```

下面代码计算了 AR(2)实现的样本自相关,表明样本自相关接近真实的自相关。

```
>> [xc,lags] = xcorr(y,2,'biased');
[xc(3:end) rk']
ans =
     2.2401     2.1000
     1.6419     1.5000
     0.9980     0.9000
```

2.10　振动分析

Signal Processing Toolbox 提供的函数可用于研究和表征机械系统中的振动。振动分析包括使用阶数分析来分析和可视化旋转机械中出现的频谱内容；跟踪和提取阶数及其时域波形；将信号的平均频谱估计为阶数的函数；通过估计频率-响应函数、固有频率、阻尼比和模态形状来执行试验模态分析；绘制稳定图；使用时间同步平均法以相干方式去除噪声，并使用包络频谱分析磨损；为疲劳分析生成高循环雨流计数等内容。

2.10.1　振动信号的阶数分析

本节实例展示了如何使用阶数分析来分析振动信号。阶数分析用于量化转速随时间变化的旋转机械中的噪声或振动。其中，阶数是指频率是参考转速的一定倍数。例如，频率等于电机旋转频率两倍的振动信号对应的是 2 阶，同样，频率等于电机旋转频率 0.5 倍的振动信号对应的是 0.5 阶。在这个例子中，确定了一个大振幅的阶数来研究直升机客舱中是否需要振动源。

1. 概述

【例 2-63】　实例分析了一架直升机客舱内的加速度在主电机的爬升和滑行过程中的模拟振动数据。

直升机的几个旋转部件包括发动机、变速箱、主旋翼和尾旋翼。每个部件都以相对于主电机的固定速率进行旋转，且每个部件都可能导致不必要的振动。主要振动分量的频率可以与电机的转速相关，以研究高振幅振动的来源。

本例中的直升机在主旋翼和尾旋翼上都有四个桨叶，当旋翼叶片产生振动时，旋翼振动的重要分量可能是旋翼旋转频率的整数倍。

本例中的信号是一个随时间变化的电压 vib，采样速率 fs 等于 500Hz。数据包括涡轮发动机的角速度 rpm 及时间瞬间的向量 t。每个转子的转速与发动机转速的比值存储在变量主转子转速比和尾转子转速比中。

电机转速信号通常由转速脉冲序列组成。tachorpm 函数可以用来从转速计脉冲信号中提取 RPM 信号，它能自动识别二级转速计波形的脉冲位置，并计算脉冲之间的间隔来估计转速。在本例中，电机转速信号包含转速 rpm，因此不需要转换。

```
>> %将电机转速和振动数据绘制为时间函数
load helidata
vib = vib - mean(vib);          %拆卸直流组件
subplot(2,1,1)
plot(t,rpm)                     %绘制发动机转速
xlabel('时间(s)')
ylabel('发动机转速(RPM)')
title('发动机转速')
```

```
subplot(2,1,2)
plot(t,vib)                    % 绘制振动信号
xlabel('时间(s)')
ylabel('电压(mV)')
title('振动加速度数据')
```

运行程序,效果如图 2-151 所示。由图 2-151 中可看出,发动机转速在助跑过程中增加,在滑行过程中降低。振动振幅随转速的变化而变化。这种转速剖面是分析旋转机械振动的典型方法。

2. 使用 RPM-Frequency Map 可视化数据

利用 rpmfreqmap 函数可以在频域内显示振动信号,这个函数计算信号的短时傅里叶变换并生成 RPM-frequency 映射,当忽略输出参数时,rpmfreqmap 在交互式绘图窗口中显示映射。

```
% 为振动数据生成可视化 RPM - frequency 映射
>> rpmfreqmap(vib,fs,rpm)    % 效果如图 2-152 所示
```

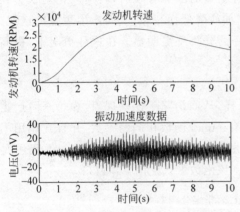

图 2-151　电机转速和振动数据效果图

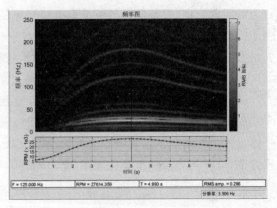

图 2-152　频率图

由 rpmfreqmap 函数生成的交互式图形窗口包含一个 RPM-frequency 映射、对应于映射的 RPM 与时间曲线,以及一些可以用于量化振动组件的数字指标。默认情况下,map 的振幅表示均方根(RMS)振幅,其他振幅选项,包括峰值振幅和功率,可以用可选参数指定。图 2-153 是利用瀑布图菜单按钮 ⬚ 生成的三维视图。

转速-频率图中的许多轨道的频率随电机转速的变化而增加或减少,这些轨迹是电机旋转频率的顺序。在 RPM 峰值附近有高振幅分量,频率在 20～30Hz 之间。"十字准星"光标可以放在这个位置的地图上,以查看频率、转速值、时间和转速曲线下方的指示框中的地图振幅。

默认情况下,rpmfreqmap 函数通过将采样率除以 128 来计算分辨率,分辨率显示在图的右下角,本例分辨率为 3.906Hz。默认情况下使用 Hann 窗口,此外其他几个窗口也可用。

将一个较小的分辨率值传递给 rpmfreqmap 函数,可以更好地解析某些频率成分。例如,低频组件在峰值转速时没有分离;在低转速值,高振幅轨道似乎融合在一起。

```
>> %生成分辨率为1Hz的RPM-frequency映射来解析这些组件
rpmfreqmap(vib,fs,rpm,1)  %效果如图2-154所示
```

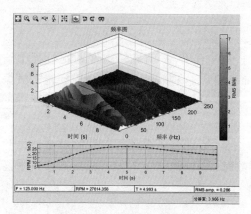
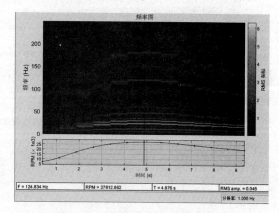

图 2-153　三维转速-频率图　　　　　　图 2-154　分辨率为1Hz的频率图

　　这表明低频成分可以解决峰值转速问题,但有明显的涂抹存在时,转速变化更快。在每个时间窗口内,振动阶数的频率随电机转速的增加或降低而变化,从而产生更宽的谱线。由于需要较长的时间窗口,这种涂抹效果对于较好的分辨率更明显。在这种情况下,提高光谱分辨率会导致在助跑和滑行阶段增加涂抹伪影。

　　3. 使用 RPM-Order 映射可视化数据

　　该方法以恒定的相位增量对信号进行重新采样,从而消除了模糊现象,为每一阶产生平稳的正弦信号。函数 rpmordermap 接受与 rpmfreqmap 函数相同的参数,并且在调用不带输出参数的情况下生成一个交互式绘图窗口。分辨率参数现在是按顺序指定的,而不是按频率,地图的光谱轴也是按顺序,而不是按频率。该函数默认使用平顶窗口。

```
>> %使用 rpmordermap 函数可视化直升机数据的阶数图,指定分辨率为 0.005Hz
rpmordermap(vib,fs,rpm,0.005)    %效果如图2-155所示
```

　　该地图包含了每个阶数的直线轨道,表明振动发生在电机转速的固定倍数。顺序图可以很容易地将每个光谱分量与电机转速联系起来,与 RPM-frequency 映射相比,涂抹伪影显著减少。

　　4. 使用平均阶数谱确定峰值阶数

　　接下来,确定阶数映射的峰值位置。寻找顺序是主旋翼和尾旋翼顺序的整数倍,这些旋翼产生的振动会发生。rpmordermap 函数返回映射以及相应的 order 和 RPM 值作为输出。接着,对数据进行分析,确定直升机客舱高振幅振动的阶数。

```
>> %计算并返回数据的阶数映射
 [map,mapOrder,mapRPM,mapTime] = rpmordermap(vib,fs,rpm,0.005);
```

　　然后,使用 orderspectrum 函数计算并绘制 map 的平均谱。该函数将 rpmordermap 生成的阶数映射作为输入,并随时间取其平均值。

```
>> figure
orderspectrum(map,mapOrder)    %效果如图2-156所示
```

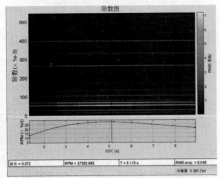
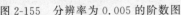

图 2-155　分辨率为 0.005 的阶数图

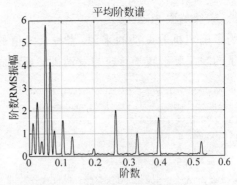

图 2-156　平均阶数谱图

返回平均谱并调用 findpeaks 函数返回两个最高峰的位置。

```
>> [spec,specOrder] = orderspectrum(map,mapOrder);
[∼,peakOrders] = findpeaks(spec,specOrder,'SortStr','descend','NPeaks',2);
peakOrders = round(peakOrders,3)
peakOrders =
    0.0520
    0.0660
```

在图 2-156 中,在 0.05 阶附近可以看到两个紧密分布的主峰,因为振动的频率低于电机的转速,所以阶数小于 1。

5. 分析随时间变化的峰值顺序

接下来,利用 ordertrack 函数找到峰值阶的振幅作为时间的函数,使用 map 作为输入,通过不带输出参数的 ordertrack 函数来绘制两个峰值阶的振幅。

```
>> ordertrack(map,mapOrder,mapRPM,mapTime,peakOrders)    % 效果如图 2-157 所示
```

随着电机转速的增加,两阶振幅均增加。虽然在本例中可以很容易地分离阶数,但当存在多个 RPM 信号时,ordertrack 也可以分离交叉阶数。

接下来,使用 order 波形提取每个峰值阶的时域阶波形,阶波可以直接与原始振动信号进行比较,并作为音频播放。order 波形使用 Vold-Kalman 滤波器提取特定阶的阶波形。以下代码实现比较两个峰值阶波形与原始信号的和。

```
>> orderWaveforms = orderwaveform(vib,fs,rpm,peakOrders);
helperPlotOrderWaveforms(t,orderWaveforms,vib)    % 效果如图 2-158 所示
```

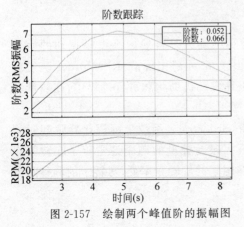

图 2-157　绘制两个峰值阶的振幅图

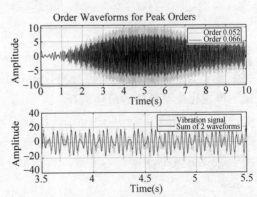

图 2-158　比较两个峰值阶波形与原始信号的和

6. 降低舱室振动

为了确定机舱振动的来源,将每个峰值的顺序与直升机每个旋翼的顺序进行比较,每个转子的顺序等于转子转速与发动机转速的固定比率。

```
>> mainRotorOrder = mainRotorEngineRatio;
tailRotorOrder = tailRotorEngineRatio;
ratioMain = peakOrders/mainRotorOrder
ratioMain =
      4.0310
      5.1163
>> ratioTail = peakOrders/tailRotorOrder
ratioTail =
      0.7904
      1.0032
```

最高的峰值位于主转子转速的四阶,因此最大振幅分量的频率是主转子频率的四倍。有四个桨叶的主旋翼是产生这种振动的一个很好的选择,因为对于每一个旋翼有 N 个桨叶的直升机来说,以 N 倍旋翼转速的振动是很常见的。同样,第二大部件位于尾桨转速的第一级,表明振动可能来自尾桨,因为转子的速度与一个整数因子无关,相对于主转子速度的第二大峰值的顺序不是一个整数。

在对主旋翼和尾旋翼进行跟踪和平衡调整后,采集到新的数据集,加载并比较调整前后的阶谱。

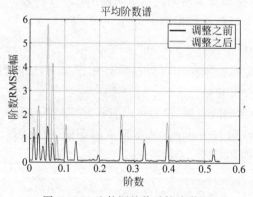

图 2-159 比较调整前后的阶谱图

```
>> load helidataAfter
vib = vib - mean(vib);    % 拆卸直流组件
[ mapAfter, mapOrderAfter ] = rpmordermap
(vib,fs,rpm,0.005);
figure
hold on
orderspectrum(map,mapOrder)
orderspectrum(mapAfter,mapOrderAfter)
legend('调整之前','调整之后')
```

运行程序,效果如图 2-159 所示。

由图 2-159 可见,主峰的振幅现在要低得多。

7. 结论

本例利用阶数分析方法,确定了直升机主旋翼和尾旋翼是客舱内高振幅振动的潜在源。首先,使用 rpmfreqmap 函数和 rpmordermap 函数来可视化阶谱,RPM-order 映射提供了整个 RPM 范围内的阶谱分离,rpmordermap 是在发动机助跑和滑行过程中,在较低转速下可视化振动部件的最佳选择。

接下来,使用了 orderspectrum 函数来识别峰阶,ordertrack 函数来可视化峰阶随时间的振幅,order 波形来提取峰阶的时域波形。最大振幅振动分量的顺序是主转子旋转频率的 4 倍,表明主转子叶片不平衡。第二大分量出现在尾桨的旋转频率处,对转子的调整降低了振动水平。

2.10.2 识别模型的模态分析

使用这些模型计算频响函数和模态参数识别系统的状态空间模型。

【例 2-64】 识别模型的模态分析实例。

下面代码加载一个文件,其中包含以 4kHz 采样的三输入/三输出锤激数据。使用前 10^4 个样本进行估计,使用 $2\times10^4\sim5\times10^4$ 个样本进行模型质量验证,指定采样时间为采样率的倒数。将数据存储为@iddata 对象。

```
>> load modaldata XhammerMISO1 YhammerMISO1 fs
rest = 1:1e4;
rval = 2e4:5e4;
Ts = 1/fs;
Estimation = iddata(YhammerMISO1(rest,:),XhammerMISO1(rest,:),Ts);
Validation = iddata(YhammerMISO1(rval,:),XhammerMISO1(rval,:),Ts,'Tstart',rval(1) * Ts);
% 绘制估算数据和验证数据
plot(Estimation,Validation)
legend(gca,'show')
legend('估计','验证')
title('输入 - 输出数据');
xlabel('时间');ylabel('幅值');
```

运行程序,效果如图 2-160 所示。

使用 sest 函数估计系统的 7 阶状态空间模型,使测量输出和模型输出之间的仿真误差最小化,并指定状态空间模型具有馈通。

```
>> Orders = 7;
opt = ssestOptions('Focus','simulation');
sys = ssest(Estimation,Orders,'Feedthrough',true,'Ts',Ts,opt);
```

下面代码实现在验证数据集中验证模型的质量,绘制拟合优度的标准化均方根误差(NRMSE)度量。该模型准确地描述了验证数据的输出信号。

```
>> compare(Validation,sys)   % 效果如图 2-161 所示
>> title('比较模拟反应')
xlabel('时间');ylabel('幅值');
```

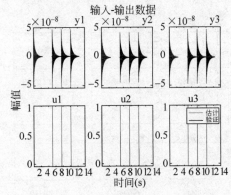

图 2-160 估算与验证数据效果图

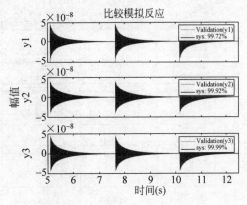

图 2-161 比较模拟反应效果图

使用不带输出参数的 modalfrf 显示函数,实现估计模型的频响。

```
>> [frf,f] = modalfrf(sys);
modalfrf(sys)   % 效果如图 2-162 所示
```

假设用三种模式很好地描述了系统,即可以计算三阶模态的固有频率、阻尼比和振型向量。

```
>> Modes = 3;
[fn,dr,ms] = modalfit(sys,f,Modes)
fn =
    1.0e + 03  *
    0.3727
    0.8525
    1.3706
dr =
    0.0008
    0.0018
    0.0029
ms =
    0.0036 - 0.0019i     0.0039 - 0.0005i     0.0021 + 0.0006i
    0.0043 - 0.0023i     0.0010 - 0.0001i    - 0.0033 - 0.0010i
    0.0040 - 0.0021i    - 0.0031 + 0.0004i     0.0011 + 0.0003i
```

计算并显示重构的频率响应函数,用分贝来表示大小。

```
>> [~,~,~,ofrf] = modalfit(sys,f,Modes);
clf
for ij = 1:3
    for ji = 1:3
        subplot(3,3,3 * (ij - 1) + ji)
        plot(f/1000,20 * log10(abs(ofrf(:,ji,ij))))
        axis tight
        title(sprintf('输入 % d -> 输出 % d',ij,ji))
        if ij == 3
            xlabel('频率(kHz)')
        end
    end
end
```

运行程序,效果如图 2-163 所示。

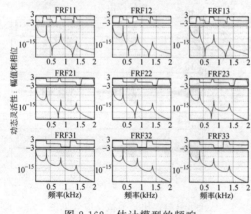

图 2-162　估计模型的频响

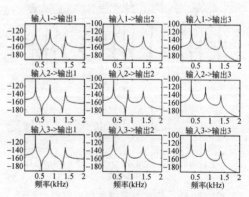

图 2-163　重构的频率响应效果图

2.11　使用深度学习处理信号

Signal Processing Toolbox 为机器学习和深度学习工作流提供执行信号标注、特征工程和数据集生成的功能。

2.11.1　使用深度学习进行序列分类

【例 2-65】 说明如何使用长短期记忆（LSTM）网络对序列数据进行分类。

要训练深度神经网络以对序列数据进行分类，可以使用 LSTM 网络。LSTM 网络允许将序列数据输入网络，并根据序列数据的各个时间步进行预测。

此实例训练一个 LSTM 网络，旨在根据表示连续说出的两个日语元音的时序数据来识别说话者。该数据集包含 270 个训练观测值和 370 个测试观测值，而训练数据包含 9 个说话者的时序数据，每个序列有 12 个特征，且长度不同。

1. 加载序列数据

加载日语元音训练数据。XTrain 是包含 270 个不同长度的 12 维序列的元胞数组；Y 是对应于 9 个说话者的标签"1"，"2"，…，"9"的分类向量。XTrain 中的条目是具有 12 行（每个特征一行）和不同列数（每个时间步一列）的矩阵。

```
>> [XTrain,YTrain] = japaneseVowelsTrainData;
XTrain(1:5)
ans =
  5×1 cell 数组
    {12×20 double}
    {12×26 double}
    {12×22 double}
    {12×20 double}
    {12×21 double}
```

在绘图中可视化第一个时序，每行对应一个特征。

```
>> figure
plot(XTrain{1}')
xlabel("时间阶跃")
title("训练监察 1")
numFeatures = size(XTrain{1},1);
legend("特征 " + string(1:numFeatures),'Location','northeastoutside')
```

运行程序，效果如图 2-164 所示。

2. 填充的数据

在训练过程中，默认情况下，软件将训练数据拆分成小批量并填充序列，使它们具有相同的长度。过多填充会对网络性能产生负面影响。

为了防止训练过程添加过多填充，可以按序列长度对训练数据进行排序，并选择合适的小批量大小，以使同一小批量中的序列长度相近。

```
>> % 获取每个观测值的序列长度
numObservations = numel(XTrain);
for i = 1:numObservations
    sequence = XTrain{i};
```

```
        sequenceLengths(i) = size(sequence,2);
    end
    % 按序列长度对数据进行排序
>> [sequenceLengths,idx] = sort(sequenceLengths);
XTrain = XTrain(idx);
YTrain = YTrain(idx);
    % 在条形图中查看排序的序列长度
>> figure
bar(sequenceLengths)    % 效果如图 2-165 所示
ylim([0 30])
xlabel("序列")
ylabel("长度")
title("排序的数据")
```

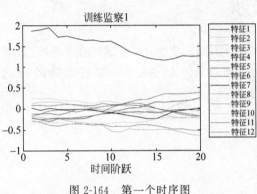

图 2-164　第一个时序图

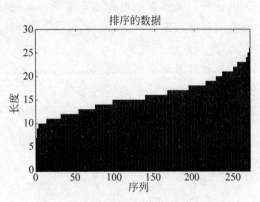

图 2-165　查看排序的序列长度效果图

选择小批量大小为 27，以均匀划分训练数据，并减少小批量中的填充量。

```
>> miniBatchSize = 27;
```

3. 定义 LSTM 网络架构

将输入大小指定为序列大小 12（输入数据的维度），指定具有 100 个隐含单元的双向 LSTM 层，并输出序列的最后一个元素。最后，通过包含大小为 9 的全连接层，后跟 softmax 层和分类层，来指定 9 个类。

如果可以在预测时访问完整序列，则可以在网络中使用双向 LSTM 层，双向 LSTM 层 在每个时间步从完整序列学习。如果不能在预测时访问完整序列，如正在预测值或一次预 测一个时间步时，则改用 LSTM 层。

```
>> inputSize = 12;
numHiddenUnits = 100;
numClasses = 9;
layers = [ ...
        sequenceInputLayer(inputSize)
        bilstmLayer(numHiddenUnits,'OutputMode','last')
        fullyConnectedLayer(numClasses)
        softmaxLayer
        classificationLayer]
layers =
    具有以下层的 5x1 Layer 数组：
```

1	''	序列输入	序列输入：12 个维度
2	''	BiLSTM	BiLSTM：100 个隐含单元
3	''	全连接	9 全连接层
4	''	Softmax	softmax
5	''	分类输出	crossentropyex

现在，指定训练选项。指定求解器为'adam'，梯度阈值为 1，最大轮数为 100。要减少小批量中的填充量，请选择 27 作为小批量大小。要填充数据以使长度与最长序列相同，请将序列长度指定为 'longest'。要确保数据保持按序列长度排序的状态，请指定数据。

出于小批量数据存储较小且序列较短，因此更适合在 CPU 上训练。将 'ExecutionEnvironment' 指定为'cpu'。要在 GPU（如果可用）上进行训练，请将 'ExecutionEnvironment'设置为'auto'（这是默认值）。

```
>> maxEpochs = 100;
miniBatchSize = 27;
options = trainingOptions('adam', ...
    'ExecutionEnvironment','cpu', ...
    'GradientThreshold',1, ...
    'MaxEpochs',maxEpochs, ...
    'MiniBatchSize',miniBatchSize, ...
    'SequenceLength','longest', ...
    'Shuffle','never', ...
    'Verbose',0, ...
    'Plots','training-progress');
```

4. 训练 LSTM 网络

使用 trainNetwork 以指定的训练选项训练 LSTM 网络。

```
>> net = trainNetwork(XTrain,YTrain,layers,options);   % 效果如图 2-166 所示
```

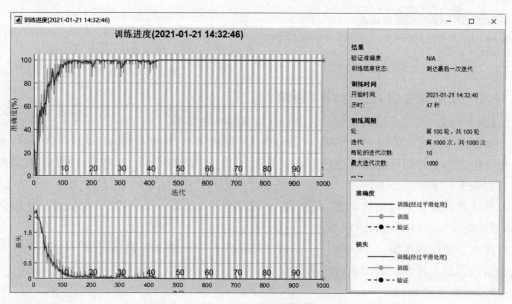

图 2-166　训练进度图

5. 测试 LSTM 网络

加载日语元音测试数据。XTest 是包含 370 个不同长度的 12 维序列的元胞数组；YTest 是由对应于 9 个说话者的标签"1","2",…,"9"组成的分类向量。

```
>> [XTest,YTest] = japaneseVowelsTestData;
XTest(1:3)
ans =
  3×1 cell 数组
     {12×19 double}
     {12×17 double}
     {12×19 double}
```

LSTM 网络 net 已使用相似长度的小批量序列进行训练，确保以相同的方式组织测试数据，并按序列长度对测试数据进行排序。

```
>> numObservationsTest = numel(XTest);
for i = 1:numObservationsTest
    sequence = XTest{i};
    sequenceLengthsTest(i) = size(sequence,2);
end
[sequenceLengthsTest,idx] = sort(sequenceLengthsTest);
XTest = XTest(idx);
YTest = YTest(idx);
```

要减少分类过程中引入的填充量，请将小批量大小设置为 27；要应用与训练数据相同的填充，请将序列长度指定为'longest'。

```
>> miniBatchSize = 27;
YPred = classify(net,XTest, ...
    'MiniBatchSize',miniBatchSize, ...
    'SequenceLength','longest');
% 计算预测值的分类准确度
>> acc = sum(YPred == YTest)./numel(YTest)
acc =
    0.9649
```

2.11.2　使用深度学习进行时序预测

【例 2-66】　使用长短期记忆(LSTM)网络预测时序数据。

要预测序列在将来时间步的值，可以训练"序列到序列"回归 LSTM 网络，其中响应是将值移位了一个时间步的训练序列。也就是说，在输入序列的每个时间步，LSTM 网络都学习预测下一个时间步的值。

要预测将来多个时间步的值，请使用 predictAndUpdateState 函数一次预测一个时间步，并在每次预测时更新网络状态。

实例中使用数据集 chickenpox_dataset,实现训练一个 LSTM 网络，旨在根据前几个月的水痘病例数来预测未来的水痘病例数。

1. 加载序列数据

加载实例数据 chickenpox_dataset,数据中包含一个时序，其时间步对应于月份，值对应于病例数。输出为一个元胞数组，其中每个元素均为单一时间步，将数据重构为行向量。

```
>> data = chickenpox_dataset;
data = [data{:}];
figure
plot(data)
xlabel("月份")
ylabel("病例")
title("每月水痘病例")
```

运行程序,效果如图 2-167 所示。

```
>> % 对训练数据和测试数据进行分区,序列
% 的前 90 % 用于训练,后 10 % 用于测试
numTimeStepsTrain = floor(0.9 * numel
(data));
dataTrain = data(1:numTimeStepsTrain + 1);
dataTest = data(numTimeStepsTrain + 1:
end);
```

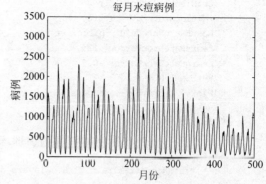

图 2-167   chickenpox_dataset 数据效果图

2. 标准化数据

为了获得较好的拟合并防止训练发散,将训练数据标准化为具有零均值和单位方差。在预测时,必须使用与训练数据相同的参数来标准化测试数据。

```
>> mu = mean(dataTrain);
sig = std(dataTrain);
dataTrainStandardized = (dataTrain - mu) / sig;
```

3. 准备预测变量和响应

要预测序列在将来时间步的值,请将响应指定为将值移位了一个时间步的训练序列。也就是说,在输入序列的每个时间步,LSTM 网络都学习预测下一个时间步的值。预测变量是没有最终时间步的训练序列。

```
>> XTrain = dataTrainStandardized(1:end - 1);
YTrain = dataTrainStandardized(2:end);
```

4. 定义 LSTM 网络架构

创建 LSTM 回归网络,指定 LSTM 层有 200 个隐含单元。

```
>> numFeatures = 1;
numResponses = 1;
numHiddenUnits = 200;
layers = [ ...
    sequenceInputLayer(numFeatures)
    lstmLayer(numHiddenUnits)
    fullyConnectedLayer(numResponses)
    regressionLayer];
```

指定训练选项,将求解器设置为'adam'并进行 250 轮训练。要防止梯度爆炸,请将梯度阈值设置为 1;指定初始学习率为 0.005,并且在 125 轮训练后通过乘以因子 0.2 来降低学习率。

```
>> options = trainingOptions('adam', ...
    'MaxEpochs',250, ...
```

```
'GradientThreshold',1, ...
'InitialLearnRate',0.005, ...
'LearnRateSchedule','piecewise', ...
'LearnRateDropPeriod',125, ...
'LearnRateDropFactor',0.2, ...
'Verbose',0, ...
'Plots','training-progress');
```

5. 训练 LSTM 网络

使用 trainNetwork 以指定的训练选项训练 LSTM 网络。

```
>> net = trainNetwork(XTrain,YTrain,layers,options);    % 效果如图 2-168 所示
```

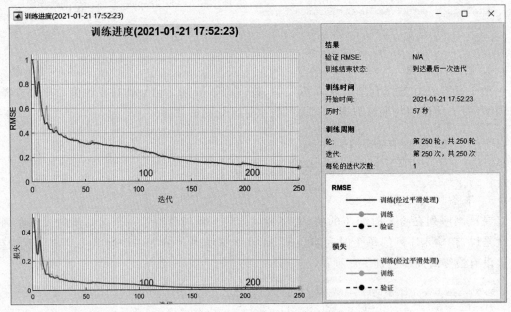

图 2-168　训练 LSTM 网络图

6. 预测将来时间步

要预测将来多个时间步的值,可使用 predictAndUpdateState 函数一次预测一个时间步,并在每次预测时更新网络状态。对于每次预测,使用前一次预测作为函数的输入。使用与训练数据相同的参数来标准化测试数据。

```
>> dataTestStandardized = (dataTest - mu) / sig;
XTest = dataTestStandardized(1:end-1);
```

要初始化网络状态,请先对训练数据 XTrain 进行预测。接下来,使用训练响应的最后一个时间步 YTrain(end)进行第一次预测,循环其余预测并将前一次预测输入到 predictAndUpdateState。对于大型数据集合、长序列或大型网络,在 GPU 上进行预测计算通常比在 CPU 上快。其他情况下,在 CPU 上进行预测计算通常更快。对于单时间步预测,请使用 CPU,要使用 CPU 进行预测,请将 predictAndUpdateState 的 'ExecutionEnvironment' 选项设置为 'cpu'。

```
>> net = predictAndUpdateState(net,XTrain);
[net,YPred] = predictAndUpdateState(net,YTrain(end));
numTimeStepsTest = numel(XTest);
for i = 2:numTimeStepsTest
    [net,YPred(:,i)] = predictAndUpdateState(net,YPred(:,i-1),'ExecutionEnvironment','cpu');
end
```

使用先前计算的参数对预测去标准化。

```
>> YPred = sig * YPred + mu;
```

训练进度图会报告根据标准化数据计算出的均方根误差(RMSE),并根据去标准化的预测值计算 RMSE。

```
>> YPred = sig * YPred + mu;
>> YTest = dataTest(2:end);
rmse = sqrt(mean((YPred - YTest).^2))
rmse =
  single
  228.7924
% 使用预测值绘制训练时序
>> figure
plot(dataTrain(1:end-1))
hold on
idx = numTimeStepsTrain:(numTimeStepsTrain + numTimeStepsTest);
plot(idx,[data(numTimeStepsTrain) YPred],'.-')
hold off
xlabel("月份")
ylabel("病例")
title("预测")
legend(["观察值" "预测值"])
```

运行程序,效果如图 2-169 所示。接着,将预测值与测试数据进行比较。

```
>> figure
subplot(2,1,1)
plot(YTest)
hold on
plot(YPred,'.-')
hold off
xlabel("月份")
ylabel("病例")
title("预测")
legend(["观察值" "预测值"])
subplot(2,1,2)
stem(YPred - YTest)
xlabel("月份")
ylabel("误差")
```

运行程序,效果如图 2-170 所示。

7. 使用观测值更新网络状态

如果可以访问预测之间的时间步的实际值,则可以使用观测值而不是预测值更新网络状态。

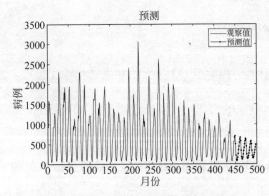

图 2-169　使用预测值绘制训练时序图

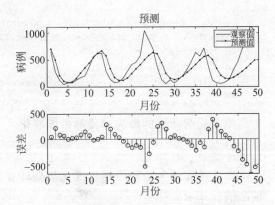

图 2-170　预测值与测试数据进行比较效果图 1

首先,初始化网络状态,要对新序列进行预测,请使用 resetState 重置网络状态。重置网络状态可防止先前的预测影响对新数据的预测,然后通过对训练数据进行预测来初始化网络状态。

```
>> net = resetState(net);
net = predictAndUpdateState(net,XTrain);
```

对每个时间步进行预测,对于每次预测,使用前一时间步的观测值预测下一个时间步,并将 predictAndUpdateState 的'ExecutionEnvironment'选项设置为'cpu'。

```
>> YPred = [];
numTimeStepsTest = numel(XTest);
for i = 1:numTimeStepsTest
    [net,YPred(:,i)] = predictAndUpdateState(net,XTest(:,i),'ExecutionEnvironment','cpu');
end
% 使用先前计算的参数对预测去标准化
>> YPred = sig * YPred + mu;
% 计算均方根误差(RMSE)
>> rmse = sqrt(mean((YPred - YTest).^2))
rmse =
  145.1591
% 将预测值与测试数据进行比较
>> figure
subplot(2,1,1)
plot(YTest)
hold on
plot(YPred,'. - ')
hold off
legend(["观察值" "预测值"])
ylabel("病例")
title("预测更新")
subplot(2,1,2)
stem(YPred - YTest)
xlabel("月份")
ylabel("误差")
title("RMSE = " + rmse)
```

运行程序,效果如图 2-171 所示。

图 2-171　预测值与测试数据进行比较效果图 2

在传统的傅里叶分析中,信号完全是在频域展开的,不包含任何时域的信息,这对于某些应用来说是很恰当的,因为信号的频率信息对其非常重要。但其丢弃的时域信息可能对另外一些应用同样非常重要,所以人们对傅里叶分析进行了推广,提出了很多表征时域和频域信息的信号分析方法,如短时傅里叶变换、Gabor 变换、时频分析、Randon-Wigner变换、小波变换等。

本章主要对小波分析进行介绍。

3.1 小波变换

小波变换具有多分辨特性,也叫多尺度特性,可以由粗到精地逐步观察信号,也可以看成是用一组带通滤波器对信号滤波。通过适当地选择尺度因子和平移因子,可得到一个伸缩窗,只要适当地选择基本小波,就可以使小波变换在时域和频域都具有表征信号局部特征的能力。多分辨率分析与滤波器组相结合,丰富了小波变换的理论基础,拓宽了它的应用范围,对小波滤波器组的设计提出了更系统的方法,降低了小波变换的计算量。

小波变换的定义为:

$$W_f(a,b) = \int_{-\infty}^{\infty} f(t)\psi_{a,b}(t)\mathrm{d}t = \int_{-\infty}^{\infty} f(t)a^{-\frac{1}{2}}\psi\left(\frac{t-b}{a}\right)\mathrm{d}t$$

其逆变换为:

$$f(t) = \frac{1}{C_\psi}\int_{-\infty}^{\infty}\int_{-\infty}^{\infty} a^{-2}W_f(a,b)\psi_{a,b}(t)\mathrm{d}a\mathrm{d}b$$

其中:

$$C_\psi = \int_{-\infty}^{\infty}\frac{|\psi(\omega)|^2}{\omega}\mathrm{d}\omega < \infty$$

式中,$\psi(\omega)$ 为傅里叶变换,C_ψ 取有限值。

3.1.1 连续小波变换

小波是通过对基本小波进行尺度伸缩和位移得到的,基本小波是一个具有特殊性质的实值函数,其振荡快速衰减,且在数学上满足积分为零的条件:

$$\int_{-\infty}^{\infty} \psi(t)\,\mathrm{d}t = 0$$

$$C_\psi = \int_{-\infty}^{\infty} \frac{|\psi(s)|^2}{s}\,\mathrm{d}s < 0$$

即基本小波在频域也具有很好的衰减性质。

一组小波基函数是通过尺度因子和位移因子由基本小波产生的：

$$\psi_{a,b}(x) = \frac{1}{\sqrt{a}}\psi\left(\frac{x-b}{a}\right)$$

连续小波变换也称为积分小波变换,定义为：

$$W_f(a,b) = \langle f, \psi_{a,b}(x)\rangle = \int_{-\infty}^{\infty} f(x)\psi_{a,b}(x)\,\mathrm{d}x = \frac{1}{\sqrt{a}}\int_{-\infty}^{\infty} f(x)\psi\left(\frac{x-b}{a}\right)\mathrm{d}x$$

其逆变换为：

$$f(x) = \frac{1}{C_\psi}\int_0^{\infty}\int_{-\infty}^{\infty} W_f(a,b)\psi_{a,b}(x)\,\mathrm{d}b\,\frac{\mathrm{d}a}{a^2}$$

二维连续小波基函数定义为：

$$\psi_{ab_x b_y}(x,y) = \frac{1}{|a|}\psi\left(\frac{x-b_x}{a}, \frac{y-b_y}{a}\right)$$

二维连续小波变换为：

$$W_f(a,b_x,b_y) = \int_{-\infty}^{\infty}\int_{-\infty}^{\infty} f(x,y)\psi_{ab_x b_y}(x,y)\,\mathrm{d}x\,\mathrm{d}y$$

二维连续小波逆变换为：

$$f(x,y) = \frac{1}{C_\psi}\int_0^{\infty}\int_{-\infty}^{\infty}\int_{-\infty}^{\infty} W_f(a,b_x,b_y)\psi_{ab_x b_y}(x,y)\,\mathrm{d}b_x\,\mathrm{d}b_y\,\frac{\mathrm{d}a}{a^3}$$

连续小波变换具有以下重要性质。

(1) 线性：一个多分量信号的小波变换等于各个分量的小波变换之和。

(2) 平移不变性：如果 $f(t)$ 的小波变换为 $W_f(a,b)$,则 $f(t-\tau)$ 的小波变换为 $W_f(a, b-\tau)$。

(3) 伸缩共变性：若 $f(t)$ 的小波变换为 $W_f(a,b)$,则 $f(ct)$ 的小波变换为 $\frac{1}{\sqrt{c}}W_f(ca, cb)$,$c>0$。

(4) 自相似性：对应不同尺度参数 a 和不同平移参数 b 的连续小波变换之间是自相似的。

(5) 冗余性：连续小波变换中存在信息表述的冗余度。

小波变换的冗余性事实上也是自相似性的直接反映,它主要表现在以下两个方面。

(1) 由连续小波变换恢复原信号的重构方式不是唯一的。也就是说,信号 $f(t)$ 的小波变换与小波重构不存在一一对应关系,而变换与逆变换是一一对应的。

(2) 小波变换的核函数即小波函数 $\psi_{a,b}(t)$ 存在许多可能的选择(例如,它们可以是非正交小波、正交小波、双正交小波,甚至允许是彼此线性相关的)。

小波变换在不同 (a,b) 之间的相关性增加了分析和解释小波变换结果的难度,因此小波变换的冗余度应尽可能减小,它是小波分析中的主要问题之一。

3.1.2 一维离散小波变换

设 $\psi(t) \in L^2(\mathbf{R})$，其变换为 $\hat{\psi}(\bar{\omega})$，当 $\hat{\psi}(\omega)$ 满足允许条件(完全重构条件或恒等分辨条件)：

$$C_\psi = \int_{\mathbf{R}} \frac{|\hat{\psi}(\omega)|^2}{|\omega|} d\omega < \infty$$

时，称 $\psi(t)$ 为一个基本小波或母小波。将母函数 $\psi(t)$ 经伸缩和平移后得：

$$\psi_{a,b}(t) = \frac{1}{\sqrt{|a|}} \psi(\frac{t-b}{a}) \quad a, b \in \mathbf{R}; a \neq 0$$

称其为一个小波序列。其中 a 为伸缩因子，b 为平移因子。对于任意的函数 $f(t) \in L^2(\mathbf{R})$ 的连续小波变换为：

$$W_f(a,b) = \langle f, \psi_{a,b} \rangle = |a|^{-1/2} \int_{\mathbf{R}} f(t) \overline{\psi(\frac{t-b}{a})} dt$$

其重构公式(逆变换)为：

$$f(t) = \frac{1}{C_\psi} \int_{-\infty}^{\infty} \int_{-\infty}^{\infty} \frac{1}{a^2} W_f(a,b) \psi(\frac{t-b}{a}) da\, db$$

由于基小波 $\psi(t)$ 生成的小波 $\psi_{a,b}(t)$ 在小波变换中对被分析的信号起着观测窗的作用，所以 $\psi(t)$ 还应该满足一般函数的约束条件：

$$\int_{-\infty}^{\infty} |\psi(t)| dt < \infty$$

故 $\hat{\psi}(\omega)$ 是一个连续函数。这意味着，为了满足完全重构条件式，$\hat{\psi}(\omega)$ 在原点必须等于 0，即：

$$\hat{\psi}(0) = \int_{-\infty}^{\infty} \psi(t) dt = 0$$

为了使信号重构的实现在数值上是稳定的，除了完全重构条件外，还要求小波 $\psi(t)$ 的变化满足下面的稳定性条件：

$$A \leqslant \sum_{-\infty}^{\infty} |\hat{\psi}(2^{-j}\omega)|^2 \leqslant B$$

式中 $0 < A \leqslant B < \infty$。

3.1.3 二维离散小波变换

为了将一维离散小波变换推广到二维，只考虑尺度函数是可分离的情况，即：

$$\Phi(x,y) = \Phi(x)\Phi(y)$$

式中，$\Phi(x)$ 是一维尺度函数，其相应的小波是 $\psi(x)$，下列 3 个二维基本小波是建立二维小波变换的基础：

$$\psi^1(x,y) = \Phi(x)\psi(y), \psi^2(x,y) = \Phi(y)\psi(x), \psi^3(x,y) = \psi(x)\psi(y)$$

它构成二维平方可积函数空间 $L^2(\mathbf{R}^2)$ 的正交归一化：

$$\psi_{j,m,n}^1(x,y) = 2^j \psi^1(x - 2^j m, y - 2^j n) \, j \geqslant 0, \quad l = 1,2,3 (j,1,m,n \text{ 都为整数})$$

1. 正变换

从一幅 $N \times N$ 的图像 $f(x,y)$ 开始，其中上标指示尺度并且 N 是 2 的幂。对于 $j=0$，尺度 $2^j = 2^0 = 1$，也就是原图像的尺度。j 值的每一次增大都使尺度加倍，而使分辨率减半。

在变换的每一层次,图像都被分解为 4 个四分之一大小的图像,它们都是由原图与一个小波基图像内积后,再经过在行和列方向进行 2 倍的间隔抽样而生成的。对于第一个层次($j=1$),可写成:

$$f_2^0(m,n)=\langle f_1(x,y),\Phi(x-2m,y-2n)\rangle$$

$$f_2^1(m,n)=\langle f_1(x,y),\psi^1(x-2m,y-2n)\rangle$$

$$f_2^2(m,n)=\langle f_1(x,y),\psi^2(x-2m,y-2n)\rangle$$

$$f_2^3(m,n)=\langle f_1(x,y),\psi^3(x-2m,y-2n)\rangle$$

后续的层次($j>1$),依次类推。如果将内积改写卷积形式则有:

$$f_{2^{j+1}}^0(m,n)=[f_{2^1}^0(x,y)\times\Phi(-x,-y)](2m,2n)$$

$$f_{2^{j+1}}^1(m,n)=[f_{2^1}^0(x,y)\times\psi^1(-x,-y)](2m,2n)$$

$$f_{2^{j+1}}^2(m,n)=[f_{2^1}^0(x,y)\times\psi^{21}(-x,-y)](2m,2n)$$

$$f_{2^{j+1}}^3(m,n)=[f_{2^1}^0(x,y)\times\psi^{31}(-x,-y)](2m,2n)$$

因为尺度函数和小波函数都是可分离的,所以每个卷积都可分解成行和列的一维卷积。例如,在第一层,首先用 $h_0(-x)$ 和 $h_1(-x)$ 分别与图像 $f(x,y)$ 的每行作卷积并丢弃奇数列(以最左列为第 0 列);接着这个 $(N\times N)/2$ 矩阵的每列再与 $h_0(-x)$ 和 $h_1(-x)$ 相卷积,丢弃奇数行(以最上行为第 0 行),结果就是该层变换所要求的 4 个 $(N/2)\times(N/2)$ 的数组。

2. 逆变换

逆变换与上述过程相似,在每层,首先在每列的左边插入一列 0 来增频采样前一层的 4 个矩阵;接着用 $h_0(x)$ 和 $h_1(x)$ 来卷积各行,再成对地把这几个 $(N/2)\times N$ 的矩阵加起来;然后通过在每行上面插入一行 0 来将刚才所得的两个矩阵的增频采样为 $N\times N$;最后用 $h_0(x)$ 和 $h_1(x)$ 与这两个矩阵的每列卷积,这两个矩阵的和就是这一层重建的结果。

3.1.4 多分辨率分析

下面简要介绍一下多分辨率分析的数学理论。

定义:空间 $L^2(\mathbf{R})$ 中的多分辨率分析是指 $L^2(\mathbf{R})$ 满足如下性质的一个空间序列 $\{V_j\}_{j\in\mathbf{Z}}$。

(1) 单调一致性:$V_j\subset V_{j+1}$,对任意 $j\in\mathbf{Z}$。

(2) 渐进完全性:$\bigcap_{j\in\mathbf{Z}}V_j=\Phi$,close$\{\bigcup_{j\in\mathbf{Z}}V_j\}=L^2(\mathbf{R})$。

(3) 伸缩完全性:$f(t)\in V_j\Leftrightarrow f(2t)\in V_{j+1}$。

(4) 平移不变性:$\forall k\in\mathbf{Z},\phi(2^{-j/2}t)\in V_j\Rightarrow\phi_j(2^{-j/2}t-k)\in V_j$。

(5) Riesz 基存在性:存在 $\phi(t)\in V_0$,使得 $\{\phi_j(2^{-j/2}t-k)|k\in\mathbf{Z}\}$ 构成 V_j 的 Riesz 基。

关于 Riesz 的具体说明为,如果 $\phi(t)$ 是 V_0 的 Riesz 基,则存在常数 A、B,且使得:

$$A\parallel\{c_k\}\parallel_2^2\leqslant\parallel\sum_{k\in\mathbf{Z}}c_k\phi(t-k)\parallel_2^2\leqslant B\parallel\{c_k\}\parallel_2^2$$

对所有双无限可平方和序列 $\{c_k\}$,有:

$$\parallel\{c_k\}\parallel_2^2=\sum_{k\in\mathbf{Z}}|c_k|^2<\infty$$

成立。

满足上述几个条件的函数空间集合称为一个多分辨率分析（MultiResolution Analysis），如果 $\phi(t)$ 生成一个多分辨率分析，那么称 $\phi(t)$ 为一个尺度函数。

多分辨率分析构造一组函数空间，这组空间是相互嵌套的，即：

$$\cdots \subset V_{-2} \subset V_{-1} \subset V_0 \subset V_1 \subset V_2 \cdots$$

那么相邻的两个函数空间的差就定义了一个由小波函数构成的空间，即：

$$V_j \oplus W_j = V_{j+1}$$

在频域中，双尺度差分方程的表现形式为：

$$\hat{\phi}(2\omega) = H(\omega)\hat{\phi}(\omega)$$

如果 $\hat{\phi}(\omega)$ 在 $\omega = 0$ 连续的话，则有：

$$\hat{\phi}(\omega) = \sum_{j=1}^{\infty} H\left(\frac{\omega}{2^j}\right)\hat{\phi}(0)$$

说明 $\hat{\phi}(\omega)$ 的性质完全由 $\hat{\phi}(0)$ 决定。

3.1.5　正交小波变换

在定义了多分辨率分析以后，把函数空间 $L^2(\mathbf{R})$ 分解成为一组全嵌套的函数空间集合，从这个角度上讲，当把信号从一个集合映射到它的子集的时候，就必然会丢失信息，那么如何描述这个丢失的信息呢？也就是说，如何找到一个子空间相对于其临近的父空间的补集？这就是下面要介绍的小波函数集。

设 $\psi = L^2(\mathbf{R})$ 是多分辨率分析 $\{V_j\}_{j \in \mathbf{Z}}$ 的生成元，且满足：

(1) $\{\phi(x-n)\}_{n \in \mathbf{Z}}$。

(2) $\phi(x) = \sqrt{2}\sum_{n \in \mathbf{Z}} h_n \phi(2x-n)$。

记：

$$g_n = (-1)^n \overline{h}_{1-n}$$

并定义：

$$\psi(x) = \sqrt{2}\sum_{n \in \mathbf{Z}} g_n \phi(2x-n)$$

定义 W_j 为 $\psi_{j,n}$ 的线性张成，即：

$$W_j = \overline{\mathrm{span}\{\psi_{j,n}(x)\}_{n \in \mathbf{Z}}}$$

那么，函数空间 W_j 满足如下性质。

(1) $W_j \perp V_j, W_j \oplus V_j = V_{j+1}, W_j \perp W_1, j \neq 1$。

(2) $L^2(\mathbf{R}) = \underset{j \in \mathbf{Z}}{\oplus} W_j$。

(3) $\{\psi_{j,n}(x)\}_{n \in \mathbf{Z}}$ 是 W_j 的标准化正交基。

(4) $\{\psi_{j,n}(x)\}_{n \in \mathbf{Z}}$ 是 $L^2(\mathbf{R})$ 的标准化正交基。

首先，第一条性质要找的多分辨率分析每个尺度的补集就由 W_j 给出，而且 W_j 还是相互正交的。

第二条性质说明 W_j 的闭包可以覆盖整个能量有限信号空间，也就是说任何一个物理世界的信号都可以分解到这组空间上。

第三条和第四条说明由每个函数空间内部函数的正交性质，可以构造出一组 W_j 或

$L^2(\mathbf{R})$上的标准正交基,并可以把信号分解到任意尺度。

有了这些数学基础,接下来定义正交小波变换。

由于$\{\psi_{j,n}(x)\}_{j,n \in \mathbf{Z}}$是$L^2(\mathbf{R})$的标准化正交基,所以对于$\forall f \in L^2(\mathbf{R})$,都有:

$$f(x) = \sum_{j,n \in \mathbf{Z}} g_n < f, \psi_{j,n} > \psi_{j,n}(x)$$

称为$f(x)$的小波基数。

小波分析相对于传统的时频分析的优势就在于它可以在任意的时频分辨率上将信号分解,下面就从数学上看看任意层数信号分解的原理。

设$f(x) \in V_0$,由于V_0可以做如下分解:

$$V_0 = V_{-1} \oplus W_{-1} = \overset{N}{\underset{j=1}{\oplus}} W_{-j} \oplus V_{-N}$$

那么$f\{x\}$就可以分解为在这些函数空间上的投影之和:

$$f(x) = \sum_{j=1}^{N} g_{-j}(x) + f_{-N}(x)$$

其中:

$$g_{-j}(x) \in W_{-j}, \quad f_{-N}(x) \in V_{-N}$$

$f(x)$分别在W_{-j}和V_{-N}上的投影为:

$$g_{-j}(x) = \sum_{n \in \mathbf{Z}} < f, \quad \psi_{-j,n} > \psi_{-j,n}(x)$$

$$f_{-N}(x) = \sum_{n \in \mathbf{Z}} < f, \quad \phi_{-N,n} > \phi_{-N,n}(x)$$

记:

$$A_{-2^{-N}} f - \{f, \phi_{-N,n}\}_{n \in \mathbf{Z}}$$

$$D_{-2^{-j}} f = \{f, \psi_{-j,n}\}_{n \in \mathbf{Z}}$$

则:

$$\{\{D_{-2^{-j}} f\}_{j=1}^{N}, A_{-2^{-N}} f\}$$

完全刻画了信号$f(x) \in V_0$,成为$f(x) \in V_0$的正交小波变换,同理,对$f(x) \in V_j$也可以同样求得其正交小波变换。

在实际应用到信号处理的时候,正交小波变换取样的方法与二进制小波变换不同,它是对连续信号在小波基上进行分解。

设实际处理的有限信号为$\{a_n\}_{0 \leqslant n < M}$,则假定相应的模拟信号为:

$$f = \sum_{n=0}^{M-1} a_n \phi(x - n)$$

那么,这个模拟信号在尺度2^0上的采样就是$\{a_n\}_{0 \leqslant n < M}$,所以二进制小波的信号本身在时(空)域就是离散的。而二进制小波变换是按 Shannon 定理对信号与小波函数的卷积进行取样,本质上在信号的时空域是连续的。而正交小波变换的结果每次也都是在不同尺度小波基上的展开系数,本质就是离散的。

3.1.6　小波包分析

在多分辨率分析中,$L^2(\mathbf{R}) = \underset{j \in \mathbf{Z}}{\oplus} W_j$表明多分辨率分析是按照不同的尺度因子$j$把 Hilbert 空间$L^2(\mathbf{R})$分解为所有子空间$W_j(j \in \mathbf{Z})$的正交和的。其中,$W_j$为小波函数$\psi(t$

的闭包(小波子空间)。现在,对小波子空间 W_j 按照二进制分式进行频率的细分,以达到提高频率分辨率的目的。

一种自然的做法是将尺度空间 V_j 和小波子空间 W_j 用一个新的子空间 U_j^n 统一起来表征,若令:

$$\begin{cases} U_j^0 = V_j \\ U_j^1 = W_j \end{cases} \quad j \in \mathbf{Z}$$

则 Hilbert 空间的正交分解 $V_{j+1} = V_j \oplus W_j$ 可用 U_j^n 的分解统一为:

$$U_{j+1}^0 = U_j^0 \oplus U_j^1 \quad j \in \mathbf{Z} \tag{3-1}$$

定义子空间 U_j^n 是函数 $U_n(t)$ 的闭包空间,而 $U_n(t)$ 是函数 $U_{2n}(t)$ 的闭包空间,并令 $U_n(t)$ 满足下面的双尺度方程:

$$\begin{cases} u_{2n}(t) = \sqrt{2} \sum_{k \in Z} h(k) u_n(2t - k) \\ u_{2n+1}(t) = \sqrt{2} \sum_{k \in Z} g(k) u_n(2t - k) \end{cases} \tag{3-2}$$

式中,$g(k) = (-1)^k h(1-k)$,即两系数也具有正交关系。当 $n = 0$ 时,以上两式直接给出:

$$\begin{cases} u_0(t) = \sum_{k \in Z} h_k u_0(2t - k) \\ u_1(t) = \sum_{k \in Z} g_k u_0(2t - k) \end{cases} \tag{3-3}$$

在多分辨率分析中,$\phi(t)$ 和 $\psi(t)$ 满足双尺度方程:

$$\begin{cases} \phi(t) = \sum_{k \in Z} h_k \phi(2t - k) & \{h_k\}_{k \in \mathbf{z}} \in l^2 \\ \psi(t) = \sum_{k \in Z} g_k \phi(2t - k) & \{g_k\}_{k \in \mathbf{z}} \in l^2 \end{cases} \tag{3-4}$$

相比较,$u_0(t)$ 和 $u_1(t)$ 分别退化为尺度函数 $\phi(t)$ 和小波基函数 $\psi(t)$。式(3-2)是式(3-1)的等价表示。把这种等价表示推广到 $n \in \mathbf{Z}_+$(非负整数)的情况,即得到式(3-2)的等价表示为:

$$U_{j+1}^n = U_j^n \oplus U_j^{2n+1} \quad j \in \mathbf{Z}; n \in \mathbf{Z}_+ \tag{3-5}$$

由式(3-2)构造的序列 $\{u_n(t)\}$(其中 $n \in \mathbf{Z}_+$)称为由基函数 $u_0(t) = \phi(t)$ 确定的正交小波包。当 $n = 0$ 时,即为式(3-3)的情况。

由于 $\phi(t)$ 由 h_k 唯一确定,所以又称 $\{u_n(t)\}_{n \in \mathbf{z}}$ 为关于序列 $\{h_k\}$ 的正交小波包。

设非负整数 n 的二进制表示为 $n = \sum_{i=1}^{\infty} \varepsilon_i 2^{i-1}$,$\varepsilon_i = 0$ 或 1,则小波包 $\hat{u}_n(w)$ 的变换由下式给出:

$$\hat{u}_n(\bar{w}) = \prod_{i=1}^{\infty} m_{\varepsilon_i}(w/2^j) \tag{3-6}$$

式中:

$$m_0(\bar{w}) = H(w) = \frac{1}{\sqrt{2}} \sum_{k=-\infty}^{+\infty} h(k) \mathrm{e}^{-jkw}$$

$$m_1(\bar{w}) = G(w) = \frac{1}{\sqrt{2}} \sum_{k=-\infty}^{\infty} g(k) \mathrm{e}^{-jkw}$$

设$\{u_n(t)\}_{n\in\mathbf{Z}}$是正交尺度函数$\phi(t)$的正交小波包,则$<u_n(t-k),u_n(t-l)>=\delta_{kl}$,即$\{u_n(t)\}_{n\in\mathbf{Z}}$构成$L^2(\mathbf{R})$的规范正交基。

3.2 利用小波分析合成信号和图像

小波工具箱中可利用小波分析合成信号和图像的相关算法,包括连续小波分析、小波相干性、同步压缩和数据自适应时频分析的算法等。

使用连续小波分析,可以研究光谱特征随时间演变的方式,在两个信号中识别常见的时变模式,并执行时间局域滤波。使用离散小波分析,可以分析不同分辨率的信号和图像,以检测变化点、不连续点和其他在原始数据中不容易看到的事件。可以在多个尺度上比较信号统计,并对数据进行分形分析以揭示隐藏的模式。

3.2.1 可视化小波、小波包和小波滤波器

【例 3-1】 此实例展示了使用 wfilters、wavefun 和 wpfun 来获得滤波器、小波或与特定小波族对应的小波包。

```
>> % 可以用 wavefun2 来分离离散二维小波
[LoD,HiD,LoR,HiR] = wfilters('bior3.5');
subplot(2,2,1)
stem(LoD,'markerfacecolor',[0 0 1]); title('分解低通滤波器');
subplot(2,2,2)
stem(LoR,'markerfacecolor',[0 0 1]); title('重建低通滤波器');
subplot(2,2,3)
stem(HiD,'markerfacecolor',[0 0 1]); title('分解高通滤波器');
subplot(2,2,4)
stem(HiR,'markerfacecolor',[0 0 1]); title('重建高通滤波器');
```

运行程序,效果如图 3-1 所示。

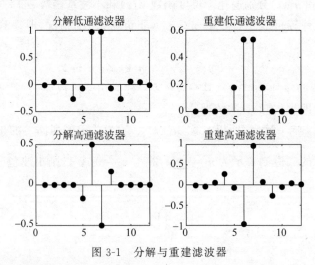

图 3-1 分解与重建滤波器

下面代码显示可视化实值 Morlet 小波。

```
>> figure  % 效果如图 3-2 所示
[psi,xval] = wavefun('morl');
plot(xval,psi,'linewidth',2)
```

```
title('$ \psi(x) = e^{ - x^2/2} \cos{(5x)} $ ','Interpreter','latex',...
    'fontsize',14);
```

得到了具有 5 个消失矩(sym4)的不对称 Daubechies 小波的前 5 个小波包。

```
>> [wpws,x] = wpfun('sym4',4,10);
for nn = 1:size(wpws,1)
    subplot(3,2,nn)
    plot(x,wpws(nn,:))
    axis tight
    title(['W',num2str(nn-1)]);
end
```

运行程序,效果如图 3-3 所示。

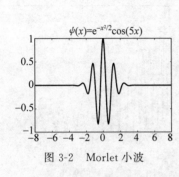

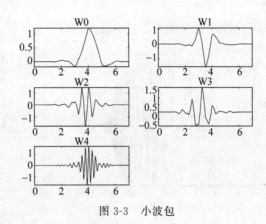

图 3-2　Morlet 小波　　　　　　图 3-3　小波包

3.2.2　时频分析和连续小波变换

连续小波变换(CWT)是一种时频变换,是分析非平稳信号的理想方法。一个信号是非平稳的意味着它的频域表示随时间而改变。许多信号都是非平稳的,如心电图、音频信号、地震数据和气候数据。

【例 3-2】　此实例说明如何利用连续小波变换的可变时频分辨率帮助获得清晰的时频表示。

1. 载入 hychirp 信号

加载一个有两个双曲啁啾的信号。数据以 2048Hz 采样,第一啁啾在 0.1～0.68s 内活跃,第二啁啾在 0.1～0.75s 内活跃。t 时刻第一个啁啾的瞬时频率(Hz)为 $\dfrac{15\pi}{(0.8-t)^2}\Big/2\pi$;

t 时刻第二个啁啾的瞬时频率为 $\dfrac{5\pi}{(0.8-t)^2}\Big/2\pi$,并绘制信号。

```
>> load hychirp
plot(t,hychirp)
grid on
axis tight
xlabel('时间(s)');ylabel('幅值')
title('hychirp 信号');
```

运行程序,效果如图 3-4 所示。

2. 时频分析：傅里叶变换

傅里叶变换(FT)在识别信号中存在的频率分量方面非常出色,然而,FT 不能识别何时出现频率分量。在放大 0～200Hz 的区域画出信号的幅度谱。

```
>> sigLen = numel(hychirp);
fchirp = fft(hychirp);
fr = Fs * (0:1/Fs:1 - 1/Fs);
plot(fr(1:sigLen/2),abs(fchirp(1:sigLen/2)),'x - ')
xlabel('频率 (Hz)')
ylabel('幅值')
axis tight
grid on
xlim([0 200])
```

运行程序,效果如图 3-5 所示。

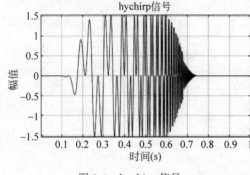

图 3-4　hychirp 信号

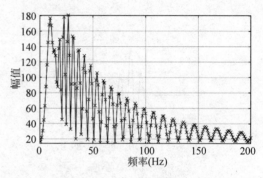

图 3-5　信号的幅度谱

3. 时频分析：短时傅里叶变换

傅里叶变换不提供时间信息,为了确定频率的变化何时发生,利用短时傅里叶变换(STFT)方法将信号分割成不同的块,并在每个块上执行 FT。

选择窗口(段)大小是 STFT 的关键。对于使用 STFT 进行时频分析,选择较短的窗口有助于以牺牲频率分辨率为代价获得良好的时间分辨;相反,选择较大的窗口有助于以牺牲时间分辨率为代价获得良好的频率分辨率。一旦选择了窗口大小,它将在整个分析中保持固定。如果可以估计信号中期望的频率分量,那么就可以使用该信息选择一个窗口大小进行分析。

两种啁啾在其初始时间点的瞬时频率大约为 5Hz 和 15Hz,下面代码使用 helperPlot-Spectrogram 函数绘制时间窗口大小为 200ms 的信号的谱图。

```
>> helperPlotSpectrogram(hychirp,t,Fs,200)    % 效果如图 3-6 所示
```

现在使用 helperPlotSpectrogram 函数绘制时间窗口大小为 50ms 的信号的谱图。信号中较晚出现的高频率现在被分解了,而信号开始处的低频率则没有被分解。

```
>> helperPlotSpectrogram(hychirp,t,Fs,50)    % 效果如图 3-7 所示
```

对于像双曲啁啾这样的非平稳信号,使用 STFT 是有问题的,因为没有一个单一的窗口大小可以解决这类信号的整个频率内容。

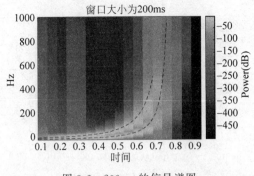
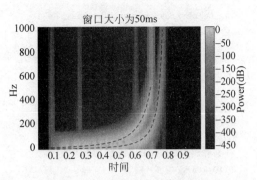

图 3-6　200ms 的信号谱图　　　　　图 3-7　50ms 的信号谱图

4. 时频分析：连续小波变换

连续小波变换（CWT）的创建是为了克服 STFT 固有的分辨率问题。

平面的 CWT 平铺是非常有用的,世界的信号具有在长尺度上发生缓慢振荡,而在高频处往往是突然的或瞬态的。但是,如果高频事件持续时间长是自然的,那么使用 CWT 就不合适了。在没有获得任何时间分辨率的情况下,频率分辨率会更低。但通常情况下并非如此,人类的听觉系统就是这样工作的：在低频有更好的频率局部化,在高频有更好的时间局部化。

下面绘制 CWT 的尺度图。尺度图是 CWT 的绝对值作为时间和频率的函数,图中使用对数频率轴,因为 CWT 中的频率是对数的。

```
>> cwt(hychirp,Fs)    % 效果如图 3-8 所示
```

从尺度图上可以清楚地看出信号中存在两个双曲线啁啾。使用 CWT,可以准确地估计整个信号持续时间的瞬时频率,而不必担心选择一个片段长度。

图 3-8 中白色虚线标志着所谓的影响锥,影响锥显示尺度图中可能受边界效应影响的区域。要了解小波系数的大小增长有多快,可以使用函数 helperPlotScalogram3d 将 scalogram 绘制为一个三维表面。

```
>> helperPlotScalogram3d(hychirp,Fs)    % 效果如图 3-9 所示
```

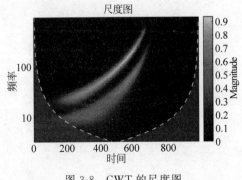
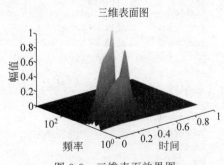

图 3-8　CWT 的尺度图　　　　　图 3-9　三维表面效果图

使用函数 helperPlotScalogram 来绘制信号的 scalogram 和瞬时频率,瞬时频率与尺度图特征可以很好地对齐。

```
>> helperPlotScalogram(hychirp,Fs);
% 效果如图 3-10 所示
```

在以上代码中,调用到自定义的几个函数,下面为它们的源代码。

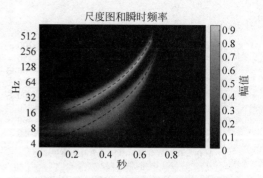

图 3-10　尺度图和瞬时频率

```
function helperPlotScalogram3d(sig,Fs)
% 它可能会在未来的版本中更改或删除
figure
[cfs,f] = cwt(sig,Fs);
sigLen = numel(sig);
t = (0:sigLen-1)/Fs;
surface(t,f,abs(cfs));
xlabel('时间(s)')
ylabel('频率(Hz)')
zlabel('幅值')
title('三维表面图')
set(gca,'yscale','log')
shading interp
view([-40 30])
end


function helperPlotSpectrogram(sig,t,Fs,timeres)
% 它可能会在未来的版本中更改或删除
[px,fx,tx] = pspectrum(sig,Fs,'spectrogram','TimeResolution',timeres/1000);
hp = pcolor(tx,fx,20*log10(abs(px)));
hp.EdgeAlpha = 0;
ylims = hp.Parent.YLim;
yticks = hp.Parent.YTick;
cl = colorbar;
cl.Label.String = 'Power(dB)';
axis tight
hold on
title(['窗口大小为: ',num2str(timeres),'ms'])
xlabel('时间(s)')
ylabel('Hz');
dt = 1/Fs;
idxbegin = round(0.1/dt);
idxend1 = round(0.68/dt);
idxend2 = round(0.75/dt);
instfreq1 = abs((15*pi)./(0.8-t).^2)./(2*pi);
instfreq2 = abs((5*pi)./(0.8-t).^2)./(2*pi);
plot(t(idxbegin:idxend1),(instfreq1(idxbegin:idxend1)),'k--');
hold on;
plot(t(idxbegin:idxend2),(instfreq2(idxbegin:idxend2)),'k--');
ylim(ylims);
hp.Parent.YTick = yticks;
hp.Parent.YTickLabels = yticks;
hold off
end


function helperPlotScalogram(sig,Fs)
% 它可能会在未来的版本中更改或删除
[cfs,f] = cwt(sig,Fs);
```

```
sigLen = numel(sig);
t = (0:sigLen-1)/Fs;
hp = pcolor(t,log2(f),abs(cfs));
hp.EdgeAlpha = 0;
ylims = hp.Parent.YLim;
yticks = hp.Parent.YTick;
cl = colorbar;
cl.Label.String = '幅值';
axis tight
hold on
title('尺度图和瞬时频率')
xlabel('秒');
ylabel('Hz');
dt = 1/2048;
idxbegin = round(0.1/dt);
idxend1 = round(0.68/dt);
idxend2 = round(0.75/dt);
instfreq1 = abs((15*pi)./(0.8-t).^2)./(2*pi);
instfreq2 = abs((5*pi)./(0.8-t).^2)./(2*pi);
plot(t(idxbegin:idxend1),log2(instfreq1(idxbegin:idxend1)),'k--');
hold on;
plot(t(idxbegin:idxend2),log2(instfreq2(idxbegin:idxend2)),'k--');
ylim(ylims);
hp.Parent.YTick = yticks;
hp.Parent.YTickLabels = 2.^yticks;
end
```

3.3 离散小波分析

小波工具箱能够使用正交和双正交临界采样离散小波分析信号、图像和三维数据。临界采样离散小波分析又称为抽取离散小波分析，抽取离散小波分析最适用于数据压缩、去噪以及某类信号和图像的稀疏表示。在抽取离散小波分析中，尺度和平移是二进制的。

3.3.1 一维小波去噪

【例 3-3】 此实例展示了如何使用离散小波分析去噪信号。

```
>> % 创建一个参考信号
len = 2^11;
h = [4  -5  3  -4  5  -4.2  2.1  4.3  -3.1  5.1  -4.2];
t = [0.1 0.13 0.15 0.23 0.25 0.40 0.44 0.65 0.76 0.78 0.81];
h = abs(h);
w = 0.01*[0.5 0.5 0.6 1 1 3 1 1 0.5 0.8 0.5];
tt = linspace(0,1,len);
xref = zeros(1,len);
for j=1:11
    xref = xref + (h(j)./(1+((tt-t(j))/w(j)).^4));
end
% 以 0.25 的方差添加零均值高斯白噪声
>> rng default
x = xref + 0.5*randn(size(xref));
plot(x)      % 效果如图 3-11 所示
```

```
axis tight
```

使用具有 4 个消失矩的 Daubechies 最小非对称小波将信号降噪到 3 级。使用周期信号扩展模式 dwtmode('per'),利用 Donoho 和 Johnstone 的通用阈值选择规则,基于第一级小波变换系数进行软阈值处理,并将结果与参考信号一起绘制出来,以便进行比较。

```
>> dwtmode('per');
!!!!!!!!!!!!!!!!!!!!!!!!!!!!!!!!!!!!!!!!!!!
!  WARNING: Change DWT Extension Mode  !
!!!!!!!!!!!!!!!!!!!!!!!!!!!!!!!!!!!!!!!!!!!

*****************************************
**   DWT Extension Mode: Periodization   **
*****************************************
>> xd = wdenoise(x,3,'Wavelet','sym4',...
    'DenoisingMethod','UniversalThreshold','NoiseEstimate','LevelIndependent');
plot(xd)
axis tight
hold on
plot(xref,'r-.')        % 效果如图 3-12 所示
legend('降噪','参考')
```

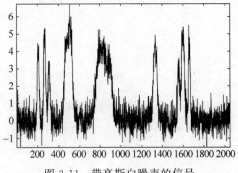

图 3-11   带高斯白噪声的信号

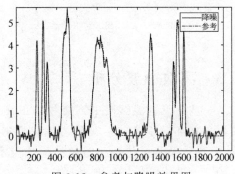

图 3-12   参考与降噪效果图

3.3.2   二维抽取离散小波分析

【例 3-4】   此实例展示了如何获取输入图像的二维 DWT。

```
% 加载并显示图像.图像由垂直、水平和对角线的图案组成.
>> load tartan;
imagesc(X); colormap(gray);    % 效果如图 3-13 所示
```

使用双正交 B 样条小波和尺度滤波器获得 1 级二维小波,分析滤波器中有 2 个消失矩,合成滤波器中有 4 个消失矩。提取水平、垂直和对角的小波系数和近似系数,并显示结果。

```
>> [C,S] = wavedec2(X,1,'bior2.4');
[H,V,D] = detcoef2('all',C,S,1);
A = appcoef2(C,S,'bior2.4');
subplot(221);
imagesc(A); title('近似系数');
```

```
colormap(gray);
subplot(222);
imagesc(H); title('水平系数');
subplot(223);
imagesc(V); title('垂直系数');
subplot(224);
imagesc(D); title('对角系数');
```

运行程序,效果如图 3-14 所示。

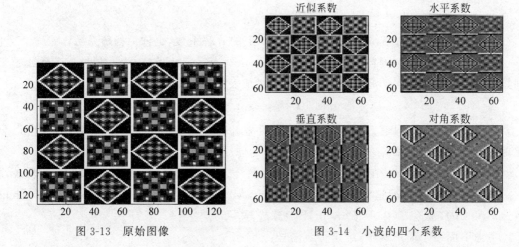

图 3-13 原始图像　　　　　　图 3-14 小波的四个系数

可以看到,小波细节对输入图像中的特定方向非常敏感,近似系数是对原始图像的低通近似。

3.3.3 非抽取离散小波分析

【例 3-5】 此实例展示了如何获得有噪声的调频信号的非抽取(平稳)小波变换。

```
% 加载含噪多普勒信号,得到平稳小波变换到 4 级
>> load noisdopp
swc = swt(noisdopp,4,'sym8');
% 绘制原始信号与 1 级、3 级小波系数及 4 级近似值
>> subplot(4,1,1)
plot(noisdopp)
ylabel('原始信号')
subplot(4,1,2);plot(swc(1,:))
ylabel('D1')
set(gca,'ytick',[])
subplot(4,1,3);plot(swc(3,:))
ylabel('D3')
set(gca,'ytick',[])
subplot(4,1,4);plot(swc(5,:))
ylabel('A4')
set(gca,'ytick',[])
load noisdopp
swc = swt(noisdopp,4,'sym8');
```

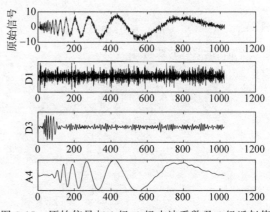

图 3-15 原始信号与 1 级、3 级小波系数及 4 级近似值

运行程序,效果如图 3-15 所示。

3.4 匹配的追踪

3.4.1 图像的稀疏表征

将原始图像分割成若干个 $\sqrt{n} \times \sqrt{n}$ 的块,这些图像块就是样本集合中的单个样本 $y = R^n$。在固定的字典上稀疏分解 y 后,得到一个稀疏向量。将所有的样本进行表征,可得原始图像的稀疏矩阵,重建样本 $y = R^n$ 时,通过原子集合即字典 $D = \{d_i\}_{i=1}^{k} \in R^{n \times m}$ $(n < m)$ 中少量元素进行线性组合即有:

$$y = Dx$$

其中,$x = \{x_1, x_2, \cdots, x_m\} \in R^m$ 是 y 在 D 上的分解系数,也称为稀疏系数。

字典矩阵中的各个列向量被称为原子(Atom),当字典矩阵中的行数小于甚至远小于列数时,即 $m \leqslant n$,字典 D 是冗余的。图像的稀疏表征数学模型如下:

$$\min_{x} \|x\|_0, \quad \text{s.t. } y = Dx$$

稀疏表征不仅应具有过完备性,还应具有稀疏性。对于一个完备字典 D,为了可以分解出更合适且稀疏的稀疏表征,应当含有更多的原子。

稀疏编码的目标就是在满足一定的稀疏条件下,通过优化目标函数,获取信号的稀疏系数。经典的算法有匹配追踪(Matching Pursuit,MP)、正交匹配追踪(Orthogonal Matching Pursuit,OMP)、基追踪(Basis Pursuit,BP)算法等。

考虑下面一个简单例子,给定稀疏信号:

$$x = (-1.2, 1, 0)$$

字典矩阵 A 为 $A = (-0.707 \ 0.8 \ 0 \ 0.707 \ 0.6 \ -1)$,所以有 $y = Ax = \begin{pmatrix} 1.65 \\ -0.25 \end{pmatrix}$。

现在,给定 $y = \begin{pmatrix} 1.65 \\ -0.25 \end{pmatrix}$ 和 $A = \begin{pmatrix} -0.707 & 0.8 & 0 \\ 0.707 & 0.6 & -1 \end{pmatrix}$,如何求得 x 呢?

3.4.2 匹配追踪

在上面的例子中 A 的列向量称之为 Basis(基)或者 Atoms(原子),所以有如下原子:

$$b_1 = \begin{pmatrix} -0.707 \\ 0.707 \end{pmatrix}, \quad b_2 = \begin{pmatrix} 0.8 \\ 0.6 \end{pmatrix}, \quad b_3 = \begin{pmatrix} 0 \\ -1 \end{pmatrix}$$

因为 $A = [b_1 \ b_2 \ b_3]$,如果令 $x = [a \ b \ c]$,则 $A \cdot x = a \cdot b_1 + b \cdot b_2 + c \cdot b_3$。$A \cdot x$ 是原子 b_1, b_2, b_3 的线性组合:

$$A \cdot x = \begin{pmatrix} -0.707 & 0.8 & 0 \\ 0.707 & 0.6 & -1 \end{pmatrix} \begin{pmatrix} -1.2 \\ 1 \\ 0 \end{pmatrix}$$

$$= -1.2 \times \begin{pmatrix} -0.707 \\ 0.707 \end{pmatrix} + 1 \times \begin{pmatrix} 0.8 \\ 0.6 \end{pmatrix} + 0 \times \begin{pmatrix} 0 \\ -1 \end{pmatrix}$$

$$= y = \begin{pmatrix} -1.65 \\ 0.25 \end{pmatrix}$$

从上面的方程可以看出,b_1 对 y 值的贡献最大,然后是 b_2,最后是 b_3。匹配追踪算法刚好逆方向进行计算：首先从 b_1，b_2，b_3 中选出对 y 贡献最大的，然后从差值（residual）中选出贡献次大的，以此类推。

而贡献值通过内积（点积）进行计算，MP 算法步骤如下。

（1）选择对 y 值贡献最大的原子 $p_i = \max\limits_j \langle b_j, y \rangle$。

（2）计算差值 $r_i = r_{i-1} - p_i \cdot \langle r_{i-1}, p_i \rangle$。

（3）选择剩余原子中与 r_i 内积最大的。

（4）重复步骤（2）和（3），直到差值小于给定的阈值（稀疏度）。

3.4.3 匹配追踪实现

（1）匹配追踪字典的创建和可视化。

【例 3-6】 此实例展示了如何创建和可视化包含二级 Haar 小波的字典。

```
>> [mpdict,~,~,longs] = wmpdictionary(100,'lstcpt',{{'haar',2}});
% 使用 longs 参数按级别和函数类型（缩放或小波）划分小波字典
>> for nn = 1:size(mpdict,2)
       if (nn <= longs{1}(1))
           plot(mpdict(:,nn),'k','linewidth',2)
           grid on
           xlabel('转换')
           title('Haar2 级缩放')
       elseif (nn > longs{1}(1) && nn <= longs{1}(1) + longs{1}(2))
           plot(mpdict(:,nn),'r','linewidth',2)
           grid on
           xlabel('转换')
           title('Haar 2 级小波')
       else
           plot(mpdict(:,nn),'b','linewidth',2)
           grid on
           xlabel('转换')
           title('Haar 1 级小波')
       end
       pause(0.2)
   end
```

运行程序，效果如图 3-16 所示。

（2）用匹配追踪法分析电力消耗。

【例 3-7】 此实例展示了如何在离散傅里叶变换基础上比较匹配追踪和非线性近似。

实现中的数据是在 24 小时内收集的电力消耗数据。实例表明，通过从字典中选择向量，匹配追踪通常能够比任何单一基更有效地近似向量。

① 使用 DCT、正弦字典和小波字典进行匹配追踪

加载数据集并绘制数据。该数据集包含 35 天的电力消耗，选择第 32 天进行进一步分析。数据是居中和缩放的，所以实际的使用单位是不相关的。

```
>> load elec35_nor
x = signals(32,:);
plot(x)                        % 效果如图 3-17 所示
xlabel('分钟');ylabel('使用')
```

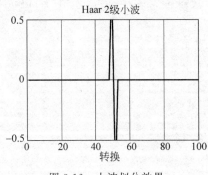

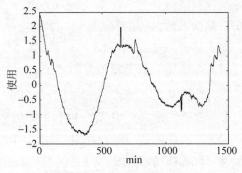

图 3-16　小波划分效果　　　　　　　图 3-17　绘制的数据图

由图 3-17 可看到,电力消耗数据包含平滑的振荡,间断于使用的突然增加和减少。下面将 500～1200min 的时间间隔放大。

```
>> xlim([500 1200])   % 效果如图 3-18 所示
```

从图 3-18 中可以看到缓慢变化的信号在大约 650min、760min 和 1120min 时的突变。在许多现实世界的信号中,像这些数据,感兴趣和重要的信息包含在瞬态中。对这些暂态现象进行模拟是很重要的。

下面从正交匹配追踪(OMP)字典中选择 35 个向量构造一个信号近似。字典包括 Daubechies 极值相位小波和第 2 级的缩放向量、离散余弦变换(DCT)、正弦基、Kronecker delta 基以及 Daubechies 最小不对称相位小波和第 1 级与第 4 级的 4 个消失矩的缩放向量。然后,利用 OMP 求出电力消耗数据的最佳项。

```
>> dictionary = {{'db1',2},{'db1',3},'dct','sin','RnIdent',{'sym4',4}};
[mpdict,nbvect] = wmpdictionary(length(x),'lstcpt',dictionary);
[y,~,~,iopt] = wmpalg('OMP',x,mpdict);
plot(x)
hold on
plot(y,'-.')
hold off
xlabel('分钟');ylabel('使用')
legend('原始信号','OMP')
```

运行程序,效果如图 3-19 所示。从图 3-19 可以看到,用 35 个系数,正交匹配追踪既近似于信号的平滑振荡部分,也近似于用电量的突变。

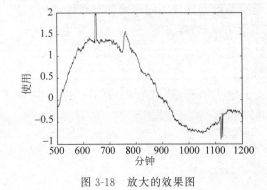

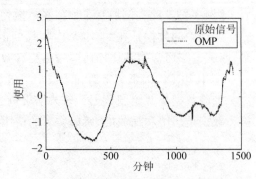

图 3-18　放大的效果图　　　　　　　图 3-19　原始信号与 OMP 效果图

下面代码确定 OMP 算法从每个子字典中选择了多少个向量。

```
>> basez = cumsum(nbvect);
k = 1;
for nn = 1:length(basez)
    if (nn == 1)
        basezind{nn} = 1:basez(nn);
    else
        basezind{nn} = basez(nn-1) + 1:basez(nn);
    end
end
dictvectors = cellfun(@(x)intersect(iopt,x),basezind, ...
    'UniformOutput',false);
```

大多数(60%)向量来自 DCT 和正弦字典,考虑到电力消耗数据总体上缓慢变化的性质,这是预期的行为。

② 使用 DCT、正弦字典和与完整字典匹配追踪

只使用 DCT 和正弦字典重复 OMP。设置 OMP,从 DCT、正弦字典中选择 35 个最佳向量,构造字典并执行 OMP。注意,添加小波基字典可以更准确地显示用电量的突变,小波基的优点特别明显,特别是在接近大约 650min 和 1120min 使用上行和下行峰值时。

```
>> dictionary2 = {'dct','sin'};
[mpdict2,nbvect2] = wmpdictionary(length(x),'lstcpt',dictionary2);
y2 = wmpalg('OMP',x,mpdict2,'itermax',35);
plot(x)
hold on
plot(y2,'-.','linewidth',2)       % 效果如图 3-20 所示
hold off
title('DCT 和正弦字典')
xlabel('分钟');ylabel('使用')
xlim([500 1200])
>> figure
plot(x)
hold on
plot(y,'-.','linewidth',2)        % 效果如图 3-21 所示
hold off
title('完整字典')
xlabel('分钟');ylabel('使用')
xlim([500 1200])
```

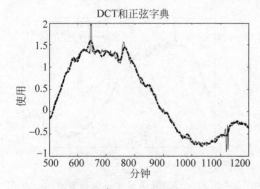

图 3-20 DCT 和正弦字典匹配追踪效果图

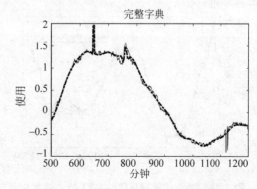

图 3-21 完整字典匹配追踪效果图

在离散傅里叶基下得到信号的最佳35项非线性近似,并获取数据的DFT。对DFT系数进行排序,并选取35个最大的系数。实值信号的DFT是共轭对称的,所以只考虑从0(DC)到奈奎斯特(1/2周期/分钟)的频率。

```
>> xdft = fft(x);
[~,I] = sort(xdft(1:length(x)/2 + 1),'descend');
ind = I(1:35);
```

检查向量ind(没有一个指标对应于0或奈奎斯特),加上相应的复共轭,得到DFT基下的非线性近似。

```
>> indconj = length(xdft) - ind + 2;
ind = [ind indconj];
xdftapp = zeros(size(xdft));
xdftapp(ind) = xdft(ind);
xrec = ifft(xdftapp);
plot(x)
hold on
plot(xrec,'-.','LineWidth',2)
hold off
xlabel('分钟');ylabel('使用');
legend('原始信号','非线性DFT近似')
```

运行程序,效果如图3-22所示。

与DCT正弦字典类似,非线性DFT近似在匹配电能消耗数据的平滑振荡方面表现良好,然而非线性DFT近似并不能准确地逼近突变。图3-23是放大的包含消耗突变的数据间隔。

```
>> plot(x)
hold on
plot(xrec,'-.','LineWidth',2)
hold off
xlabel('分钟');ylabel('使用');
legend('原始信号','非线性DFT近似')
xlim([500 1200])
```

运行程序,效果如图3-23所示。

彩色图片

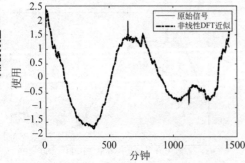

图3-22　原始信号与非线性DFT近似效果图

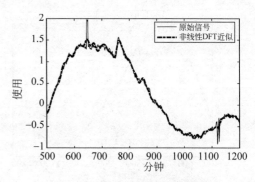

图3-23　放大数据间隔效果图

3.5　时频分析

对于图像,连续小波分析显示了图像的频率内容如何在图像中变化,并有助于揭示有噪声图像中的模式。为了获得更清晰的分辨率,并从信号中提取振荡模式,可以使用小波同步压缩。

使用 CQT,可以对带宽进行差分采样,对于较宽的频带分量使用更多的频率采样,对于窄带分量使用更少的频率采样。利用连续小波变换(CWT)可以得到两个信号之间的小波相干性;可以把一个非线性的或非平稳的过程分解成它固有的振荡模态;还可以重构信号的时频局部化近似。

3.5.1　用小波相干性比较信号的时频含量

【例 3-8】　此实例说明了如何利用小波相干性和小波交叉谱来识别两个时间序列的时域共振荡行为。

在实例中也比较了小波相干性和交叉谱与它们的对应傅里叶变换。在程序中使用信号处理工具箱中的 mscohere 函数和 cpsd 函数来实现分析。

许多应用程序都在两个时间序列中识别和表征公共模式,在某些情况下,两个时间序列的共同行为是一个时间序列驱动或影响另一个时间序列的结果。在其他情况下,共同模式的结果是一些未观察到的机制影响两个时间序列。

对于联合平稳时间序列,在时间或频率上表征相关行为的标准技术是互相关、(傅里叶)互谱和相干。然而,许多时间序列是非平稳的,这意味着它们的频率内容随时间而变化,对于这些时间序列,需在时频平面上有一个相关或相干的度量。

可以使用小波相干性来检测非平稳信号中常见的时域局域振荡。在一个时间序列影响另一个时间序列的情况下,可以使用小波交叉谱的相位来确定两个时间序列之间的相对滞后。

创建一个由指数加权正弦波组成的信号,该信号有两个 25Hz 的分量:一个以 0.2s 为中心,另一个以 0.5s 为中心。它还有两个 70Hz 的分量:一个以 0.2s 为中心,另一个以 0.8s 为中心。第一个 25Hz 和 70Hz 的分量同时出现。

```
>> t = 0:1/2000:1 - 1/2000;
dt = 1/2000;
x1 = sin(50 * pi * t). * exp( - 50 * pi * (t - 0.2).^2);
x2 = sin(50 * pi * t). * exp( - 100 * pi * (t - 0.5).^2);
x3 = 2 * cos(140 * pi * t). * exp( - 50 * pi * (t - 0.2).^2);
x4 = 2 * sin(140 * pi * t). * exp( - 80 * pi * (t - 0.8).^2);
x = x1 + x2 + x3 + x4;
plot(t,x)
grid on;
title('叠加信号')
```

运行程序,效果如图 3-24 所示。

```
% 获取并显示 CWT
>> cwt(x,2000);        % 效果如图 3-25 所示
title('使用默认 Morse 小波的解析 CWT');
xlabel('时间(s)');ylabel('频率(Hz)')
```

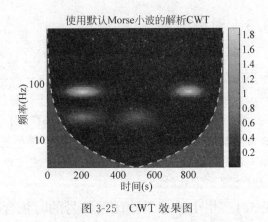

使用默认Morse小波的解析CWT

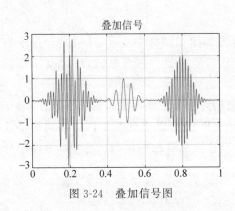

图 3-24　叠加信号图

图 3-25　CWT 效果图

通过将 CWT 系数归零,移除发生在 $0.07 \sim 0.3\mathrm{s}$ 内的 $25\mathrm{Hz}$ 分量。使用逆 CWT(icwt)来重建信号的近似。

```
>> [cfs,f] = cwt(x,2000);
T1 = .07;   T2 = .33;
F1 = 19;    F2 = 34;
cfs(f > F1 & f < F2, t > T1 & t < T2) = 0;
xrec = icwt(cfs);
% 显示重构信号的 CWT,初始 25Hz 部分被移除
>> cwt(xrec,2000)   % 效果如图 3-26 所示
>> title('量级图');
>> xlabel('时间(s)');ylabel('频率(Hz)')
% 绘制原始信号和重建图
>> subplot(2,1,1);
plot(t,x);
grid on;
title('原始信号');
subplot(2,1,2);
plot(t,xrec)
grid on;
title('第一个 25Hz 分量被移除的信号');
```

运行程序,效果如图 3-27 所示。

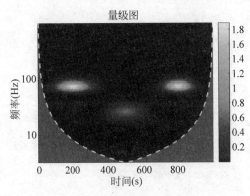

图 3-26　重构信号的 CWT 图

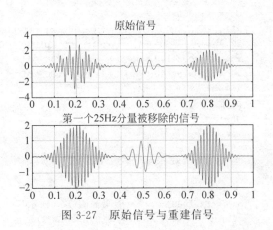

图 3-27　原始信号与重建信号

将重构信号与没有以 0.2s 为中心的 25Hz 分量的原始信号进行比较。

```
>> y = x2 + x3 + x4;
figure;
plot(t, xrec)
hold on
plot(t, y, 'r -- ')
grid on;
legend('逆 CWT 近似', '移除 25Hz 分量后的原
始信号');
hold off
```

运行程序,效果如图 3-28 所示。

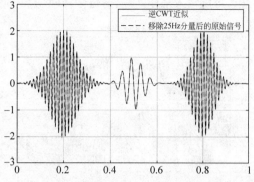

图 3-28　原始信号与重构信号的比较效果图

3.5.2　时变一致性

傅里叶域相干性是一种在 0 到 1 尺度上测量两个平稳过程之间的线性相关关系的成熟技术。由于小波在时间和尺度(频率)上提供关于数据的局部信息,基于小波的相干性允许测量作为频率函数的时变相关性。换句话说,其是一种适用于非平稳过程的相干测量。

为了说明这一点,下面实例检测两名人体受试者的近红外光谱(NIRS)数据。近红外光谱是利用含氧和脱氧血红蛋白的不同吸收特性来测量大脑活动的,两组受试者的记录部位均为额叶上皮层,数据采样率均为 10Hz。

【例 3-9】　检测近红外光谱数据的时变一致性。

```
% 实验中,在被测试的一项任务上进行交替合作和竞争,任务的周期约为 7.5s
>> load NIRSData;
figure
plot(tm, NIRSData(:,1))
hold on
plot(tm, NIRSData(:,2), 'r -. ')
legend('任务 1', '任务 2', 'Location', 'NorthWest')
xlabel('秒')
title('NIRS 数据')
grid on; hold off;
```

运行程序,效果如图 3-29 所示。

检查时域数据,如果不清楚在单个时间序列中存在什么振荡,或者两个数据集共有什么振荡,可用小波分析来回答这两个问题。

为了得到小波相干性作为时间和频率的函数,可以使用 wcoherence 函数输出小波相干性、跨谱、尺度。在本例中,利用函数 helperPlotCoherence 打包了一些用于绘制 wcoherence 函数输出的有用参数。

```
>> [wcoh, ~, f, coi] = wcoherence(NIRSData(:,1), NIRSData(:,2), 10, 'numscales', 16);
helperPlotCoherence(wcoh, tm, f, coi, 'Seconds', 'Hz');  % 效果如图 3-30 所示
title('小波一致性'); xlabel('秒'); ylabel('Hz');
```

在图 3-30 中可以看到,在整个数据收集期间,一个高度一致的区域在 1Hz 左右,这是由两位受试者的心脏节律引起的。此外,还可以看到 0.13Hz 附近有强相干区域,这表明这项任务在受试者的大脑中引起了连贯的振荡。如果用周期而不是用频率来观察小波相干性会显得更

自然。可以输入采样间隔,通过采样间隔,wcoherence 函数提供了尺度到周期的转换。

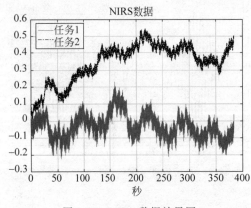

图 3-29　NIRS 数据效果图

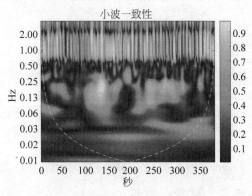

图 3-30　小波一致性效果图

```
>> [wcoh,~,P,coi] = wcoherence(NIRSData(:,1),NIRSData(:,2),seconds(1/10),...
   'numscales',16);
helperPlotCoherence(wcoh,tm,seconds(P),seconds(coi),'Time (secs)','Periods (Seconds)');
title('小波一致性');xlabel('时间(s)');ylabel('周期(s)');
```

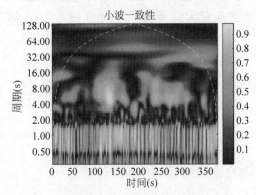

图 3-31　采用频率实现小波一致性效果图

运行程序,效果如图 3-31 所示。

同样,注意记录中出现了与受试者心脏活动相对应的连续振荡,周期约为 1s。与任务相关的活动也很明显,其周期大约为 8s。总之,这个例子展示了如何利用小波相干性来寻找两个时间序列的时间局域相干振荡行为。对于非平稳信号,同时提供时间和频率(周期)信息的相干性度量更有用。

3.6　离散多分辨率分析实现

离散小波变换(DWT),包括最大重叠离散小波变换(MODWT),将信号和图像分析成逐步细化倍频带。DODWT 能够检测原始数据中不可见的模式,可以使用小波来获得信号的多尺度方差估计,或测量两个信号之间的多尺度相关性,还可以重建仅保留所需特征的信号(1-D)和图像(2-D)近似,并比较信号中跨频带的能量分布。小波包提供了一系列的变换,将信号和图像的频率内容分割成逐步细化的等宽间隔。

在 3.1.4 节中已介绍了多分辨率分析的相关概念,下面直接通过一个例子来演示离散多分辨率分析的实现。

【例 3-10】　离散多分辨率分析的实现。

这个例子展示了如何执行和解释基本的信号多分辨率分析(MRA),例子中使用模拟数据和真实数据来回答诸如:多分辨率分析意味着什么?执行多分辨率分析能获得关于信号的哪些见解?不同的 MRA 技术有哪些优点和缺点?

现实世界的信号是不同成分的混合,通常,只对这些组件的子集感兴趣,多分辨率分析允许通过将信号分成不同分辨率的组件来缩小分析范围。

以不同分辨率提取信号成分相当于在不同的时间尺度上分解数据的变化,或者等效地在不同的频带(不同的振荡速率)。因此,可以同时在不同的尺度或频带可视化信号变异性。

下面利用小波 MRA 分析和绘制合成信号,信号被分析在 8 个分辨率或级别。信号由三个主要成分组成:频率为 60 个周期/s 的时域振荡,频率为 200 个周期/s 的时域振荡,以及一个趋势项。这里的趋势项也是正弦的,但是频率是每秒 1/2 个周期,所以它在 1s 的间隔内只完成 1/2 个周期。60 周期/s 或 60Hz 振荡发生在 0.1~0.3s,而 200Hz 振荡发生在 0.7~1s。

```
>> Fs = 1e3;
t = 0:1/Fs:1 - 1/Fs;
comp1 = cos(2 * pi * 200 * t) . * (t > 0.7);          %信号 1
comp2 = cos(2 * pi * 60 * t) . * (t >= 0.1 & t < 0.3);    %信号 2
trend = sin(2 * pi * 1/2 * t);                       %信号 3
rng default
wgnNoise = 0.4 * randn(size(t));
x = comp1 + comp2 + trend + wgnNoise;
mra = modwtmra(modwt(x,8));
helperMRAPlot(x,mra,t,'wavelet','小波 MRA ',[2 3 4 9])
```

运行程序,效果如图 3-32 所示。

在不解释图 3-32 上的符号是什么意思的情况下,利用对信号的知识,试着理解小波 MRA 展示的是什么。如果从最上层的图开始,然后继续向下,直到到达原始数据的图,会看到组件变得越来越平滑。如果更喜欢从频率的角度来考虑数据,那么分量中包含的频率会越来越低。回想一下,原始信号有三个主要成分,一个 200Hz 的高频振荡,一个 60Hz 的低频振荡,以及一个趋势项,所有这些都被加性噪声破坏了。

如果观察 $\tilde{D}2$ 图,可以看到时域高频分量是孤立的,和研究这个重要的信号特征本质上是孤立的。$\tilde{D}3$ 和 $\tilde{D}4$ 两幅图包含低频

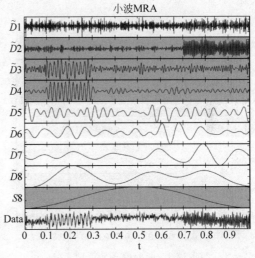

图 3-32　合成的信号效果图

振荡,这是多分辨率分析的一个重要方面,即重要的信号成分可能不会被孤立在一个 MRA 成分中,但它们很少位于两个以上。最后,看到 S8 图包含趋势项。为了方便起见,这些组件中的轴的颜色已被更改,以在 MRA 中突出显示它们。如果希望可视化此图或后续的图,而不突出显示,请将最后的数字输入省略到 helppermraplot 中。

经验模态分解(EMD)是一种数据自适应的多分辨率技术,EMD 递归地从数据中提取不同的分辨率,而不使用固定的函数或过滤器。EMD 认为一个信号是一个快振荡叠加在一个慢振荡上,在快速振荡被提取后,处理过程将剩余的较慢分量作为新信号,并再次将其

视为一个快速振荡叠加在一个较慢振荡上，这个过程会继续，直到达到某个停止条件。虽然 EMD 不使用小波等固定函数来提取信息，但 EMD 方法在概念上与小波方法非常相似，小波方法将信号分离为细节和近似，然后再将近似分离为细节和近似。EMD 中的 MRA 成分称为本征模态函数（IMF）。

```
>> % 绘制同一信号的 EMD 分析图
[imf_emd,resid_emd] = emd(x);
helperMRAPlot(x,imf_emd,t,'emd','经验模态分解',[1 2 3 6])    % 效果如图 3-33 所示
```

虽然 MRA 分量的数量不同，但 EMD 和小波 MRA 产生的信号图像是相似的，这不是偶然的。在 EMD 分解中，高频振荡主要局限于第一本构模态函数（IMF 1），低频振荡主要局限于 IMF 2，但在 IMF 3 中也能看到一些影响，IMF 6 的趋势分量与小波技术提取的趋势分量非常相似。

另一种自适应多分辨率分析技术是变分模态分解（VMD），像 EMD 一样，VMD 试图在不使用固定函数进行分析的情况下从信号中提取固有模态函数或振荡模态。但是 EMD 和 VMD 以非常不同的方式决定模式，EMD 递归地在时域信号上工作，逐步提取低频的 IMF；VMD 在频域识别信号峰值，并同时提取所有模式。

```
>> [imf_vmd,resid_vmd] = vmd(x);
helperMRAPlot(x,imf_vmd,t,'vmd','变分模态分解',[2 4 5])    % 效果如图 3-34 所示
```

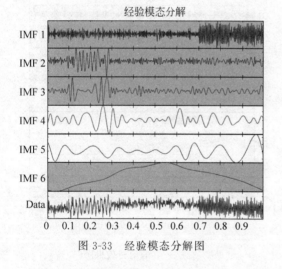

图 3-33　经验模态分解图

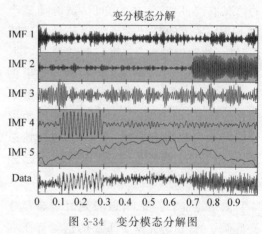

图 3-34　变分模态分解图

需要注意的关键是，与小波分解和 EMD 分解类似，VMD 将三个感兴趣的成分分离为完全独立的模式或少量相邻的模式，这三种技术都允许在与原始信号相同的时间尺度上可视化信号分量。

3.7　小波分析用于降噪

在小波分析中，应用最广泛的无疑是信号处理和图像处理，而在这两个领域中，应用最多的就是信号（图像）的降噪和压缩。

小波分析用于降噪的过程如下。

（1）分解过程：选定一种小波，对信号进行 N 层小波（小波包）分解。

（2）作用阈值过程：对分解得到的各层系数选择一个阈值，并对细节系数做软阈值处理。

（3）重建过程：降噪处理后的系数通过小波（小波包）重建恢复原始信号。

【例 3-11】 此实例展示了如何使用小波去噪信号和图像。

因为小波将数据中的特征定位到不同的尺度，所以可以在去除噪声的同时保留重要的信号或图像特征。小波去噪或小波阈值化背后的基本思想是，小波变换导致许多真实世界的信号和图像的稀疏表示，这意味着小波变换将信号和图像特征集中在几个大的小波系数中，若小波系数的数值很小，则通常是噪声，这时可以在不影响信号或图像质量的情况下"缩小"这些系数或去除它们。对系数设置阈值后，使用小波逆变换重构数据。

1. 消除干扰信号

为了说明小波降噪，创建一个有噪声的"颠簸"信号，在这种情况下，包含原始信号和含噪声信号。

```
>> rng default;
[X,XN] = wnoise('bumps',10,sqrt(6));
subplot(211)
plot(X); title('原始信号');
AX = gca;
AX.YLim = [0 12];
subplot(212)
plot(XN); title('噪声信号');
AX = gca;
AX.YLim = [0 12];
```

运行程序，效果如图 3-35 所示。

使用函数 wdenoise 默认设置将信号降噪到 4 级，降噪使用抽取小波变换。将结果与原始信号一起绘制出来。

```
>> xd = wdenoise(XN,4);
figure;
plot(X,'k-.')
hold on;
plot(xd)
legend('原始信号','降噪信号','Location','NorthEastOutside')
axis tight;
hold off;
```

运行程序，效果如图 3-36 所示。

也可以使用非抽取小波变换去噪信号，使用非抽取小波变换将信号再次降噪到 4 级，并将结果与原始信号一起绘制出来。

```
>> xdMODWT = wden(XN,'modwtsqtwolog','s','mln',4,'sym4');
figure;
plot(X,'b-.')
hold on;
plot(xdMODWT)
legend('原始信号','降噪信号')
axis tight;hold off;
```

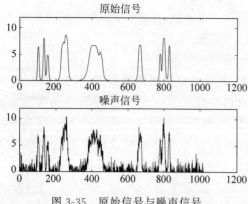

图 3-35 原始信号与噪声信号

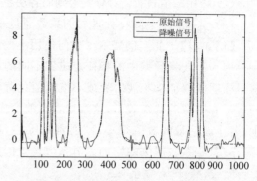

图 3-36 信号降噪到 4 级效果图

运行程序,效果如图 3-37 所示。

从图 3-36 及图 3-37 可以看出,在这两种情况下,小波降噪消除了相当多的噪声,同时保留了信号中的尖锐特征。这是基于傅里叶变换去噪不具备的优势,在基于傅里叶的降噪或滤波中,会应用一个低通滤波器来去除噪声,然而当数据具有高频特征时,如信号中的峰值或图像中的边缘,低通滤波器会将这些平滑。

2. 降噪图像

也可以使用小波降噪图像。在图像中,边缘是图像亮度变化迅速的地方,图像降噪时保持边缘对感知质量至关重要。传统的低通滤波在去除噪声的同时,往往会使图像边缘平滑,从而影响图像质量。小波降噪能够在去除噪声的同时保留感知上的重要特征。

```
% 加载一个有噪声的图像。使用默认设置的 wdenoise2 函数降噪图像,默认情况下,wdenoise2 函数使
% 用双正交小波 bior4.4。若想显示原始图像和降噪图像,不要提供任何输出参数
>> load('jump.mat')
wdenoise2(jump)
subplot(121);title('原始图像');
subplot(122);title('降噪图像')
```

运行程序,效果如图 3-38 所示。

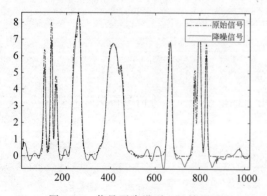

图 3-37 信号再降噪到 4 级效果图

图 3-38 图像降噪效果

通信系统是用以完成信息传输过程的技术系统的总称。根据分类原则的不同可分为有线通信系统、无线通信系统、模拟通信系统、数字通信系统等。

1. 通信系统仿真概述

实际的通信系统是一个功能相当复杂的系统，在建立或对原有的通信系统做出改进之前，通常需要对这个系统进行建模仿真，通过仿真结果衡量方案的可行性，从中选择最合理的系统配置和参数设置，然后再应用于实际系统中，这个过程就是通信系统的仿真。

2. 通信系统仿真的研究意义

仿真的方法能更好地利用设计空间，很容易将数字和经验模型结合起来，并结合设备和真实信号的特点进行分析和设计，可以有效降低成本。

3. 通信系统模型

通信系统是由信源、发送设备、信道（或传输媒质）、接收设备和收信者（信宿）五部分组成，模型框图如图 4-1 所示。

图 4-1 通信系统的基本模型

上述模型概括地反映了通信系统的共性，根据研究对象及所关心的问题不同，会使用不同形式的较具体的通信系统模型。

4.1 模拟/数字通信

通信可分为模拟通信和数字通信。

4.1.1 模拟通信

模拟通信是利用正弦波的幅度、频率或相位的变化，或者利用脉冲的幅度、宽度或位置变化来模拟原始信号，以达到通信的目的，因此称为模拟通信。

1. 模拟通信的定义

模拟信号指幅度的取值是连续的(幅值可由无限个数值表示)。例如,时间上连续的模拟信号、连续变化的图像(电视、传真)信号等。时间上离散的模拟信号是一种抽样信号。

模拟通信是一种以模拟信号传输信息的通信方式。非电的信号(如声、光等)输入到变换器(如送话器、光电管),使其输出连续的电信号,使电信号的频率或振幅等随输入的非电信号而变化。普通电话所传输的信号为模拟信号。电话通信是最常用的一种模拟通信。模拟通信系统主要由用户设备、终端设备和传输设备等部分组成。其工作过程是:在发送端,先由用户设备将用户送出的非电信号转换成模拟电信号,再经终端设备将它调制成适合信道传输的模拟电信号,然后送往信道传输。到了接收端,经终端设备解调,然后由用户设备将模拟电信号还原成非电信号,送至用户。

2. 模拟通信的特点

模拟通信与数字通信相比,其系统设备简单,占用频带窄,但通信质量、抗干扰能力和保密性能等不及数字通信。从长远观点看,模拟通信将逐步被数字通信所替代。

模拟通信的优点是直观且容易实现,但存在以下几个缺点。

(1) 保密性差。模拟通信,尤其是微波通信和有线明线通信,很容易被窃听。只要收到模拟信号,就容易得到通信内容。

(2) 抗干扰能力弱。电信号在沿线路的传输过程中会受到外界的和通信系统内部的各种噪声干扰,噪声和信号混合后难以分开,从而使得通信质量下降。线路越长,噪声的积累也就越多。数字信号与模拟信号的区别不在于该信号使用哪个波段(C、KU)进行转发,而在于信号采用何种标准进行传输。例如:亚卫 2 号 C 波段转发器上是我国省区卫星数字电视节目,它所采用的标准是 MPEG-2-DVBS。

(3) 设备不易大规模集成化。

(4) 不能满足飞速发展的计算机通信要求。

4.1.2 数字通信

数字信号指幅度的取值是离散的,幅值表示被限制在有限个数值之内。二进制码就是一种数字信号,其受噪声的影响小,易于由数字电路进行处理,所以得到了广泛的应用。数字通信是指在信道上把数字信号从信源传送到信宿的一种通信方式。与模拟通信相比,其优点为:抗干扰能力强,没有噪声积累;可以进行远距离传输并能保证质量;能适应各种通信业务要求,便于实现综合处理;传输的二进制数字信号能直接被计算机接收和处理;便于采用大规模集成电路实现,通信设备利于集成化;容易进行加密处理,安全性更容易得到保证。

4.2 模拟通信系统的物理层

通信工具箱提供的算法和应用程序可以分析、设计、端到端仿真及验证通信系统,包括信道编码、调制、MIMO 和 OFDM 在内的工具箱算法能够组合并模拟基于标准或定制设计的无线通信系统的物理层模型。

在通信工具箱中提供了波形发生器应用程序、星座、眼图、误码率和其他分析工具,用于验证设计。这些工具能够生成和分析信号,可视化信道特征,并获得诸如误差向量大小

(EVM)等性能指标。它还包括射频损耗、射频非线性、载波偏移和补偿算法及载波与符号定时同步器,这些算法能够真实地创建规范链路,并补偿信道退化的影响。

使用带有射频仪器或硬件支持包的通信工具箱,可以将发射器和接收器型号连接到无线电设备,并通过无线测试验证设计。

4.2.1 检查 16-QAM

16-QAM(Quadrature Amplitude Modulation)意思是正交幅度调制,是一种数字调制方式,它是用两路独立的正交 4ASK 信号叠加而成,4ASK 是用多电平信号去键控载波而得到的信号。4ASK 是 2ASK 调制的推广,和 2ASK 相比,这种调制的优点在于信息传输速率高。

正交幅度调制是多进制振幅键控(MASK)和正交载波调制相结合产生的,它是一种振幅相位联合键控信号。16-QAM 的产生有以下 2 种方法。

(1)正交调幅法,它是用 2 路正交的四电平振幅键控信号叠加而成。

(2)复合相移法,它是用 2 路独立的四相位移相键控信号叠加而成。

【例 4-1】 此实例展示了如何使用由基带调制器、信道和解调器组成的通信链路来处理二进制数据流。

该实例在 stem 图中显示随机数据的一部分,在星座图中显示发送和接收的信号,并计算误码率(BER)。该调制方案采用基带 16-QAM,信号通过加性高斯白噪声(AWGN)信道。

(1)生成随机二进制数据流。

在 MATLAB 中表示信号的常规格式是向量或矩阵。randi 函数创建一个列向量,其中包含二进制数据流的值。二进制数据流的长度(即列向量中的行数)被任意设置为 30000。

```
>> % 定义参数
M = 16;          % 调制顺序(信号星座中的字母大小或点数)
k = log2(M);     % 每个符号的位数
n = 30000;       % 数据流长度
sps = 1; % 每个符号的采样数(过采样系数)
```

将 rng 函数设置为其默认状态或任何静态种子值,以便实例产生可重复的结果。然后使用 randi 函数生成随机二进制数据。

```
>> rng default;
dataIn = randi([0 1],n,1);    % 生成二进制数据的向量
```

使用一个 stem 图来显示随机二进制数据流的前 40 位的二进制值,在调用 stem 函数时使用冒号":"操作符来选择二进制向量的一部分。

```
>> stem(dataIn(1:40),'filled');    % 效果如图 4-2 所示
title('随机比特');
xlabel('比特序列');ylabel('二进制值');
```

(2)将二进制信号转换为整数值信号。

qammod 函数的默认配置要求将整数值数据作为要调制的输入符号。在本例中,二进制数据流在使用 qammod 函数之前被预处理为整数值。具体来说,bi2de 函数将每个 4 元组转换为 $[0,(M-1)]$ 范围内对应的整数。本例中调制阶数 M 为 16。

```
% 执行位到符号的映射,首先将数据重构为二进制 k 元组,其中 k 是由 k = log2(M)定义的每个符号的
% 位数,然后,使用 bi2de 函数将每个 4 元组转换为整数值
>> dataInMatrix = reshape(dataIn,length(dataIn)/k,k);
dataSymbolsIn = bi2de(dataInMatrix);
% 在散点图中标记前 10 个符号
figure;              % 创建一个新的图形窗口
stem(dataSymbolsIn(1:10));
title('随机符号');
xlabel('符号序列');
ylabel('二进制值');
```

运行程序,效果如图 4-3 所示。

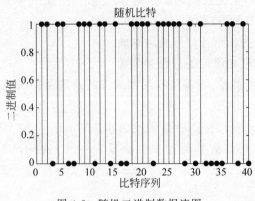

图 4-2 随机二进制数据流图

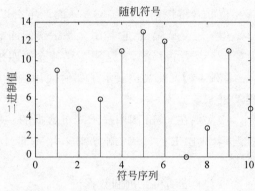

图 4-3 标记 10 个符号

(3)使用 16-QAM。

使用 qammod 函数将 16-QAM 调制应用到 dataSymbolsIn 列向量,以实现自然编码和灰色编码的二进制位到符号的映射。

```
dataMod = qammod(dataSymbolsIn,M,'bin');    % 相位偏移为零的二进制编码
dataModG = qammod(dataSymbolsIn,M);         % 相位偏移为零的灰度编码
```

调制操作输出包含 16-QAM 信号星座元素值的复列向量。稍后的星座图展示了自然和灰色二元符号的映射。

(4)添加高斯白噪声。

调制后的信号通过 awgn 函数指定信道的信噪比,信噪比(E_b/N_o)是指每比特(bit)能量与噪声功率谱密度之比。当通道的 E_b/N_o 为 10dB 时,计算信噪比。

```
dataMod = qammod(dataSymbolsIn,M,'bin');         % 相位偏移为零的二进制编码
dataModG = qammod(dataSymbolsIn,M);              % 相位偏移为零的灰度编码
% 将信号通过 AWGN 信道进行二进制和灰色编码的符号映射
EbNo = 10;
snr = EbNo + 10 * log10(k) - 10 * log10(sps);
% 将信号通过 AWGN 信道进行二进制和灰色编码的符号映射
receivedSignal = awgn(dataMod,snr,'measured');
receivedSignalG = awgn(dataModG,snr,'measured');
```

(5)创建星座图。

使用散点函数来显示调制信号、dataMod 和信道后接收到的噪声信号的同相分量和正

交分量。AWGN 的影响存在于星座图中。

```
sPlotFig = scatterplot(receivedSignal,1,0,'g.');
hold on
scatterplot(dataMod,1,0,'k*',sPlotFig)
title('绘制散点图');
xlabel('同相分量');ylabel('正交分量')
```

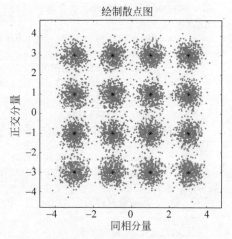

图 4-4　噪声信号的同相分量和正交分量

运行程序,效果如图 4-4 所示。

(6) 解调 16-QAM。

使用 qamdemod 函数对接收到的数据进行解调,输出整数值数据符号。

```
dataSymbolsOut = qamdemod(receivedSignal,M,'bin');
dataSymbolsOutG = qamdemod(receivedSignalG,M);
```

(7) 将整数值信号转换为二进制信号。

使用 de2bi 函数将来自 QAM 解调器(dataSymbolsOut)的数据符号转换为维度为 N 的二进制矩阵(dataOutMatrix),其维数大小为 $N_{sym} \times N_{bits/sym}$,其中 N_{sym} 为 QAM 符号的总数。$N_{bits/sym}$ 为每个符号的位数,$N_{bits/sym}=4$ 时,将这个矩阵转换成一个长度等于输入比特数 30000 的列向量。对灰色编码的数据符号 dataSymbolsOutG 重复此过程。

```
>> dataOutMatrix = de2bi(dataSymbolsOut,k);
dataOut = dataOutMatrix(:);              % 返回列向量中的数据
dataOutMatrixG = de2bi(dataSymbolsOutG,k);
dataOutG = dataOutMatrixG(:);            % 返回列向量中的数据
```

(8) 系统计算误码率。

biterr 函数根据原始二进制数据流 dataIn 和接收到的数据流 dataOut 及 dataOutG,计算误码统计。灰度编码大大降低了误码率。

```
>> [numErrors,ber] = biterr(dataIn,dataOut);
fprintf('\n二进制编码误码率为 %5.2e,基于 %d 误码数.\n',ber,numErrors)
二进制编码误码率为 2.40e-03,基于 72 误码数.
>> [numErrorsG,berG] = biterr(dataIn,dataOutG);
fprintf('\n灰色编码误码率为 %5.2e,基于 %d 误码数.\n',berG,numErrorsG)
灰色编码误码率为 1.33e-03,基于 40 误码数.
```

(9) 绘制星座图。

之前的星座图绘制了 QAM 星座中的点,但并没有指明符号值与星座点之间的映射关系。在下面代码中,星座图展示了二进制数据的自然编码和灰色编码到星座点的映射关系。

```
>> M = 16;                    % 模型阶数
x = (0:15);                   % 整数输入
symbin = qammod(x,M,'bin');   % 16-QAM 输出(natural-coded 二进制)
symgray = qammod(x,M,'gray'); % 16-QAM 输出 (Gray-coded)
```

使用 scatterplot 函数绘制星座图,并用星座点的自然(红色)和灰色(黑色)二进制表示对其进行注释。

```
>> scatterplot(symgray,1,0,'b * ');
for k = 1:M
    text(real(symgray(k)) − 0.0,imag(symgray
(k)) + 0.3,...
        dec2base(x(k),2,4));
    text(real(symgray(k)) − 0.5,imag(symgray
(k)) + 0.3,...
        num2str(x(k)));
    text(real(symbin(k)) − 0.0,imag(symbin
(k)) − 0.3,...
        dec2base(x(k),2,4),'Color',[1 0 0]);
    text(real(symbin(k)) − 0.5,imag(symbin
(k)) − 0.3,...
        num2str(x(k)),'Color',[1 0 0]);
end
title('16 − QAM 符号映射')
axis([ − 4 4 − 4 4])
xlabel('同相分量');ylabel('正交分量')
```

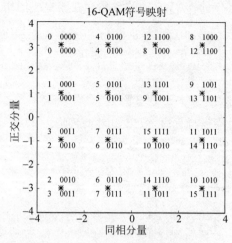

图 4-5　16-QAM 符号映射星座图

运行程序,效果如图 4-5 所示。

4.2.2　系统对象的使用

【例 4-2】　演示如何模拟一个基本通信系统,其中信号首先被 QPSK 调制,然后经正交频分复用。信号在解复用和解调之前通过加性高斯白噪声信道。最后,计算了误码数。

```
>> % 设置仿真参数
M = 4;                    % 调制字母表
k = log2(M);
numSC = 128;             % OFDM 子载波数
cpLen = 32;              % OFDM 循环前缀长度
maxBitErrors = 100;      % 最大误码数
maxNumBits = 1e7;        % 传输的最大比特数
```

构造仿真所需的系统对象有: QPSK 调制器、QPSK 解调器、OFDM 调制器、OFDM 解调器、AWGN 信道和误码率计算器。

```
% 设置 QPSK 调制器和解调器,使它们接收二进制输入
>> qpskMod = comm.QPSKModulator('BitInput',true);
qpskDemod = comm.QPSKDemodulator('BitOutput',true);
% 根据仿真参数设置 OFDM 调制器和解调器对
>> ofdmMod = comm.OFDMModulator('FFTLength',numSC,'CyclicPrefixLength',cpLen);
ofdmDemod = comm.OFDMDemodulator('FFTLength',numSC,'CyclicPrefixLength',cpLen);
% 将 AWGN 通道对象的 NoiseMethod 属性设置为 Variance,并定义 VarianceSource 属性,以便可以从
% 输入端口设置噪声功率
>> channel = comm.AWGNChannel('NoiseMethod','Variance','VarianceSource','Input port');
% 将 ResetInputPort 属性设置为 true,以允许在模拟过程中重置错误率计算器
>> errorRate = comm.ErrorRate('ResetInputPort',true);
>> ofdmDims = info(ofdmMod)
ofdmDims =
    包含以下字段的 struct:
      DataInputSize: [117 1]
        OutputSize: [160 1]
```

```
>> numDC = ofdmDims.DataInputSize(1)
numDC =
    117
>> frameSize = [k * numDC 1];
% 根据期望的 Eb/No 范围、每个符号的 bit 数和数据子载波的数量与总子载波数量的比率设置信
% 噪比
>> EbNoVec = (0:10)';
snrVec = EbNoVec + 10 * log10(k) + 10 * log10(numDC/numSC);
% 初始化误码率和错误统计数据数组
>> berVec = zeros(length(EbNoVec),3);
errorStats = zeros(1,3);
% 在 Eb/No 值范围内模拟通信链路. 对于每个 Eb/No 值, 模拟运行直到记录 maxBitErrors 或传输的比
% 特总数超过 maxNumBits
>> for m = 1:length(EbNoVec)
        snr = snrVec(m);
        while errorStats(2) <= maxBitErrors && errorStats(3) <= maxNumBits
            dataIn = randi([0,1],frameSize);          % 生成二进制数据
            qpskTx = qpskMod(dataIn);                 % 采用 QPSK 调制
            txSig = ofdmMod(qpskTx);                  % 采用 OFDM 调制
            powerDB = 10 * log10(var(txSig));         % 计算发送信号功率
            noiseVar = 10.^(0.1 * (powerDB - snr));   % 计算噪声方差
            rxSig = channel(txSig,noiseVar);          % 将信号通过有噪声的信道传送
            qpskRx = ofdmDemod(rxSig);                % 采用 OFDM 解调
            dataOut = qpskDemod(qpskRx);              % 采用 QPSK 解调
            errorStats = errorRate(dataIn,dataOut,0); % 收集错误统计信息
        end
        berVec(m,:) = errorStats;                     % 保存系统数据
        errorStats = errorRate(dataIn,dataOut,1);     % 重置错误率计算器
end
% 使用 berawgn 函数来确定 QPSK 系统的理论误码率
>> berTheory = berawgn(EbNoVec,'psk',
M,'nondiff');
% 将理论数据和模拟数据绘制在同一
% 张图上, 比较结果
>> figure
semilogy(EbNoVec,berVec(:,1),'*')
hold on
semilogy(EbNoVec,berTheory)
legend('模拟数据','理论数据',
'Location','Best')
xlabel('Eb/No (dB)')
ylabel('误比特率')
grid on
hold off
```

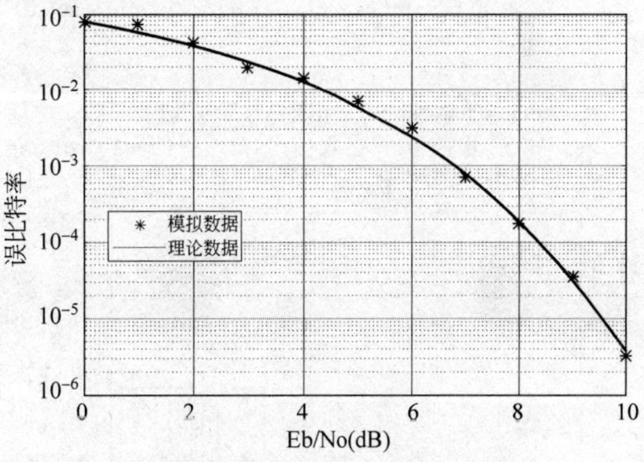

图 4-6　理论数据和模拟数据效果图

运行程序, 效果如图 4-6 所示。

图 4-6 结果表明, 模拟数据与理论数据吻合较好。

4.2.3　实现散点图和眼图

【例 4-3】　此实例展示了如何通过使用眼图和散点图来可视化信号行为。例子中使用
了一个 QPSK 信号, 它通过一个平方根升余弦(RRC)滤波器滤波。

1. 散点图

设置 RRC 滤波器,设置参数进行绘图。

```
>> span = 10;            % 过滤器跨度
rolloff = 0.2;           % 滚降系数
sps = 8;                 % 每个符号样本
M = 4;                   % 调制字母大小
k = log2(M);
phOffset = pi/4;         % 相位偏移(弧度)
n = 1;                   % 画出信号的第 n 个值
offset = 0;              % 从偏移量 + 1 开始,绘制信号的第 n 个值
% 使用 rcosdesign 函数创建过滤器系数
>> filtCoeff = rcosdesign(rolloff,span,sps);
% 生成字母表大小为 M 的随机符号
>> rng default
data = randi([0 M−1],5000,1);
% 采用 QPSK 调制
>> dataMod = pskmod(data,M,phOffset);
% 过滤调制数据
>> txSig = upfirdn(dataMod,filtCoeff,sps);
% 计算过采样的 QPSK 信号的信噪比
>> EbNo = 20;
snr = EbNo + 10 * log10(k) − 10 * log10(sps);
% 将 AWGN 添加到传输信号中
>> rxSig = awgn(txSig,snr,'measured');
% 应用 RRC 接收过滤器
>> rxSigFilt = upfirdn(rxSig, filtCoeff,1,sps);
% 解调滤波后的信号
>> dataOut = pskdemod(rxSigFilt,M,phOffset, 'gray');
% 使用 scatterplot 函数来显示滤波前后信号的散点图
>> h = scatterplot(sqrt(sps) * txSig(sps * span + 1:end − sps * span),sps,offset, 'g. ');
hold on
scatterplot(rxSigFilt(span + 1:end − span),n,offset, 'kx',h)
scatterplot(dataMod,n,offset, 'r * ',h)
legend('传输信号', '接收信号', '理想的', 'location', 'best')
```

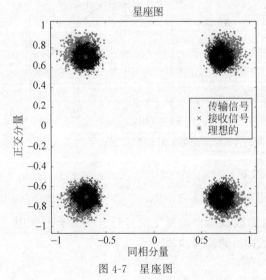

图 4-7 星座图

```
>> xlabel('同相分量');ylabel('正交分量')
>> title('星座图')
```

运行程序,效果如图 4-7 所示。

由图 4-7 可以看出,当星座更接近理想值时,接收滤波器的性能得到了提高。第一个跨度符号和最后一个跨度符号表示两个滤波操作的累积延迟,并在生成散点图之前从两个滤波信号中删除。

2. 眼图

在两个符号周期内显示传输信号及接收信号眼图的 1000 个点。

```
>> eyediagram(txSig(sps * span + 1:sps * span +
1000),2 * sps)       % 效果如图 4-8 所示
% 显示 1000 点接收信号的眼图,效果如图 4-9 所示
```

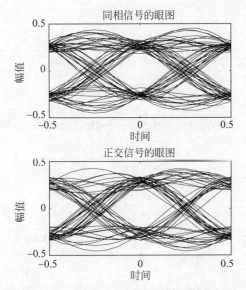

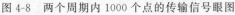

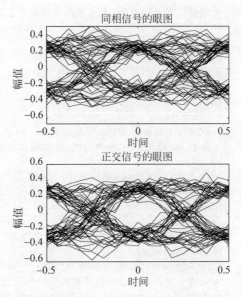

图 4-8　两个周期内 1000 个点的传输信号眼图　　　　图 4-9　1000 点接收信号的眼图

由图 4-8 及图 4-9 可知,由于 AWGN 的存在,接收的眼图开始关闭。此外,滤波器的长度是有限的,这也导致了滤波器的非理想行为。

4.2.4　测量 ACPR 和 CCDF

1. ACPR 测量

【例 4-4】　此实例展示了如何从一个 50kb/s 的基带 QPSK 信号测量邻近信道功率比（ACPR）。ACPR 是相邻频带测量的信号功率与主频带测量的同一信号功率的比值。每个符号的采样数设置为 4 个。

```
% 设置每个符号采样(sps)和通道带宽(bw)参数
>> clear all;
sps = 4;
bw = 50e3;
% 为 QSPK 调制生成 10000 个 4 元符号
>> data = randi([0 3],10000,1);
% 构造一个 QPSK 调制器,然后对输入数据进行调制
>> qpskMod = comm.QPSKModulator;
x = qpskMod(data);
% 对调制信号进行矩形脉冲整形,这种类型的脉冲整形通常在实际系统中不采用,在这里采用是用
% 于说明目的
>> y = rectpulse(x,sps);
% 构造一个 ACPR 系统对象.采样率是带宽乘以每个符号的采样数。假设主信道为 0,相邻信道偏移量
% 设置为 50kHz(与主信道的带宽相同)。同样,将相邻通道的测量带宽设置为与主通道相同。最后,
% 启用主通道和相邻通道电源输出端口
>> acpr = comm.ACPR('SampleRate',bw * sps,...
    'MainChannelFrequency',0,...
    'MainMeasurementBandwidth',bw,...
    'AdjacentChannelOffset',50e3,...
    'AdjacentMeasurementBandwidth',bw,...
    'MainChannelPowerOutputPort', true,...
    'AdjacentChannelPowerOutputPort',true);
```

```
% 测量信号 y 的 ACPR、主信道功率和相邻信道功率
>> [ACPRout,mainPower,adjPower] = acpr(y)
ACPRout =
    - 9.4242
mainPower =
   28.9637
adjPower =
   19.5396
```
% 改变频率偏移为 75kHz,并确定 ACPR。因为 AdjacentChannelOffset 属性是不可调的,所以必须首先
% 释放 ACPR,观察 ACPR 改善时,通道偏移增加
```
>> release(acpr)
acpr.AdjacentChannelOffset = 75e3;
ACPRout = acpr(y)
ACPRout =
    - 13.2449
```
% 释放 ACPR 并指定 50kHz 相邻信道偏移量
```
>> release(acpr)
acpr.AdjacentChannelOffset = 50e3;
```
% 创建一个升余弦滤波器并对调制信号进行滤波
```
>> txfilter = comm.RaisedCosineTransmitFilter('OutputSamplesPerSymbol', sps);
z = txfilter(x);
```
% 测量滤波后信号 z 的 ACPR.可以看到,当使用升余弦脉冲时,ACPR 从 - 9.5dB 提高到 - 17.7dB
```
>> ACPRout = acpr(z)
ACPRout =
    - 17.5067
```
% 绘制相邻信道偏移范围的相邻信道功率比,设置信道偏移范围为 30~70kHz,偏移间隔为 10kHz
% 注意,必须使用 hACPR 来更改偏移量
```
>> freqOffset = 1e3 * (30:10:70);
release(acpr)
acpr.AdjacentChannelOffset = freqOffset;
```
% 确定矩形和升余弦脉冲形状信号的 ACPR 值
```
>> ACPR1 = acpr(y);
ACPR2 = acpr(z);
```
% 绘制相邻信道功率比
```
>> plot(freqOffset/1000,ACPR1,'* -',freqOffset/1000, ACPR2,'o -')
xlabel('相邻信道偏移(kHz)')
ylabel('ACPR (dB)')
legend('矩形','升余弦','location','best')
grid
```

运行程序,效果如图 4-10 所示。

2. CCDF 测量

【例 4-5】 此实例展示了如何使用互补累积分布函数(CCDF)系统对象来测量信号的瞬时功率大于其平均功率的指定电平的概率。在例子中,构造 comm.CCDF 对象,使能 PAPR 为输出端口,并设置最大信号功率限制为 50dBm。

```
>> ccdf = comm.CCDF('PAPROutputPort',true,'MaximumPowerLimit', 50);
```
% 创建一个 FFT 长度为 256 和循环前缀长度为 32 的 OFDM 调制器
```
>> ofdmMod = comm.OFDMModulator('FFTLength',256,'CyclicPrefixLength',32);
```
% 使用 comm.OFDMModulator 对象的 info 函数确定 OFDM 调制器对象的输入和输出大小
```
>> ofdmDims = info(ofdmMod)
ofdmDims =
    包含以下字段的 struct:
```

```
     DataInputSize: [245 1]
        OutputSize: [288 1]
>> ofdmInputSize = ofdmDims.DataInputSize;
ofdmOutputSize = ofdmDims.OutputSize;
% 设置 OFDM 帧的个数
>> numFrames = 20;
% 为信号阵列分配内存
>> qamSig = repmat(zeros(ofdmInputSize),numFrames,1);
ofdmSig = repmat(zeros(ofdmOutputSize),numFrames,1);
% 对生成的 64-QAM 和 OFDM 信号进行评估
>> for k = 1:numFrames
        % 生成随机数据符号
        data = randi([0 63],ofdmInputSize);
        % 采用 64-QAM 调制
        tmpQAM = qammod(data,64);
        % 对 OFDM 调制信号进行 OFDM 调制
        tmpOFDM = ofdmMod(tmpQAM);
        % 保存信号数据
        qamSig((1:ofdmInputSize) + (k-1) * ofdmInputSize(1)) = tmpQAM;
        ofdmSig((1:ofdmOutputSize) + (k-1) * ofdmOutputSize(1)) = tmpOFDM;
end
% 确定平均信号功率、峰值信号功率和两个信号的 PAPR 比率.两个被评估的信号必须是相同的长度,
% 以便前 4000 个符号被评估
>> [Fy,Fx,PAPR] = ccdf([qamSig(1:4000),ofdmSig(1:4000)]);
% 绘制 CCDF 数据
>> plot(ccdf)
legend('QAM','OFDM','location','best')
title('CCDF 测量');
ylabel('概率(%)');xlabel('高于平均功率')
```

运行程序,效果如图 4-11 所示。

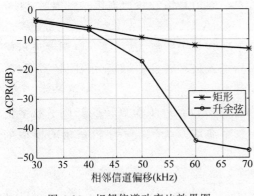

图 4-10　相邻信道功率比效果图

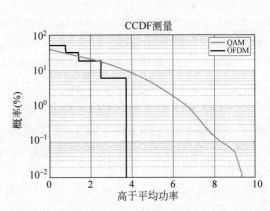

图 4-11　CCDF 测量效果图

由图 4-11 观察到,OFDM 调制信号的功率超过其平均功率电平 3dB 的可能性要比 QAM 调制信号高得多。

```
% 比较 QAM 调制信号和 OFDM 调制信号的 PAPR 值
>> fprintf('\nPAPR for 64-QAM = %5.2f dB\nPAPR for OFDM = %5.2f dB\n',...
       PAPR(1), PAPR(2))
PAPR for 64-QAM = 3.71 dB
PAPR for OFDM = 9.36 dB
```

从上面结果可以看出,通过对 64-QAM 调制信号应用 OFDM 调制,PAPR 增加了 5.8dB。这意味着,如果关闭 64-QAM 链路需要 30dBm 的发射功率,则功率放大器需要有 33.7dBm 的最大功率才能保证线性运行。如果同样的信号被 OFDM 调制,则需要一个 39.5dBm 的功率放大器。

4.3 物理层组件建模

在通信工具箱中,提供了低层功能用于为物理层(PHY)处理链中的组件建模。使用这些功能可建立相应的通信系统链接。纠错、交错、调制、滤波、同步、均衡和多输入多输出(MIMO)组件提供了表征通信系统的功能。

4.3.1 信源与信道概述

信源即信息的发源地,信源可以是人,也可以是机器。在数学上,信源的输出是一个随时间变化的随机函数,根据随机函数的不同形式,信源可以分为连续信源和离散信源两类。

如果信源输出的是模拟信号,在发送设备中没有将其转换为数字信号,而是直接对其进行时域或频域处理(如放大、滤波、调制等)之后进行传输,则这样的通信系统称为模拟通信系统。模拟通信系统的模型如图 4-12 所示。

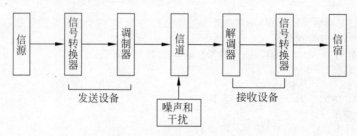

图 4-12　模拟通信系统模型

在发送端,信号转换器负责将用其他物理量表示的仿真信号转换为仿真电信号,如各种传感器、摄像头、话筒等。

在接收端,信号经过频带处理部分选频接收、下变频和中频放大后,送入解调器进行解调,还原出基带信号,再经过适当的基带信号处理后送入信号转换器,如显示器、扬声器等,最终还原为用最初发送类型物理量表示的仿真信号。

如果信源输出的是数字信号,或信源输出的仿真信号经过了模数转换变成了数字信号,再进行处理和传输,则这样的通信系统称为数字通信系统。数字通信系统的模型如图 4-13 所示。

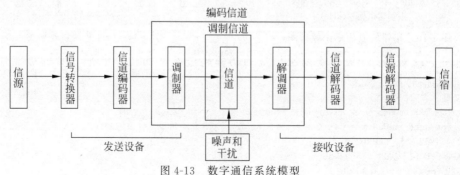

图 4-13　数字通信系统模型

4.3.2 产生信源函数

在 MATLAB 中,提供了相关函数用于产生信源,下面分别对常用的几个函数进行简要介绍。

1. randi 函数

该函数用于产生均匀分布的伪随机整数。函数的调用格式如下。

X＝randi(imax)：返回一个介于 1 和 imax 的伪随机整数标量。

X＝randi(imax,n)：返回 $n×n$ 矩阵,其中包含从区间[1,imax]的均匀离散分布中得到的伪随机整数。

X＝randi(imax,sz1,…,szN)：返回 sz1×…×szN 数组,其中 sz1,…,szN 指示每个维度的大小。例如,randi(10,3,4) 返回一个由介于 1 和 10 之间的伪随机整数组成的 3×4 数组。

X＝randi(imax,sz)：返回一个数组,其中大小向量 sz 定义 size(X)。例如,randi(10,[3,4]) 返回一个由介于 1 和 10 之间的伪随机整数组成的 3×4 数组。

X＝randi(imax,classname)：返回一个伪随机整数,其中 classname 指定数据类型。classname 可以为 'single'、'double'、'int8'、'uint8'、'int16'、'uint16'、'int32' 或 'uint32'。

X＝randi(imax,n,classname)：返回数据类型为 classname 的 n×n 数组。

X＝randi(imax,sz1,…,szN,classname)：返回数据类型为 classname 的 sz1×…×szN 数组。

X＝randi(imax,sz,classname)：返回一个数组,其中大小向量 sz 定义 size(X),classname 定义 class(X)。

X＝randi(imax,'like',p)：返回一个类如 p 的伪随机整数,即,与 p 具有相同的数据类型(类)。

X＝randi(imax,n,'like',p)：返回一个类如 p 的 n×n 数组。

X＝randi(imax,sz1,…,szN,'like',p)：返回一个类如 p 的 sz1×…×szN 数组。

X＝randi(imax,sz,'like',p)：返回一个类如 p 的数组,其中大小向量 sz 定义 size(X)。

X＝randi([imin,imax],___)：使用以上任何语法返回一个数组,其中包含从区间[imin,imax]的均匀离散分布中得到的整数。

【例 4-6】 保存随机数生成器的当前状态并创建一个由随机整数组成的 1×5 向量。

```
>> s = rng;
r = randi(10,1,5)
r =
    3        8        1        2       10
>> % 将随机数生成器的状态恢复为 s,然后创建一个由随机整数组成的新 1×5 向量,值与之前相同
>> rng(s);
r1 = randi(10,1,5)
r1 =
    3        8        1        2       10
```

2. randerr 函数

该函数用于产生误比特图样。函数的调用格式如下。

out = randerr(m)：产生一个 m×m 维的二进制矩阵,矩阵中的每一行有且只有一个非零元素,且非零元素在每行中的位置是随机的。

out = randerr(m,n)：产生一个 m×n 维的二进制矩阵,矩阵中的每一行有且只有一个非零元素,且非零元素在每行中的位置是随机的。

out = randerr(m,n,errors)：产生一个 m×n 维的二进制矩阵,参数 errors 可以是一个标量、行向量或只有两行的矩阵。

- 当 errors 为一标量时,产生的矩阵的每行中 1 的个数等于 errors。
- 当 errors 为一行向量时,产生的矩阵的每行中出现 1 的可能个数由 errors 的相应元素指定。
- 当 errors 为两行矩阵时,第一行指定出现 1 的可能个数,第二行说明出现 1 的概率,第二行中所有元素的和应该等于 1。

out = randerr(m,n,prob,state)：参数 prob 指定出现 1 的概率；参数 state 为需要重新设置的状态。

out = randerr(m,n,prob,s)：使用随机流 s 创建一个二进制矩阵。

【例 4-7】 生成一个 8×7 的二进制矩阵,其中每行都可能有 0 个或两个非零元素。

```
>> out = randerr(8,7,[0 2])
out =
     1     0     0     0     0     0     1
     0     0     0     0     0     0     0
     0     0     0     0     0     0     0
     0     0     0     0     0     1     1
     1     0     1     0     0     0     0
     0     0     0     1     0     1     0
     0     0     0     0     0     0     0
     1     0     0     0     0     1     0
>> % 生成一个矩阵,其中每行有两个非零元素的可能性是有零个非零元素的三倍
>> out = randerr(8,7,[0 2; 0.25 0.75])
out =
     0     0     0     0     0     0     0
     0     0     1     0     0     1     0
     0     0     0     0     0     0     0
     0     0     1     1     0     0     0
     0     0     1     1     0     0     0
     1     1     0     0     0     0     0
     1     0     1     0     0     0     0
     0     1     0     0     0     1     0
```

3. randsrc 函数

该函数是根据给定的数字表产生一个随机符号矩阵。矩阵中包含的元素是数据符号,它们之间相互独立。函数的调用格式如下。

out＝randsrc：产生一个随机标量,这个标量是 1 或 −1,且产生 1 和 −1 的概率相等。

out＝randsrc(m)：产生一个 m×m 的矩阵,且此矩阵中的元素是等概率出现的 1 和 −1。

out＝randsrc(m,n)：产生一个 m×n 的矩阵,且此矩阵中的元素是等概率出现的 1 和 −1。

out＝randsrc(m,n,alphabet)：产生一个 m×n 的矩阵,矩阵中的元素为 alphabet 中所指定的数据符号,每个符号出现的概率相等且相互独立。

out＝randsrc(m，n，[alphabet；prob])：产生一个 m × n 的矩阵，矩阵中的元素为
alphabet 集合中所指定的数据符号，每个符号出现的概率由 prob 决定。prob 集合中所有
数据相加必须等于1。

【例 4-8】 利用 randsrc 生成一个矩阵，其中−1 或 1 的可能性是−3 或 3 的可能性的
四倍。

```
>> out = randsrc(10,10,[-3 -1 1 3; 0.1 0.4 0.4 0.1])
out =
    -1     1     1    -1    -1     1     1    -1    -3    -1
     3    -3    -3    -1     1    -1    -1     1    -3     1
     3     1    -1     1     1     1     1     1     1    -1
    -1     3    -3     1    -1     1    -1    -1     1     1
     1     1    -3    -1    -1     1     3     3     3     1
    -1     1    -1    -1    -1     3    -1    -1    -1     1
    -1     1     1    -1     3    -1     1    -1    -1    -1
     3    -1    -1    -1    -1    -1    -1     1    -1     1
     1     1     3     1     1    -1     1    -1    -3     1
     3    -1    -3     1    -1    -1    -1     1    -1     1
>> %绘制柱状图,值-1和1的可能性更大
>> histogram(out,[-4 -2 0 2 4])    %效果如图4-14所示
```

4. commsrc. combinedjitter 函数
该函数实现构造组合抖动生成器对
象。函数的语法格式如下。

combJitt＝commsrc. combinedjitter：
构造一个默认的组合 jitter 生成器对象
combJitt，禁用所有 jitter 组件。

combJitt ＝ commsrc. combinedjitter
(Name，Value)：创建一个组合抖动生成
器对象，并将指定的属性名设置为指定
的值。

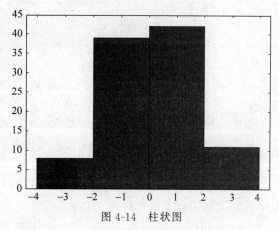

图 4-14　柱状图

【例 4-9】 生成 500 个由随机和周期
成分组成的抖动样本。

下面代码用于创建 commsrc. combinedjitter 对象，配置为应用随机和周期性抖动组件
的组合。使用名称-值对来启用 RandomJitter 和 PeriodicJitter，并分配抖动设置。设置随
机抖动的标准差为 2e-4s，周期抖动的振幅为 5e-4s，周期抖动的频率为 2Hz。

```
>> numSamples = 500;
combJitt = commsrc.combinedjitter(...
     'RandomJitter','on', ...
     'RandomStd',2e-4, ...
     'PeriodicJitter','on', ...
     'PeriodicAmplitude',5e-4, ...
     'PeriodicFrequencyHz',200)
combJitt =
                    Type: 'Combined Jitter Generator'
        SamplingFrequency: 10000
```

```
        RandomJitter: 'on'
          RandomStd: 2.0000e - 04
      PeriodicJitter: 'on'
     PeriodicNumber: 1
  PeriodicAmplitude: 5.0000e - 04
PeriodicFrequencyHz: 200
      PeriodicPhase: 0
        DiracJitter: 'off'
```
```
% 使用 generate 方法创建联合抖动
>> y = generate(combJitt,numSamples);
x = [0:numSamples - 1];
```

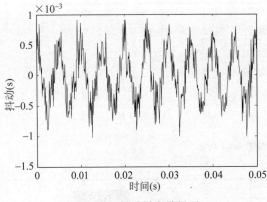

图 4-15   抖动样本效果图

```
% 绘制抖动样本
>> plot(x/combJitt.SamplingFrequency,y)
xlabel('时间(s)')
ylabel('抖动(s)')
```

运行程序,效果如图 4-15 所示。

由图 4-15 以看到混合抖动的高斯和周期性性质。

5. wgn 函数

该函数用于产生高斯白噪声(White Gaussian Noise)。通过 wgn 函数可以产生实数形式或复数形式的噪声,噪声的功率单位可以是 dBW(分贝瓦)、dBm(分贝毫瓦)或绝对数值。其中:

$$1W = 0dBW = 30dB$$

加性高斯白噪声是最简单的一种噪声,它表现为信号围绕平均值的一种随机波动过程。加性高斯白噪声的均值为 0,方差表现为噪声功率的大小。

wgn 函数的调用格式如下。

$y = wgn(m,n,p)$:产生 m 行 n 列的白噪声矩阵,p 表示输出信号 y 的功率(单位:dBW),并且设定负载的电阻为 1Ω。

$y = wgn(m,n,p,imp)$:生成 m 行 n 列的白噪声矩阵,功率为 p,指定负载电阻 imp(单位:Ω)。

$y = wgn(m,n,p,imp,state)$:参数 state 为需要重新设置的状态。

$y = wgn(\cdots,powertype)$:参数 powertype 指明了输出噪声信号功率 p 的单位,这些单位可以是 dBW、dBm 或 linear。

$y = wgn(\cdots,outputtype)$:参数 outputtype 用于指定输出信号的类型。当 outputtype 被设置为 real 时,输出实信号;当被设置为 complex 时,输出信号的实部和虚部的功率都为 $p/2$。

【例 4-10】 利用 wgn 函数生成真实和复杂的高斯白噪声(WGN)样本,并检查输出 WGN 矩阵的幂。

```
>> % 生成真实 WGN 样本的 1000 个元素的列向量,并确认功率约为 1W,即 0 dBW
>> y1 = wgn(1000,1,0);
var(y1)
```

```
ans =
      0.9808
>> %生成 1000 个元素的复合 WGN 样本列向量,并确认功率约为 0.25W,即 - 6dBW
>> y2 = wgn(1000,1, - 6,'complex');
var(y2)
ans =
      0.2523
```

4.3.3 信宿函数

4.3.2 节已介绍了信源的有关函数,本节将介绍信宿的有关函数。

1. biterr 函数

在 MATLAB 中,提供了 biterr 函数用来计算错误比特的个数和误比特率。函数的调用格式如下。

[number,ratio]=biterr(x,y):将 x 元素的无符号二进制与 y 元素的无符号二进制进行比较。返回参数 number 为在比较中不同的位数,以及 number 与总位数的比率 ratio。该函数根据 x 和 y 的大小决定比较它们的顺序。

[number,ratio]=biterr(x,y,k):还指定了 x 和 y 中每个元素的最大位数 k。如果 x 或 y 中任何元素的无符号二进制大于 k 位,则函数错误。

[number,ratio]=biterr(x,y,k,flag):指定一个标志 flag,以覆盖函数比较元素和计算输出的默认设置。

[number,ratio,individual]=biterr(___):返回单独的矩阵 x 和 y 的二进制比较结果 individual。

【例 4-11】 计算给定矩阵的误码率。

```
% 创建两个二进制矩阵
>> clear all;
x = [0 0; 0 0; 0 0; 0 0];
>> y = [0 0; 0 0; 0 0; 1 1];
>> %确定误码数
>> numerrs = biterr(x,y)
numerrs =
      2
>> %计算逐列误码数
>> numerrs = biterr(x,y,[],'column - wise')
numerrs =
      1       1
>> %计算逐行误码数
>> numerrs = biterr(x,y,[],'row - wise')
numerrs =
      0
      0
      0
      2
>> %计算总的误码数.行为与默认行为相同
>> numerrs = biterr(x,y,[],'overall')
numerrs =
      2
```

2. eyediagram 函数

在 MATLAB 中,提供了 eyediagram 函数生成经过信道后的眼图。函数的语法格式如下。

eyediagram(x,n):生成信号 x 的眼图,在每个轨迹中绘制 n 个样本。图中横轴上的标签范围为[−1/2,1/2]。该函数假设信号的第一个值和此后的第 n 个值,出现整数次。

eyediagram(x,n,period):将横轴上的标签设置为[−period/2,period/2]的范围。

eyediagram(x,n,period,offset):指定眼图的偏移量 offset。

eyediagram(x,n,period,offset,plotstring):指定眼图的绘图属性。

eyediagram(x,n,period,offset,plotstring,h):在现在的图形句柄 h 中绘制眼图。

h=eyediagram(___):返回眼图的句柄值 h。

【例 4-12】 利用函数 eyediagram 生成滤波后的 QPSK 信号眼图。

```
>> %生成随机符号,采用 QPSK 调制得到已调制信号
>> data = randi([0 3],1000,1);
modSig = pskmod(data,4,pi/4);
>> %指定每个符号参数的输出样本数.创建一个传输过滤器对象 txfilter
>> sps = 4;
txfilter = comm.RaisedCosineTransmitFilter('OutputSamplesPerSymbol',sps);
>> %对调制信号进行 modSig 滤波
>> txSig = txfilter(modSig);
>> %显示眼图
>> eyediagram(txSig,2 * sps)
```

运行程序,效果如图 4-16 所示。

3. scatterplot 函数

在 MATLAB 中,提供了 scatterplot 函数生成散点图。函数的语法格式如下。

scatterplot(x):创建信号 x 的散点图。

scatterplot(x,n):指定采样因子 n。函数从 x 的第一个值开始,绘制 x 的第 n 个值。

scatterplot(x,n,offset):指定偏移量值。该函数从 x 的第(offset+1)个值开始,每隔 n 个值绘制一次 x。

scatterplot(x,n,offset,plotstring):为散点图指定绘图属性。

scatterplot(x,n,offset,plotstring,h):在一个已有图形中生成散点图,该图形的句柄为 h。

h = scatterplot(___):返回包含散点图的图形句柄。

【例 4-13】 生成 64-QAM 信号的散点图。

```
>> %创建一个 64 - QAM 信号,其中使用每个星座点
>> d = (0:63)';
s = qammod(d,64);
>> %显示星座的散点图
>> scatterplot(s)
>> title('散点图');
>> xlabel('同相');ylabel('相交');
```

运行程序,效果如图 4-17 所示。

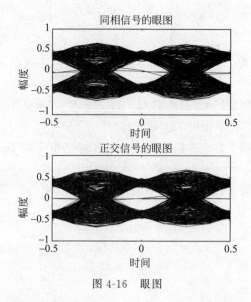

图 4-16　眼图

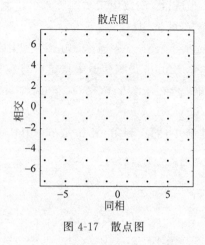

图 4-17　散点图

4. symerr 函数

在 MATLAB 中，提供了 symerr 函数用来计算错误符号的个数和误符号率。函数的语法格式如下。

[number, ratio] = symerr(x, y)：其中 x 表示传输之前进入发射机的消息，y 表示传输之后接收机输出的消息。number 是一个标量或是一个向量，它指出了 x 和 y 两组数据集相比不同符号的个数；ratio 为误符号率，它等于 number 除以总符号数（x 和 y 中较小的那个）。

[number, ratio] = symerr(x, y, flg)：比较 x 和 y 中的元素。可选输入 flg 和 x 的大小，flg 和 y 的大小决定 number 的大小。

[number, ratio, loc] = symerr(…)：返回一个二进制矩阵 loc，它指示 x 和 y 中的哪些元素不同。如果对应的比较没有产生差异，则 loc 的元素为零，否则为非零。

【例 4-14】　比较矩阵的元素。

```
>> % 比较矩阵与另一个矩阵的元素
>> x = [1,1,3,1;3,2,2,2;3,3,8,3];
>> aMatrix = [1,1,1,1;2,2,2,2;3,3,3,3];
>> [number1,ratio1] = symerr(x,aMatrix)
number1 =
     3
ratio1 =
     0.2500
```

4.4　信源编码

在 MATLAB 中，Communications Toolbox 包含系统对象、块和函数，用于根据代表性分区、特定码本映射、压缩、扩展、压缩和量化对信号进行格式编码。信源编码也称为量化或信号格式化，它一般是为了减少冗余或为后续的处理做准备而进行的数据处理。本节将介绍几个常用的函数，从而了解常用的信源编码。

4.4.1 相关函数

1. arithenco/arithdeco 函数

arithenco 函数用于实现算术二进制码编码。函数 arithdeco 用于实现算术二进制码解码。它们的调用格式如下。

code＝arithenco(seq,counts)：根据指定向量 seq 对应的符号序列产生二进制算术代码，向量 counts 代码信源中指定符号在数据集合中出现的次数统计。

dseq ＝ arithdeco(code,counts,len)：解码二进制算术代码 code，恢复相应的 len 符号列。

【例 4-15】 利用 arithenco/arithdeco 函数实现算术二进制编码/解码。

```
>> clear all;
counts = [99 1];
len = 1000;
seq = randsrc(1,len,[1 2; .99 .01]);        % 随机序列
code = arithenco(seq,counts);               % 编码
dseq = arithdeco(code,counts,length(seq));  % 解码
isequal(seq,dseq)                           % 检查 dseq 是否与原序列 seq 一致
```

运行程序，输出为：

```
ans =
    1
```

由以上结果可知，解码与编码的序列是一致的，当返回结果为 0 时，则表示不一致。

2. dpcmenco/dpcmdeco 函数

dpcmenco 函数用于实现差分码调制编码；dpcmdeco 函数用于实现差分码调制解码。它们的调用格式如下。

indx＝dpcmenco(sig,codebook,partition,predictor)：参数 sig 为输入信号，codebook 为预测误差量化码本，partition 为量化阈值，predictor 为预测期的预测传递函数系数向量，返回参数 indx 为量化序号。

[indx,quants]＝dpcmenco(sig,codebook,partition,predictor)：返回参数 quants 为量化的预测误差。

sig＝dpcmdeco(indx,codebook,predictor)：返回参数为输出信号，indx 为量化序号，codebook 为预测误差量化码本，partition 为量化阈值，predictor 为预测期的预测传递函数系数向量。

[sig,quanterror]＝dpcmdeco(indx,codebook,predictor)：参数 quanterror 为量化的预测误差。

【例 4-16】 用训练数据优化 DPCM 方法，对一个锯齿波信号数据进行预测量化。

```
>> clear all;
t = [0:pi/60:2 * pi];
x = sawtooth(3 * t);                        % 原始信号
initcodebook = [ - 1:.1:1];                 % 初始化高斯噪声
 % 优化参数，使用初始序列 initcodebook
[predictor,codebook,partition] = dpcmopt(x,1,initcodebook);
```

```
% 使用 DPCM 量化 X
encodedx = dpcmenco(x,codebook,partition,predictor);
% 尝试从调制信号中恢复 X
[decodedx,equant] = dpcmdeco(encodedx,codebook,predictor);
distor = sum((x - decodedx).^2)/length(x) % 均方误差
plot(t,x,t,equant,'*');
```

运行程序,效果如图 4-18 所示。

3. compand 函数

该函数按 Mu 律或 A 律对输入信号进行扩展或压缩。其调用格式如下。

out＝compand(in,param,v)：参数 param 指出 Mu 或 A 的值,v 为输入信号的最大幅值。

out＝compand(in,Mu,v,'mu/compressor')：利用 Mu 律对信号进行压缩。

out＝compand(in,Mu,v,'mu/expander')：利用 Mu 律对信号进行扩展。

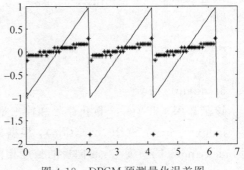

图 4-18 DPCM 预测量化误差图

out＝compand(in,A,v,'A/compressor')：利用 A 律对信号进行压缩。

out＝compand(in,A,v,'A/expander')：利用 A 律对信号进行扩展。

【例 4-17】 利用 compand 函数对 Mu 律进行压缩和扩展。

```
>> % 生成一个数据序列
>> data = 2:2:12;
>> % 使用 Mu 律压缩输入序列.Mu 的典型值为 255.数据范围是 8.1～12,而不是 2～12
>> compressed = compand(data,255,max(data),'mu/compressor')
compressed =
    8.1644    9.6394   10.5084   11.1268   11.6071   12.0000
>> % 展开压缩信号.展开的序列几乎与原始序列相同
>> expanded = compand(compressed,255,max(data),'mu/expander')
expanded =
    2.0000    4.0000    6.0000    8.0000   10.0000   12.0000
```

4. lloyds 函数

该函数能够优化标量量化的阈值和码本。它使用 Lloyds_max 算法优化标量量化参数,用给定的训练序列向量优化初始码本,使量化误差小于给定的容差。其调用格式如下。

[partition,codebook]＝lloyds(training_set,initcodebook)：参数 training_set 为给定的训练序列,initcodebook 为码本的初始预测值。

[partition,codebook]＝lloyds(training_set,len)：len 为给定的预测长度。

[partition,codebook]＝lloyds(training_set,…,tol)：tol 为给定容差。

[partition,codebook,distor]＝lloyds(…)：返回最终的均方误差 distor。

[partition,codebook,distor,reldistor]＝ lloyds(…)：返回是有关算法的终止值 reldistor。

【例 4-18】 通过一个 2bit 通道优化正弦传输量化参数。

```
>> clear all;
>> % 产生正弦信号的一个完整周期
>> x = sin([0:1000] * pi/500);
```

```
>> [partition,codebook,distor,reldistor] = lloyds(x,2^2)
```

运行程序,输出如下:

```
partition =
    - 0.5715      0.0037      0.5761
codebook =
    - 0.8520     - 0.2910      0.2984      0.8539
distor =
       0.0210
reldistor =
       0
```

5. quantiz 函数

该函数用于产生一个量化序号和输出量化值。其调用格式如下。

index = quantiz(sig,partition):根据判断向量 partition,对输入信号 sig 产生量化索引 index,index 的长度与 sig 向量的长度相同。

[index,quants] = quantiz(sig,partition,codebook):根据给定的向量 partition 及码本 codebook,对输入信号 sig 产生一个量化序号 index 和输出量化误差 quants。

[index,quants,distor] = quantiz(sig,partition,codebook):参数 distor 为量化的预测误差。

【例 4-19】 用训练序列和 Lloyd 算法,对一个正弦信号数据进行标量量化。

```
>> clear all;
N = 2^4;                              % 以 4bit 传输信道
t = [0:100] * pi/20;
u – sin(t);
[p,c] = lloyds(u,N);                  % 生成分界点向量和编码手册
[index,quant,distor] = quantiz(u,p,c);  % 量化信号
plot(t,u,t,quant,' + ');
```

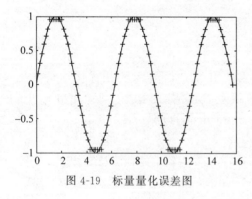

图 4-19　标量量化误差图

运行程序,效果如图 4-19 所示。

6. huffmanenco/huffmandeco

在 MATLAB 中,提供了 huffmanenco 函数实现霍夫曼编码;huffmandeco 函数实现霍夫曼解码。它们的调用格式如下。

enco = huffmanenco(sig,dict):使用输入码字典 dict 描述的 Huffman 码对输入信号进行编码。sig 可以是一个数字向量、数字单元数组或字母数字单元数组。如果 sig 是一个单元数组,它必须是行或列。dict 是一个 N×2 的单元数组,其中 N 为要编码的符号的数目。dict 的第一列表示不同的符号,第二列表示相应的码字。每个码字都表示为一个数字行向量,并且 dict 中的任何码字都不能作为 dict 中任何其他码字的前缀。

dsig = huffmandeco(comp,dict):参数 dict 是一个 N×2 的单元数组,其中 N 是编码为 comp 的原始信号中不同的符号数目。dict 的第一列表示不同的符号,第二列表示相应的码

字。每个码字都表示为一个数字行向量,并且 dict 中的任何码字都不允许作为 dict 中任何其他码字的前缀。可以使用 huffmandict 生成 dict,也可以使用 huffmanenco 生成 comp。如果 dict 中的所有信号值都是数字,则 dsig 为向量;如果 dict 中的任何信号值是按字母顺序排列的,则 dsig 是一个一维单元数组。

【例 4-20】 实现 Huffman 编码和解码。

```
% 创建唯一的符号,并给它们分配出现的概率
>> symbols = 1:6;
p = [.5 .125 .125 .125 .0625 .0625];
>> % 创建一个基于符号和它们的概率的霍夫曼字典
>> dict = huffmandict(symbols,p);
>> % 生成一个随机符号的向量
>> sig = randsrc(100,1,[symbols;p]);
>> % 对随机符号进行编码
>> comp = huffmanenco(sig,dict);
>> % 解码符号,验证解码后的符号是否与原始符号匹配
>> dsig = huffmandeco(comp,dict);
isequal(sig,dsig)
ans =
  logical
  1
>> % 将原始符号转换为二进制符号,并确定二进制符号的长度
>> binarySig = de2bi(sig);
seqLen = numel(binarySig)
seqLen =
  300
>> % 转换霍夫曼编码的符号,并确定其长度
>> binaryComp = de2bi(comp);
encodedLen = numel(binaryComp)
encodedLen =
  218
```

7. huffmandict 函数

在 MATLAB 中,huffmandict 函数生成已知概率模型的霍夫曼代码字典。函数的调用格式如下。

[dict,avglen] = huffmandict(symbols,prob):生成一个二进制的霍夫曼代码字典。输入参数 prob 用于指定每个输入符号出现的概率,prob 的长度必须等于符号的长度。返回参数 dict 为返回的字典,avglen 为返回字典的平均码字长度,根据输入 prob 中的概率加权。

[dict,avglen] = huffmandict(symbols,prob,N):使用最大方差算法生成一个 N 元的霍夫曼代码字典。N 不能超过源符号的数目。

[dict,avglen] = huffmandict(symbols,prob,N,variance):生成具有指定方差的 N 元霍夫曼代码字典。

【例 4-21】 使用 huffmandict 函数来生成二进制和三进制的 Huffman 代码。

```
>> % 指定符号字母向量和符号概率向量
```

```
>> symbols = (1:5);            %字母向量
prob = [.3 .3 .2 .1 .1];       %符号概率向量
>> %生成二进制 Huffman 代码,显示包含代码字典的单元数组
>> [dict,avglen] = huffmandict(symbols,prob);
dict(:,2) = cellfun(@num2str,dict(:,2),'UniformOutput',false)
dict =
  5×2 cell 数组
    {[1]}    {'0 1'  }
    {[2]}    {'0 0'  }
    {[3]}    {'1 0'  }
    {[4]}    {'1 1 1'}
    {[5]}    {'1 1 0'}
>> %生成三进制霍夫曼代码与最小方差
>> [dict,avglen] = huffmandict(symbols,prob,3,'min');
dict(:,2) = cellfun(@num2str,dict(:,2),'UniformOutput',false)
dict =
  5×2 cell 数组
    {[1]}    {'2'  }
    {[2]}    {'1'  }
    {[3]}    {'0 0'}
    {[4]}    {'0 2'}
    {[5]}    {'0 1'}
```

4.4.2　相关对象

本节主要介绍差分的编码与解码。

1. 差分编码

差分编码又称为增量编码,它用一个二进制数来表示前后两个抽样信号之间的大小关系。在 MATLAB 中,差分编码器根据当前时刻之前的所有输入信息计算输出信号,这样,在接收端即可只按照接收到的前后两个二进制信号恢复出原来的信息序列。

差分编码模块对输入的二进制信号进行差分编码,输出二进制的数据流。输入的信号可以是标量、向量或帧格式的行向量。如果输入信号为 $m(t)$,输出信号为 $d(t)$,那么 t_k 时刻的输出 $d(t_k)$ 不仅与当前时刻的输入信号 $m(t_k)$ 有关,而且与前一时刻的输出 $d(t_{k-1})$ 有关,如下式所示:

$$\begin{cases} d(t_0) = (m(t_0) + 1) \bmod 2 \\ d(t_k) = (m(t_{k-1}) + m(t_k) + 1) \bmod 2 \end{cases}$$

即输出信号 y 取决于当前时刻以及当前时刻之前所有的输入信号的数值。

2. 差分解码

差分解码对输入信号进行差分解码,输入输出均为二进制信号,且输入输出之间的关系和差分编码的输入输出之间的关系相同。

在 MATLAB 中,提供了 comm. DifferentialEncoder 对象实现差分编码; comm. DifferentialDecoder 对象实现差分解码。它们的调用格式如下。

H = comm. DifferentialEncoder:创建一个差分编码器系统对象 H,该对象通过计算其与先前编码数据的逻辑差对二进制输入信号进行编码。

H = comm. DifferentialEncoder(Name,Value):创建对象 H,将每个指定的属性设置

为指定的值。

H＝comm. DifferentialDecoder：创建一个差分解码器系统对象 H，该对象解码使用差
分编码器编码的二进制作为输入信号。

H＝comm. DifferentialDecoder(Name,Value)：创建对象 H，将每个指定的属性设置
为指定的值。

【例 4-22】 实现解码差分编码信号。

```
% 创建差分编码器和解码器对
>> diffEnc = comm.DifferentialEncoder;
diffDec = comm.DifferentialDecoder;
>> % 生成随机二进制数据,差分编码和解码数据
>> data = randi([0 1],100,1);
encData = diffEnc(data);
decData = diffDec(encData);
>> % 确定原始数据和解码数据之间的错误数
>> numErrors = biterr(data,decData)
numErrors =
     0
```

4.5 模拟和数字调制

从信号传输的角度看，调制与解调是通信系统中非常重要的环节，它使信号发生了本
质性的变化。

4.5.1 模拟调制

调制解调过程从频域角度看是一个频谱搬移过程，它具有以下几个重要功能。

(1) 适合信道传输：将基带信号转换成适合于信道传输的已调信号（频带信号）。

(2) 实现有效辐射：为了充分发挥天线的辐射能力，一般要求天线的尺寸和发送信号
的波长在同一数量级。一般天线的长度应为所传信号波长的 1/4。如果把语音基带信号
(0.3~3.4kHz)直接通过天线发射，那么天线的长度应为：

$$l = \frac{\lambda}{4} = \frac{c}{4f} = \frac{3 \times 10^8}{4 \times 3.4 \times 10^3} \approx 22\text{km}$$

长度（高度）为 22km 的天线显然是不存在的，也是无法实现的。但是如果把语音信号
的频率首先进行频谱搬移，搬移到较高频段处，则天线的高度可以降低。因此调制是为了
使天线容易辐射。

(3) 实现频率分配：为使各个无线电台发出的信号互不干扰，每个电台都分配有不同
的频率。这样利用调制技术把各种语音、音乐、图像等基带信号调制到不同的载频上，以便
用户任意选择各个电台，收听所需节目。

(4) 实现多路复用：如果传输信道的通带较宽，可以用一个信道同时传输多路基带信
号，只要把各个基带信号分别调制到不同的频带内，然后将它们合在一起送入信道传输即
可。这种在频域上实行的多路复用称为频分复用（FDM）。

(5) 提高系统抗噪声性能：不同的调制系统会具有不同的抗噪声能力。例如 FM 系统
抗噪声性能要优于 AM 系统抗噪声性能。

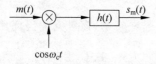

图 4-20 幅度调制器的一般模型

4.5.2 线性调制

线性调制是用调制信号去控制载波的振幅,使其按调制信号的规律而变化的过程。幅度调制器的一般模型如图 4-20 所示。

设调制信号 $m(t)$ 的频谱为 $M(\omega)$,滤波器传输特性为 $H(\omega)$,其冲激响应为 $h(t)$,输出已调信号的时域和频域表达式为:

$$s_{\mathrm{m}}(t) = [m(t) \cdot \cos\omega_c t] * h(t)$$

$$s_{\mathrm{m}}(\omega) = \frac{1}{2}[M(\omega + \omega_c) + M(\omega - \omega_c)] \cdot H(\omega)$$

式中,ω_c 为载波角频率,$H(\omega) \Leftrightarrow h(t)$。

由以上表达式可见,对于幅度调制信号,在波形上,它的幅度随基带信号而变化;在频谱结构上,它的频谱完全是基带信号频谱在频域内的简单搬移。由于这种搬移是线性的,因此幅度调制常称为线性调制。

在图 4-20 的一般模型中,适当选择滤波器的特性 $H(\omega)$ 便可得到各种幅度调制信号,如 AM、DSB、SSB 及 VSB 等。

【例 4-23】 此实例说明如何构造一个正交频分调制(OFDM)调制器/解调器对,并指定它们的导频指数。

OFDM 调制器系统对象能够指定与 comm. OFDMModulator. info 中描述的约束一致的导频子载波索引。在本例中,对于 3×2 信道上的 OFDM 传输,为每一个发射天线创建导频指数。此外,导频指数在奇符号和偶符号之间是不同的。

```
% 创建一个有 5 个符号、3 个发射天线和 6 个窗口长度的 OFDM 调制器对象
ofdmMod = comm.OFDMModulator('FFTLength',256, ...
    'NumGuardBandCarriers',[12; 11], ...
    'NumSymbols', 5, ...
    'NumTransmitAntennas', 3, ...
    'PilotInputPort',true, ...
    'Windowing', true, ...
    'WindowLength', 6);
>> % 为第一发射天线指定偶数和奇数符号的导频指数
pilotIndOdd = [20; 58; 96; 145; 182; 210];
pilotIndEven = [35; 73; 111; 159; 197; 225];
pilotIndicesAnt1 = cat(2, pilotIndOdd, pilotIndEven, pilotIndOdd, ...
    pilotIndEven, pilotIndOdd);
>> % 根据为第一天线指定的指标生成第二和第三天线的导频指标,将三根天线的索引连接起来,并
    % 将它们分配到导频载波索引属性
pilotIndicesAnt2 = pilotIndicesAnt1 + 5;
pilotIndicesAnt3 = pilotIndicesAnt1 - 5;
ofdmMod.PilotCarrierIndices = cat(3, pilotIndicesAnt1, pilotIndicesAnt2, pilotIndicesAnt3);
>> % 在现有 OFDM 调制器系统对象的基础上,用两个接收天线创建 OFDM 解调器,使用 info 函数确定
    % 数据和试验尺寸
>> ofdmDemod = comm.OFDMDemodulator(ofdmMod);
ofdmDemod.NumReceiveAntennas = 2;
dims = info(ofdmMod)
dims =
    包含以下字段的 struct:
```

```
           DataInputSize: [215 5 3]
          PilotInputSize: [6 5 3]
             OutputSize: [1360 3]
```

\>\> % 给定 modDim 中指定的阵列大小,为 OFDM 调制器生成数据和导频符号
```
dataIn = complex(randn(dims.DataInputSize), randn(dims.DataInputSize));
pilotIn = complex(randn(dims.PilotInputSize), randn(dims.PilotInputSize));
```
\>\> % 将 OFDM 调制应用于数据和导频
```
modOut = ofdmMod(dataIn,pilotIn);
```
\>\> % 将调制后的数据通过 3 × 2 随机通道
% 传送
```
chanGain = complex(randn(3,2), randn
(3,2));
chanOut = modOut * chanGain;
```
% 使用 OFDM 解调器对象解调接收到的
% 数据
```
>> [dataOut, pilotOut] = ofdmDemod
(chanOut);
```
% 显示三个发射天线的载波映射.图中的
% 灰线显示了为避免天线间的干扰而自
% 定义的空值放置
```
>> showResourceMapping(ofdmMod)
```

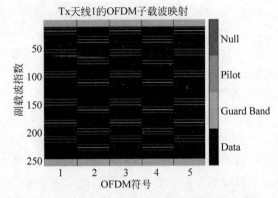

图 4-21　天线 1 的载波映射图

运行程序,效果如图 4-21～图 4-23 所示。

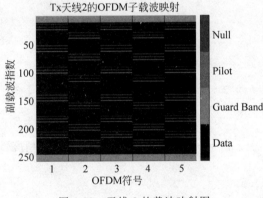

图 4-22　天线 2 的载波映射图

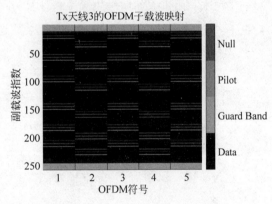

图 4-23　天线 3 的载波映射图

% 对于第一发射和第一接收天线对,演示所述输出导频信号与所述输出导频信号的匹配效果
```
>> pilotCompare = abs(pilotIn(:,:,1) * chanGain(1,1)) - abs(pilotOut(:,:,1,1));
max(pilotCompare(:) < 1e - 10)
ans -
  logical
  1
```

4.6　滤波

滤波,本质上是从被噪声畸变和污染了的信号中提取原始信号所携带的信息的过程。

在此仅介绍如何使用 MATLAB 的函数来设计滤波器。不同类型的滤波器设计参数有所不同。

模拟滤波器设计的 4 个重要参数如下。

（1）通带拐角频率（Passband Corner Frequency）f_p（Hz）：对于低通和高通滤波器，分别为高端拐角频率和低端拐角频率；对于带通和带阻滤波器，则为低拐角频率和高拐角频率两个参数。

（2）阻带起始频率（Stopband corner frequency）f_s（Hz）：对于带通和带阻滤波器则为低起始频率和高起始频率两个参数。

（3）通带内波动（Passband ripple）R_p（dB）：即通带内所允许的最大衰减。

（4）阻带内最小衰减（Stopband attenuation）R_s（dB）：即阻带内允许的最小衰减。

对于数字滤波器，在设计时需要将以上参数中的频率参数根据采样率转换为归一化频率参数，设采样率为 f_N，则：

- 通带拐角归一化频率 w_p（Hz）：$w_p = f_p(f_N/2)$，其中 $w_p \in [0, 1]$，$w_p = 1$ 时对应于归一化角频率 π。
- 阻带起始归一化频率 w_s（Hz）：$w_s = f_s(f_N/2)$，其中 $w_s \in [0, 1]$。

所谓滤波器设计，就是根据设计的滤波器类型和参数计算出满足设计要求的滤波器的最低阶数和相应的 3dB 截止频率，然后进一步求出对应传递函数的分子分母系数。

模拟滤波器的设计是根据给定滤波器的设计类型、通带拐角频率、阻带起始频率、通带内波动和阻带内最小衰减来进行的。数字滤波器则还需考虑采样率参数，并常以通带拐角归一化频率和阻带起始归一化频率来计算。

4.6.1　模拟滤波器的结构

一个 IIR 滤波器的系统函数为：

$$H(z) = \frac{B(z)}{A(z)} = \frac{\sum_{m=0}^{M} b_m z^{-m}}{\sum_{n=0}^{N} a_n z^{-n}} = \frac{b_0 + b_1 z^{-1} + \cdots + b_M z^{-M}}{1 + a_1 z^{-1} + \cdots + a_N z^{-N}}, \quad a_0 = 1$$

式中，b_m，a_n 是滤波器的系数。一般性情况下，假设 $a_0 = 1$。如果 $a_N \neq 0$，则这时 IIR 滤波器阶数为 N。IIR 滤波器的差分方程为：

$$y(n) = \sum_{m=0}^{M} b_m x(n-m) - \sum_{n=0}^{N} a_n y(n-m)$$

在工程实际中通过 3 种结构来实现 IIR 滤波器：直接形式、级联形式和并联形式。

4.6.2　数字滤波器的结构

一个具有有限持续时间冲激响应的滤波器的系统函数为：

$$H(z) = b_0 + b_1 z^{-1} + \cdots + b_{M-1} z^{1-M} = \sum_{n=0}^{M-1} b_n z^{-n}$$

则其冲激响应为：

$$h(n) = \begin{cases} b_n, & 0 \leqslant n \leqslant M \\ 0, & \text{其他} \end{cases}$$

其差分方程可以描述为：

$$y(n) = b_0 x(n) + b_1 x(n-1) + \cdots + b_{M-1} x(n-M+1)$$

FIR 滤波器有 4 种结构：直接形式、级联形式、线性相位形式和频率采样形式。

4.6.3 几个滤波的常用函数

在 MATLAB 中,提供了相关函数用于实现滤波,下面分别对这些函数进行介绍。

1. gaussdesign 函数

在 MATLAB 中,提供了 gaussdesign 函数用于设计高斯 FIR 脉冲整形滤波器。函数的语法格式如下。

h=gaussdesign(bt,span,sps):设计一个低通 FIR 高斯脉冲整形滤波器,并返回滤波器系数向量 h。滤波器被截断的每个符号周期为 sps 个样本。滤波器的顺序为 sps * span,必须是偶数。

【例 4-24】 设计 GMSK 数字蜂窝通信系统的高斯滤波器。

指定用于传输比特的调制是高斯最小移位键控(GMSK)脉冲。这个脉冲的 3dB 带宽等于 0.3 的比特率,将滤波器截断为 4 个符号,每个符号用 8 个样本表示。

```
>> bt = 0.3;
span = 4;
sps = 8;
h = gaussdesign(bt,span,sps);
fvtool(h,'impulse');
>> title('脉冲响应');
>> xlabel('样本');ylabel('幅度');
```

运行程序,效果如图 4-24 所示。

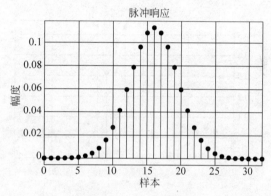

图 4-24 高斯滤波器

2. intdump 函数

在 MATLAB 中,提供了 intdump 函数用于实现滤波的集成与转存。函数的语法格式如下。

y=intdump(x,nsamp):对一个符号周期的信号 x 积分,然后输出一个平均值到 y。nsamp 是每个符号的样本数。对于二维信号,该函数将每一列视为一个通道。

【例 4-25】 将脉冲整形和滤波与调制结合使用。

```
% 处理两个独立的通道,每个通道包含三个或四个样本组成的数据符号
>> s = rng;
rng(68521);
nsamp = 4;                       % 每个符号样本数量
ch1 = randi([0 1],3 * nsamp,1);  % 随机二进制通道
ch2 = rectpulse([1 2 3]',nsamp); % 矩形脉冲
x = [ch1 ch2];                   % 双通道信号
y = intdump(x,nsamp)
rng(s);
```

运行程序,输出如下:

```
y =
    0.5000    1.0000
    0.7500    2.0000
    0.2500    3.0000
```

3. rcosdesign 函数

在 MATLAB 中,提供了 rcosdesign 函数用优化余弦 FIR 脉冲整形滤波器的设计。函

数的语法格式如下。

b＝rcosdesign(beta,span,sps)：返回系数 b,对应于一个平方根上升余弦 FIR 滤波器,衰减系数由 beta 指定。滤波器被截断为跨越符号,每个符号周期包含 sps 个样本。滤波器的顺序为 sps * span,必须是偶数。过滤能量为 1。

b＝rcosdesign(beta,span,sps,shape)：将形状设置为'sqrt'时返回平方根升余弦滤波器,将形状设置为'normal'时返回常规升余弦 FIR 滤波器。

【**例 4-26**】 设计一个平方根升余弦滤波器。

```
% 指定滚动系数为 0.25.将滤波器截断为 6 个符号,每个符号用 4 个样本表示.指定'sqrt'是形状参
% 数的默认值
>> clear all;
h = rcosdesign(0.25,6,4);
mx = max(abs(h - rcosdesign(0.25,6,4,'sqrt')))
fvtool(h,'Analysis','impulse')        % 效果如图 4-25 所示
```

```
title('脉冲响应');
xlabel('样本');ylabel('幅度')
mx =
     0
```

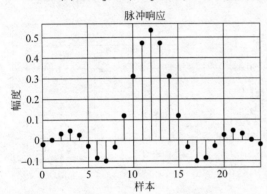

图 4-25　滚动系数为 0.25 的升余弦滤波器

4. rectpulse 函数

在 MATLAB 中,提供了 rectpulse 函数实现整形矩形脉冲。函数的语法格式如下。

y = rectpulse(x,nsamp)：对 x 应用整形矩形脉冲以产生每个符号具有 nsamp 个样本的输出信号。整形矩形脉冲是指 x 中的每个符号重复 nsamp 次形成输出 y。如果 x 是一个多行矩阵,函数将每一列作为一个通道单独处理。

关于 rectpulse 函数的用法可参考例 4-25。

4.6.4　升余弦滤波器的应用

本节通过一个例子来演示升余弦滤波器的应用。

【**例 4-27**】 对一个 16-QAM 信号使用一对平方根升余弦滤波器进行匹配,在信号通过 AWGN 信道后,计算误码数,并绘制信号的眼图和散点图。

```
% 设置仿真参数
>> clear all;
M = 16;                        % 模型阶数
k = log2(M);
n = 20000;                     % 传输比特
nSamp = 4;                     % 每个符号样本
EbNo = 10;                     % Eb/No (dB)
% 设置滤波参数
span = 10;                     % 符号中的过滤器跨度
rolloff = 0.25;                % 滚动系数
% 使用前面定义的参数创建升余弦发送和接收滤波器
txfilter = comm.RaisedCosineTransmitFilter('RolloffFactor',rolloff, ...
```

```
        'FilterSpanInSymbols',span,'OutputSamplesPerSymbol',nSamp);
rxfilter = comm.RaisedCosineReceiveFilter('RolloffFactor',rolloff, ...
        'FilterSpanInSymbols',span,'InputSamplesPerSymbol',nSamp, ...
        'DecimationFactor',nSamp);
% 绘制 hTxFilter 的脉冲响应
fvtool(txfilter,'impulse')                  % 效果如图 4-26 所示
title('脉冲响应');
xlabel('样本');ylabel('幅度')
>> % 通过匹配的滤波器计算延迟
filtDelay = k * span;
% 创建错误率计数器系统对象,设置 ReceiveDelay 属性来通过匹配的过滤器的延迟
errorRate = comm.ErrorRate('ReceiveDelay',filtDelay);
% 生成二进制数据
x = randi([0 1],n,1);
% 调整数据
modSig = qammod(x,M,'InputType','bit');
% 对调制信号进行滤波
txSig = txfilter(modSig);
% 绘制前 1000 个样本的眼图
eyediagram(txSig(1:1000),nSamp)            % 效果如图 4-27 所示
>> % 计算给定 EbNo 的分贝信噪比(SNR),通过 AWGN 函数将发射信号通过 AWGN 信道
SNR = EbNo + 10 * log10(k) - 10 * log10(nSamp);
noisySig = awgn(txSig,SNR,'measured');
% 滤波噪声信号并显示其散点图
rxSig = rxfilter(noisySig);
scatterplot(rxSig)                         % 效果如图 4-28 所示
% 对滤波后的信号进行解调并计算误差统计量,通过 errorRate 中的 ReceiveDelay 属性解释滤波器的
% 延迟
z = qamdemod(rxSig,M,'OutputType','bit');
errStat = errorRate(x,z);
fprintf('\nBER = % 5.2e\nBit Errors = % d\nBits Transmitted = % d\n',...
        errStat)
```

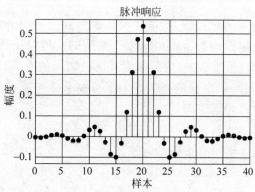

图 4-26　升余弦滤波器

运行程序,输出如下:

```
BER = 1.80e-03
Bit Errors = 36
Bits Transmitted = 19960
```

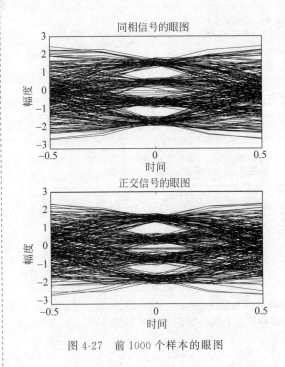

图 4-27　前 1000 个样本的眼图

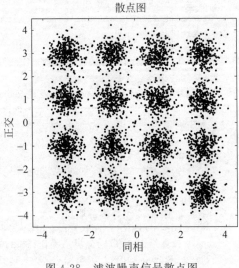

图 4-28　滤波噪声信号散点图

4.7　均衡化

一个实际的基带传输系统由于存在设计误差和信道特性的变化,因而不可能完全满足理想的无失真传输条件,故实际系统码间串扰总是存在的。理论和实践证明:在基带传输系统中插入一种可调滤波器能减少码间串扰的影响,甚至使实际系统的性能十分接近最佳系统性能,这种起补偿的作用的可调滤波器称为均衡器。

4.7.1　均衡化的原理

均衡分为频域均衡和时域均衡。所谓频域均衡是利用可调滤波器的频率特性去补偿基带系统的频率特性,使包括均衡器在内的整个系统的总传输函数满足无失真传输条件。而时域均衡则是利用均衡器产生的响应波形去补偿已畸形的波形,使包括均衡器在内的整个系统的冲激响应满足无码间串扰的条件。由于目前数字基带传输系统中主要采用时域均衡,因此这里仅介绍时域均衡原理。

时域均衡可用如图 4-29 所示的波形来说明。它是利用波形补偿的方法将失真的波形直接加以校正,而且通过眼图可直接进行调节。

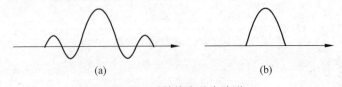

(a)　　　　　　　　　　(b)

图 4-29　时域均衡基本波形

图 4-29(a)为基带传输中接收到的单个脉冲信号,由于信道不理想产生了失真,出现了"拖尾",可能造成对其他码元信号的干扰。此时可在图 4-29(a)原有的波形上添加补偿波

形,其与拖尾波形大小相等,极性相反,经过调整,可将原失真波形中的"尾巴"抵消,如图 4-29(b)所示。因此,消除了对其他码元的串扰,达到了均衡的目的。

在数字传输系统中使用最为普遍的均衡器是如图 4-30 所示的横向滤波器。它由带抽头的延迟线、加权系数相乘器或可变增益放大器和相加器组成,延迟线共有 2N 节,每节的延迟时间等于码元宽度 T_s,每个抽头的输入经可变增益放大器加权后相加输出。每个抽头的加权系数是可调的,设置为可以消除码间串扰的数值。

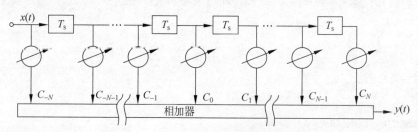

图 4-30　横向滤波器

假设有 $(2N+1)$ 个抽头,加权系数分别为 C_{-N},C_{-N-1},$\cdots$,C_{N-1},C_N。输入波形的脉冲序列为 $\{x_k\}$,输出波形的脉冲序列为 $\{y_k\}$,则有:

$$y_k = \sum_{i=-N}^{N} C_i x_{k-i}$$
$$= C_{-N} x_{k+N} + \cdots + C_{-1} x_{k+1} + C_0 x_k + C_1 x_{k-1} + \cdots + C_N x_{k-N}$$

横向滤波器系数可由下式计算得到:

$$C = X^{-1}Y$$

式中:

$$C = \begin{bmatrix} C_{-N} \\ \vdots \\ C_0 \\ \vdots \\ C_N \end{bmatrix}, \quad Y = \begin{bmatrix} y_{-N} \\ \vdots \\ y_0 \\ \vdots \\ y_N \end{bmatrix} \begin{bmatrix} 0 \\ \vdots \\ 0 \\ 1 \\ 0 \\ \vdots \\ 0 \end{bmatrix}, \quad X = \begin{bmatrix} x_0 & x_{-1} & \cdots & x_{-N} & x_{-N-1} & & x_{-2N} \\ \vdots & \ddots & \ddots & \vdots & \ddots & \ddots & \vdots \\ x_{N-1} & & x_0 & x_{-1} & \cdots & x_N & x_{-N-1} \\ x_N & \cdots & x_1 & x_0 & & \cdots & x_{-N} \\ x_{N+1} & x_N & & x_1 & x_0 & & x_{-N+1} \\ \vdots & \ddots & \ddots & \vdots & \ddots & \ddots & \vdots \\ x_{2N} & & x_{N+1} & x_N & \cdots & x_1 & x_0 \end{bmatrix}$$

其中,序列 x_{-2N},$\cdots$,x_{2N} 是发送端仅在 0 时刻发送一个码元时,接收端接收到的取样序列。

- 在 MATLAB 中,提供了 mlseeq 函数实现用 MLSE 均衡线性调制信号。函数的语法格式为如下。

y＝mlseeq(x,chcffs,const,tblen,opmode):使用最大似然序列估计(MLSE)均衡基带信号向量 x。chcffs 为提供估计的信道系数。const 为提供的理想的信号星座点。tblen 为指定回溯深度。opmode 为指定均衡器的模式。MLSE 采用 Viterbi 算法实现。

y＝mlseeq(___,nsamp):还指定 x 中每个符号的样本数。

y＝mlseeq(___,nsamp,preamble,postamble):指定 x、preamble 和 postamble 中的每个符号的样本数。

y＝mlseeq(___,nsamp,init_metric,init_states,init_inputs):还指定 x 中每个符号的

样本数、初始估计状态度量、初始追溯状态和均衡器的初始追溯输入。

$[y, \text{final\_metric}, \text{final\_states}, \text{final\_inputs}] = \text{mlseeq}(\_\_\_)$：在回溯解码过程结束时，同时返回归一化的最终可能性状态度量 final_metric、最终回溯状态 final_states 和最终回溯输入 final_inputs。当 opmode 仅为'cont'时，此语法适用。

【例 4-28】 使用 MLSE 均衡器复位工作模式。

```
% 指定调制顺序、均衡器回溯深度、每个符号的采样数和消息长度
>> M = 2;
tblen = 10;
nsamp = 2;
msgLen = 1000;
% 生成参考星座
>> const = pammod([0:M-1],M);
% 对信号进行调制和上采样
>> msgData = randi([0 M-1],msgLen,1);
msgSym = pammod(msgData,M);
msgSymUp = upsample(msgSym,nsamp);
% 通过失真信道对数据进行滤波,并在信号中加入高斯噪声
>> chanest = [0.986; 0.845; 0.237; 0.12345+0.31i];
msgFilt = filter(chanest,1,msgSymUp);
msgRx = awgn(msgFilt,5,'measured');
% 均衡,然后解调信号以恢复信息.要初始化均衡器,需要提供信道估计、参考星座、均衡器回溯深
% 度、每个符号的采样数,并将工作模式设置为复位
>> eqSym = mlseeq(msgRx,chanest,const,tblen,'rst',nsamp);
eqMsg = pamdemod(eqSym,M);
[nerrs ber] = biterr(msgData, eqMsg)
nerrs =
     1
ber =
   1.0000e-03
```

4.7.2 均衡化的应用

本节通过一个例子来演示不同均衡器的误码率性能。

【例 4-29】 此实例展示了在通带为零的静态信道中几种均衡器的误码率性能。

本例构造并实现了一个线性均衡器对象和一个决策反馈均衡器(DFE)对象。它还初始化并调用最大似然序列估计(MLSE)均衡器。

MLSE 均衡器首先使用"完善"的信道估计调用,然后使用直接但"不完善"的信道估计技术。随着模拟的进行,它会更新一个误码率图,用于比较分析均衡器之间的均衡方法,并给出了线性均衡和 DFE 均衡信号的信号谱。

为了实验这个例子,可以改变一些参数,如信道脉冲响应、均衡器抽头权重的数量、递归最小二乘(RLS)遗忘因子、最小均方(LMS)步长、MLSE 回溯长度、估计信道长度中的误差和在每个 Eb/No 值收集的最大错误数。

实现步骤如下。

(1) 信号及信道参数。

设置信号和信道相关参数。使用没有任何脉冲整形的 BPSK 和 5 抽头实值对称信道脉冲响应设置数据和噪声发生器的初始状态,并设置 Eb/No 的范围。

```
>> % 系统仿真参数
Fs = 1;                                    % 采样率
nBits = 2048;                              % 每个向量的 BPSK 符号数
maxErrs = 200;                             % 每个 Eb/No 的目标错误数
maxBits = 1e6;                             % 每个 Eb/No 的最大符号数
% 调制信号参数
M = 2;                                     % 模型阶数
Rs = Fs;                                   % 符号率
nSamp = Fs/Rs;                             % 每个符号样本
Rb = Rs * log2(M);                         % 比特率
% 通道参数
chnl = [0.227 0.460 0.688 0.460 0.227]';   % 信道脉冲响应
chnlLen = length(chnl);                    % 样本中的通道长度
EbNo = 0:14;
BER = zeros(size(EbNo));                   % 初始化值
% 创建 BPSK 模型
bpskMod = comm.BPSKModulator;
% 为随机数生成器指定种子以确保可重复性
rng(12345)
```

（2）自适应均衡器参数。

使用一个 31 抽头线性均衡器，和一个具有 15 个前馈和反馈抽头的 DFE，设置线性和 DFE 均衡器的参数值。对第一个数据块采用递归最小二乘（RLS）算法，保证抽头快速收敛。之后使用最小均方（LMS）算法以保证快速的执行速度。

```
>> % 线性均衡器参数
nWts = 31;                      % 数量的权重
algType = 'RLS';                % RLS 算法
forgetFactor = 0.999999;        % RLS 算法参数
% DFE 参数 - 使用与线性均衡器相同的更新算法
nFwdWts = 15;                   % 前馈权值的个数
nFbkWts = 15;                   % 反馈权重数
```

（3）MLSE 均衡器、信道估计参数。

设置 MLSE 均衡器的参数。使用 6 倍于信道脉冲响应长度的回溯长度，初始化均衡器状态。将均衡模式设置为"连续"，可实现对多个数据块的无缝均衡。在信道估计技术中使用循环前缀，并设置前缀的长度。假设信道脉冲响应的估计长度比实际长度长一个样本。

```
% MLSE 均衡器参数
tbLen = 30;                                   % MLSE 均衡器回溯长度
numStates = M^(chnlLen  1);
[mlseMetric,mlseStates,mlseInputs] = deal([]);
const = constellation(bpskMod);               % 信号星座
mlseType = 'ideal';                           % 完善的信道估计
mlseMode = 'cont';                            % 没有 MLSE 重置
% 信道估计参数
chnlEst = chnl;                               % 完善的最初估计
prefixLen = 2 * chnlLen;                      % 循环前缀长度
excessEst = 1;                                % 超出真实长度的估计信道脉冲响应长度
% 初始化模拟图形.绘制一个理想 BPSK 系统的非均衡信道频率响应和误码率
idealBER = berawgn(EbNo,'psk',M,'nondiff');
[hBER, hLegend, legendString, hLinSpec, hDfeSpec, hErrs, hText1, hText2, ...
```

```
hFit,hEstPlot,hFig,hLinFig,hDfeFig] = eqber_graphics('init', ...
   chnl,EbNo,idealBER,nBits);
```

运行程序,效果如图 4-31 和图 4-32 所示。

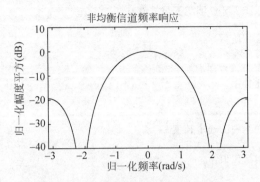

图 4-31　非均衡信道频率响应效果图　　　　图 4-32　均衡器误码率效果图

(4) 构造 RLS、LMS 线性和 DFE 均衡器对象。

采用 RLS 更新算法调整均衡器抽头权重,并将参考抽头设置为中心抽头。

```
>> linEq = comm.LinearEqualizer('Algorithm', algType, ...
   'ForgettingFactor', forgetFactor, ...
   'NumTaps', nWts, ...
   'Constellation', const, ...
   'ReferenceTap', round(nWts/2), ...
   'TrainingFlagInputPort', true);
dfeEq = comm.DecisionFeedbackEqualizer('Algorithm', algType, ...
   'ForgettingFactor', forgetFactor, ...
   'NumForwardTaps', nFwdWts, ...
   'NumFeedbackTaps', nFbkWts, ...
   'Constellation', const, ...
   'ReferenceTap', round(nFwdWts/2), ...
   'TrainingFlagInputPort', true);
```

(5) 线性均衡器。

运行线性均衡器,并绘制每个数据块的均衡信号频谱、误码率和突发错误性能。注意,随着 Eb/No 的增加,线性均衡的信号频谱有一个逐步加深的零值。还需要注意的是,错误发生的误差间隔很小,这在如此高的错误率下是可以预料的。

```
>> firstRun = true;   % 标记以确保噪声和数据的初始状态
eqType = 'linear';
eqber_adaptive;
```

运行程序,效果如图 4-33～图 4-35 所示。

(6) 判决反馈均衡器。

运行 DFE,并绘制每个数据块的均衡信号频谱、误码率和突发错误性能。请注意,DFE 比线性均衡器更能缓解信道零值,如图 4-36～图 4-38 所示。绘制在给定 Eb/No 值上的 BER 点会在每个数据块上更新,因此它们会根据该块中收集到的错误数量向上或向下移动。还需要注意的是,DFE 错误是突发的,这是由反馈检测到的比特而不是正确的比特造成的错误传播。

```
>> close(hFig(ishghandle(hFig)));
eqType = 'dfe';
eqber_adaptive;
```

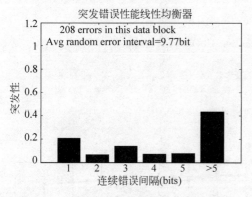

图 4-33 突发错误性能线性均衡器效果图

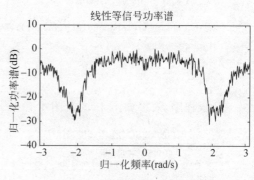

图 4-34 线性等信号功率谱图

运行程序,效果如图 4-36～图 4-38 所示。

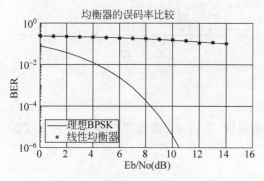

图 4-35 均衡器误码率效果图

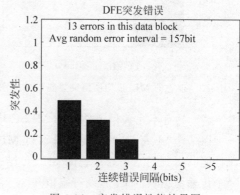

图 4-36 突发错误性能效果图

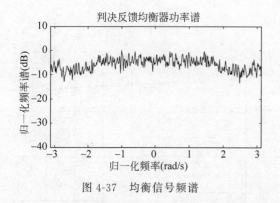

图 4-37 均衡信号频谱

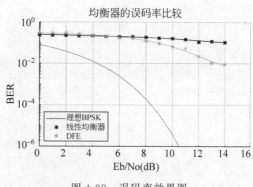

图 4-38 误码率效果图

突发错误如图 4-36 所示,随着误码率的降低,出现显著的数量错误,误差达到 5 位或更多(如果 DFE 均衡器始终以训练模式运行,那么错误就不会那么频繁)。

对于每个数据块,如果这些错误是随机发生的,图 4-36 还表明了平均误差间隔。

（7）理想的 MLSE 均衡器。

以一个"完善"的信道估计运行 MLSE 均衡器，并绘制每个数据块的误码率和突发错误性能。请注意，错误以一种非常突然的方式发生。特别是在低 ber 时，绝大多数的错误发生在一个或两个比特的错误间隔。

```
>> close(hLinFig(ishghandle(hLinFig)),hDfeFig(ishghandle(hDfeFig)));
eqType = 'mlse';
mlseType = 'ideal';
eqber_mlse;
```

运行程序，效果如图 4-39 及图 4-40 所示。

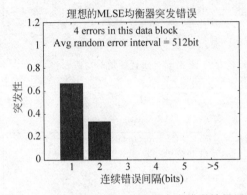

图 4-39　理想的 MLSE 均衡器突发错误效果图　　　　图 4-40　均衡器的误码率图

（8）具有不完善信道估计的 MLSE 均衡器。

以一个"不完善"的信道估计运行 MLSE 均衡器，并绘制每个数据块的误码率和突发错误性能。得到的结果与理想的 MLSE 结果相当接近（信道估计算法高度依赖于数据，因此一个传输数据块的 FFT 没有空值）。

```
>> mlseType = 'imperfect';
eqber_mlse;
```

运行程序，效果如图 4-41～图 4-43 所示。

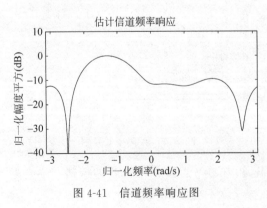

图 4-41　信道频率响应图　　　　　　　　　图 4-42　误码率比较图

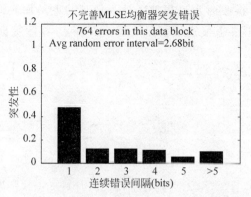

图 4-43　不完善 MLSE 均衡器突发错误效果图

结果表明,在低 ber 条件下,MLSE 算法和 DFE 算法都存在错误突发。与正确的比特反馈相比,检测比特反馈的 DFE 错误性能是突发的。最后,在"不完善"的 MLSE 部分的仿真中,它显示和动态更新估计的信道响应。

4.8　同步与接收机设计

要实现信号的正确传输,要求接收机产生的信号与发射机传送过来的信号具有相同的频率与相位关系。称具有相同频率和相位的两信号为同步信号。

通信系统对信号同步的要求有两类:一类是载波信号的同步,另一类是数字信号的同步。要求载波信号同步的原因是接收机实行相干解调时,要求接收机产生一个和发射机完全相同的载波信号与发射机送来的信号相乘,以便将调制信号还原。如果通信系统传送的是数字信号,为了实现信道复用和数字信号的解码,还要求有数字信号的帧同步、字同步和位同步等。只有在发/收两端的数字信号之间的帧、字、位都同步的情况下,数码才能被正确识别。因此信号同步是实现正常通信的前提条件。在一个通信系统中,要求有哪些同步信号,这与通信体制有关,与信号形式有关,同时也与接收机所采用的信号解调方式有关。

4.8.1　载波同步与位同步

1. 载波同步方法

载波同步的方法有两类:插入导频法和直接法。前者是已调信号中不存在载波分量,需要在发送端插入导频,或者在接收端对信号进行适当的波形变换,以取得同步信息。后者是已调信号中存在载波分量,可以从接收信号中直接提取载波同步信息。

1) 插入导频法

在抑制载波系统中无法从接收信号中直接提取载波,例如,DSB、VSB、SSB 和 2PSK 本身都不含载波分量,或即使含有一定的载波分量,也很难从已调信号中分离出来。为了获取载波同步信息,可以采取插入导频的方法。插入导频法是在发送信号的同时,在适当的频率位置上插入一个称作导频的正弦波,在接收端可以利用窄带滤波器较容易地把它提取出来。经过适当的处理形成接收端的相干载波,用于相干解调。下面主要对 DSB 中的插入导频法进行介绍。

在 DSB 算法中插入导频时,导频的插入位置应该在信号频谱为 0 的位置,否则导频与已调信号频谱成分重叠,接收时不易提取。插入导频并不是加入调制器的载波,而是该载波移相 $\pi/2$ 的"正交载波"。其发送端框图如图 4-44 所示,接收端框图如图 4-45 所示。

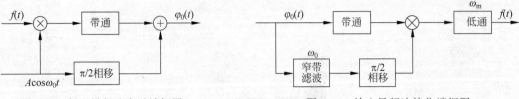

图 4-44　插入导频法发送端框图　　　　图 4-45　输入导频法接收端框图

设调制信号为 $f(t)$,且 $f(t)$ 无直流分量,载波为 $A\cos\omega_0 t$,则发送端输出的信号为:

$$\varphi_0(t) = Af(t)\cos\omega_0 t + A\sin\omega_0 t$$

如果不考虑信道失真及噪声干扰,并设接收端收到的信号与发送端的信号完全相同,则此信号通过中心频率为 ω_0 的窄带滤波器可取得导频 $A\sin\omega_0 t$,将其移相 $\pi/2$,就可以得到与调制载波同频同相的相干载波 $\cos\omega_0 t$。

接收端的解调过程为:

$$m(t) = \varphi_0(t)\cos\omega_0 t = [Af(t)\cos\omega_0 t + A\sin\omega_0 t]\cos\omega_0 t$$

$$= \frac{A}{2}f(t) + \frac{A}{2}f(t)\cos2\omega_0 t + \frac{A}{2}\sin2\omega_0 t$$

上式表示的信号通过低通滤波器就可得到基带信号 $Af(t)/2$。

如果在发送端导频不是正交插入,而是同相插入,则接收端解调信号为:

$$[Af(t)\cos\omega_0 t + A\cos\omega_0 t]\cos\omega_0 t = \frac{A}{2}f(t) + \frac{A}{2}f(t)\cos2\omega_0 t + \frac{A}{2} + \frac{A}{2}\cos2\omega_0 t$$

从上式看出,虽然同样可以解调出 $Af(t)/2$,但却增加了一个直流项。这个直流项通过低通滤波器后会对数字信号产生不良影响。这就是发送端导频应用正交插入的原因。

2PSK 和 DSB 信号都属于抑制载波的双边带信号,所以上述插入导频方法对两者均适用。对于 SSB 信号,导频插入的原理也与上述相同。

2) 直接法

直接法也称自同步法。这种方法只需对接收波形进行适当的非线性变换,然后通过窄带滤波器,就可以从中提取载波的频率和相位信息。下面介绍几种常用的方法。

(1) 平方变换法。

基于平方变换法提取载波的方框图如图 4-46 所示。

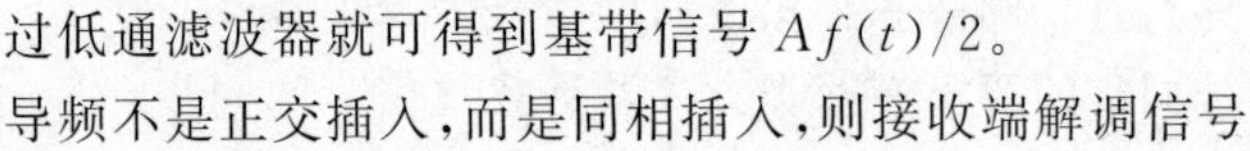

输入已调信号 → 平方 → $e(t)$ → BPF($2\omega_c$) → 二分频 → 载波输出

图 4-46　平方变换法提取载波

设调制信号 $m(t)$ 无直流分量,则抑制载波的双边带信号为:

$$s_m(t) = m(t)\cos\omega_c t$$

接收端将该信号经过平方律器件后得到:

$$e(t) = [m(t)\cos\omega_c t]^2 = \frac{1}{2}m^2(t) + \frac{1}{2}m^2(t)\cos2\omega_c t$$

上式的第 2 项包含载波的倍频 $2\omega_c$ 的分量。若用一窄带滤波器将 $2\omega_c$ 频率分量滤出，再进行二分频，就可获得所需的相干载波。

需要指出的是，如果 $m(t)=\pm 1$，则抑制载波的双边带信号就成为 2PSK 信号，这时：

$$e(t)=[m(t)\cos\omega_c t]^2=\frac{1}{2}+\frac{1}{2}\cos 2\omega_c t$$

因而，同样可以通过如图 4-46 所示的方法提取载波。

（2）平方环法。

为了改善平方变换的性能，使恢复的相干载波更为纯净，常常在非线性处理之后加入锁相环。具体做法是在平方变换法的基础上，把窄带滤波器改为锁相环。平方环法提取载波的框图如图 4-47 所示。由于锁相环具有良好的跟踪、窄带滤波和记忆功能，故平方环法比一般的平方变换法的性能更好。因此，平方环法提取载波得到了较广泛的应用。

图 4-47　平方环法提取载波

（3）同相正交法。

利用锁相环提取载波的另一种常用的方法是采用同相正交环。它包括两个相干解调器，它们的输入信号相同，分别使用两个在相位上正交的本地载波信号，上支路叫同相相干解调器，下支路叫正交相干解调器。两个相干解调器的输出同时送入乘法器，并通过低通滤波器（LPF）形成闭环系统，去控制压控振荡器（VCO），以实现载波提取。在同步时，同相支路的输出即为所需的解调信号，这时正交支路的输出为 0。因此，这种方法叫同相正交法。

3）载波同步性能

载波同步系统的性能指标主要有效率、精度、同步建立时间和同步保持时间。载波同步追求的是高效率、高精度、同步建立时间快，保持时间长。

高效率是指为了获得载波信号而尽量少消耗发送功率。在这方面，直接法要优于插入导频法。直接法不需要专门发送导频，因而效率高。由于插入导频要消耗一部分发送功率，因而效率更低一些。高精度是指接收端提取的载波与需要的载波标准相比，应该有尽量小的相位误差。同步建立时间是指从开机或失步到同步所需要的时间。同步保持时间是指同步建立后，系统能维持同步的时间。

这些指标与提取的电路、信号及噪声的情况有关。当采用性能优越的锁相环提取载波时，这些指标主要取决于锁相环的性能。

2. 位同步

1）位同步方法

位同步是指从接收端的基带信号中提取码元定时的过程。位同步是正确取样判决的基础，只有数字通信才需要，并且不论基带传输还是频带传输都需要位同步。所提取的位同步信息是其频率等于码元速率的定时脉冲，相位则根据判决时信号波形决定，可能在码元中间，也可能在码元终止时刻或其他时刻。实现位同步的方法和载波同步类似，有插入导频法（外同步法）和直接法（自同步法）两种。

（1）插入导频法。

为了得到码元同步的定时信号,首先要确定接收到的信息数据流中是否有位定时的频率分量。如果存在此分量,就可以利用滤波器从信息数据流中把位定时时钟直接提取出来。这种方法与载波同步时的插入导频法类似,也是在基带信号频谱的零点处插入所需的位定时导频信号。

另一种插入导频的方法是包络调制法。这种方法是用位同步信号的某种波形对相移键控或频移键控这样的恒包络数字已调信号进行附加的幅度调制,使其包络随着位同步信号波形变化。在接收端只要进行包络检波,就可以形成位同步信号。

设相移键控的表达式为:

$$s_1(t) = \cos[\omega_c t + \phi(t)]$$

利用含有位同步信号的某种波形对 $s_1(t)$ 进行幅度调制,如果这种波形为升余弦波形,则其表示式为:

$$m(t) = \frac{1}{2}(1 + \cos\Omega t)$$

式中的 $\Omega = 2\pi/T$, T 为码元宽度。幅度调制后的信号为:

$$s_2(t) = \frac{1}{2}(1 + \cos\Omega t)\cos[\omega_c t + \phi(t)]$$

接收端对 $s_2(t)$ 进行包络检测,包络检测器的输出为 $(1+\cos\Omega t)$,除去直流分量后,就可获得位同步信号 $\cos\Omega t$。

插入导频法的优点是接收端提取位同步的电路简单。但是,发送导频信号必然要占用部分发射功率,这导致降低了传输的信噪比,减弱了抗干扰能力。

（2）直接法。

这一类方法是发送端不用专门发送位同步导频信号,而接收端可直接从接收到的数字信号中提取位同步信号。直接提取位同步的方法主要有微分整流法、包络检波法和数字锁相环法。

2）位同步性能

与载波同步系统相似,位同步系统的性能指标主要有相位误差、同步建立时间、同步保持时间及同步带宽等。

（1）相位误差:位同步信号的平均相位和最佳取样点的相位之间的偏差称为静态相位误差。静态相位误差越小,误码率越低。

对于采用数字锁相环法提取的位同步信号而言,相位误差主要是由于位同步脉冲的相位在跳变地调整时所引起。因为调整一次,相位改变 $2\pi/n$（n 是分频器的分频次数）,故最大的相位误差为 $2\pi/n$,用角度表示为 $360°/n$,可见,n 越大,最大的相位误差越小。

（2）同步建立时间:同步建立时间即为失去同步后重建同步所需的最长时间。通常要求同步建立时间要短。

（3）同步保持时间:当同步建立后,一旦输入信号中断,由于收发双方的固有位定时重复频率之间总存在频差 Δf,接收端同步信号的相位就会逐渐发生漂移,时间越长,相位漂移越大,直到漂移量达到某一允许的最大值,就算失步了。那么这个从含有位同步信息的接收信号消失开始,到位同步提取电路输出的正常位同步信号中断为止的这段时间称为位同步保持时间,同步保持时间越长越好。

(4) 同步带宽:同步带宽是指位同步频率与码元速率之差。如果这个频差超过一定的范围,就无法使接收端位同步脉冲的相位与输入信号的相位同步。因此,要求同步带宽越小越好。

4.8.2 相关函数

前面对载波的相关概念和公式进行了介绍,下面介绍几个相关的函数。

1. iqcoef2imbal 函数

在通信系统工具箱中,提供了 iqcoef2imbal 函数用于将补偿器系数转换为幅度和相位不平衡。函数的语法格式如下。

$[A,P]$ = iqcoef2imbal(C):将补偿器系数 C 转换为其等效振幅 A 和相位不平衡 P。

【例 4-30】 根据补偿器系数估计 I/Q 不平衡。

```
% 创建一个上升余弦发射滤波器产生 64 - QAM 信号
>> M = 64;
txFilt = comm.RaisedCosineTransmitFilter;
% 调制和过滤随机 64 元符号
data = randi([0 M - 1],100000,1);
dataMod = qammod(data,M);
txSig = step(txFilt,dataMod);
% 指定振幅和相位不平衡
ampImb = 2;          % dB
phImb = 15;          % 度
% 应用指定的 I/Q 不平衡
gainI = 10.^(0.5 * ampImb/20);
gainQ = 10.^( - 0.5 * ampImb/20);
imbI = real(txSig) * gainI * exp( - 0.5i * phImb * pi/180);
imbQ = imag(txSig) * gainQ * exp(1i * (pi/2 + 0.5 * phImb * pi/180));
rxSig = imbI + imbQ;
% 将接收到的信号的功率标准化
rxSig = rxSig/std(rxSig);
% 使用 comm.IQImbalanceCompensator System 对象消除 I/Q 失衡,设置补偿器对象,使复系数可用作
% 输出参数
hIQComp = comm.IQImbalanceCompensator('CoefficientOutputPort',true);
[compSig,coef] = step(hIQComp,rxSig);
% 根据补偿器系数的最后一个值估计不平衡
[ampImbEst,phImbEst] = iqcoef2imbal(coef(end));
% 将估算不平衡值与指定值进行比较.注意这里有很好的一致性
[ampImb phImb; ampImbEst phImbEst]
```

运行程序,输出如下:

```
ans =
    2.0000   15.0000
    1.9219   14.8232
```

2. iqimbal2coef 函数

在通信系统工具箱中,提供了 iqimbal2coef 函数将 I/Q 不平衡转换为补偿器系数。函数的语法格式如下。

C = iqimbal2coef(A,P):将 I/Q 振幅 A 和相位不平衡 P 转换为其等效补偿器系数。

【例 4-31】 使用 iqimbal2coef 函数生成 I/Q 不平衡补偿器系统对象的系数。

```
>> %创建一个升余弦传输滤波器系统对象
txRCosFilt = comm.RaisedCosineTransmitFilter;
%调制和过滤随机 64 元符号
M = 64;
data = randi([0 M-1],100000,1);
dataMod = qammod(data,M);
txSig = txRCosFilt(dataMod);
%指定振幅和相位不平衡
ampImb = 2;              % dB
phImb = 15;             %角度
%应用指定的 I/Q 不平衡
gainI = 10.^(0.5 * ampImb/20);
gainQ = 10.^(-0.5 * ampImb/20);
imbI = real(txSig) * gainI * exp(-0.5i * phImb * pi/180);
imbQ = imag(txSig) * gainQ * exp(1i * (pi/2 + 0.5 * phImb * pi/180));
rxSig = imbI + imbQ;
%将接收到的信号的功率标准化
rxSig = rxSig/std(rxSig);
%通过创建和应用一个 comm.IQImbalanceCompensator 对象来消除 I/Q 不平衡,设置补偿器,使复系
%数可用作输出参数
iqComp = comm.IQImbalanceCompensator('CoefficientOutputPort',true);
[compSig,coef] = iqComp(rxSig);
%将最终补偿器系数与由 iqimbal2coef 函数生成的系数进行比较
idealcoef = iqimbal2coef(ampImb,phImb);
[coef(end); idealcoef]
```

运行程序,输出如下:

```
ans =
  -0.1137 + 0.1298i
  -0.1126 + 0.1334i
```

3. channelDelay 函数

在通信系统工具箱中,提供了 channelDelay 函数实现信道时间延迟。函数的语法格式如下。

[delay,mag] = channelDelay(pathGains,pathFilters):通过找到信道脉冲响应的峰值来计算信道定时延迟。该函数利用信道路径增益阵列 pathGains 和路径滤波器脉冲响应矩阵 pathFilters 重构脉冲响应。函数返回采样的信道定时延迟 delay 和信道脉冲响应幅度 mag。

【例 4-32】 计算 2×2 MIMO 信道的定时延迟。

```
%配置 2×2 MIMO 信道.使用 info 对象函数来检索路径过滤器
>> chan = comm.MIMOChannel('SampleRate',1000,'PathDelays',[0 1.5e-3], ...
     'AveragePathGains',[1 0.8],'RandomStream','mt19937ar with seed', ...
     'Seed',10,'PathGainsOutputPort',true);
chanInfo = info(chan);
pathFilters = chanInfo.ChannelFilterCoefficients;
%通过在信道中传递一个脉冲计算路径增益
[~,pathGains] = chan(ones(1,2));
%计算信道定时延迟,指定检索到的路径滤波器和计算得到的路径增益
```

```
delay = channelDelay(pathGains,pathFilters)
```

运行程序,输出如下:

```
delay =
    6
```

4.8.3　无线通信实现

【例 4-33】　此实例展示了一个使用 QPSK 调制的数字通信系统。这个例子说明了解决现实世界的无线通信问题的方法,如载波频率和相位偏移,定时恢复和帧同步。

(1) 实例背景。

传输的 QPSK 数据会受到类似于无线传输的影响,如添加加性高斯白噪声(AWGN)、引入载波频率、相位偏移以及定时漂移等。为了克服这些缺陷,本例提供了一个实用的数字接收机的参考设计。接收机包括基于相关的粗频率补偿、基于锁相环的精细频率补偿、基于锁相环的码元定时恢复、帧同步和相位模糊解算。

设计本实例有以下两个主要目的。

- 建模一个通用无线通信系统,该系统能够成功地恢复被各种模拟信道损伤破坏的信息。

- 为了说明通信工具箱同步组件的使用,包括粗和细载波频率补偿,带位填充和去除的闭环定时恢复,帧同步和载波相位模糊解决。

(2) 初始化。

脚本初始化模拟参数并生成结构 prmQPSKTxRx。

```
>> prmQPSKTxRx = commqpsktxrx_init      % QPSK 系统参数
useScopes = true;                       % 如果使用作用域,则为 true
printReceivedData = false;              % 如果要打印接收的数据,则为 true
compileIt = false;                      % 如果要编译代码,则为 true
useCodegen = false;                     % True 运行生成的 mex 文件
```

运行程序,输出如下:

```
prmQPSKTxRx =
    包含以下字段的 struct:
          ModulationOrder: 4
            Interpolation: 2
               Decimation: 1
                     Rsym: 50000
                     Tsym: 2.0000e-05
                       Fs: 100000
               TotalFrame: 1000
               BarkerCode: [1 1 1 1 1 -1 -1 1 1 -1 1 -1 1]
              BarkerLength: 13
              HeaderLength: 26
                  Message: 'Hello world'
            MessageLength: 16
          NumberOfMessage: 20
            PayloadLength: 2240
                FrameSize: 1133
                FrameTime: 0.0227
```

```
               RolloffFactor: 0.5000
               ScramblerBase: 2
         ScramblerPolynomial: [1 1 1 0 1]
  ScramblerInitialConditions: [0 0 0 0]
       RaisedCosineFilterSpan: 10
                 PhaseOffset: 47
                        EbNo: 13
             FrequencyOffset: 5000
                   DelayType: 'Triangle'
                DesiredPower: 2
             AveragingLength: 50
                MaxPowerGain: 20
      MaximumFrequencyOffset: 6000
   PhaseRecoveryLoopBandwidth: 0.0100
  PhaseRecoveryDampingFactor: 1
  TimingRecoveryLoopBandwidth: 0.0100
 TimingRecoveryDampingFactor: 1
       TimingErrorDetectorGain: 5.4000
    PreambleDetectorThreshold: 20
                 MessageBits: [11200 × 1 double]
                     BerMask: [1540 × 1 double]
```

（3）被测系统的代码体系结构。

这个例子模拟了一个使用 QPSK 调制的数字通信系统。该脚本中的 QPSK 收发器模型分为以下四个主要组件。

① QPSKTransmitter.m：生成位流，然后对其进行编码、调制和过滤。

② QPSKChannel.m：用载波偏置、定时偏置和 AWGN 对信道建模。

③ QPSKReceiver.m：对接收机进行建模，包括相位恢复、定时恢复、解码、解调等组件。

④ QPSKScopes.m：可以选择使用时间范围、频率范围和星座图来显示信号。

每个组件都使用 System 对象建模。

（4）执行和结果。

为了运行测试系统脚本并获得模拟 QPSK 通信的误码率值，执行以下代码。当运行模拟时，它将显示误码率数据和一些图形结果。显示范围如下。

① 升余弦接收滤波器输出星座图。

② 符号同步器输出星座图。

③ 精细频率补偿输出星座图。

④ 升余弦接收滤波器输出功率谱。

```
>> if compileIt
     codegen - report runQPSKSystemUnderTest. m - args {coder. Constant(prmQPSKTxRx), coder
.Constant(useScopes), coder. Constant(printReceivedData)} % # ok
end
if useCodegen
     BER = runQPSKSystemUnderTest_mex(prmQPSKTxRx, useScopes, printReceivedData);
else
     BER = runQPSKSystemUnderTest(prmQPSKTxRx, useScopes, printReceivedData);
end
```

```
fprintf('错误率 = %f.\n',BER(1));
fprintf('检测到的错误数 = %d.\n',BER(2));
fprintf('比较样本总数 = %d.\n',BER(3));
```

运行程序,输出如下,效果如图 4-48～图 4-51 所示。

```
错误率 = 0.000000.
检测到的错误数 = 0.
比较样本总数 = 1536920.
```

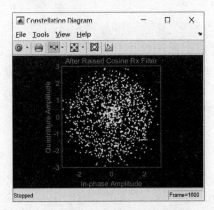

图 4-48　升余弦接收滤波器输出星座图

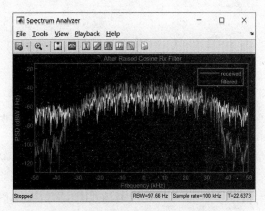

图 4-49　符号同步器输出星座图

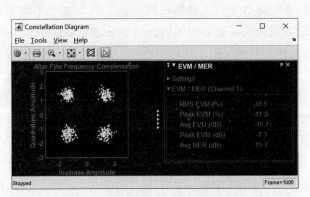

图 4-50　精细频率补偿输出星座图

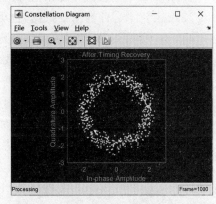

图 4-51　升余弦接收滤波器输出功率谱

第5章 射频损耗应用

射频损耗是指射频信号在物理信道或接收机中受到的各种损耗,包括信号在自由空间中的传输损耗、相位和频率偏移、相位噪声、热噪声,以及接收机的非线性作用等。

5.1 射频概述

在 MATLAB 的 RF Toolbox 工具箱中提供一系列函数、对象和 App,用于射频(RF)组件网络的设计、建模、分析和可视化。此工具箱支持无线通信、雷达和信号完整性应用。

我们可以使用 RF Toolbox 构建包含滤波器、传输线、匹配网络、放大器和混频器等射频组件的网络。要指定组件,可以使用 Touchstone 文件等测量数据,也可以使用网络参数或物理属性。此工具箱提供了用于射频数据分析、操作和可视化的函数。我们可以分析 S 参数,在 S、Y、Z、T 和其他网络参数之间进行转换,还可借助矩形图、极坐标图以及史密斯圆图将射频数据可视化。我们还可以去嵌入、检查和强制无源性,并计算群和相位延迟。

此外,借助射频链路预算分析器,我们可以从噪声、功率和非线性方面分析收发机链路,并为电路包络仿真生成 RF Blockset 模型。可以使用有理函数拟合方法,构建背板、互连和线性组件模型,并导出为 Simulink 模块、SPICE 网表或 Verilog-A 模块,以用于时域仿真。

5.2 接收机

RF 系统设计者在开始设计过程时,首先要确定整个系统必须满足的增益、噪声系数(NF)和非线性系数(IP3)。为了确保作为一个简单的射频元件级联模型的架构的可行性,设计人员计算每级和级联增益、噪声系数和 IP3(第三截距点)的值。

【例 5-1】 利用 MATLAB 构建接收机。

使用 RF 预算分析仪 App,可以做到:

- 建立一个射频元素级联。
- 计算系统的每级和级联输出功率、增益、噪声系数、信噪比和 IP3。
- 导出每个阶段和级联值到 MATLAB 工作空间。

- 导出系统设计到 RF Blockset 进行仿真。
- 将系统设计导出到 RF Blockset measurement testbench 作为 DUT(被测设备)子系统,通过 App 验证得到的结果。

其实现步骤如下。

1. 系统架构

使用 App 设计的接收系统架构如图 5-1 所示。

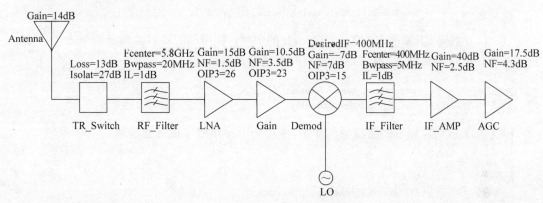

图 5-1　接收系统架构图

2. 构建超外差接收机

我们可以使用 MATLAB 命令行构建超外差接收机的所有组件,并使用 RF Budget Analyzer app 查看分析结果。

超外差接收机系统结构的第一个组成部分是天线和 TR 开关。我们用到达 TR 开关的有效功率代替天线组。

(1) 该系统使用 TR 开关在发射机和接收机之间进行切换。交换机给系统增加 1.3dB 的损耗。代码中创建一个增益为 −1.3dB、OIP3 为 37dBm 的 TRSwitch。为了匹配参考的射频预算结果,假设噪声系数为 2.3dB。

```
>> clear all;
elements(1) = rfelement('Name','TRSwitch','Gain', - 1.3,'NF',2.3,'OIP3',37);
```

(2) 为了建立射频带通滤波器的模型,代码中使用 rfilter 函数来设计滤波器。为了进行预算计算,每个阶段内部终止 50Ω。因此,为了达到 1dB 的插入损耗,下一个元件即放大器的 Zin 被设置为 132.896Ω。

```
>> Fcenter = 5.8e9;
Bwpass   = 20e6;
Z        = 132.986;
elements(2) = rffilter('ResponseType','Bandpass',                    ...
     'FilterType','Butterworth','FilterOrder',6,                     ...
     'PassbandAttenuation',10 * log10(2),                            ...
     'Implementation','Transfer function',                           ...
     'PassbandFrequency',[Fcenter - Bwpass/2 Fcenter + Bwpass/2],'Zout',50, ...
     'Name','RF_Filter');
```

以上代码设计的滤波器的 S 参数并不理想,并且会自动在系统中插入大约 −1dB 的损耗。

（3）下面代码使用放大器对象来建模一个低噪声放大器块，增益为 15dB，噪声系数为 1.5dB，OIP3 为 26dBm。

```
>> elements(3) = amplifier('Name','LNA','Gain',15,'NF',1.5,'OIP3',26, 'Zin',Z)
```

（4）模型 a 增益块的增益值设为 10.5dB，噪声系数设为 3.5dB，OIP3 设为 23dBm。

```
>> elements(4) = amplifier('Name','Gain','Gain',10.5,'NF',3.5,'OIP3',23);
```

（5）接收机将 RF 频率下变频至 400MHz 的中频。使用调制器对象创建频率为 5.4GHz、增益为 −7dB、噪声系数为 7dB、OIP3 为 15dBm 的解调器块。

```
>> elements(5) = modulator('Name','Demod','Gain', − 7,'NF',7,'OIP3',15,      ...
      'LO',5.4e9, 'ConverterType','Down');
```

（6）为了建立射频带通滤波器的模型，使用 rfilter 函数来设计滤波器。

```
>> Fcenter = 400e6;
Bwpass  = 5e6;
elements(6) = rffilter('ResponseType','Bandpass',                          ...
      'FilterType','Butterworth','FilterOrder',4,                          ...
      'PassbandAttenuation',10 * log10(2),                                 ...
      'Implementation','Transfer function',                                ...
      'PassbandFrequency',[Fcenter − Bwpass/2 Fcenter + Bwpass/2],'Zout',50, ...
      'Name','IF_Filter');
```

代码中的滤波器的 S 参数还是不理想，并且会自动在系统中插入大约 −1dB 的损耗。

（7）将 a 型中频放大器，增益设为 40dB，噪声系数设为 2.5dB。

```
>> elements(7) = amplifier('Name','IFAmp','Gain',40,'NF',2.5,'Zin',Z);
```

（8）接收机使用一个 AGC（自动增益控制）块，其中增益随可用的输入功率水平而变化。当输入功率为 −80dB 时，AGC 增益最大为 17.5dB。使用一个放大器模块来模拟 AGC。建立增益为 17.5dB、噪声系数为 4.3dB、OIP3 为 36dBm 的 AGC 模块。

```
>> elements(8) = amplifier('Name','AGC','Gain',17.5,'NF',4.3,'OIP3',36);
```

（9）根据以下系统参数计算超外差接收机的 rfbudget：输入频率为 5.8GHz，可用输入功率为 −80dB，信号带宽为 20MHz。将天线元件替换为有效可用输入功率，估计达到 TR 开关的输入功率为 −66dB。

```
>> superhet = rfbudget('Elements',elements,'InputFrequency',5.8e9,   ...
      'AvailableInputPower', − 66,'SignalBandwidth',20e6)
superhet =
  rfbudget with properties:
               Elements: [1x8 rf.internal.rfbudget.Element]
         InputFrequency: 5.8 GHz
    AvailableInputPower: − 66 dBm
        SignalBandwidth:   20 MHz
                 Solver: Friis
             AutoUpdate: true
```

```
Analysis Results
    OutputFrequency: (GHz) [5.8     5.8     5.8       5.8     0.4     0.4     0.4     0.4]
    OutputPower: (dBm) [－67.3 －67.3  －53.3  －42.8   －49.8   －49.8  －10.8   6.7]
    TransducerGain: (dB)[－1.3  －1.3   12.7   23.2    16.2    16.2    55.2   72.7]
                 NF:(dB) [2.3   2.3   3.531   3.657   3.693 3.693 3.728   3.728]
                 IIP2: (dBm) []
                 OIP2: (dBm) []
                 IIP3: (dBm)[38.3 38.3 13.29 －0.3904 －3.824 －3.824 －3.824 －36.7]
                 OIP3: (dBm)[37   37   25.99 22.81   12.38 12.38 51.38  36]
                 SNR:(dB)[32.66 32.66 31.43   31.31 31.27 31.27   31.24 31.24]
% 在射频预算分析软件中查看分析结果
>> show(superhet);   % 效果如图 5-2 所示
```

图 5-2 中 App 显示的级联值包括接收机输出频率、输出功率、增益、噪声系数、OIP3、信噪比等。

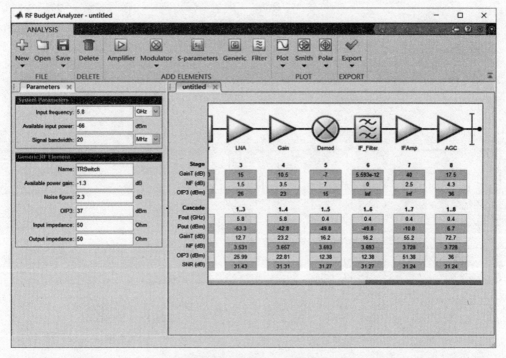

图 5-2　射频预算分析效果图

图 5-3 中显示了 RF_filter 级联对应的值。

3. 绘制级联传感器增益和级联噪声图

（1）利用函数 rfplot 绘制接收端的级联传感器增益。

```
>> rfplot(superhet,'GainT')
>> view(90,0)     % 效果如图 5-4 所示
```

（2）绘制接收机的级联噪声图。

```
>> rfplot(superhet,'NF')
>> view(90,0)    % 效果如图 5-5 所示
```

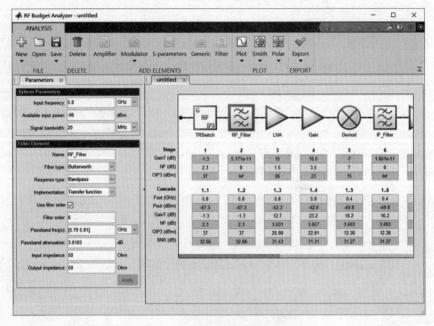

图 5-3　RF_filter 级联对应的值

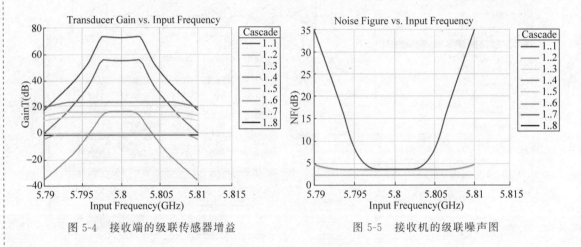

图 5-4　接收端的级联传感器增益　　　　图 5-5　接收机的级联噪声图

此外,我们还可以使用 RFBudgetAnalyzer 应用程序上的 Plot 按钮来绘制不同的输出值。

5.3　数据导入和网络参数

前面已对射频的相关概念及接收机进行了介绍,本节将对相关函数进行介绍,从而学习怎样在射频中导入数据和设置网络参数。

5.3.1　数据导入参数

本节介绍一些数据导入的相关函数,主要对函数的调用格式及应用进行介绍。

1. sparameters 函数

在射频工具箱中,提供了 sparameters 函数用于设置 S 参数对象。函数的语法格式如下。

　　sobj＝sparameters(filename)：通过从 filename 指定的 Touchstone 文件导入数据来创建一个 S 参数对象 sobj。

　　sobj＝sparameters(data,freq)：由 S 参数数据(data)和频率(freq)创建一个 S 参数对象。

　　sobj＝sparameters(data,freq,Z0)：同时指定参考阻抗 Z0。

　　sobj＝sparameters(filterobj,freq)：计算一个滤波器对象 filterobj 的 S 参数。

　　sobj＝sparameters(filterobj,freq,Z0)：同时指定滤波器对象 filterobj 的参考阻抗 Z0。

　　sobj＝sparameters(circuitobj,freq)：使用默认参考阻抗计算一个电路对象 circuitobj 的 S 参数。

　　sobj＝sparameters(circuitobj,freq,Z0)：同时指定电路对象 circuitobj 的参考阻抗 Z0。

　　sobj＝sparameters(netparamobj)：将网络参数对象 netparamobj 转换为具有默认参考阻抗的 S 参数对象。

　　sobj＝sparameters(netparamobj,Z0)：将网络参数对象 netparamobj 转换为具有给定参考阻抗 Z0 的 S 参数对象。

　　sobj＝sparameters(rfdataobj)：从 rfdataobj 中提取网络数据,并将其转换为 S 参数对象。

　　sobj＝sparameters(rfcktobj)：从 rfcktobj 中提取网络数据,并将其转换为 S 参数对象。

　　sobj＝sparameters(mnobj)：返回最佳创建的匹配网络的 S 参数,根据源阻抗和负载阻抗构建的频率列表进行评估。

　　sobj＝sparameters(mnobj,freq)：指定频率 freq。

　　sobj＝sparameters(mnobj,freq,Z0)：指定参考阻抗 Z0。

　　sobj＝sparameters(mnobj,freq,Z0,circuitindices)：指定每一个对象对应的 circuitindices 电路。

　　sobj＝sparameters(antenna,freq,Z0)：计算天线对象在指定频率值和给定参考阻抗 Z0 上的复杂 S 参数。

　　sobj＝sparameters(array,freq,Z0)：计算一个阵列对象在指定的频率值和给定的参考阻抗 Z0 上的复杂 S 参数。

　　【**例 5-2**】　创建一个电阻元件 R50,将其添加到电路对象 example2 中,并计算 example2 的 S 参数。

```
>> hR1 = resistor(50,'R50');
hckt1 = circuit('example2');
add(hckt1,[1 2],hR1)
setports(hckt1, [1 0],[2 0])
freq = linspace(1e3,2e3,100);
S = sparameters(hckt1,freq,100);
disp(S)
```

运行程序,输出如下:

```
sparameters: S - parameters object
```

```
          NumPorts: 2
       Frequencies: [100 × 1 double]
        Parameters: [2 × 2 × 100 double]
         Impedance: 100
    rfparam(obj,i,j) returns S - parameter Sij
```

2. yparameters 函数

在射频工具箱中,提供了 yparameters 函数用于创建 Y 参数对象。函数的调用格式如下。

hy = yparameters(filename):通过从 filename 指定的 Touchstone 文件导入数据来创建 Y 参数对象 hy。所有数据以真实/图像格式存储。

hy=yparameters(hnet):由 RF Toolbox 网络参数对象 hnet 创建 Y 参数对象。

hy=yparameters(data,freq):由 Y 参数数据(data)和频率(freq)创建 Y 参数对象。

hy=yparameters(rftbxobj):从 rftbxobj 中提取网络数据并转换为 Y 参数数据。

【例 5-3】 在史密斯图上绘制 Y 参数。

```
% 从默认值中提取 Y 参数,然后画在史密斯图上
>> Y = yparameters('default.s2p')
Y =
  yparameters: Y - parameters object
       NumPorts: 2
    Frequencies: [191 × 1 double]
     Parameters: [2 × 2 × 191 double]
   rfparam(obj,i,j) returns Y - parameter Yij
>> figure;
smith(Y,1,1)    % 效果如图 5-6 所示
```

3. zparameters

在射频工具箱中,提供了 zparameters 函数用于创建 Z 参数对象。函数的调用格式如下。

hz=zparameters(filename)。

hz=zparameters(hnet)。

hz=zparameters(data,freq)。

hz=zparameters(rftbxobj)。

该函数的参数含义与 yparameters 函数的参数含义相同。

【例 5-4】 提取并绘制 Z11 的虚部。

```
% 读取文件默认值 s2p 作为 Z 参数,并提取 Z11
>> Z = zparameters('defaultbandpass.s2p')
Z =
  zparameters: Z - parameters object
       NumPorts: 2
    Frequencies: [1000 × 1 double]
     Parameters: [2 × 2 × 1000 double]
   rfparam(obj,i,j) returns Z - parameter Zij
>> z11 = rfparam(Z,1,1);
>> % 作图 Z11 的虚部
>> plot(Z.Frequencies, imag(z11))    % 效果如图 5-7 所示
```

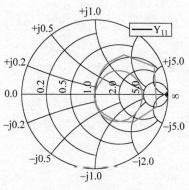

图 5-6　Y 参数曲线

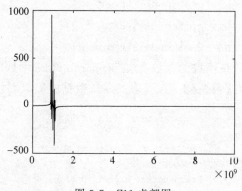

图 5-7　Z11 虚部图

4. abcdparameters 函数

在射频工具箱中,提供了 abcdparameters 函数用于创建 ABCD 参数对象。函数的调用格式如下。

habcd＝abcdparameters(filename)。

habcd＝abcdparameters(hnet)。

habcd＝abcdparameters(data,freq)。

habcd＝abcdparameters(rftbxobj)。

该函数的参数含义与 yparameters 函数的参数含义相同。

【例 5-5】 读取一个文件作为 ABCD 参数并提取 A。

```
% 读取文件默认值 s2p 作为 ABCD 参数
>> abcd = abcdparameters('default.s2p')
abcd =
  abcdparameters: ABCD - parameters object
       NumPorts: 2
     Frequencies: [191 × 1 double]
     Parameters: [2 × 2 × 191 double]
  rfparam(obj,specifier) returns specified ABCD - parameter 'A', 'B', 'C', or 'D'
% 提取 A 参数
>> A = rfparam(abcd,'A')
A =
 - 0.1470 - 0.0698i
 - 0.1421 - 0.0698i
 - 0.1373 - 0.0696i
 - 0.1325 - 0.0694i
 …
 - 0.1366 - 0.1883i
 - 0.1379 - 0.1942i
 - 0.1393 - 0.2001i
```

5. gparameters 函数

在射频工具箱中,提供了 gparameters 函数用于创建 hybrid-g 参数对象。函数的调用格式如下。

hg＝gparameters(filename)。

MATLAB无线通信系统建模与仿真

hg＝gparameters(hnet)。

hg＝gparameters(data,freq)。

hg＝gparameters(rftbxobj)。

该函数的参数含义与 yparameters 函数的参数含义相同。

【例 5-6】 在读取的默认数据中提取 G11 参数。

```
>> g = gparameters('default.s2p')
g =
  gparameters: g－parameters object
      NumPorts: 2
    Frequencies: [191×1 double]
    Parameters: [2×2×191 double]
  rfparam(obj,i,j) returns g－parameter gij
>> g11 = rfparam(g,1,1)
g11 =
   0.0158 + 0.0626i
   0.0167 + 0.0644i
   0.0176 + 0.0662i
   0.0185 + 0.0681i
   0.0195 + 0.0700i
   0.0206 + 0.0721i
    …
```

6. hparameters 函数

在射频工具箱中,提供了 hparameters 函数用于创建混合 H 参数对象。函数的调用格式如下。

hh＝hparameters(filename)。

hh＝hparameters(hnet)。

hh＝hparameters(data,freq)。

hh＝hparameters(rftbxobj)。

该函数的参数含义与 yparameters 函数的参数含义相同。

【例 5-7】 提取 H11。

```
% 读取文件默认值 s2p 作为 H 参数,并提取 H11
>> h = hparameters('default.s2p')
h =
  hparameters: h－parameters object
      NumPorts: 2
    Frequencies: [191×1 double]
    Parameters: [2×2×191 double]
  rfparam(obj,i,j) returns h－parameter hij
>> h11 = rfparam(h,1,1)
h11 =
   1.0e＋02 ＊
   0.0379 － 0.1501i
   0.0380 － 0.1472i
   0.0380 － 0.1442i
   0.0380 － 0.1412i
   0.0379 － 0.1383i
```

```
     0.0377 - 0.1353i
     …
```

7. tparameters 函数

在射频工具箱中,提供了 tparameters 函数用于创建 T 参数对象。函数的调用格式如下。

tobj＝tparameters(filename)：通过从 filename 指定的 Touchstone 文件导入数据来创建一个 T 参数对象 tobj。

tobj＝tparameters(tobj_old,z0)：将 tobj_old 中的 T 参数数据转换为新的阻抗 z0。z0 是可选的,如果没有提供,则利用复制代替转换。

tobj＝tparameters(rftbx_obj)：从 rftbx_obj 对象中提取 S 参数网络数据,然后将数据转换为 T 参数数据。

tobj＝tparameters(hnet, z0)：将 hnet 中的网络参数数据转换为 T 参数数据。

tobj＝tparameters(paramdata,freq,z0)：使用指定的频率和阻抗参数数据,创建 T 参数对象。

【例 5-8】 将文件中数据转换为 T 参数。

```
% 从 Touchstone 文件中读取 S 参数数据,并将数据转换为 T 参数
>> T1 = tparameters('passive.s2p');
disp(T1)
  tparameters: T - parameters object
      NumPorts: 2
    Frequencies: [202×1 double]
    Parameters: [2×2×202 double]
      Impedance: 50
  rfparam(obj,i,j) returns T - parameter Tij
% 改变 t 参数的阻抗为 100 欧姆
>> T2 = tparameters(T1,100);
disp(T2)
  tparameters: T - parameters object
      NumPorts: 2
    Frequencies: [202×1 double]
    Parameters: [2×2×202 double]
      Impedance: 100
  rfparam(obj,i,j) returns T - parameter Tij
```

8. rfdata.data 对象

在射频工具箱中,rfdata.data 对象用于将电路对象分析结果存储在页面中并全部展开。有以下三种方法可以创建 rfdata。

* 可以使用 rfdata 从工作空间数据指定其属性来构造它。
* 可以使用 read 方法从文件数据创建它。
* 可以使用分析方法执行电路对象的频域分析,并将结果存储在 rfdata 中。

rfdata.data 对象的调用格式如下。

h＝rfdata.data：返回一个数据对象,其属性都具有默认值。

h＝rfdata.data('Property1',value1,'Property2',value2,…)：使用一个或多个名称-值对设置属性。可以指定多个名称-值对,但每个属性名称需用引号括起来。

【例5-9】 利用 rfdata.data 将来自.s2p 数据文件的射频数据用图形形式展开。

```
>> file = 'default.s2p';
h = read(rfdata.data,file);          %将文件读入数据对象
figure
plot(h,'s21','db');                  % 在 XY 平面绘制 dB(S21)
```

运行程序,效果如图 5-8 所示。

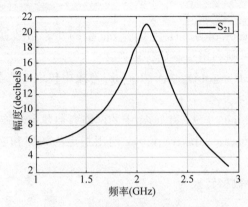

图 5-8 读取的射频数据效果图

5.3.2 网络参数

5.3.1 节介绍了射频数据导入的相关函数,本节将介绍一些用于网络参数转换的相关函数。

1. s2abcd 函数

在射频工具箱中,提供了 s2abcd 函数将 S 参数转换为 ABCD 参数。函数的调用格式如下。

abcd_params=s2abcd(s_params,z0):将射频参数 s_params 转换为 ABCD 参数 abcd_params。s_params 输入是一个 $2N \times 2N \times M$ 数组,其中,M 表示 2N 端口的 S 参数。z0 为参考阻抗,默认值是 50Ω。

【例5-10】 将 S 参数转换为 ADCD 参数。

```
%定义一个S参数矩阵
>> s_11 = 0.61 * exp(j * 165/180 * pi);
s_21 = 3.72 * exp(j * 59/180 * pi);
s_12 = 0.05 * exp(j * 42/180 * pi);
s_22 = 0.45 * exp(j * ( - 48/180) * pi);
s_params = [s_11 s_12; s_21 s_22];
z0 = 50;
>> % 转换为 ABCD 参数
>> abcd_params = s2abcd(s_params,z0)
abcd_params =
    0.0633 + 0.0069i    1.4958 - 3.9839i
    0.0022 - 0.0024i    0.0732 - 0.2664i
```

2. s2h 函数

在射频工具箱中,提供了 s2h 函数将 S 参数转换为混合 H 参数。函数的调用格式

如下。

h_params＝s2h(s_params,z0)：将射频参数 s_params 转换为混合参数 h_params。

【例 5-11】 将 S 参数转换为混合 H 参数。

```
>> % 定义一个 S 参数矩阵
>> s_11 = 0.61 * exp(j * 165/180 * pi);
s_21 = 3.72 * exp(j * 59/180 * pi);
s_12 = 0.05 * exp(j * 42/180 * pi);
s_22 = 0.45 * exp(j * (-48/180) * pi);
s_params = [s_11 s_12; s_21 s_22];
z0 = 50;
>> % 转换为混合 H 参数
>> h_params = s2h(s_params,z0)
h_params =
  15.3381 + 1.4019i    0.0260 + 0.0411i
  -0.9585 - 3.4902i    0.0106 + 0.0054i
```

3. s2s 函数

在射频工具箱中,提供了 s2s 函数将 S 参数转换为不同阻抗的 S 参数。函数的调用格式如下。

s_params_new = s2s(s_params,z0)：将具有参考阻抗 z0 的射频参数 s_params 转换为具有默认参考阻抗 50Ω 的射频参数 s_params_new。

s_params_new = s2s(s_params,z0,z0_new)：将具有参考阻抗 z0 的射频参数 s_params 转换为具有参考阻抗 z0_new 的射频参数 s_params_new。

【例 5-12】 利用 s2s 函数将定义的 S 参数矩阵转换为抗阻为 40Ω 的 S 参数。

```
% 定义一个 S 参数矩阵
>> s_11 = 0.61 * exp(1i * 165/180 * pi);
s_21 = 3.72 * exp(1i * 59/180 * pi);
s_12 = 0.05 * exp(1i * 42/180 * pi);
s_22 = 0.45 * exp(1i * (-48/180) * pi);
s_params = [s_11 s_12; s_21 s_22];
z0 = 50;
z0_new = 40;
% 转换为阻抗为 50Ω 的 S 参数
>> s_params_new = s2s(s_params,z0,z0_new)
s_params_new =
  -0.5039 + 0.1563i    0.0373 + 0.0349i
   1.8929 + 3.2940i    0.4150 - 0.3286i
```

4. s2scc 函数

在射频工具箱中,提供了 s2scc 函数将单端 S 参数转换为共模式 S 参数(Scc)。函数的调用格式如下。

scc_params＝s2scc(s_params)：将 2N 端口单端 S 参数 s_params 转换为 N 端口共模式 S 参数 scc_params。

scc_params＝s2scc(s_params,option)：根据选项中指定的端口顺序转换 S 参数。

【例 5-13】 利用 s2scc 函数将网络数据转换为共模式 S 参数。

```
>> s_params = sparameters('default.s4p');
s4p = s_params.Parameters;
s_cc = s2scc(s4p);
s_cc_new = s_cc(1:5)
s_cc_new =
    0.0267 + 0.0000i    0.9733 + 0.0000i    0.9733 + 0.0000i    0.0267 + 0.0000i
    0.1719 + 0.1749i
```

5. s2scd 函数

在射频工具箱中,提供了 s2scd 函数,用于将 4 端口、单端等 S 参数转换到 2 端口跨模式 S 参数(Scd)。函数的调用格式如下。

scd_params＝s2scd(s_params):将 2N 端口单端 S 参数 s_params 转换为 N 端口跨模式 S 参数 scd_params。

scd_params＝s2scd(s_params,option):根据可选选项 option 参数转换 S 参数。

【例 5-14】 使用默认端口顺序将网络数据转换为跨模式 S 参数。

```
>> ckt = read(rfckt.passive,'default.s4p');
 s4p = ckt.NetworkData.Data;
 s_cd = s2scd(s4p);
 s_cd_new = s_cd(1:5);
s_cd_new = 1×5 complex
    0.0015 − 0.0029i    0.0003 − 0.0009i    −0.0005 + 0.0014i    0.0019 − 0.0027i
    0.0030 − 0.0019i
```

6. s2sdd 函数

在射频工具箱中,提供了 s2sdd 函数,用于将 4 端口、单端等 S 参数转换到 2 端口差分模式 S 参数(Sdd)。函数的调用格式如下。

sdd_params＝s2sdd(s_params)。

sdd_params＝s2sdd(s_params,option)。

该函数的参数含义与 s2scd 函数的参数含义相同。

【例 5-15】 利用 s2sdd 函数分析差分模式 S 参数。

```
% 从数据文件创建一个电路对象
>> ckt = read(rfckt.passive,'default.s4p');
data = ckt.AnalyzedResult;
% 创建一个数据对象来存储不同的 S 参数
diffSparams = rfdata.network;
diffSparams.Freq = data.Freq;
diffSparams.Data = s2sdd(data.S_Parameters);
diffSparams.Z0 = 2 * data.Z0;
% 使用数据对象中的数据创建一个新的电路对象
diffCkt = rfckt.passive;
diffCkt.NetworkData = diffSparams;
% 分析新的电路对象
frequencyRange = diffCkt.NetworkData.Freq;
ZL = 50;
ZS = 50;
Z0 = diffSparams.Z0;
analyze(diffCkt,frequencyRange,ZL,ZS,Z0);
diffData = diffCkt.AnalyzedResult;
```

```
% 将差分 S 参数写入 Touchstone 数据文件
write(diffCkt,'diffsparams.s2p')
ans = logical
    1
```

7. s2smm 函数

在射频工具箱中,提供了 s2smm 函数用于将单端 S 参数转换为混合模式 S 参数。函数的调用格式如下。

[s_dd,s_dc,s_cd,s_cc]=s2smm(s_params_even,rfflag):将单端 S 参数转换为混合模式形式。

s_mm=s2smm(s_params_odd):将单端奇 S 参数矩阵转换为混合模式矩阵。为了从 s_params_odd 创建混合模式矩阵,单端输入端口依次配对(端口 1 和端口 2,端口 3 和端口 4,等等),最后一个端口保持单端。

【例 5-16】 利用 s2smm 函数将 4 端口 S 参数转换为 2 端口混合模式 S 参数。

```
>> ckt = read(rfckt.passive,'default.s4p');
s4p = ckt.NetworkData.Data;
[s_dd,s_dc,s_cd,s_cc] = s2smm(s4p);
s_dd1 = s_dd(1:5)
s_dd1 =
    0.0267 + 0.0000i    0.9733 + 0.0000i    0.9733 + 0.0000i    0.0267 + 0.0000i
    0.0335 - 0.0057i
```

8. s2rlgc 函数

在射频工具箱中,提供了 s2rlgc 函数将 S 参数转换为 RLGC 传输线路参数。函数的调用格式如下。

rlgc_params=s2rlgc(s_params,length,freq,z0):将多端口 S 参数数据转换为用频域表示的 RLGC 传输线路参数。

rlgc_params=s2rlgc(s_params,length,freq):使用参考阻抗为 50Ω,将多端口 S 参数数据转换为 RLGC 传输线路参数。

【例 5-17】 利用 s2rlgc 函数将创建的 S 参数转换为 RLGC 传输线路参数。

```
>> s_11 = 0.000249791883190134 - 9.42320545953709e-005i;
s_12 = 0.999250283783862 -   0.0002197701545224734i;
s_21 = 0.999250283783863 -   0.0002197701545224756i;
s_22 = 0.000249791883190079 - 9.42320545953931e-005i;
s_params = [s_11,s_12; s_21,s_22];
% 指定传输线的长度、频率和阻抗
length = 1e-3;
freq = 1e9;
z0 = 50;
% 将 S 参数转换为 rlgc 参数
rlgc_params = s2rlgc(s_params,length,freq,z0)
```

运行程序,输出如下:

```
rlgc_params =
    包含以下字段的 struct:
        R: 50.0000
```

```
      L: 1.0000e - 09
      G: 0.0100
      C: 1.0000e - 12
  alpha: 0.7265
   beta: 0.2594
     Zc: 63.7761 - 14.1268i
```

9. s2t 函数

在射频工具箱中,提供了 s2t 函数将 S 参数转换为 T 参数。函数的调用格式如下。

t_params＝s2t(s_params)：将射频参数 s_params 转换为射频参数 t_params。

【例 5-18】 利用 s2t 函数将 S 参数转换为 T 参数。

```
>> % 定义一个 S 参数矩阵
>> s11 = 0.61 * exp(j * 165/180 * pi);
s21 = 3.72 * exp(j * 59/180 * pi);
s12 = 0.05 * exp(j * 42/180 * pi);
s22 = 0.45 * exp(j * ( - 48/180) * pi);
s_params = [s11 s12; s21 s22];
>> t_params = s2t(s_params)
t_params =
    0.1385 - 0.2304i    0.0354 + 0.1157i
  - 0.0452 + 0.1576i  - 0.0019 - 0.0291i
```

10. s2y 函数

在射频工具箱中,提供了 s2y 函数将 S 参数转换为 Y 参数。函数的调用格式如下。

y_params＝s2y(s_params,z0)：将射频参数 s_params 转换为射频参数 y_params。s_params 输入是一个 N×N×M 数组,表示 M 个 N 端口 S 参数。z0 为参考阻抗,默认值是 50Ω。

【例 5-19】 利用 s2y 函数将 S 参数转换为 Y 参数。

```
% 定义 S 参数和阻抗
>> s_11 = 0.61 * exp(1i * 165/180 * pi);
s_21 = 3.72 * exp(1i * 59/180 * pi);
s_12 = 0.05 * exp(1i * 42/180 * pi);
s_22 = 0.45 * exp(1i * ( - 48/180) * pi);
s_params = [s_11 s_12; s_21 s_22];
z0 = 50;
>> % 将 S 参数转换为 Y 参数
>> y_params = s2y(s_params,z0)
y_params =
    0.0647 - 0.0059i  - 0.0019 - 0.0025i
  - 0.0826 - 0.2200i    0.0037 + 0.0145i
```

11. s2z 函数

在射频工具箱中,提供了 s2z 函数将 S 参数转换为 Z 参数。函数的调用格式为 z_params＝s2z(s_params,z0)。

该函数的参数含义与 s2t 函数的参数含义相同。

【例 5-20】 利用 s2z 函数将 S 参数转换为 Z 参数。

```
% 定义一个 S 参数矩阵
```

```
>> s_11 = 0.61 * exp(j * 165/180 * pi);
s_21 = 3.72 * exp(j * 59/180 * pi);
s_12 = 0.05 * exp(j * 42/180 * pi);
s_22 = 0.45 * exp(j * ( - 48/180) * pi);
s_params = [s_11 s_12; s_21 s_22];
z0 = 50;
>> % 将 S 参数转换为 Z 参数
>> z_params = s2z(s_params,z0)
z_params =
    1.0e + 02 *
    0.1141 + 0.1567i    0.0352 | 0.0209i
    2.0461 + 2.2524i    0.7498 - 0.3803i
```

12. smm2s 函数

在射频工具箱中,提供了 smm2s 函数将混合模式 2N 端口 S 参数转换为单端 4N 端口 S 参数。函数的调用格式如下。

s_params＝smm2s(s_dd,s_dc,s_cd,s_cc):将混合模式,N 端口 S 参数转换为单端, 2N 端口 S 参数 s_params。Smm2s 将混合模式端口的前半部分映射为奇数对单端端口,后半部分映射为偶数对单端端口。

s_params＝smm2s(s_dd,s_dc,s_cd,s_cc,option):使用可选参数选项 option 转换 S 参数数据。还可以使用 snp2smp 函数重新排列 s_params 中的端口。

【例 5-21】 实现混合模式和单端 S 参数之间的转换。

```
% 创建复杂的参数
>> ckt = read(rfckt.passive,'default.s4p');
s4p = ckt.NetworkData.Data;
[sdd,scd,sdc,scc] = s2smm(s4p);
>> % 将它们转换回 4N 端口的单端 S 参数
>> s4p_converted_back = smm2s(sdd,scd,sdc,scc);
s4p_converted_back_new = s4p_converted_back(1:5)
s4p_converted_back_new =
     0.0267    0.9733           0           0    0.9733
```

13. s2tf 函数

在射频工具箱中,提供了 s2tf 函数实现将 2 端口网络的 S 参数转换为电压或功率波传递函数。函数的调用格式如下。

tf＝s2tf(s_params):将 2 端口网络的射频参数 s_params 转换为该网络的电压传递函数。

tf＝s2tf(s_params,z0,zs,zl):使用参考阻抗 z0、源阻抗 zs 和负载阻抗 zl 计算电压传递函数。

tf＝s2tf(hs):将 2 端口 S 参数对象 hs 转换为网络的电压传递函数。

tf＝s2tf(hs,zs,zl):利用源阻抗 zs 和负载阻抗 zl 计算电压传递函数。

tf＝s2tf(s_params,z0,zs,zl,option)或 tf＝s2tf(hs,zs,zl,option):使用 option 指定的方法计算电压或功率波传递函数。

【例 5-22】 计算 S 参数阵列的电压传递函数。

```
>> ckt = read(rfckt.passive,'passive.s2p');
```

```
sparams = ckt.NetworkData.Data;
tf = s2tf(sparams)
tf =
    0.9964 - 0.0254i
    0.9960 - 0.0266i
    0.9956 - 0.0284i
    0.9961 - 0.0290i
    0.9960 - 0.0301i
```

14. snp2smp 函数

在射频工具箱中,提供了 snp2smp 函数将单端 N 端口 S 参数转换为单端 M 端口 S 参数,并重新排序。函数的调用格式如下。

s_params_mp = snp2smp(s_params_np):将单端 N 端口 S 参数 s_params_np 转换为单端 M 端口 S 参数 s_params_mp,并重新排序,且 M 必须小于或等于 N。

s_params_mp = snp2smp(s_params_np,Z0,n2m_index,ZT):使用控制转换的可选参数 Z0、n2m_index 和 ZT 来转换和重新排序 S 参数数据。

s_params_mp = snp2smp(s_obj,n2m_index,ZT):将 S 参数对象 s_obj 转换为单端 M 端口 S 参数 s_params_mp,并重新排序,且 M 必须小于或等于 N。

【例 5-23】 通过终止端口 3 与阻抗 Z0 将 3 端口 S 参数转换为 2 端口 S 参数。

```
>> ckt = read(rfckt.passive,'default.s3p');
s3p = ckt.NetworkData.Data;
Z0 = ckt.NetworkData.Z0;
s2p = snp2smp(s3p,Z0);
s2p_new = s2p(1:5)
s2p_new =
  -0.0073 - 0.8086i   0.0869 + 0.3238i   -0.0318 + 0.4208i   0.1431 - 0.7986i
  -0.0330 - 0.8060i
```

15. rlgc2s 函数

在射频工具箱中,提供了 rlgc2s 函数将 RLGC 传输线路参数转换为 S 参数。函数的调用格式如下。

s_params=rlgc2s(R,L,G,C,length,freq,z0):将 RLGC 传输线路参数数据转换为 S 参数。

s_params=rlgc2s(R,L,G,C,length,freq):将 RLGC 传输线路参数数据转换为 S 参数,参考阻抗为 50Ω。

【例 5-24】 将 RLGC 传输线路参数转换为 S 参数。

```
% 定义传输线的变量
>> length = 1e-3;
freq = 1e9;
z0 = 50;
R = 50;
L = 1e-9;
G = .01;
C = 1e-12;
% 计算的参数
s_params = rlgc2s(R,L,G,C,length,freq,z0)
```

运行程序,输出如下:

```
s_params =
    0.0002 - 0.0001i    0.9993 - 0.0002i
    0.9993 - 0.0002i    0.0002 - 0.0001i
```

16. cascadesparams 函数

在射频工具箱中,提供了 cascadesparams 函数结合 S 参数形成级联网络。函数的调用格式如下。

s_params=cascadesparams(s1 params,s2 params,…,sk_params):将由 S 参数描述的 k 个输入网络的射频参数(S 参数)形成级联。每个输入网络必须是一个由 M 个频率点的 S 参数组成的 2N×2N×M 阵列描述的 2N 端口网络。所有的网络必须有相同的参考阻抗。

hs=cascadesparams(hs1,hs2,…,hsk):将具有相等的阻抗和频率的对象进行级联,每个对象的参数包含 2N×2N×M 的 S 参数数组的 M 个频率点。

s_params = cascadesparams(s1_params,s2_params,…,sk_params,Kconn):根据 Kconn 指定的网络之间的级联连接数创建级联网络。

【例 5-25】 将一组 3 端口 S 参数和一组 2 端口 S 参数组装成一个 3 端口级联网络。

```
% 创建一组 3 端口 S 参数和一组 2 端口 S 参数
>> ckt1 = read(rfckt.passive, 'default.s3p');
ckt2 = read(rfckt.amplifier, 'default.s2p');
freq = [2e9 2.1e9];
analyze(ckt1,freq);
analyze(ckt2,freq);
sparams_3p = ckt1.AnalyzedResult.S_Parameters;
sparams_2p = ckt2.AnalyzedResult.S_Parameters;
% 将两组设备通过一个端口级联
Kconn = 1;
sparams_cascaded_3p = cascadesparams(sparams_3p,sparams_2p,Kconn)
```

运行程序,输出如下:

```
sparams_cascaded_3p(:,:,1) =
    0.1339 - 0.9561i    0.0325 + 0.2777i    0.0222 + 0.0092i
    0.3497 + 0.2449i    0.3130 - 0.9235i    0.0199 + 0.0255i
   -4.0617 + 5.0914i   -1.6296 + 4.7333i   -0.7133 - 0.7305i
sparams_cascaded_3p(:,:,2) =
   -0.3023 - 0.7303i    0.0635 + 0.4724i    0.0005 - 0.0220i
    0.1408 + 0.2705i   -0.1657 - 0.7749i    0.0198 - 0.0274i
    5.7709 + 2.2397i    4.1929 - 0.2165i   -0.5092 + 0.4251i
```

5.4 射频滤波器设计

本节学习使用射频工具箱设计射频滤波器,如巴特沃斯,切比雪夫,逆切比雪夫等。还可以使用滤波器对象或 RFCKT 滤波器来设计具有不同实现类型的滤波器。

在射频工具箱中,提供了 rffilter 函数用于使用滤镜对象创建 Butterworth、Chebyshev 或 Inverse Chebyshev RF 滤波器。射频滤波器是一个 2 端口电路对象,我们可以把这个对象作为电路的一个元素。函数的调用格式如下。

rfobj＝rffilter：创建具有默认属性的 2 端口滤波器。

rfobj＝rffilter(Name,Value)：使用一个或多个名称(Name)-值(Value)对设置属性。例如,rfobj ＝ rfilter ('FilterType','Chebyshev')用于创建一个 2 端口 Chebyshev RF 滤波器。

【例 5-26】 创建并查看默认 RF 滤波器对象的属性。

```
>> rfobj = rffilter
rfobj =
  rffilter: Filter element
              FilterType: 'Butterworth'
            ResponseType: 'Lowpass'
          Implementation: 'LC Tee'
              FilterOrder: 3
       PassbandFrequency: 1.0000e + 09
     PassbandAttenuation: 3.0103
                     Zin: 50
                    Zout: 50
              DesignData: [1 × 1 struct]
          UseFilterOrder: 1
                    Name: 'Filter'
                NumPorts: 2
               Terminals: {'p1 + '  'p2 + '  'p1 - '  'p2 - '}
>> rfobj.DesignData
ans =
  包含以下字段的 struct:
             FilterOrder: 3
               Inductors: [7.9577e - 09 7.9577e - 09]
              Capacitors: 6.3662e - 12
                Topology: 'lclowpasstee'
       PassbandFrequency: 1.0000e + 09
     PassbandAttenuation: 3.0103
```

5.4.1 逆切比雪夫滤波器Ⅰ

【例 5-27】 此实例展示了如何确定一个五阶逆切比雪夫低通滤波器的传递函数,其通带衰减为 1dB,截止频率为 1rad/s,阻带最小衰减为 50dB,振幅响应为 2rad/s。

滤波器对象用于设计射频滤波器。一个滤波器需要一个最小的参数集来完全定义它。滤波器对象初始化后,属性 DesignData 包含所设计的滤波器的完整解决方案。它是一种结构,它包含诸如用于构造传递函数的计算因式多项式等字段。

(1) 设计逆切比雪夫Ⅰ型滤波器。

```
>> N              = 5;              %滤波器阶数
Fp            = 1/(2 * pi);         %通带截止频率
Ap            = 1;                  %通带衰减
As            = 50;                 %阻带衰减
%使用滤波器对象创建所需的滤波器.逆切比雪夫的唯一实现类型是"传递函数"
r = rffilter('FilterType','InverseChebyshev','ResponseType','Lowpass',   ...
      'Implementation','Transfer function','FilterOrder',N,              ...
      'PassbandFrequency',Fp,'StopbandAttenuation',As,                   ...
```

```
'PassbandAttenuation',Ap);
```

（2）生成和可视化传递函数多项式。

```
>> % 利用 tf 函数生成传递函数多项式
[numerator, denominator] = tf(r);
format long g
% 显示 Numerator{2,1}多项式系数
disp('传递函数的分子多项式系数');
% 传递函数的分子多项式系数
disp(numerator{2,1});
传递函数的分子多项式系数
  0.0347736250821381    0        0.672768334081369    0        2.6032214373595
% 显示分母的多项式系数
>> disp('传递函数的分母多项式系数');
% 传递函数的分母多项式系数
>> disp(denominator);
传递函数的分母多项式系数
          1    3.81150884154936         7.2631952221038              8.61344575257214
          6.42982763112227             2.6032214373595
>> G_s = tf(numerator,denominator)
G_s =
  From input 1 to output...
                                      s^5
   1:  -----------------------------------------------------------------
       s^5 + 3.812 s^4 + 7.263 s^3 + 8.613 s^2 + 6.43 s + 2.603
                        0.03477 s^4 + 0.6728 s^2 + 2.603
   2:  -----------------------------------------------------------------
       s^5 + 3.812 s^4 + 7.263 s^3 + 8.613 s^2 + 6.43 s + 2.603
  From input 2 to output...
                        0.03477 s^4 + 0.6728 s^2 + 2.603
   1:  -----------------------------------------------------------------
       s^5 + 3.812 s^4 + 7.263 s^3 + 8.613 s^2 + 6.43 s + 2.603
                                      s^5
   2:  -----------------------------------------------------------------
       s^5 + 3.812 s^4 + 7.263 s^3 + 8.613 s^2 + 6.43 s + 2.603
Continuous - time transfer function.
```

（3）可视化滤波器的振幅响应。

```
% 可视化滤波器的振幅响应
>> frequencies = linspace(0,1,1001);
Sparam       = sparameters(r, frequencies);
```

注意：S参数使用二次（低通／高通）或四次（带通／带阻）分解形式计算传递函数。这些因子被用来构造多项式。多项式形式是数值不稳定的较大的滤波器阶，所以首选的形式是因式二次／四次形式。这些因数分解的部分存在于 r. DesignData 中。

```
>> rfplot(Sparam,2,1)    % 效果如图 5-9 所示
```

（4）滤波器在指定频率下的振幅响应。

```
>> freq       = 2/(2 * pi);
hold on;
```

```
setrfplot('noengunits',false);
```

注意：要在同一个图上使用 rfplot 和 plot，请使用 setrfplot。在命令窗口中输入"help setrfplot"可获取其信息。

```
>> plot(freq * ones(1,101),linspace( -120,20,101));   % 效果如图 5-10 所示
>> % 在 2rad/s 处计算准确值
S_freq = sparameters(r,freq);
As_freq = 20 * log10(abs(rfparam(S_freq,2,1)));
sprintf('2rad/s 的振幅响应为 % d dB',As_freq)
ans =
     '2rad/s 的振幅响应为 - 3.668925e + 01 dB'
% 计算 As 处的阻带频率
>> Fs = r.DesignData.Auxiliary.Wx * r.PassbandFrequency;
sprintf('阻带频率为 - % d dB 是: % d Hz',As, Fs)
ans =
     '阻带频率为 - 50 dB 是: 3.500241e - 01 Hz'
```

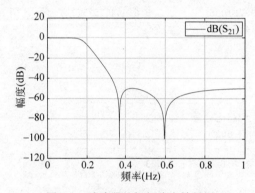

图 5-9　滤波器的振幅响应效果图

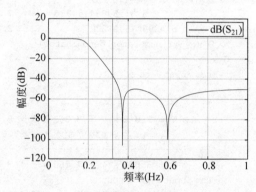

图 5-10　指定频率下的振幅响应效果图

5.4.2　中频巴特沃斯带通滤波器

【例 5-28】此实例展示了如何设计一个中频（IF）巴特沃斯带通滤波器，中心频率为 400MHz，带宽为 5MHz，插入损耗（IL）为 1dB。

（1）失配/插入损耗（IL）的原因。

实际电路存在一定程度的失配。当不匹配的电路连接到射频源时，就会发生失配，导致反射，从而导致传递到电路的功率损失。我们可以使用 IL 来定义这种不匹配。根据给定的 IL 计算输出阻抗失配，IL 与归一化输出阻抗（Z_{out}）的关系如下：

$$IL(dB) = -10 \times lg(1 - |\gamma_{in}|^2) = -10 \times lg(4 \times Z_{out}/(1 + Z_{out})^2)$$

上式得到的多项式的根返回归一化 Z_{out} 的值。Z_{out} 的非规格化值分别为 132.986Ω 和 18.799Ω。为滤波器设计选择较高的值。

```
>> Zout = 132.986;
```

（2）设计滤波器。

```
% 使用滤波器对象设计所需规格的滤波器
>> Fcenter = 400e6;
Bwpass   = 5e6;
```

```
if_filter = rffilter('ResponseType','Bandpass',                      …
    'FilterType','Butterworth','FilterOrder',4,                      …
    'PassbandAttenuation',10 * log10(2),                             …
    'Implementation','Transfer function',                            …
    'PassbandFrequency',[Fcenter − Bwpass/2 Fcenter + Bwpass/2],'Zout',Zout);
```

（3）绘制滤波器的 S 参数和群延迟。

```
% 计算 S 参数
>> freq = linspace(370e6,410e6,2001);
Sf = sparameters(if_filter, freq);
figure;
rfplot(Sf);              % 效果如图 5-11 所示
% 计算群延迟
gd = groupdelay(if_filter, freq);
figure;
plot(freq/1e6, gd); % 效果如图 5-13 所示
xlabel('频率, MHz');
ylabel('群延迟');
grid on;
```

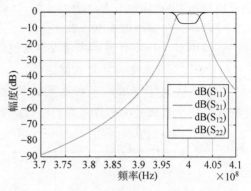

图 5-11　S 参数与群延迟效果图

数据光标显示 1dB IL 在 Fcenter ＝ 400MHz 效果图如图 5-12 所示。

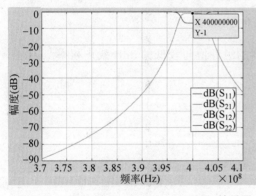

图 5-12　1dB IL 在 Fcenter ＝ 400 MHz 效果图

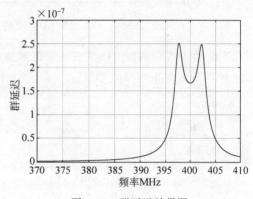

图 5-13　群延迟效果图

（4）将 Filter 表示为 Touchstone 文件。

使用 rfwrite 将所设计滤波器的参数写入所需的频率范围。我们可以将这个 Touchstone 文件读入一个 nport 对象，而 nport 对象又可以插入 rfbudget 对象中。

```
filename = 'filterIF.s2p';
if exist(filename,'file')
    delete(filename)
end
rfwrite(Sf,filename,'format','MA')
```

5.4.3　带通滤波器的响应

【例 5-29】　此实例展示了如何计算一个简单带通滤波器的时域响应。

计算带通滤波器的时域响应的步骤如下。

• 采用经典的图像参数设计方法选择电感和电容值。

- 使用具有 add 函数的电路、电容和电感及其他元件,可编程构造一个巴特沃斯电路。
- 使用 setports 将电路定义为 2 端口网络。
- 利用参数提取宽频率范围的 2 端口网络的 S 参数。
- 使用 s2tf 计算输入到输出的电压传递函数。
- 使用 rationalfit 生成 rational 拟合,捕获一个精度非常高的理想 RC 电路。
- 创建一个噪声输入电压波形。
- 使用 timeresp 计算噪声输入电压波形的瞬态响应。

(1) 通过图像参数设计带通滤波器。

图像参数设计方法是一种用于分析计算无源滤波器中串联和并联元件值的框架。图 5-14 是一个由两个半部分组成的巴特沃斯带通滤波器。

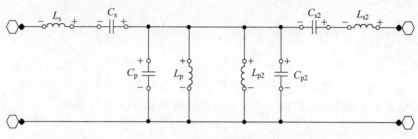

图 5-14　巴特沃斯带通滤波器

下面的 MATLAB 代码生成一个带通滤波器的组件值与较低的 3dB 截止频率 2.4GHz 和较高的 3dB 截止频率 2.5GHz。

```
>> Ro = 50;
f1C = 2400e6;
f2C = 2500e6;
Ls = (Ro / (pi * (f2C - f1C)))/2;
Cs = 2 * (f2C - f1C)/(4 * pi * Ro * f2C * f1C);
Lp = 2 * Ro * (f2C - f1C)/(4 * pi * f2C * f1C);
Cp = (1/(pi * Ro * (f2C - f1C)))/2;
```

(2) 通过编程构造电路。

在使用电感和电容对象构建电路之前,必须给如图 5-15 所示的电路节点编号。

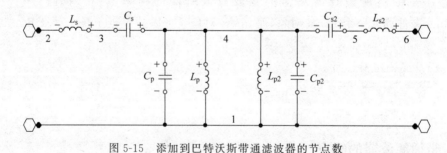

图 5-15　添加到巴特沃斯带通滤波器的节点数

```
% 创建一个电路对象,并使用 add 函数填充电感和电容对象
>> ckt = circuit('butterworthBPF');
add(ckt,[3 2],inductor(Ls))
```

```
add(ckt,[4 3],capacitor(Cs))
add(ckt,[5 4],capacitor(Cs))
add(ckt,[6 5],inductor(Ls))

add(ckt,[4 1],capacitor(Cp))
add(ckt,[4 1],inductor(Lp))
add(ckt,[4 1],inductor(Lp))
add(ckt,[4 1],capacitor(Cp))
```

（3）从 2 端口网络中提取 S 参数。

要从电路对象中提取 S 参数，首先使用 setports 函数将电路定义为 2 端口网络。一旦电路有了端口，即可使用参数提取感兴趣的频率 S 参数。

```
>> freq = linspace(2e9,3e9,101);
setports(ckt,[2 1],[6 1])
S = sparameters(ckt,freq);
```

（4）将电路的传递函数拟合为有理函数。

使用 s2tf 函数从 S 参数对象生成一个传递函数，然后使用有理拟合将传递函数数据拟合为有理函数。

```
>> tfS = s2tf(S);
fit = rationalfit(freq,tfS);
```

（5）验证有理拟合逼近。

利用频率响应函数验证有理拟合近似在拟合频率范围外的合理的行为。

```
>> widerFreqs = linspace(2e8,5e9,1001);
resp = freqresp(fit,widerFreqs);
figure
semilogy(freq,abs(tfS),widerFreqs,abs(resp),'--','LineWidth',2)    % 效果如图 5-16 所示
xlabel('频率(Hz)')
ylabel('幅度')
legend('数据','拟合')
title('有理拟合在拟合频率范围外表现效果')
```

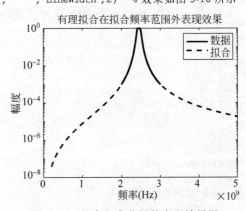

（6）构造输入信号来测试带通滤波器。

该信号由于包含了零均值随机噪声和 $2.35\mathrm{GHz}$ 的阻塞物而产生噪声，所以这个带通滤波器应该能够恢复 $2.45\mathrm{GHz}$ 的正弦信号。下面的 MATLAB 代码从 4096 个样本中构造这样一个信号。

图 5-16　拟合频率范围外表现效果图

```
>> fCenter = 2.45e9;
fBlocker = 2.35e9;
period = 1/fCenter;
sampleTime = period/16;
signalLen = 8192;
t = (0:signalLen-1)' * sampleTime;            % 256 周期
```

```
input = sin(2 * pi * fCenter * t);                % 清除输入信号
rng('default')
noise = randn(size(t)) + sin(2 * pi * fBlocker * t);
noisyInput = input + noise;                       % 输入噪声信号
```

(7) 计算输入信号的瞬态响应。

timeresp 函数计算由有理拟合和输入信号定义的状态空间方程的解析解。

```
>> output = timeresp(fit,noisyInput,sampleTime);
```

(8) 在时域中查看输入信号和滤波器响应。

在图形窗口中绘制输入信号、噪声输入信号和带通滤波器输出。

```
>> xmax = t(end)/8;
figure
subplot(3,1,1)
plot(t,input)
axis([0 xmax − 1.5 1.5])
title('输入信号')
subplot(3,1,2)
plot(t,noisyInput)
axis([0 xmax floor(min(noisyInput)) ceil(max(noisyInput))])
title('噪声输入信号')
ylabel('振幅(V)')

subplot(3,1,3)
plot(t,output)
axis([0 xmax − 1.5 1.5])
title('带通滤波器输出')
xlabel('时间(s)')
```

运行程序,效果如图 5-17 所示。

(9) 在频域内查看输入信号和滤波器响应。

```
NFFT = 2^nextpow2(signalLen);          % Next power of 2 from length of y
Y = fft(noisyInput,NFFT)/signalLen;
samplingFreq = 1/sampleTime;
f = samplingFreq/2 * linspace(0,1,NFFT/2 + 1)';
O = fft(output,NFFT)/signalLen;

figure
subplot(2,1,1)
plot(freq,abs(tfS),'b','LineWidth',2)
axis([freq(1) freq(end) 0 1.1])
legend('滤波器的传递函数')
ylabel('幅度')

subplot(2,1,2)
plot(f,2 * abs(Y(1:NFFT/2 + 1)),'g',f,2 * abs(O(1:NFFT/2 + 1)),'r','LineWidth',2)
axis([freq(1) freq(end) 0 1.1])
legend('输入 + 噪声','输出')
title('滤波器特性和噪声输入频谱.')
xlabel('频率(Hz)')
ylabel('电压(V)')
```

运行程序,效果如图 5-18 所示。

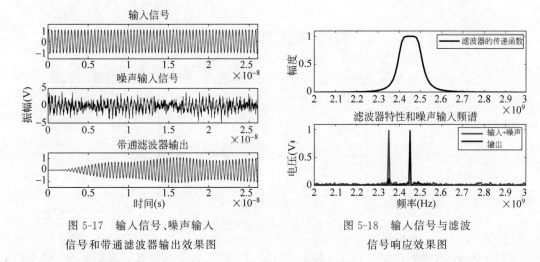

图 5-17　输入信号、噪声输入
信号和带通滤波器输出效果图

图 5-18　输入信号与滤波
信号响应效果图

在频域中叠加噪声输入和滤波器响应解释了为什么滤波操作是成功的。2.35GHz 的
阻塞信号和大部分噪声都被显著减弱。

5.4.4　设计匹配网络

【例 5-30】　此实例展示了如何使用射频工具箱来确定输入和输出匹配网络,以最大限
度地提高 50Ω 负载和系统的功率。

输入输出匹配网络的设计是放大器设计的重要组成部分。这个例子首先计算同时共
轭匹配的反射因子,然后确定在每个匹配网络中的一个分流存根的位置的指定频率。最
后,通过实例将匹配网络与放大器级联,并绘制结果。其实现步骤如下。

(1) 创建一个放大器对象。

创建一个放大器对象 rfckt。放大器对象用来表示放大器所在文件 samplebjt2.s2p 中
测量频率的相关 S 参数数据。然后从 rfckt 中提取频率相关的 S 参数数据。

```
>> amp = read(rfckt.amplifier,'samplebjt2.s2p');
[sparams,AllFreq] = extract(amp.AnalyzedResult,'S_Parameters');
```

(2) 检查放大器的稳定性。

在进行设计之前,确定放大器无条件稳定的测量频率。用稳定性函数计算每个频率上
的 mu 和 muprime。然后,检查 mu 的返回值是否大于 1。该准则是无条件稳定的充分必要
条件。如果放大器不是无条件稳定的,打印相应的频率值。

```
>> [mu,muprime] = stabilitymu(sparams);
figure
plot(AllFreq/1e9,mu,'--',AllFreq/1e9,muprime,'r')    % 效果如图 5-19 所示
legend('MU','MU\prime','Location','Best')
title('稳定性参数 MU 和 MU\prime')
xlabel('频率(GHz)')
>> disp('测量频率,放大器不是无条件稳定:')
fprintf('\t 频率 = %.1e\n',AllFreq(mu<=1))
测量频率,放大器不是无条件稳定:
```

频率 = 1.0e + 09
频率 = 1.1e + 09

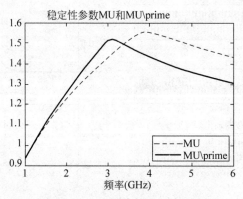

图 5-19　放大器稳定性效果图

对于本例，放大器在除 1.0GHz 和 1.1GHz 以外的所有测量频率下都是无条件稳定的。

（3）确定同时共轭匹配的源和负载匹配网络。

通过将放大器接口上同时共轭匹配的反射系数转换为适当的源和负载导纳，设计输入和输出匹配网络。本例使用如图 5-20 所示的无损传输线匹配模型。

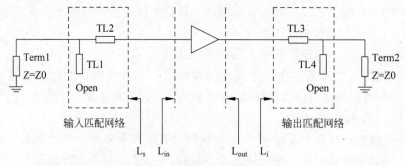

图 5-20　无损传输线匹配模型

该单一存根匹配方案的设计参数是存根的位置与放大器接口和存根的长度。该程序使用了以下设计原则。

- 史密斯图的中心代表一个标准化的源或负载阻抗。
- 沿传输线运动相当于绕以史密斯图原点为圆心，半径等于反射系数大小的圆。
- 当传输线导纳（传输线）与单位电导圆相交时，可以在传输线上插入单个传输线短节。在这个位置，存根将抵消传输线电纳，导致电导率等于负载或源端。

这个例子使用了 YZ Smith 图表，因为使用这种类型的史密斯图表可以更容易地添加存根和传输线。

（4）计算并绘制复杂负载和源反射系数。

计算并绘制所有复杂负载和源反射系数，同时共轭匹配所有测量频率数据点的无条件稳定。这些反射系数是在放大器接口上测量的。

```
>> AllGammaL = calculate(amp,'GammaML','none');
```

```
AllGammaS = calculate(amp,'GammaMS','none');
hsm = smithplot([AllGammaL{:} AllGammaS{:}]);
hsm.LegendLabels = {'♯Gamma ML','♯Gamma MS'};
```

运行程序,效果如图 5-21 所示。

(5) 在单一频率下确定负载反射系数。

求设计频率 1.9GHz 下输出匹配网络的负载反射系数 GammaL。

```
>> freq = AllFreq(AllFreq == 1.9e9);
GammaL = AllGammaL{1}(AllFreq == 1.9e9)
GammaL =
   -0.0421 + 0.2931i
```

(6) 绘制负载反射系数 GammaL 等幅圆。

画一个以归一化导纳史密斯图原点为中心的圆,其半径等于 GammaL 的大小。圆上的一点表示传输线上某一特定位置的反射系数。放大器接口处传输线的反射系数为 GammaL,图中心为归一化负载导纳 y_L。该实例使用圆方法在史密斯图表上绘制所有适当的圆。

```
>> hsm = smithplot;
circle(amp,freq,'Gamma',abs(GammaL),hsm);
hsm.GridType = 'yz';
hold all
plot(0,0,'k.','MarkerSize',16)
plot(GammaL,'k.','MarkerSize',16)
txtstr = sprintf('\\Gamma_{L}\\fontsize{8}\\bf = \\mid%s\\mid%s^\\circ', ...
     num2str(abs(GammaL),4),num2str((angle(GammaL)*180/pi),4));
text(real(GammaL),imag(GammaL)+.1,txtstr,'FontSize',10, ...
     'FontUnits','normalized');
plot(0,0,'r',0,0,'k.','LineWidth',2,'MarkerSize',16);
text(0.05,0,'y_L','FontSize',12,'FontUnits','normalized')
```

运行程序,效果如图 5-22 所示。

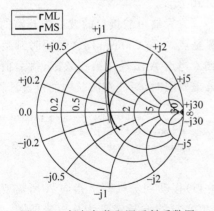

图 5-21 复杂负载和源反射系数图

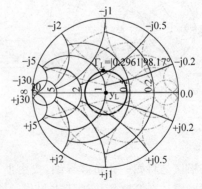

图 5-22 负载反射系数 GammaL 等幅圆

(7) 画单位恒定电导圆,求交点。

为了确定短波长(电纳)及其相对于放大器负载匹配接口的位置,绘制归一化单位电导圆和等幅圆,并计算出两个圆的交点。

在 MATLAB 中,可使用数据游标交互式地找到交点,或者使用 helper 函数 find_circle _intersections_helper 进行解析。本例使用 helper 函数,求圆相交于两点。这个例子使用第三象限点,标记为"A"。单位电导圆的圆心为(−0.5,0),半径为0.5。等幅圆以(0,0)为中心,半径等于 GammaL 的幅值。

```
>> circle(amp, freq, 'G', 1, hsm);
hsm.ColorOrder(2,:) = [1 0 0];
[∼, pt2] = imped_match_find_circle_intersections_helper([0 0], ...
        abs(GammaL), [−.5 0], .5);
GammaMagA = sqrt(pt2(1)^2 + pt2(2)^2);
GammaAngA = atan2(pt2(2), pt2(1));
plot(pt2(1), pt2(2), 'k.', 'MarkerSize', 16);
txtstr = sprintf('A = \\mid % s\\mid % s^\\circ', num2str(GammaMagA, 4), ...
        num2str(GammaAngA * 180/pi, 4));
text(pt2(1), pt2(2) − .07, txtstr, 'FontSize', 8, 'FontUnits', 'normalized', ...
        'FontWeight', 'Bold')
annotation('textbox', 'VerticalAlignment', 'middle', ...
        'String', {'单位', '电导', '圆'}, ...
        'HorizontalAlignment', 'center', 'FontSize', 8, ...
        'EdgeColor', [0.04314 0.5176 0.7804], ...
        'BackgroundColor', [1 1 1], 'Position', [0.1403 0.1608 0.1472 0.1396])
annotation('arrow', [0.2786 0.3286], [0.2778 0.3310])
annotation('textbox', 'VerticalAlignment', 'middle', ...
        'String', {'常数', '幅值', '圆'}, ...
        'HorizontalAlignment', 'center', 'FontSize', 8, ...
        'EdgeColor', [0.04314 0.5176 0.7804], ...
        'BackgroundColor', [1 1 1], 'Position', [0.8107 0.3355 0.1286 0.1454])
annotation('arrow', [0.8179 0.5761], [0.4301 0.4887]);
hold off
```

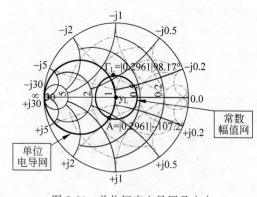

图 5-23　单位恒定电导圆及交点

运行程序,效果如图 5-23 所示。

(8) 计算输出匹配网络的 Stub 位置和 Stub 长度。

放大器负载接口的波长中开路的短波位置是点 A 和 GammaL 之间顺时针角差的函数。当点 A 出现在第三象限,伽马值出现在第二象限时,短波在波长中的位置计算如下:

```
>> StubPositionOut = ((2 * pi + GammaAngA)
 − angle(GammaL))/(4 * pi)
StubPositionOut =
        0.2147
```

存根值是将归一化负载导纳(史密斯图的中心)移动到等幅圆上指向 A 所需要的电纳量。可以用一个开路短传输线来提供这个电纳值。它的波长定义为从史密斯图上的开路导纳点(以下图中的点 M)到图外边缘所需的电纳点 N 的角旋转量。点 N 为常数电纳圆,其值等于点 A 的电纳与单位圆相交。此外,下面使用的 StubLengthOut 公式要求 N 落在第三或第四象限。

```
>> GammaA = GammaMagA * exp(1j * GammaAngA);
bA = imag((1 - GammaA)/(1 + GammaA));
StubLengthOut = -atan2(-2 * bA/(1 + bA^2),(1 - bA^2)/(1 + bA^2))/(4 * pi)
StubLengthOut =
      0.0883
```

（9）计算输入匹配网络的存根位置和存根长度。

下面代码计算了输出匹配传输网络所需的波长和位置，按照同样的方法，计算输入匹配网络的行长度。

```
>> GammaS = AllGammaS{1}(AllFreq == 1.9e9)
GammaS =
  -0.0099 + 0.2501i
>> StubLengthIn = -atan2(-2 * bA/(1 + bA^2),(1 - bA^2)/(1 + bA^2))/(4 * pi)
StubLengthIn =
      0.0759
>> [pt1,pt2] = imped_match_find_circle_intersections_helper([0 0], ...
      abs(GammaS),[-.5 0],.5);
GammaMagA = sqrt(pt2(1)^2 + pt2(2)^2);
GammaAngA = atan2(pt2(2),pt2(1));
GammaA = GammaMagA * exp(1j * GammaAngA);
bA = imag((1 - GammaA)/(1 + GammaA));
StubPositionIn = ((2 * pi + GammaAngA) - angle(GammaS))/(4 * pi)
StubPositionIn =
      0.2267
```

（10）验证设计。

为验证设计，采用 50Ω 微带传输线为匹配网络组装电路。首先，通过分析 1.9GHz 设计频率下的默认微带传输线，确定微带线是否是合适的选择。

```
>> stubTL4 = rfckt.microstrip;
analyze(stubTL4,freq);
Z0 = stubTL4.Z0;
```

该特性阻抗接近期望的 50Ω 阻抗，因此本例可以使用这些微带线进行设计。为了计算存根放置所需的传输线长度（以米为单位），分析微带线以获得相位速度值。

```
>> phase_vel = stubTL4.PV;
```

利用相位速度值确定传输线波长和存根位置，为 TL2 和 TL3 两条微带传输线设置适当的传输线长度。

```
>> TL2 = rfckt.microstrip('LineLength',phase_vel/freq * StubPositionIn);
TL3 = rfckt.microstrip('LineLength',phase_vel/freq * StubPositionOut);
% 再次使用相位速度为每个存根指定存根长度和存根模式
>> stubTL1 = rfckt.microstrip('LineLength',phase_vel/freq * StubLengthIn, ...
      'StubMode','shunt','Termination','open');
set(stubTL4,'LineLength',phase_vel/freq * StubLengthOut, ...
      'StubMode','shunt','Termination','open')
% 将电路元件串级，分析 1.5 ～ 2.3GHz 频率范围内有无匹配网络的放大器
>> matched_amp = rfckt.cascade('Ckts',{stubTL1,TL2,amp,TL3,stubTL4});
analyze(matched_amp,1.5e9:1e7:2.3e9);
```

```
analyze(amp,1.5e9:1e7:2.3e9);
% 为了验证放大器输入端的同时共轭匹配,绘制匹配和不匹配电路的 S11 参数(dB)
>> clf
plot(amp,'S11','dB')
hold all
hline = plot(matched_amp,'S11','dB');          % 效果如图 5-24 所示
hline.Color = 'r';
legend('S_{11} - 原始的放大器', 'S_{11} - 匹配的放大器')
legend('Location','SouthEast')
hold off
% 为了验证放大器输出的同时共轭匹配,绘制匹配和不匹配电路的 S22 参数(dB)
>> plot(amp,'S22','dB')
hold all
hline = plot(matched_amp,'S22','dB');          % 效果如图 5-25 所示
hline.Color = 'r';
legend('S_{22} - 原始的放大器', 'S_{22} - 匹配的放大器')
legend('Location','SouthEast')
hold off
% 最后,绘制传感器增益(Gt)和匹配电路的最大可用增益(Gmag)的 dB 值
>> hlines = plot(matched_amp,'Gt','Gmag','dB');   % 效果如图 5-26 所示
hlines(2).Color = 'r';
```

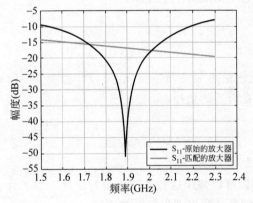

图 5-24　匹配和不匹配电路的 S11 参数效果图

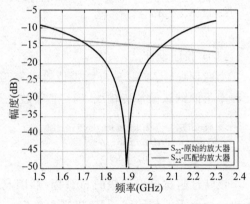

图 5-25　匹配和不匹配电路的 S22 参数效果图

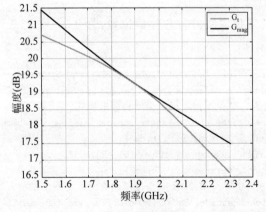

图 5-26　传感器增益和匹配电路的最大可用增益的 dB 值

由图 5-26 可以看出,传感器增益和最大可用增益在 1.9GHz 时非常接近。

5.5 射频电路对象

【例 5-31】 此实例展示了如何创建和使用射频工具箱电路对象。

在这个例子中,创建了三个电路(rfckt)对象:两条传输线和一个放大器。可以使用射频工具箱函数可视化放大器数据,并检索从文件中读取到放大器 rfckt 对象的频率数据。然后在不同的频率范围内分析放大器,并将结果可视化。接下来,将这三个电路串联起来,创建一个级联的 rfckt 对象。然后分析级联网络,并在放大器的原始频率范围内可视化其 S 参数。最后,绘制级联网络的 S11、S22 和 S21 参数和噪声图。实现步骤如下。

(1) 创建 rfckt 对象。

创建三个电路对象:使用 amplifier 函数创建两条传输线和一个使用默认数据的放大器。

```
>> FirstCkt = rfckt.txline;
SecondCkt = rfckt.amplifier('IntpType','cubic');
read(SecondCkt,'default.amp');
ThirdCkt = rfckt.txline('LineLength',0.025,'PV',2.0e8);
```

(2) 查看 rfckt 对象的属性。

可以使用 get 函数来查看三个对象的属性。例如:

```
>> PropertiesOfFirstCkt = get(FirstCkt)    % 第一个对象属性
PropertiesOfFirstCkt =
    包含以下字段的 struct:
        LineLength: 0.0100
          StubMode: 'NotAStub'
       Termination: 'NotApplicable'
              Freq: 1.0000e + 09
                Z0: 50.0000 + 0.0000i
                PV: 299792458
              Loss: 0
          IntpType: 'Linear'
             nPort: 2
    AnalyzedResult: []
              Name: 'Transmission Line'
>> PropertiesOfSecondCkt = get(SecondCkt)    % 第二个对象属性
PropertiesOfSecondCkt =
    包含以下字段的 struct:
         NoiseData: [1 × 1 rfdata.noise]
     NonlinearData: [1 × 1 rfdata.power]
          IntpType: 'Cubic'
       NetworkData: [1 × 1 rfdata.network]
             nPort: 2
    AnalyzedResult: [1 × 1 rfdata.data]
              Name: 'Amplifier'
>> PropertiesOfThirdCkt = get(ThirdCkt)    % 第三个对象属性
PropertiesOfThirdCkt =
    包含以下字段的 struct:
        LineLength: 0.0250
```

```
           StubMode: 'NotAStub'
        Termination: 'NotApplicable'
               Freq: 1.0000e + 09
                 Z0: 50.0000 + 0.0000i
                 PV: 200000000
               Loss: 0
           IntpType: 'Linear'
              nPort: 2
     AnalyzedResult: []
               Name: 'Transmission Line'
```

（3）列出 rfckt 对象的方法。

可以使用 methods 函数来列出对象的方法。例如：

```
>> MethodsOfThirdCkt = methods(ThirdCkt);
```

（4）更改 rfckt 对象的属性。

使用 get 函数或点符号来获得第一个传输线的线路长度。

```
>> DefaultLength = FirstCkt.LineLength;
% 使用集合函数或点符号来更改第一个传输线的线路长度
>> FirstCkt.LineLength = .001;
NewLength = FirstCkt.LineLength;
```

（5）绘制放大器 S11 和 S22 参数。

使用电路对象的 smithplot 方法将放大器（SecondCkt）的原始 S11 和 S22 参数绘制在 Z Smith 图上。放大器 S 参数的原始频率范围为 1.0～2.9GHz。

```
>> figurc
smithplot(SecondCkt,[1 1;2 2]);    % 效果如图 5-27 所示
```

（6）绘制放大器 Amplifier 数据。

使用电路对象的绘图方法在 X-Y 平面上绘制 2.1GHz 的放大器（SecondCkt）数据，以 dBm 为单位。

```
>> plot(SecondCkt,'Pout','dBm')    % 效果如图 5-28 所示
>> legend('show','Location','northwest');
```

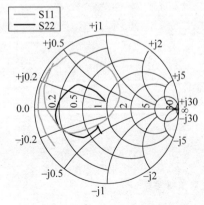

图 5-27　原始 S11 和 S22 参数效果图

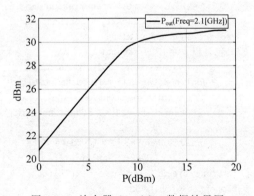

图 5-28　放大器 Amplifier 数据效果图

（7）原始频率数据和对放大器进行原始频率分析的结果。

当射频工具箱从默认值读取数据时,将放大器转换成放大器对象(SecondCkt),还分析了放大器在默认频率下的网络参数。amplifier 的存储结果在属性分析结果中,这是原始放大器频率的分析结果。

```
>> f = SecondCkt.AnalyzedResult.Freq;
data = SecondCkt.AnalyzedResult
data =
    rfdata.data with properties:
            Freq: [191×1 double]
    S_Parameters: [2×2×191 double]
      GroupDelay: [191×1 double]
              NF: [191×1 double]
            OIP3: [191×1 double]
              Z0: 50.0000 + 0.0000i
              ZS: 50.0000 + 0.0000i
              ZL: 50.0000 + 0.0000i
        IntpType: 'Cubic'
            Name: 'Data object'
```

（8）在一个新的频率范围分析放大器并绘制其新的 S11 和 S22 参数。

为了在不同的频率范围内可视化电路的 S 参数,必须首先在该频率范围内分析它。

```
>> analyze(SecondCkt,1.85e9:1e7:2.55e9);
smithplot(SecondCkt,[1 1;2 2],'GridType','ZY');    % 效果如图 5-29 所示
```

（9）创建和分析级联 rfckt 对象。

将三个电路对象级联形成一个级联电路对象,然后在 1.0～2.9GHz 的放大器原始频率上进行分析。

```
>> CascadedCkt = rfckt.cascade('Ckts',{FirstCkt,SecondCkt,ThirdCkt});
analyze(CascadedCkt,f);
```

（10）绘制级联电路的 S11 和 S22 参数。

使用电路对象的 smithplot 方法将级联电路(CascadedCkt)的 S11 和 S22 参数绘制在 Z Smith 图上。

```
>> smithplot(CascadedCkt,[1 1;2 2],'GridType','Z');    % 效果如图 5-30 所示
```

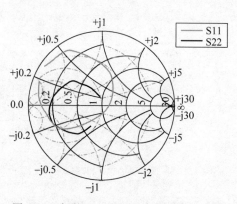

图 5-29　新的 S11 和 S22 参数频率效果图

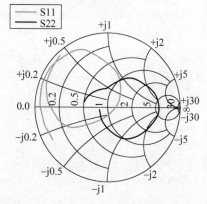

图 5-30　级联电路的 S11 和 S22 参数效果图

（11）绘制级联电路的 S21 参数。

使用电路对象的绘图方法在 X-Y 平面上绘制级联电路(CascadedCkt)的 S21 参数。

```
>> plot(CascadedCkt,'S21','dB')    % 效果如图 5-31 所示
>> legend show
```

（12）绘制级联电路的 S21 参数和噪声图。

使用电路对象的绘图方法绘制出级联电路(CascadedCkt)在 X-Y 平面上的 S21 参数和噪声图。

```
>> plot(CascadedCkt,'budget','S21','NF')    % 效果如图 5-32 所示
>> legend show
```

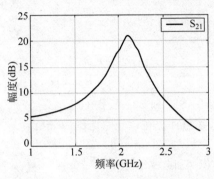

图 5-31　级联电路的 S21 参数

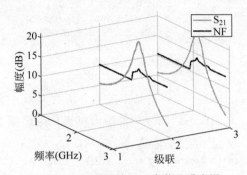

图 5-32　级联电路 S21 参数及噪声图

随着移动通信的迅速发展,越来越多的业务将通过无线电波的方式来进行,有限的频谱资源面对着越来越高的容量需求的压力,使得如何高效率地利用无线频谱受到了广泛的重视,智能天线技术被认为是目前进一步提高频谱利用率的最有效的方法之一。

智能天线应用广泛,它在提高系统通信质量、缓解无线通信日益发展与频谱资源不足的矛盾,以及降低系统整体造价和改善系统管理等方面,都具有独特的优点。

6.1 移动通信概述

移动通信是指通信中至少一方可以在移动中进行的通信过程。早在 1897 年,马可尼在陆地和一只拖船之间用无线电进行了消息传输,这就是移动通信的开端。20 世纪 20 年代移动通信开始应用于军事和某些特殊领域,40 年代在民用方面逐步有所应用,直到近几十年移动通信才真正迅猛发展、广泛应用。在这短短几十年里,移动通信已经历了第一代系统(模拟系统,现已停止运营)和第二代系统(窄带数字系统,目前正广泛应用),正在迈向第三代系统(宽带数字系统)。

6.1.1 移动通信的特点

由于移动通信系统允许在移动状态(甚至很快速度、很大范围)下通信,所以,系统与用户之间的信号传输一定得采用无线方式,且系统相当复杂。移动通信的主要特点如下。

(1)信道特性差。

由丁采用无线传输方式,电波会随着传输距离的增加而衰减(扩散衰减);不同的地形、地物对信号也会有不同的影响;信号可能经过多点反射,会从多条路径到达接收点,产生多径效应(电平衰落和时延扩展);当用户的通信终端快速移动时,会产生多普勒效应(附加调频),影响信号的接收。并且,由于用户的通信终端是可移动的,所以这些衰减和影响还是不断变化的。

(2)干扰复杂。

移动通信系统运行在复杂的干扰环境中,如外部噪声干扰(天电干扰、工业干扰、信道噪声)、系统内干扰和系统间干扰(邻道干扰、互调干扰、交调干扰、共道干扰、多址干扰和远近效应等)。如何减少这些干扰的影响,也是移动通信系统要解决的重要问题。

(3) 频谱资源有限。

考虑到无线覆盖、系统容量和用户设备的实现等问题,移动通信系统基本上选择在特高频 UHF(分米波段)上实现无线传输,而这个频段还有其他的系统(如雷达、电视、其他的无线接入),移动通信可以利用的频谱资源非常有限。随着移动通信的发展,通信容量不断提高,因此必须研究和开发各种新技术,采取各种新措施,提高频谱的利用率,合理地分配和管理频谱资源。

(4) 用户终端设备(移动台)要求高。

用户终端设备除技术含量很高外,对于手持机(手机)还要求体积小、重量轻、防震动、省电、操作简单、携带方便;对于车载台还应保证在高低温变化等恶劣环境下也能正常工作。

(5) 要求有效的管理和控制。

由于系统中用户终端可移动,为了确保与指定的用户进行通信,移动通信系统必须具备很强的管理和控制功能,如用户的位置登记和定位、呼叫链路的建立和拆除、信道的分配和管理、越区切换和漫游的控制、鉴权和保密措施、计费管理等。

6.1.2　移动通信的结构

移动通信网由无线接入网、核心网和骨干网三部分组成。

无线接入网主要为移动终端提供接入网络服务,核心网和骨干网主要为各种业务提供交换和传输服务。从通信技术层面看,移动通信网的基本技术可分为传输技术和交换技术两大类。

从传输技术来看,在核心网和骨干网中由于通信媒质是有线的,所以对信号传输的损伤相对较小,传输技术的难度相对较低。但在无线接入网中由于通信媒质是无线的,而且终端是移动的,这样的信道可称为移动(无线)信道,它具有多径衰落的特征,并且是开放的信道,容易受到外界干扰,这样的信道对信号传输的损伤是比较严重的,因此信号在这样的信道中传输时可靠性较低。同时,无线信道的频谱资源有限,因此有效地利用频谱资源是非常重要的。也就是说,在无线接入网中,提高传输的可靠性和有效性的难度比较高。

从网络技术来看,交换技术包括电路交换和分组交换两种方式。目前移动通信网和移动数据网通常都有这两种交换方式。在核心网中,分组交换实质上是为分组选择路由,这是一种类似于移动 IP 选路机制(或称为路由技术),它是通过网络的移动性管理(MM)功能实现的。

6.1.3　移动通信系统的分类

1. 按照通信的业务和用途分类

根据通信的业务和用途分类,通信系统可分为常规通信、控制通信等。其中常规通信又分为话务通信和非话务通信。话务通信业务主要是电话服务为主,程控数字电话交换网络的主要目标就是为普通用户提供电话通信服务。非话务通信主要是分组数据业务、计算机通信、传真、视频通信等。

2．按调制方式分类

根据是否采用调制，通信系统可分为基带传输和调制传输两类。基带传输是将未经调制的信号直接传送，如音频市内电话（用户线上传输的信号）、Ethernet 网中传输的信号等。调制的目的是使载波携带要发送的信息，对于正弦载波调制，可以用要发送的信息去控制或改变载波的幅度、频率或相位，接收端通过解调就可以恢复出信息。

3．按传输信号的特征分类

按照信道中所传输的信号是模拟信号还是数字信号，可以把通信系统分成模拟通信系统和数字通信系统两类。数字通信系统在最近几十年发展迅速，也是目前商用通信系统的主流。

4．按传输媒介分类

通信系统可以分为有线（包括光纤）和无线通信两大类。有线信道包括架空明线、双绞线、同轴电缆、光缆等。使用架空明线传输媒介的通信系统主要有早期的载波电话系统，使用双绞线传输的通信系统有电话系统、计算机局域网等，同轴电缆在微波通信、程控交换等系统中以及设备内部和天线馈线中使用。无线通信依靠电磁波在空间传播达到传递消息的目的，如短波电离层传播、微波视距传输等。

5．按工作波段分类

按照通信设备的工作频率或波长的不同，通信系统可分为长波通信、中波通信、短波通信、微波通信等。

6.2 智能天线概述

最初的智能天线技术主要用于雷达、声呐、军事抗干扰通信，用来完成空间滤波和定位等。近年来，随着移动通信的发展及对移动通信电波传播、组网技术、天线理论等方面的研究逐渐深入，现代数字信号处理技术发展迅速，数字信号处理芯片处理能力不断提高，利用数字技术在基带形成天线波束成为可能，提高了天线系统的可靠性与灵活程度。智能天线技术因此用于具有复杂电波传播环境的移动通信。

此外，随着移动通信用户数迅速增长和人们对通话质量要求的不断提高，要求移动通信网在大容量下仍具有较高的话音质量。经研究发现，智能天线可将无线电的信号导向具体的方向，产生空间定向波束，使天线主波束对准用户信号到达方向，旁瓣或零陷对准干扰信号到达方向，达到充分高效利用移动用户信号并删除或抑制干扰信号的目的。同时，利用各个移动用户间信号空间特征的差异，通过阵列天线技术可以在同一信道上接收和发射多个移动用户信号而不发生相互干扰，使无线电频谱的利用和信号的传输更为有效。在不增加系统复杂度的情况下，使用智能天线可满足服务质量和网络扩容的需要。实际上它使通信资源不再局限于时间域（TDMA）、频率域（FDMA）或码域（CDMA）而拓展了空间域，属于空分多址（SDMA）体制。

目前，基站普遍使用的是全向天线或者扇区天线，这些天线具有固定的天线方向图形式，而智能天线具有根据信号情况实时变化的方向图特性，如图 6-1 所示。

如图 6-1 所示，在使用扇区天线的系统中，对于在同一扇区中的终端，基站使用相同的方向图特性进行通信，这时系统依靠频率、时间和码字的不同来避免相互间的干扰。而在使用智能天线的系统中，系统能够以更小的刻度区别用户位置的不同，并且形成有针对性

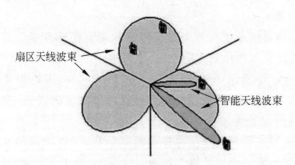

图 6-1　扇区天线与智能天线之间的差别

的方向图,由此最大化有用信号、最小化干扰信号,在频率、时间和码字的基础上,提高了系统从空间上区别用户的能力。这相当于在频率和时间的基础上扩展了一个新的维度,能够很大程度上提高系统的容量以及与之相关的其他方面的能力(如覆盖、获取用户位置信息等)。

6.2.1　智能天线的发展

　　智能天线是在自适应滤波和阵列信号处理技术的基础上发展起来的,是通信系统中能通过调整接收或发射特性来增强天线性能的一种天线。它利用信号传输的空间特性,从空间位置及入射角度上区分所需信号与干扰信号,从而控制天线阵的方向图,达到增强所需信号、抑制干扰信号的目的;同时它还能根据所需信号和干扰信号位置及入射角度的变化,自动调整天线阵的方向图,实现智能跟踪环境变化和用户移动的目的,达到最佳收发信号,实现动态"空间滤波"的效果。采用智能天线的目的主要有以下 3 点。

　　(1) 通过提供最佳增益来增强接收信号。

　　(2) 通过控制天线零点来抑制干扰。

　　(3) 利用空间信息增大信道容量。

6.2.2　智能天线技术的基本原理

　　如图 6-2 所示,智能天线由天线阵列、A/D 或 D/A 转换,自适应算法控制器和波束形成网络组成。其中,波束形成网络是由每个单元空间感应信号加权相加,其权系数是复数,即每路信号的幅度和相位均可以改变。自适应控制网络是智能天线的核心,该单元的功能是根据一定的算法和优化准则来调节各个阵元的加权幅度和相位,动态地产生空间动态定向波束。

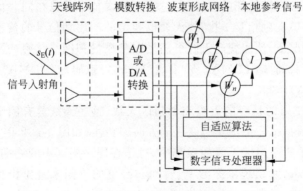

图 6-2　结构原理图

　　智能天线技术主要基于自适应天线阵列原理,天线阵收到信号后,通过由处理器和权值调整算法组成的反馈控制系统,根据一定的算法分析该信号,判断信号及干扰到达的方位角度,将计算分析所得的信号作为天线阵元的激励信号,调整天线阵列单元的辐射方向图、频率响应及其他参数。利用天线阵列的波束合成和指向,产生多个独立的波束,自适应地调整其方向图,跟踪信号变化,对干扰方向调零,减弱甚至抵消干扰,从而提高接收信号的载干比,改善无线网基站覆盖质量,增加系统容量。

　　在方向图的选择和形成上智能天线的基本原理是在满足窄带传输的假设(即一入射信号在各个天线单元的响应输出只有相位差异而没有幅度变化)下,各阵元上入射信号的波程差导致了阵元上接收信号的相位差,如果入射信号为平面波,则上述相位差将由载波波长、入射角度、天线位置分布唯一确定。具有相同信号强度、不同入射角度的信号,由于它们在天线阵元间的相位差不同,通过一个向量加权合并后,各自的阵列输出信号功率也会有所不同,由此可做出这个权向量对应的方向图。

　　以入射角为横坐标、输出功率(dB)为纵坐标所做的图称为方向图。智能天线的方向图不同于全向天线的方向图,而是接近于方向性天线的方向图,即有主瓣和旁瓣等。

6.2.3　智能天线的发展阶段

　　由于移动通信中无线信号的复杂性,所以这种根据通信情况实时调整天线特性的工作方式对算法的准确程度、运算量以及能够实时完成运算的硬件设备都有很高的要求。这决定了智能天线的发展是一个分阶段的、逐步完善的过程,目前通常将这种过程分为以下三个阶段(见图 6-3)。

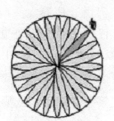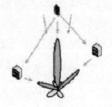

(一)开关波束转换　　　(二)自适应信号方向　　　(三)自适应最佳通信方式

图 6-3　智能天线的发展过程

　　第一阶段:开关波束转换。在天线端预先定义一些波瓣较窄的波束,根据信号的来波方向实时确定发送和接收所使用的波束,达到将最大天线增益方向对准有效信号,降低发送和接收过程中的干扰的目的。这种方法位于扇区天线和智能天线之间,实现运算较为简单,但是性能也比较有限。

　　第二阶段:自适应(最强)信号方向。根据接收信号的最强到达方向,自适应地调整天线阵列的参数,形成对准该方向的接收和发送天线方向图。这是动态自适应波束成形的最初阶段,性能优于开关波束转换,同时算法也较为复杂,但是还未达到最优的状态。

　　第三阶段:自适应最佳通信方式。根据得到的通信情况的信息,实时地调整天线阵列的参数,自适应地形成最大化有用信号、最小化干扰信号的天线特性,保持最佳的射频通信方式。这是理想的智能天线的工作方式,能够很大程度上提高系统无线频谱的利用率。但是其算法复杂,实时运算量大,同时还需要进一步探寻各种实际情况下的最佳算法。

6.2.4　智能天线的主要用途和应用进展

智能天线可以明显改善无线通信系统的性能,提高系统的容量,具体体现在以下几方面。

(1) 提高频谱利用率。采用智能天线技术代替普通天线,提高小区间内频谱复用率,可以在不新建或尽量少建基站的基础上增加系统容量,降低运营成本。

(2) 迅速解决稠密市区容量瓶颈。未来的智能天线能允许任一无线信道与任一波束配对,这样就可按需分配信道,保证呼叫阻塞严重的地区获得较多信道资源,等效于增加了此类地区的无线网络容量。

(3) 抑制干扰信号。智能天线对来自各个方向的波束进行空间滤波。它通过对各天线元件的激励进行调整,优化天线阵列方向图,将零点对准干扰方向,大大提高阵列的输出信干比,改善了系统质量,提高了系统可靠性。对于软容量的 CDMA 系统,信干比的提高还意味着系统容量的提高。

(4) 抗衰落。高频无线通信的主要问题是信号衰落,普通全向天线或定向天线都会因衰落使信号失真较大。如果采用智能天线控制接收方向,自适应地构成波束的方向性,可以使得延迟波方向的增益最小,降低信号衰落的影响。智能天线还可用于分集,减少衰落。

(5) 实现移动台定位。采用智能天线的基站可以获得接收信号的空间特征矩阵,由此获得信号的功率估值和到达方向。通过此方法,用两个基站就可以将用户终端定位到一个较小区域。

目前智能天线技术已被大多运营商认可,并得到应用,但由于还存在一些问题,限制了智能天线技术的应用范围。通过已开展的 GSM 网络中的智能天线应用可见,智能天线可以匹配原网络的覆盖情况,通过上下行的波束切换进行干扰控制。合理利用无线资源可以给网络带来上行载干比增益,可以通过改善下行载干比增益提高频谱利用率,从而提高了网络的运营质量,也增加了网络的无线容量,为网络的进一步扩容奠定了基础。

6.3　阵列天线的统计模型

信号通过无线信道的传输情况是极其复杂的,其严格的数学模型的建立需要有物理环境的完整描述,但这种做法往往很复杂。为了得到一个比较有用的参数化模型,必须简化有关波形传输的假设,例如:

- 关于接收天线阵的假设。接收阵列由位于空间已知坐标处的若干无源阵元按一定的形式排列而成。假设阵元的接收特性仅与其位置有关而与其尺寸无关,并且阵元都是全向阵元,增益均相等,相互之间的互耦忽略不计。阵元接收信号时将产生噪声,假设其为加性高斯白噪声,各阵元上的噪声相互统计独立,且噪声与信号是统计独立的。

- 关于空间源信号的假设。假设空间信号的传播介质是均匀且各向同性的,这时空间信号在介质中将按直线传播,同时我们又假设阵列处在空间信号辐射的远场中,所以空间源信号到达阵列时可以看成一束平行的平面波,空间源信号到达阵列各阵元在时间上的不同时延,可由阵列的几何结构和空间波的来向确定。

6.3.1 天线阵列模型

设有一个天线阵列，它由 M 个具有任意方向性的阵元按任意排列构成。同时设有 P 个中心频率为 ω_0、波长为 λ 的空间窄带平面波 $(M > P)$ 分别作来向角：$\Theta_1, \Theta_2, \cdots, \Theta_P$ 入射到该阵列，如图 6-4 所示。这里的 $\Theta_i = (\phi_i, \theta_i)$，$i = 1, 2, \cdots, P$。$\phi_i$、$\theta_i$ 分别是第 i 个入射信号的仰角和方位角。其中，$0 \leqslant \phi_i < 90°$；$0 \leqslant \theta_i < 360°$。

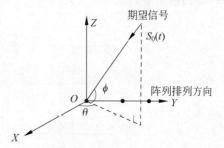

图 6-4 波达方向示意图

这时，阵列第 k 个阵元的输出可表示为：

$$x_k(t) = \sum_{i=1}^{P} s_i(t) \mathrm{e}^{\mathrm{j}\omega_0 \tau_k(\Theta_i)} + n_k(t)$$

其中，$s_i(t)$ 为投射到阵列的第 i 个源信号。$n_k(t)$ 为第 k 个阵元上的加性噪声。$\tau_k(\Theta_i)$ 为来自 Θ_i 方向的源信号投射到第 k 个阵元时，相对于选定参考点的时延。

以 T 表示矩阵的转置，并记：

$$\boldsymbol{X}(t) = [x_1(t), x_2(t), \cdots, x_M(t)]^{\mathrm{T}}$$
$$\boldsymbol{N}(t) = [n_1(t), n_2(t), \cdots, n_M(t)]^{\mathrm{T}}$$

另外，$\boldsymbol{S}(t)$ 为 $P \times 1$ 维列向量：

$$\boldsymbol{S}(t) = [s_1(t), s_2(t), \cdots, s_P(t)]^{\mathrm{T}}$$

$\boldsymbol{A}(\Theta)$ 为 $M \times P$ 维的方向矩阵：

$$\boldsymbol{A}(\Theta) = [a(\Theta_1) \vdots a(\Theta_2) \vdots \cdots \vdots a(\Theta_P)]$$

此处，矩阵 $\boldsymbol{A}(\Theta)$ 中任一列向量 $\boldsymbol{a}(\Theta_i)$ 是一个来向为 Θ_i 的空间源信号在阵列上的方向向量，且是 $M \times 1$ 维列向量：

$$\boldsymbol{a}(\Theta_i) = [\mathrm{e}^{\mathrm{j}\omega_0 \tau_1(\Theta_i)}, \mathrm{e}^{\mathrm{j}\omega_0 \tau_2(\Theta_i)}, \cdots, \mathrm{e}^{\mathrm{j}\omega_0 \tau_M(\Theta_i)}]^{\mathrm{T}}$$

因此，如用矩阵描述，在最一般化的情况下，阵列信号模型可简练地表示为：

$$\boldsymbol{X}(t) = \boldsymbol{A}(\Theta)\boldsymbol{S}(t) + \boldsymbol{N}(t)$$

很显然，矩阵 $\boldsymbol{A}(\Theta)$ 与阵列的形状、信号源的来向有关，而一般在实际应用中，天线阵的形状一旦固定就不改变了，所以，矩阵 $\boldsymbol{A}(\Theta)$ 中任一列总是和某个空间源信号的来向紧密联系着，$\boldsymbol{A}(\Theta)$ 被称为方向矩阵，而它的列向量 $\boldsymbol{a}(\Theta_i)$ 被称作方向向量。

实际使用的阵列结构要求方向向量 $\boldsymbol{a}(\Theta_i)$ 必须与空间角向量 Θ_i 一一对应，不能够出现模糊现象。改变空间角 Θ_i，使方向向量 $\boldsymbol{a}(\Theta_i)$ 在 M 维空间内扫描，所形成的曲面称为阵列流形。

6.3.2 自适应阵列天线

自适应阵列系统包括许多学科技术领域，诸如天线理论、电波传播与信号处理等，系统功能如图 6-5 所示。

自适应阵列天线的基本原理是：天线以多个高增益窄波束动态地跟踪多个期望用户，接收模式下，来自窄波束之外的信号被抑制，发射模式下，能使期望用户接收的信号功率最大，同时使窄波束照射范围以外的非期望用户受到的干扰最小。自适应阵列天线是利用用户空间位置的不同来区分不同用户的。可在相同时隙、相同频率或相同地址码的情况下，根据信号不同传播路径而区分。自适应阵列天线与传统天线概念有本质的区别,其理论支撑是信号统计检测与估计理论、信号处理及最优控制理论。其技术基础是自适应天线和高分辨阵列信号处理。

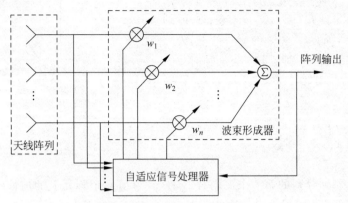

图 6-5　自适应阵列天线系统框图

6.4　基本恒模算法

在无线通信系统中,为获取信道参数信息而发射独立的训练序列要浪费大量宝贵的频谱资源,因而人们考虑利用发射信号本身的特性而不需要参考信号来实现正常通信。而恒模算法利用发送信号的幅度统计特性来调整权系数,能够快速收敛且易于实现,计算复杂度低,不需要其他先验信息和参考信号,因此很快发展成为一类重要的盲波束形成算法。本节介绍常用随机梯度和最小二乘两类基本恒模算法。

6.4.1　随机梯度恒模算法

假设期望信号由 $d(n)=g(y(n))$ 给出,它表示非线性的无记忆估计子 $g(\cdot)$ 对阵列组合器的输出信号 $y(n)$ 的作用结果。$d(n)=g(y(n))$ 和 $y(n)$ 之间的差形成一误差函数 $e(n)$,用它更新阵列权向量:

$$y(n)=\hat{w}^{H}(n)x(n)$$

$$e(n)=g(y(n))-y(n)$$

$$\hat{w}(n+1)=\hat{w}(n)+ux(n)e^{*}(n)$$

实际中期望信号 $d(n)$ 可以利用所需信号的部分信息构成,因此充分考虑了信号的恒模特性。假定发射的信号具有恒定的包络,且代价函数定义为:

$$J_{pq}(k)=E\left[\mid\ \parallel y(k)\parallel^{-p}-\mid\alpha\mid\mid^{q}\right]=E\left[\mid\ \parallel w^{H}(k)x(k)\parallel^{-p}-\mid\alpha\mid\mid^{q}\right]$$

式中,α 为阵列输出端期望信号的幅值,使用恒模代价函数的自适应阵列将试图使阵列输出端的信号具有恒定包络(该包络具有指定的幅值)α。指数 p、q 是正整数,在实际中取 1 或 2,并相应地记作 'CMA$_{1-2}$'。利用不同的 p 和 q,可发展多种不同的随机梯度恒模算法。

由于恒模算法的代价函数是非线性的,无法直接求解,只能用迭代的方法逐步逼近最优解,故一般采用梯度下降法来优化恒模代价函数,其迭代公式为:

$$W(k+1)=W(k)-\mu\ \nabla_{w}J_{pq}(k)$$

这里，$\mu > 0$ 为步长因子，∇_W 表示关于 W 的梯度算子。用瞬时值取代期望值，并取定 p、q 值得到：

$$W(k+1) = W(k) - \mu X^*(k)e(k)$$

随机梯度恒模算法的收敛性能很大程度上取决于算法设置的初值和步长因子。一般而言，在使用算法之前需要仔细地校正步长，如果步长过小，则收敛速度太慢；如果步长过大，性能容易失调。

6.4.2 最小二乘恒模算法

最小二乘恒模算法使用了非线性最小二乘即高斯法的推广来设计恒模算法。扩展的高斯方法定义的代价函数为：

$$F(w) = \sum_{k=1}^{K} |g_k(w)|^2 = \| g(w) \|_2^2 \tag{6-1}$$

式中，$g_k(w)$ 为第 k 个信号的非线性函数，其中 $k = 1, 2, \cdots, K$。向量 $g(w)$ 为：

$$g(w) = [g_1(w), g_2(w), \cdots, g_K(w)]^{\mathrm{T}} \tag{6-2}$$

则代价函数具有部分 Taylor 级数展开的平方和形式：

$$F(w+d) = \| g(w) + D^{\mathrm{H}}(w)d \|_2^2 \tag{6-3}$$

其中，d 为偏差向量，且：

$$D(w) = [\nabla(g_1(w)), \nabla(g_2(w)), \cdots, \nabla(g_K(w))] \tag{6-4}$$

代价函数 $F(w+d)$ 相对于偏差向量 d 的梯度向量为：

$$\nabla_d(F(w+d)) = 2\frac{\partial F(w+d)}{\partial d^*}$$

$$= 2\frac{\partial \{ [g(w) + D^{\mathrm{H}}(w)d]^{\mathrm{H}} [g(w) + D^{\mathrm{H}}(w)d] \}}{\partial d^*}$$

$$= 2\frac{\partial \{ \| g(w) \|_2^2 + g^{\mathrm{H}}(w)D^{\mathrm{H}}(w)d + d^{\mathrm{H}}D(w)g(w) + d^{\mathrm{H}}D(w)D^{\mathrm{H}}(w)d \}}{\partial d^*}$$

$$= 2[D(w)g(w) + D(w)D^{\mathrm{H}}(w)d]$$

并令 $\nabla_d(F(w+d)) = 0$，则可求出使代价函数 $F(w+d)$ 最小的偏差向量为：

$$d = -[D(w)D^{\mathrm{H}}(w)]^{-1}D(w)g(w)$$

将偏差向量 d 与权向量 $w(k)$ 相加，可得到使代价函数最小的新权向量 $w(k+1)$，也就是得到权向量的更新公式：

$$w(k+1) = w(k) - [D(w(k))D^{\mathrm{H}}(w(k))]^{-1}D(w(k))g(w(k)) \tag{6-5}$$

其中，k 代表迭代次数。

将上述方法应用于恒模函数，即得到最小二乘恒模算法。令代价函数为：

$$F(w) = \sum_{k=1}^{K} (||y(k)| - 1|)^2 = \sum_{k=1}^{K} ||w^{\mathrm{H}}x(k)| - 1|^2 \tag{6-6}$$

将式(6-6)与式(6-1)做比较，可看到：

$$g_k(w) = |y(k)| - 1 = |w^{\mathrm{H}}x(k)| - 1 \tag{6-7}$$

将式(6-7)代入式(6-2)得：

$$g_k(w) = [|y(1)| - 1, \cdots, |y(K)| - 1] \tag{6-8}$$

由此可求得 $g_k(w)$ 的梯度为：

$$\nabla(g_k(\boldsymbol{w})) = 2\frac{\partial g_k(\boldsymbol{w})}{\partial \boldsymbol{w}^*} = x(k)\frac{y^*(k)}{|y(k)|} \tag{6-9}$$

将式(6-9)代入式(6-4)，则 $\boldsymbol{D}(\boldsymbol{w})$ 可写作：

$$\begin{aligned}
\boldsymbol{D}(\boldsymbol{w}) &= [\nabla(g_1(\boldsymbol{w})), \nabla(g_2(\boldsymbol{w})), \cdots, \nabla(g_k(\boldsymbol{w}))] \\
&= \left[x(1)\frac{y^*(1)}{|y(1)|}, x(2)\frac{y^*(2)}{|y(2)|}, \cdots, x(K)\frac{y^*(K)}{|y(K)|}\right] = \boldsymbol{X}\boldsymbol{Y}_{\text{cm}}
\end{aligned}$$

其中，

$$\boldsymbol{Y}_{\text{cm}} = \begin{bmatrix}
\dfrac{y^*(1)}{|y(1)|} & 0 & \cdots & 0 \\
0 & \dfrac{y^*(2)}{|y(2)|} & & 0 \\
\vdots & & \ddots & 0 \\
0 & \cdots & 0 & \dfrac{y^*(K)}{|y(K)|}
\end{bmatrix} \tag{6-10}$$

利用式(6-7)和式(6-9)，则有：

$$\boldsymbol{D}(\boldsymbol{w})\boldsymbol{D}^H(\boldsymbol{w}) = \boldsymbol{X}\boldsymbol{Y}_{\text{cm}}\boldsymbol{Y}_{\text{cm}}^H\boldsymbol{X}^H = \boldsymbol{X}\boldsymbol{X}^H \tag{6-11}$$

$$\boldsymbol{D}(\boldsymbol{w})\boldsymbol{g}(\boldsymbol{w}) = \boldsymbol{X}\boldsymbol{Y}_{\text{cm}}\begin{bmatrix} |y(1)|-1 \\ |y(2)|-1 \\ \vdots \\ |y(K)|-1 \end{bmatrix} = \boldsymbol{X}\begin{bmatrix} y^*(1)-\dfrac{y^*(1)}{|y(1)|} \\ y^*(2)-\dfrac{y^*(2)}{|y(2)|} \\ \vdots \\ y^*(K)-\dfrac{y^*(K)}{|y(K)|} \end{bmatrix} \tag{6-12}$$

若令：

$$\boldsymbol{y} = [y(1), y(2), \cdots, y(K)]^T$$

$$\boldsymbol{r} = \left[\frac{y(1)}{|y(1)|}, \frac{y(2)}{|y(2)|}, \cdots, \frac{y(K)}{|y(K)|}\right]^T = \boldsymbol{L}(\boldsymbol{y}) \tag{6-13}$$

其中 $\boldsymbol{L}(\boldsymbol{y})$ 代表对 $\boldsymbol{y}$ 的硬限幅运算，则式(6-13)可简写作：

$$\boldsymbol{D}(\boldsymbol{w})\boldsymbol{g}(\boldsymbol{w}) = \boldsymbol{X}(\boldsymbol{y}-\boldsymbol{r})^* \tag{6-14}$$

向量 $\boldsymbol{y}$ 和 $\boldsymbol{r}$ 分别称为输出数据向量和复限幅输出数据向量。将式(6-11)和式(6-12)代入式(6-6)则有：

$$\begin{aligned}
\boldsymbol{w}(k+1) &= \boldsymbol{w}(k) - (\boldsymbol{X}\boldsymbol{X}^H)^{-1}\boldsymbol{X}[\boldsymbol{y}(k)-\boldsymbol{r}(k)]^* \\
&= \boldsymbol{w}(k) - (\boldsymbol{X}\boldsymbol{X}^H)^{-1}\boldsymbol{X}\boldsymbol{X}^H\boldsymbol{w}(k) + (\boldsymbol{X}\boldsymbol{X}^H)^{-1}\boldsymbol{X}\boldsymbol{r}^*(k) \\
&= (\boldsymbol{X}\boldsymbol{X}^H)^{-1}\boldsymbol{X}\boldsymbol{r}^*(k)
\end{aligned} \tag{6-15}$$

式中：

$$\boldsymbol{y}(k) = [\boldsymbol{w}^H(k)\boldsymbol{X}]^T$$

$$\boldsymbol{r}(k) = \boldsymbol{L}(\boldsymbol{y}(k)) \tag{6-16}$$

式(6-15)为静态最小二乘恒模算法，因为算法是使用 K 个数据组成的单个数据块 $\{x(k)\}$ 迭代的。一旦权向量 $\boldsymbol{w}(k+1)$ 计算出，滤波输出的新估计值 $\boldsymbol{y}$ 就可以得到，并产生

$r(k+1)$的新值。算法重复迭代,直至收敛。

与静态最小二乘恒模算法不同,动态最小二乘恒模算法不是在一个静态数据块内迭代。相反,它使用最新 K 个数据组成的向量进行权向量更新,并且每隔 K 个样本进行一次更新。记:

$$\boldsymbol{X}(k) = [x(1+kX), x(2+kX), \cdots, x(K+kX)] \tag{6-17}$$

则动态最小二乘恒模算法由以下计算构成:

$$\boldsymbol{y}(k) = [\boldsymbol{W}^{\mathrm{H}}(k)\boldsymbol{X}(k)]^{\mathrm{T}} = [y(1+kK), y(2+kK), \cdots, y(K+kK)]^{\mathrm{T}}$$
$$\boldsymbol{r}(k) = \boldsymbol{L}(\boldsymbol{y}) \tag{6-18}$$
$$\boldsymbol{w}(k+1) = [\boldsymbol{X}(k)\boldsymbol{X}^{\mathrm{H}}(k)]^{-1}\boldsymbol{X}(k)\boldsymbol{r}^*(k)$$

输入数据的样本自相关矩阵 $\hat{\boldsymbol{R}}_{xx}(k)$ 和输入数据与硬限幅输出之间的样本互相关向量为:

$$\hat{\boldsymbol{R}}_{xx}(k) = \frac{1}{K}\boldsymbol{X}(k)\boldsymbol{X}^{\mathrm{H}}(k)$$
$$\tag{6-19}$$
$$\hat{\boldsymbol{P}}_{xr}(k) = \frac{1}{K}\boldsymbol{X}(k)\boldsymbol{r}^*(k)$$

于是,式(6-10)可以写成:

$$\boldsymbol{w}(k+1) = \hat{\boldsymbol{R}}_{xx}^{-1}\hat{\boldsymbol{p}}_{xr}(k) \tag{6-20}$$

这是我们所熟悉的 Wiener-Hopf 方程,它恰好是最佳 Wiener 权向量。因此,最小二乘恒模算法将给出最佳的权向量。

6.5 天线技术的基础应用

我们可以将天线和阵列集成到无线系统中,并使用阻抗分析来设计匹配的网络。天线工具箱提供了模拟波束形成和波束转向算法的辐射模式。Gerber 文件可以从我们的设计中生成,用于制造印刷电路板(PCB)天线。可以将天线安装在汽车、飞机等大型平台上,分析其结构对天线性能的影响。站点查看器使我们能够使用各种传播模型在 3D 地形图上可视化天线覆盖范围。

下面从天线的建模、阵列的建模与分析等方面介绍天线技术的应用。

6.5.1 天线的建模与分析

【例 6-1】 此实例展示了如何构造、可视化和分析天线工具箱中的天线元素。
使用天线建模和分析库中的螺旋天线单元定义螺旋天线。

```
>> hx = helix
hx =
  helix - 属性:
                Radius: 0.0220
                 Width: 1.0000e-03
                 Turns: 3
               Spacing: 0.0350
      WindingDirection: 'CCW'
        FeedStubHeight: 1.0000e-03
      GroundPlaneRadius: 0.0750
```

```
            Tilt: 0
        TiltAxis: [1 0 0]
            Load: [1 × 1 lumpedElement]
```

（1）显示天线结构。

使用 show 函数可以查看螺旋天线的结构。螺旋天线包括在接地上的螺旋形导体，天线接地在 X—Y 平面内。

```
>> show(hx)   % 效果如图 6-6 所示
```

（2）修改天线特性。

修改螺旋天线的以下属性：半径＝28e－3，宽度＝1.2e－3，匝数＝4，并显示天线属性，观察天线结构变化。

```
>> hx = helix('Radius',28e - 3,'Width',1.2e - 3,'Turns',4)
hx =
  helix - 属性:
                Radius: 0.0280
                 Width: 0.0012
                 Turns: 4
               Spacing: 0.0350
      WindingDirection: 'CCW'
         FeedStubHeight: 1.0000e - 03
       GroundPlaneRadius: 0.0750
                  Tilt: 0
              TiltAxis: [1 0 0]
                  Load: [1 × 1 lumpedElement]
>> show(hx)    % 效果如图 6-7 所示
```

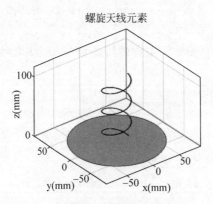

图 6-6 螺旋天线结构接地效果

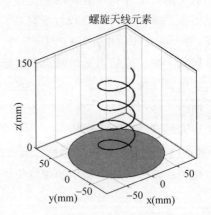

图 6-7 修改特性后螺旋天线接地效果

（3）绘制天线辐射图。

利用方向图函数绘制螺旋天线的辐射方向图。天线的辐射方向图是天线功率的空间分布，该图样显示天线的方向性或增益。默认情况下，方向图函数绘制天线的方向性。

```
>> pattern(hx,1.8e9)   % 效果如图 6-8 所示
```

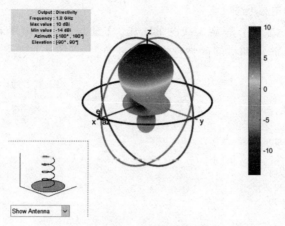

图 6-8　天线辐射图

（4）绘制天线的方位角和仰角图。

使用 patternAzimuth 和 patternElevation 函数来绘制螺旋天线的方位和仰角模式。这是天线在特定频率下的二维辐射模式。

```
>> patternAzimuth(hx,1.8e9)      % 效果如图 6-9 所示
>> figure
patternElevation(hx,1.8e9)       % 效果如图 6-10 所示
```

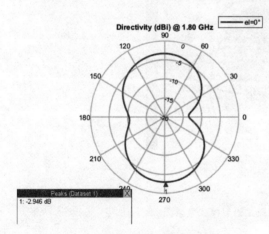

图 6-9　螺旋天线的方位效果图

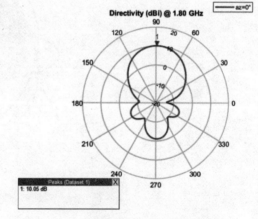

图 6-10　螺旋天线的仰角模式效果图

（5）计算天线的方向性。

利用方向图函数指定的输出属性"名称-值"对计算螺旋天线的指向性。指向性是指天线在特定方向上辐射功率的能力。它可以定义为期望方向上的最大辐射强度与所有其他方向上的平均辐射强度的比值。

```
>> Directivity = pattern(hx,1.8e9,0,90)
Directivity =
    10.0430
```

（6）计算天线的电磁场。

利用 EHfields 函数计算螺旋天线的 EH 场。EH 场是天线电场和磁场的 x、y、z 分量。这些分量是在特定的频率和空间的特定点上测量的。

```
>> [E,H] = EHfields(hx,1.8e9,[0;0;1])
E =
  - 0.5241 - 0.5727i
  - 0.8760 + 0.5252i
  - 0.0036 + 0.0006i
H =
   0.0023 - 0.0014i
  - 0.0014 - 0.0015i
   0.0000 - 0.0000i
```

（7）绘制天线的不同极化。

利用方向图函数中的极化"名称-值"对绘制螺旋天线的不同极化方向图。极化是指天线的电场或电场的方向。极化分为椭圆、直线和圆形。这个例子显示了螺旋的右圆极化（RHCP）辐射模式。

```
>> pattern(hx,1.8e9,'Polarization','RHCP')    % 效果如图 6-11 所示
```

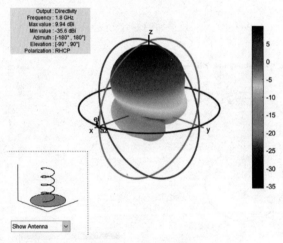

图 6-11　螺旋的右圆极化辐射模式效果图

（8）计算天线轴向比。

利用轴向比函数计算螺旋天线的轴向比。天线轴向比（AR）是天线方向图覆盖的角度度量，天线轴向比是在包含天线主瓣方向的平面测量的，测量单位为 dB。

```
>> [bw, angles] = beamwidth(hx,1.8e9,0,1:1:360)
bw =
    57.0000
angles =
     60    117
```

（9）计算天线阻抗。

利用阻抗函数计算并绘制螺旋天线的输入阻抗。输入阻抗是端口电压和电流的比值，

天线阻抗计算为相量电压和端口相量电流的比值。

```
>> impedance(hx,1.7e9:1e6:2.2e9)    % 效果如图 6-12 所示
```

（10）计算天线反射系数。

利用参数函数计算螺旋天线的 S11。天线反射系数 S_1_1 描述了由于阻抗不匹配而反射回来的入射射频功率的相对比例。

```
>> S = sparameters(hx,1.7e9:1e6:2.2e9,72)
S =
    sparameters: S – parameters object
        NumPorts: 1
      Frequencies: [501 × 1 double]
       Parameters: [1 × 1 × 501 double]
        Impedance: 72
  rfparam(obj,i,j) returns S – parameter Sij
>> rfplot(S)    % 效果如图 6-13 所示
```

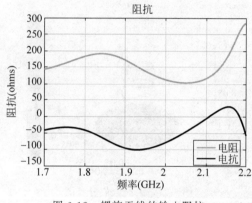

图 6-12　螺旋天线的输入阻抗

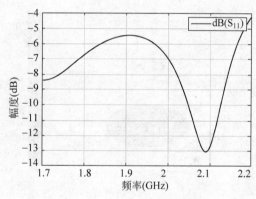

图 6-13　天线反射系数效果图

（11）计算天线回波损耗。

使用 returnLoss 函数来计算和绘制螺旋天线的回波损耗。天线回波损耗是功率从传输线传递到负载（如天线）的有效性的一种度量。计算结果以对数尺度显示。

```
>> returnLoss(hx,1.7e9:1e6:2.2e9,72)    % 效果如图 6-14 所示
```

（12）计算天线电压驻波比。

利用驻波比（VSWR）函数计算并绘制螺旋天线的驻波比。天线驻波比是测量传输线与天线阻抗匹配的另一种方法。

```
>> vswr(hx,1.7e9:1e6:2.2e9,72)    % 效果如图 6-15 所示
```

（13）计算天线的电流和电荷分布。

利用电荷函数计算螺旋天线的电荷分布。电荷分布是指天线表面在特定频率下的电荷值。利用电流函数计算螺旋天线的电流分布。电流分布是指天线表面在特定频率下的电流值。

```
>> charge(hx,2.01e9)     % 效果如图 6-16 所示
>> figure
current(hx,2.01e9)       % 效果如图 6-17 所示
```

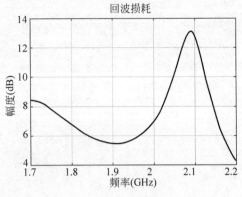

图 6-14　天线回波损耗效果图

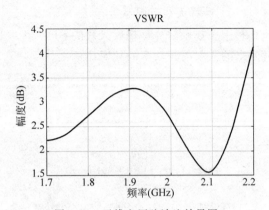

图 6-15　天线电压驻波比效果图

彩色图片

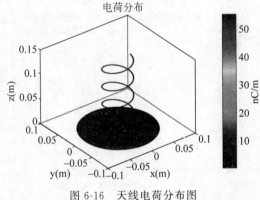

图 6-16　天线电荷分布图

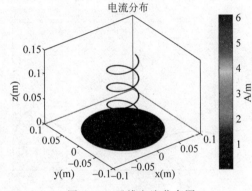

图 6-17　天线电流分布图

（14）显示天线网格。

使用网格函数创建并显示螺旋天线的网格结构。采用网格对天线表面进行离散化，在此过程中，电磁求解器可以对天线的几何形状和材料进行加工。

```
>> mesh(hx)    % 效果如图 6-18 所示
```

（15）手动实现网状天线。

使用 MaxEdgeLength"名称-值"对指定三角形的最大边长度。这个名称-值对手动将螺旋结构网格化。

```
>> mesh(hx,'MaxEdgeLength',0.01)    % 效果如图 6-19 所示
```

（16）将网格设置为自动。

```
>> meshconfig(hx,'auto')
ans =
    包含以下字段的 struct:
      NumTriangles: 890
      NumTetrahedra: 0
```

```
    NumBasis: []
MaxEdgeLength: 0.0100
    MeshMode: 'auto'
```

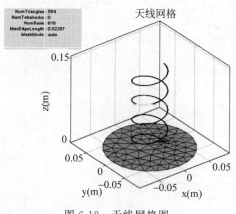

图 6-18　天线网格图

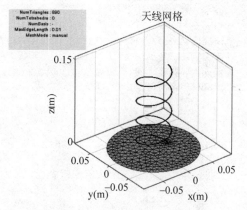

图 6-19　手动实现网状天线效果图

6.5.2　天线表面电流

【例 6-2】　此实例展示了如何在半波长偶极子上可视化表面电流以及如何观察单个电流分量。最后,它展示了如何与颜色条交互,以改变其动态范围,并更好地可视化表面电流。

(1) 创建偶极子天线。

设计偶极子天线,使其共振频率在 1GHz 左右。这个频率的波长是 30cm,偶极子长度等于半波长,相当于 15cm。偶极子条的宽度选择为 5mm。

```
>> mydipole = dipole('Length',15e-2, 'Width',
5e-3);
show(mydipole);     % 效果如图 6-20 所示
```

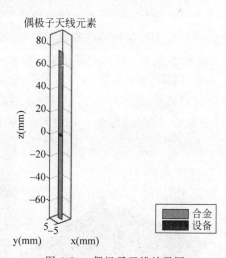

图 6-20　偶极子天线效果图

(2) 计算偶极面电流分布。

由于偶极子长度为 15cm,故取运算频率 $f=c/(2*l)$,其中 c 为光速。电流沿偶极子长度呈正弦波半周期分布,最大电流出现在天线中心。在较高的谐振频率($2f,3f,\cdots$)下,沿偶极子的周期性电流分布有多个极大值和极小值。这种周期性的电流分布是典型的偶极子和类似的谐振导线天线。

```
>> c = 2.99792458e8;
f = c/(2 * mydipole.Length);
current(mydipole, f);
view(90,0);     % 效果如图 6-21 所示
```

(3) 计算和绘制当前各个组件。

在函数 current 中指定输出参数,并访问各个当前组件。向量点对应于当前值计算的

三角形中心。图 6-22 显示了表面电流密度的纵向(z)分量和横向(y)分量。

```
>> [C, points]  = current(mydipole, f);
Jy = abs(C(2,:));
Jz = abs(C(3,:));
figure;
plot(points(3,:), Jz, 'r * ', points(3,:), Jy, 'b * ');   % 效果如图 6-22 所示
grid on;
xlabel('偶极子的长度(m)')
ylabel('表面电流密度, A/m');
legend('|Jz|', '|Jy|');
```

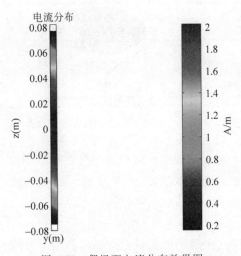

图 6-21   偶极面电流分布效果图

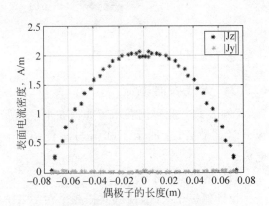

图 6-22   当前各个组件效果图

这种电流分布在 MoM 分析中是典型的。当电流精确地绘制在条带的中心线上时，更精细的三角形表面网格将获得更好的(更平滑的)结果。

（4）把偶极子放在反射器前面。

通过选择偶极子天线作为反射面天线的激励器，将偶极子放置在有限平面反射器前面。确定偶极子的方向，使其平行于反射器。这是通过改变激励器（偶极子）的倾斜来实现的，使它位于 x 轴上，围绕 y 轴旋转 90°的倾斜来实现这一点。偶极子和反射器之间的间距选择为 2cm。

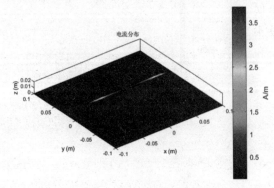

图 6-23   偶极点电流分布效果

```
>> myreflector = reflector('Exciter',
mydipole, 'Spacing', 0.02);   % 效果如
% 图 6-23 所示
myreflector.Exciter.Tilt = 90;
myreflector.Exciter.TiltAxis = [0 1 0];
current(myreflector, f);
```

如图 6-23 所示，在反射面上也会产生电流。为了更好地可视化反射器表面上的电流，将鼠标悬停在颜色条上并更改当前图的动态范围（比例），如图 6-24 所示（右键操作）。

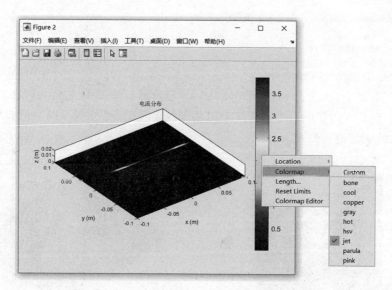

图 6-24　右键操作电流分布效果

6.6　自定义几何 PCB 天线

本节创建自己定制的几何 2D 和 3D 天线或导入 2D 阵列网格。利用任意元件构建馈电,并使用分析函数分析天线或阵列。选择 PCB 天线连接器和制造服务,结合 PCB 几何形状创建 PCB 天线。为 PCB 天线制造编写 Gerber 文件。

6.6.1　定制 2D 和 3D 天线

通过导入一个平面网格创建自己的定制天线。对于更复杂的二维结构,使用天线工具箱中提供的二维形状并对其执行布尔操作。产生的形状可以是一个二维天线,或者它可以描述 PCB 堆栈中的一个特定层。

下面先对 2D 和 3D 天线的相关函数进行介绍。

1. 2D 天线的相关函数

这里介绍的 2D 天线相关函数主要有 customAntennaMesh、customArrayMesh、customAntennaGeometry、customArrayGeometry。

1) customAntennaMesh 函数

在天线工具箱中,提供了 customAntennaMesh 函数用于在 X-Y 平面上创建 2D 自定义网格天线。函数的调用格式如下。

customantenna = customAntennaMesh(points,triangles):基于指定的点 points 和三角形 triangles 创建一个由自定义网格表示的 2D 天线 customantenna。

【例 6-3】　加载一个自定义平面网格,创建天线和天线馈电,查看自定义平面网格天线,并计算在 100MHz 的阻抗。

```
>> load planarmesh.mat;          % 加载网格
c = customAntennaMesh(p,t);      % 创建 2D 天线
show(c)                          % 显示网格天线,效果如图 6-25 所示
>> createFeed(c,[0.07,0.01],[0.05,0.05]);
```

```
Z = impedance(c,100e6)          % 阻抗
Z =
    0.5091 + 57.2103i
```

2）customArrayMesh 函数

在天线工具箱中，提供了 customArrayMesh 函数用于在 X-Y 平面上创建 2D 自定义网格天线阵列。我们可以提供一个任意阵列网格天线工具箱，并分析该网格的自定义阵列端口和场特性，效果如图 6-26 所示。

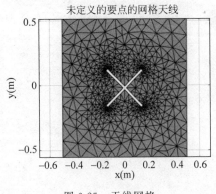

图 6-25　天线网格

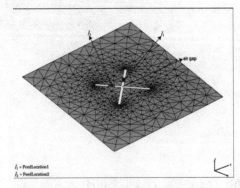

图 6-26　自定义阵列端口和场特性

customArrayMesh 函数的语法格式如下。

customarray ＝ customArrayMesh(points，triangles，numfeeds)：基于指定的点 points 和三角形 triangles 创建一个由自定义网格 numfeeds 表示的 2D 数组。

【例 6-4】 计算自定义阵列网格的阻抗。

```
% 加载一个自定义网格并创建一个数组
% 计算阵列的阻抗
>> load planarmesh.mat;
c = customArrayMesh(p,t,2);
% 为自定义数组网格创建元素
>> createFeed(c,[0.07,0.01],[0.05,0.05],[ - 0.07,0.01],[ - 0.05,0.05])
>> Z = impedance(c,1e9)
Z =
  64.3919 - 7.8288i  58.9595 - 11.3554i
```

3）customAntennaGeometry 函数

在天线工具箱中，提供了 customAntennaGeometry 函数用于创建由 2D 自定义几何图形表示的天线。利用 customAntennaGeometry 函数，我们可以导入一个平面网格，为这个网格定义馈电来创建一个天线，分析天线，并在有限或无限阵列中使用它。图 6-27 所示的图像是一个自定义槽天线。customAntennaGeometry 函数的调用格式如下。

ca＝customAntennaGeometry：基于指定的边界，创建一个定义几何图形表示的 2D 天线。

ca＝customAntennaGeometry(Name，Value)：属性由一个或多个名称-值对指定，创建一个 2D 天线几何体。Name 是属性名称，Value 是对应的值。我们可以以任意顺序指定几个名称-值对参数，如 Name1，Value1，⋯。未指定的属性保留其默认值。

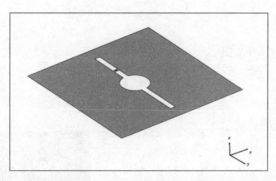

图 6-27　自定义槽天线效果图

【例 6-5】　用三个矩形和一个圆形创建一个自定义槽天线单元。

```
% 制作三个 0.5m×0.5m, 0.02m×0.4m 和 0.03m×0.008m 的矩形
>> pr = em.internal.makerectangle(0.5,0.5);
pr1 = em.internal.makerectangle(0.02,0.4);
pr2 = em.internal.makerectangle(0.03,0.008);
% 创建一个半径为 0.05m 的圆
ph = em.internal.makecircle(0.05);
% 使用坐标[0,0.1,0]将第三个矩形平移到 X-Y 平面
pf = em.internal.translateshape(pr2,[0 0.1 0]);
% 使用指定边界形状创建自定义槽天线单元,转置 pr, ph, pr1 和 pf 以确保边界输入是列向量数组
c = customAntennaGeometry('Boundary',{'pr','ph','pr1','pf'},...
    'Operation','P1 - P2 - P3 + P4');
figure;
show(c);                          % 效果如图 6-28 所示
% 将要点元素位置移动到新坐标
>> c.FeedLocation = [0,0.1,0];
figure;
show(c);                          % 效果如图 6-29 所示
```

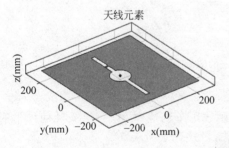

图 6-28　自定义的槽天线单元

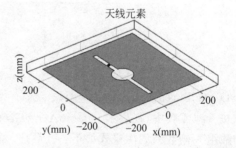

图 6-29　移动要点元素效果图

彩色图片

```
>> % 分析 300~800MHz 天线阻抗
figure;
impedance(c, linspace(300e6,800e6,51));   % 效果如图 6-30 所示
>> % 分析天线在 575 MHz 的电流分布
>> figure;
```

```
current(c,575e6)                              % 效果如图 6-31 所示
```

```
% 绘制天线在 575MHz 的辐射图
>> figure;
```

```
pattern(c,575e6)                              % 效果如图 6-32 所示
```

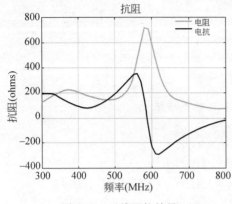

图 6-30　天线阻抗效果

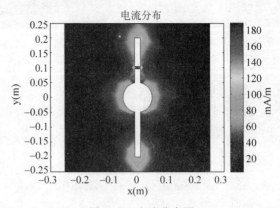

图 6-31　电流分布图

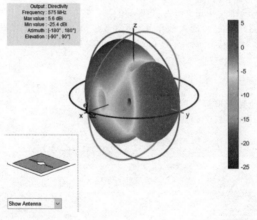

图 6-32　天线在 575MHz 的辐射图

4）customArrayGeometry 函数

在天线工箱中，提供了 customArrayGeometry 函数用于创建由 2D 自定义几何图形表示的数组。函数的调用格式如下。

array＝customArrayGeometry：根据指定的边界，在 X-Y 平面上创建一个由 2D 几何图形表示的自定义数组。

array＝customArrayGeometry(Name,Value)：属性由一个或多个名称-值对指定，创建一个 2D 数组几何体。Name 是属性名称，Value 是对应的值。我们可以以任意顺序指定几个名称-值对参数，如 Name1、Value1 等。未指定的属性保留其默认值。

【例 6-6】　使用 customArrayGeometry 创建自定义数组，将其可视化并绘制出阻抗。另外，可视化数组上的当前分布。

```
% 创建长度为 0.6m,宽度为 0.5m 的地平面
>> Lp   = 0.6;
   Wp   = 0.5;
[~,p1]   = em.internal.makeplate(Lp,Wp,2,'linear');
>> % 在接地面上创建长 0.05m、宽 0.4m 的槽位
>> Ls   = 0.05;
   Ws   = 0.4;
   offset = 0.12;
[~,p2]   = em.internal.makeplate(Ls,Ws,2,'linear');
p3 = em.internal.translateshape(p2, [offset, 0, 0]);
p2 = em.internal.translateshape(p2, [-offset, 0, 0]);
% 在地平面的插槽之间创建一个要素
>> Wf   = 0.01;
[~,p4]   = em.internal.makeplate(Ls,Wf,2,'linear');
p5 = em.internal.translateshape(p4, [offset, 0, 0]);
p4 = em.internal.translateshape(p4, [-offset, 0, 0]);
>> % 使用槽位接地面创建阵列
>> carray = customArrayGeometry;
carray.Boundary = {p1', p2', p3', p4', p5'};
carray.Operation = 'P1 - P2 - P3 + P4 + P5';
carray.NumFeeds = 2;
carray.FeedWidth = [0.01 0.01];
carray.FeedLocation = [-offset,0,0; offset,0,0];
>> % 可视化数组
>> figure; show(carray);                    % 效果如图 6-33 所示
>> % 在 350~450MHz 的频率范围内计算阵列阻抗
>> figure; impedance(carray, 350e6:5e6:450e6);   % 效果如图 6-34 所示
% 可视化阵列在 410MHz 当前电流分布
>> figure; current(carray, 410e6);          % 效果如图 6-35 所示
```

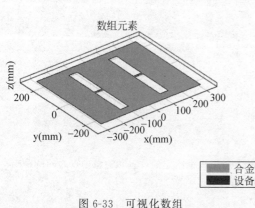

图 6-33　可视化数组

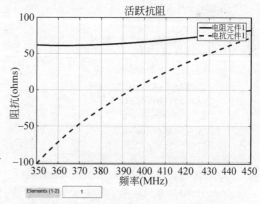

图 6-34　阵列阻抗效果图

彩色图片

2. 3D 天线的相关函数

这里介绍的 3D 天线相关函数只有一个,即 customAntennaStl 函数。该函数使用立体光刻(STL)文件创建一个由自定义几何图形表示的 3D 天线。STL 文件用于定义任何以点和三角形表式的三维表面,如图 6-36 所示。

customAntennaStl 函数的调用格式如下。

ca＝customAntennaStl:根据指定的 STL 文件返回一个由自定义几何图形表示的 3D 天线。

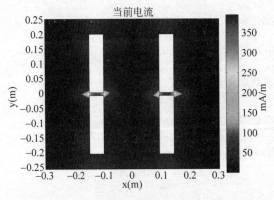

图 6-35　电流分布效果

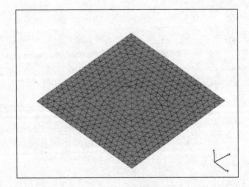

图 6-36　三维表面图

【例 6-7】　使用 customAntennaStl 在自定义天线 STL 中创建天线馈电。

```
>> % 使用 customAntennaStl 对象创建 STL 文件
>> ant = customAntennaStl
ant =
  customAntennaStl - 属性:
          FileName: []
             Units: 'm'
      FeedLocation: []
     AmplitudeTaper: 1
        PhaseShift: 0
      UseFileAsMesh: 0
              Tilt: 0
          TiltAxis: [1 0 0]
>> ant.FileName = 'patchMicrostrip_ColumnFeed.stl'
ant =
  customAntennaStl - 属性:
          FileName: 'patchMicrostrip_ColumnFeed.stl'
             Units: 'm'
      FeedLocation: []
     AmplitudeTaper: 1
        PhaseShift: 0
      UseFileAsMesh: 0
              Tilt: 0
          TiltAxis: [1 0 0]
>> % 在 createFeed 函数中指定 FeedLocation 和 NumEdges. 根据给定的位置和边缘中点之间的距离
% 选择边缘,边可以是单馈或封闭多边形
>> ant.createFeed([-0.018750000000000 0 0],8)
show(ant)     % 效果如图 6-37 所示
% 绘制 1.75GHz 的电流分布
>> figure
current(ant,1.75e9,'Scale','log')
% 效果如图 6-38 所示
% 计算 1.75GHz 的阻抗
>> z = impedance(ant,1.75e9)
z =
  85.7298 - 52.7332i
```

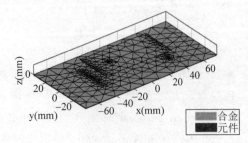

图 6-37　天线馈电效果图

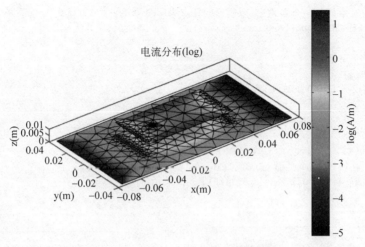

图 6-38　1.75GHz 的电流分布效果图

3. 几何形状

在天线工具箱,也提供了相关对象用于绘制正方形、长方形、多边形以及圆,下面对这几个对象进行介绍。

1) antenna. Circle 对象

在天线工具箱中,提供了 antenna. Circle 对象用于在 X-Y 平面上创建一个以原点为中心的圆。对象的调用格式如下。

circle＝antenna. Circle:创建一个以原点为中心,在 X-Y 平面上的圆。

circle＝antenna. Circle(Name,Value):使用一个或多个名称-值对设置属性。例如,circle ＝ antenna. Circle('Radius',0.2)表示创建一个半径为 0.2m 的圆。需将每个属性名称用引号括起来。

【例 6-8】　使用默认属性创建圆。

```
>> c1 = antenna.Circle
c1 =
  Circle - 属性:
        Name: 'mycircle'
      Center: [0 0]
      Radius: 1
    NumPoints: 30
>> show(c1)    % 显示圆,效果如图 6-39 所示
```

2) antenna. Polygon 对象

在天线工具箱中,提供了 antenna. Polygon 对象用于在 X-Y 平面上创建多边形,并在页面中展开。函数的调用格式如下。

polygon＝antenna. Polygon:创建一个以原点为中心并在 X-Y 平面上的多边形。

polygon＝antenna. Polygon(Name,Value):使用一个或多个名称-值对设置属性。例如,polygon ＝ antena. polygon (' Name ' , ' mypolygonboard ')表示创建一个名为 'mypolygonboard'的多边形。需将每个属性名称用引号括起来。

【例 6-9】　创建和变换多边形。

269

```
% 使用天线对象创建一个多边形,多边形的顶点为[-1 0 0;-0.5 0.2 0;0 0 0]
>> p = antenna.Polygon('Vertices', [-1 0 0;-0.5 0.2 0;0 0 0])
p =
  Polygon - 属性:
        Name: 'mypolygon'
    Vertices: [3×3 double]
>> show(p)                    % 效果如图 6-40 所示
axis equal
% 网格化多边形
>> mesh(p,0.2)               % 效果如图 6-41 所示
% 将多边形移动到 X-Y 平面上的新位置
>> translate(p,[2,1,0])      % 效果如图 6-42 所示
axis equal
```

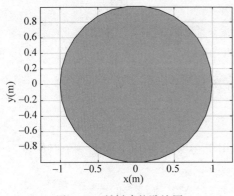

图 6-39　所创建的默认圆

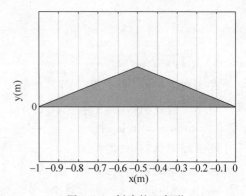

图 6-40　创建的三角形

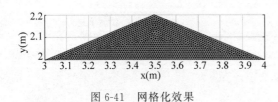

图 6-41　网格化效果

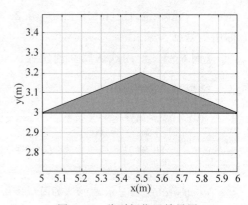

图 6-42　移到新位置效果图

3) antenna. Rectangle 对象

在天线工具箱中,提供了 antenna. Rectangle 对象用于在 X-Y 平面上创建以原点为中心的矩形,并在页面中展开所有内容。对象的调用格式如下。

rect＝antenna. Rectangle:创建一个以原点为中心并在 X-Y 平面上的矩形。

rect＝antenna. Rectangle(Name,Value):使用一个或多个名称-值对设置属性。例如,rectangle＝antenna. Rectangle('Length',0.2)表示创建一个长度为 0.2m 的矩形。需将每个属性名称用引号括起来。

【例 6-10】 创建矩形切口。

```
% 创建一个长 0.15m,宽 0.15m 的矩形
>> r = antenna.Rectangle('Length',0.15,'Width',0.15);
% 创建第二个长 0.05m、宽 0.05m 的矩形.设置第二个矩形的中心为第一个矩形 r 长度的一半
>> n = antenna.Rectangle('Center',[0.075,0],'Length',0.05,'Width',0.05);
>> % 通过从 r 减去 n 来创建并查看一个缺口矩形
>> rn = r-n;
show(rn)     % 效果如图 6-43 所示
>> % 计算缺口矩形的面积
>> area(rn)
ans =
      0.0212
```

4）antenna.Ellipse 对象

在天线工具箱中,提供了 antenna.Ellipse 对象用于在 X-Y 平面上创建以原点为中心的椭圆。对象的调用格式如下。

ellipse＝antenna.Ellipse：创建一个以 X-Y 平面原点为中心的椭圆。

ellipse＝antenna.Ellipse（Name,Value）：使用一个或多个名称-值对参数设置属性。例如,ellipse＝antena.ellipse（'MajorAxis',2,'Minoraxis',0.800）表示创建一个长轴为 2m,短轴为 0.8m 的椭圆。需将每个属性名称用引号括起来。

【例 6-11】 创建具有指定属性的椭圆。

```
% 创建一个长轴为 2m,短轴为 0.8m 的椭圆
>> e2 = antenna.Ellipse('MajorAxis',2,'MinorAxis',0.8)
e2 =
  Ellipse - 属性:
          Name: 'myEllipse'
        Center: [0 0]
     MajorAxis: 2
     MinorAxis: 0.8000
     NumPoints: 30
>> % 创建一个最大边缘长度为 20cm 的格
>> mesh(e2,'MaxEdgeLength',2e-1)    % 效果如图 6-44 所示
```

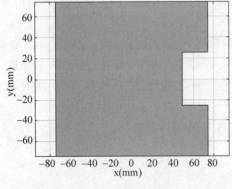

图 6-43　缺口矩形

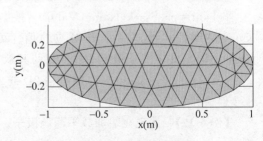

图 6-44　带网格的椭圆

6.6.2　PCB 天线

PCB 天线是指无线接收和发射用的 PCB（印制电路板）上的部分,PCB 是重要的电子部

件,是电子元器件的支撑体,是电子元器件电气连接的载体。由于它是采用电子印刷术制作的,故被称为"印刷"电路板。

由于同类印制板的一致性,电子设备采用印制板后,避免了人工接线的差错,并可实现电子元器件自动插装或贴装、自动焊锡、自动检测,保证了电子设备的质量,提高了劳动生产率,降低了成本,且便于维修。

印制板从单层发展到双层、多层和挠性,并且仍旧保持着各自的发展趋势。由于不断地向高精度、高密度和高可靠性方向发展,不断缩小体积、减少成本、提高性能,使得印制板在未来电子设备的发展中,仍然保持着强大的生命力。

1. PCB 的优点

PCB 之所以能得到越来越广泛的应用,是因为它有如下很多独特的优点。

- 可高密度化。数十年来,印制板能够随着集成电路集成度提高和安装技术进步而向高密度发展。
- 一系列检查、测试和老化试验等可保证 PCB 长期(使用期,一般为 20 年)而可靠地工作。
- 可设计性。对 PCB 各种性能(电气、物理、化学、机械等)要求,可以通过设计标准化、规范化等来实现印制板设计,时间短、效率高。
- 可生产性。采用现代化管理,可进行标准化、规模(量)化、自动化等生产,保证产品质量一致性。

2. PCB 的相关函数

在天线工具箱中,提供了一些函数可以实现结合几何形状和数学操作,创建独特的天线几何形状,满足我们的天线规格。例如,我们可以使用 pcbStack 中的这些对象和功能,来创建基于 PCB 的单层或多层天线设计。

下面对一些常用的 PCB 函数进行介绍。

1) pcbStack 函数

pcbStack 对象是一个单馈或多馈 PCB 天线。基于 PCB 堆栈,可以使用单层或多层金属或金属介质基板创建天线;还可以使用 PCB 堆栈创建具有任意数量馈电和过孔的天线;还可以使用天线工具箱目录天线来创建 PCB 天线。pcbStack 函数的功能是利用单馈电或多馈电 PCB 天线扩展所有页。函数的调用格式如下。

pcbant=pcbStack:创建一个充气的双金属层单馈电 PCB 天线。

pcbant=pcbStack(Name,Value):根据指定的一个或多个名称-值对,创建 PCB 天线。Name 是属性名称,Value 是对应的值。可以以任意顺序指定几个名称-值对参数,如Name1、Value1 等。未指定的属性保留其默认值。

pcbant=pcbStack(ant):将任何 2D 或 2.5D 天线从天线目录转换成 PCB 天线,以便进一步建模和分析。

【例 6-12】 实现在端加载平面偶极子。

```
% 设置参数
>> vp   = physconst('lightspeed');
f      = 850e6;
lambda = vp./f;
```

```
% 在两端建立一个平面偶极子与电容负载
L = 0.15;
W = 1.5 * L;
stripL = L;
gapx = .015;
gapy = .01;
r1 = antenna.Rectangle('Center',[0,0],'Length',L,'Width',W,'Center',[lambda * 0.35,0]);
r2 = antenna.Rectangle('Center',[0,0],'Length',L,'Width',W,'Center',[ - lambda * 0.35,0]);
r3 = antenna.Rectangle('Length',0.5 * lambda,'Width',0.02 * lambda,'NumPoints',2);
s = r1 + r2 + r3;
figure
show(s)        % 效果如图 6-45 所示
% 将散热器形状分配给 pcbStack,并对板形和馈电直径属性进行更改
boardShape = antenna.Rectangle('Length',0.6,'Width',0.3);
p = pcbStack;
p.BoardShape = boardShape;
p.Layers = {s};
p.FeedDiameter = .02 * lambda/2;
p.FeedLocations = [0 0 1];
figure
show(p)        % 效果如图 6-46 所示
% 分析天线的阻抗,末端载荷的影响会导致串联共振在频带内被推低
figure
impedance(p,linspace(200e6,1e9,51))      % 效果如图 6-47 所示
```

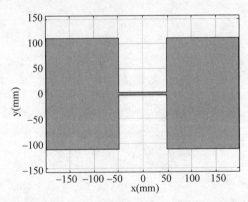

图 6-45　一个平面偶极子与电容负载效果图

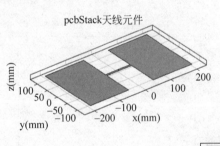

彩色图片

图 6-46　更改板形和馈电直径属性效果

2) PCBWriter 函数

在天线工具箱中,使用 PCBWriter 对象创建基于多层二维天线设计的 PCB 设计文件。一组称为 Gerber 文件,文件描述了 PCB 天线。Gerber 文件使用 ASCII 向量格式的二维二进制图像。函数的调用格式如下。

b=PCBWriter(pcbstackobject):创建一个 PCBWriter 对象,该对象使用基于 PCB 堆栈的二维天线设计几何图形生成 gerber 格式的 PCB 设计文件。

b=PCBWriter(pcbstackobject,rfconnector):使用指定的 PCB 连接器类型创建定制的 PCB 文件。

b=PCBWriter(pcbstackobject,writer):使用指定的 PCB 服务(writer)创建定制的 PCB 文件。

b＝PCBWriter(pcbstackobject,rfconnector,writer)：使用指定的 PCB 服务和 PCB 连接器类型创建定制的 PCB 文件。

【例 6-13】 使用 PCB 堆栈对象生成 Gerber 格式文件。

```
>> %创建一个共面倒 F 天线
>> fco = invertedFcoplanar('Height',14e-3,'GroundPlaneLength', 100e-3, ...
        'GroundPlaneWidth', 100e-3);
%创建一个 pcbStack 对象
p = pcbStack(fco);
show(p);    %效果如图 6-48 所示
%使用 PCBWriter 生成 Gerber 格式的设计文件
>> PW = PCBWriter(p)
PW =
    PCBWriter - 属性:
                            Design: [1×1 struct]
                            Writer: [1×1 Gerber.Writer]
                         Connector: []
                UseDefaultConnector: 1
          ComponentBoundaryLineWidth: 8
             ComponentNameFontSize: []
                 DesignInfoFontSize: []
                              Font: 'Arial'
                         PCBMargin: 5.0000e-04
                        Soldermask: 'both'
                       Solderpaste: 1
    See info for details
```

彩色图片

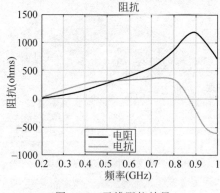

图 6-47　天线阻抗效果

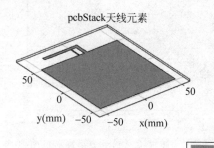

图 6-48　pcbStack 对象

3) PCBServices 函数

在天线工具箱中，可使用 PCBServices 对象生成特定的 PCB 文件。函数的调用格式如下。

w＝PCBServices.servicetype：基于 servicetype 中指定的服务类型创建 Gerber 文件。

【例 6-14】 使用 PCBServices 对象创建特定的 Gerber 文件。

```
%创建一个共面倒 F 天线
fco = invertedFcoplanar('Height',14e-3,'GroundPlaneLength', 100e-3,  ...
                'GroundPlaneWidth', 100e-3);
%在创建 PCB 堆栈对象时使用该天线
```

```
p = pcbStack(fco);
% 使用 Mayhew Writer 与配置板查看 PCB 的 3D
s = PCBServices.MayhewWriter;
s.BoardProfileFile = 'profile'
s =
  MayhewWriter - 属性:
                  BoardProfileFile: 'profile'
             BoardProfileLineWidth: 1
                    CoordPrecision: [2 6]
                        CoordUnits: 'in'
                 CreateArchiveFile: 0
                    DefaultViaDiam: 3.0000e-04
                 DrawArcsUsingLines: 1
                    ExtensionLevel: 1
                          Filename: 'untitled'
                             Files: {}
             IncludeRootFolderInZip: 0
                      PostWriteFcn: @(obj)sendTo(obj)
          SameExtensionForGerberFiles: 0
                       UseExcellon: 1
```

4）PCBConnectors 函数

在天线工具箱中，使用 PCBconnectors 对象指定天线 PCB 馈电点的 RF 连接器。其结果通常是对 PCB 设计文件的一组修改。函数的调用格式如下。

c = PCBConnectors.connectortype：根据在 connectortype 中指定的天线馈点上使用的连接器类型创建 Gerber 文件。

【例 6-15】 PCB 使用 Coax_RG11 连接器创建 Gerber 文件。

```
% 创建一个共面倒 F 天线
>> fco = invertedFcoplanar('Height',14e-3,'GroundPlaneLength', 100e-3,  ...
                    'GroundPlaneWidth', 100e-3);
% 使用这个天线来创建一个 pcbStack 对象
p = pcbStack(fco);
% 使用 Coax_RG11 RF 连接器，引脚直径为 2mm
c = PCBConnectors.Coax_RG11;
c.PinDiameter = 2.000e-03;
s = PCBServices.MayhewWriter
s =
  MayhewWriter - 属性:
                  BoardProfileFile: 'legend'
             BoardProfileLineWidth: 1
                    CoordPrecision: [2 6]
                        CoordUnits: 'in'
                 CreateArchiveFile: 0
                    DefaultViaDiam: 3.0000e-04
                 DrawArcsUsingLines: 1
                    ExtensionLevel: 1
                          Filename: 'untitled'
                             Files: {}
             IncludeRootFolderInZip: 0
                      PostWriteFcn: @(obj)sendTo(obj)
          SameExtensionForGerberFiles: 0
```

UseExcellon: 1

3. 探针馈电堆叠贴片天线的建模与分析

标准矩形微带贴片天线具有较窄的阻抗带宽,通常小于5%。堆叠贴片结构是提高天线阻抗带宽大于25%的方法之一。设计堆叠贴片(补丁)有不同的方法,主要区别在于它们的馈送设计方式。两种送料机构是探针送料和孔径耦合送料,这两种机制对天线的阻抗带宽行为和辐射特性都有影响。

【例6-16】 探针馈电堆叠贴片天线的建模和分析。

(1) 探针馈入的堆叠几何补丁。

堆叠的贴片由两个尺寸略有不同的贴片组成,它们沿 z 轴彼此重叠,并由介电材料隔开,两个斑块都相对于地面居中。下贴片和接地面之间的间隙也用介电材料填充。当在单一馈电配置中使用时,顶部或底部贴片用同轴探头驱动。图6-49显示了几何图形的平面图。

(2) 定义单位。

定义距离、频率和电阻的标准单位,以及它们的乘法等效单位。

```
>> meter = 1;
hertz = 1;
ohm = 1;
mm = 1e - 3 * meter;
GHz = 1e9 * hertz;
```

(3) 天线的尺寸。

除了接地面之外,在本例中,选择了一个正方形的地平面,其大小是顶部补丁长度的三倍。为了使阻抗带宽最大化,选择了两个贴片的尺寸,并设计贴片天线的准则,进行了灵敏度分析。对于被建模的几何图形,上面的补丁比下面的稍微大一些。

```
>> L1 = 13.5 * mm;
W1 = 12.5 * mm;
L2 = 15 * mm;
W2 = 16 * mm;
d1 = 1.524 * mm;
d2 = 2.5 * mm;
xp = 5.4 * mm;
r_0 = 0.325 * mm;
Lgnd = 3 * L2;
Wgnd = 3 * L2;
```

(4) 创建图层形状和基底。

使用目录中的矩形形状创建堆叠补丁所需的三个金属层,即上补丁、下补丁和接地面。所有的图层都以坐标轴原点为中心。绘制图层边界以确定它们的大小和位置。

```
>> pU = antenna.Rectangle('Length',L2,'Width',W2);
pL = antenna.Rectangle('Length',L1,'Width',W1);
pGnd = antenna.Rectangle('Length',Lgnd,'Width',Wgnd);
figure                    %效果如图 6-50 所示
plot(pGnd)
hold on
```

```
plot(pU)
plot(pL)
grid on
legend('接地面','上补丁','下补丁','Location','best')
```

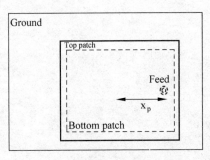

图 6-49　堆叠的几何平面图

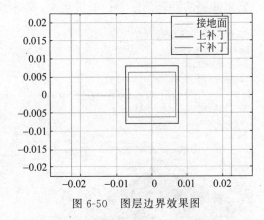

图 6-50　图层边界效果图

在本例中，堆叠贴片天线在上贴片和下贴片之间以及下贴片和接地面之间有一个介质衬底。下贴片的相对介电常数高于上贴片，这意味着两个补丁之间存在松散的电耦合。

```
>> epsr_1 = 2.2;
tandelta_1 = 0.001;
dL = dielectric;
dL.Name = 'Lower sub';
dL.EpsilonR = epsr_1;
dL.LossTangent = tandelta_1;
dL.Thickness = d1;
epsr_2 = 1.07;
tandelta_2 = 0.001;
dU = dielectric;
dU.Name = 'Upper sub';
dU.EpsilonR = epsr_2;
dU.LossTangent = tandelta_2;
dU.Thickness = d2;
```

（5）创建堆叠补丁模型。

使用 pcbStack 创建堆叠贴片天线模型。从最顶层开始分配图层，在本例中为上层补丁分配金属层，然后继续分配最低层，即地面。探针馈送在较低的贴片和接地面之间指定。为了提高模型的精度，我们将进料模型改为近似为方形的实心柱。默认的进料模型是一个带，其中带近似于一个圆柱体。

```
>> p = pcbStack;
p.Name = 'Stacked patch - Waterhouse';
p.BoardShape = pGnd;
p.BoardThickness = d1 + d2;
p.Layers = {pU,dU,pL,dL,pGnd};
p.FeedLocations = [xp 0 3 5];
p.FeedDiameter = 2 * r_0;
p.FeedViaModel = 'square';
figure
```

```
show(p)        % 效果如图 6-51 所示
```

（6）阻抗分析。

分析 6～9GHz 频率范围内的堆叠贴片阻抗。堆叠的贴片结构在这个范围内应该显示两个紧密间隔的平行共振。在分析之前，先把结构网格化。

```
>> fmax = 9 * GHz;
fmin = 6 * GHz;
deltaf = 0.125 * GHz;
freq = fmin:deltaf:fmax;
mesh(p,'MaxEdgeLength',.01,'MinEdgeLength',.003)        % 效果如图 6-52 所示
>> figure
impedance(p,freq)                                       % 效果如图 6-53 所示
```

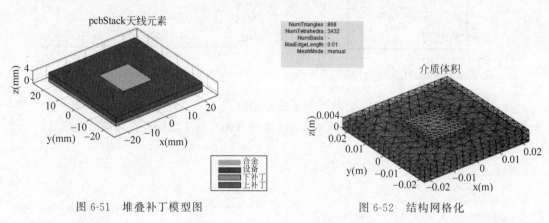

图 6-51　堆叠补丁模型图　　　　　　　　图 6-52　结构网格化

（7）叠片网。

阻抗分析超过频率范围 6～9GHz，结果自动网格生成在最高频率。网格由三角形组成，用于离散天线的所有金属表面、四面体以及离散介质基板的体积。下面代码绘制金属表面和电介质表面的网格。

```
>> figure
mesh(p,'view','metal')                      % 效果如图 6-54 所示
>> figure
mesh(p,'view','dielectric surface')         % 效果如图 6-55 所示
```

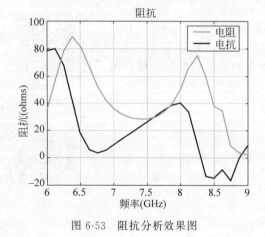

图 6-53　阻抗分析效果图

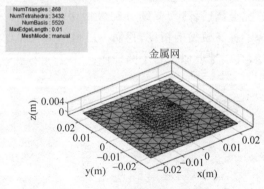

图 6-54　金属表面网格效果图

（8）反射系数。

由于天线是由同轴探头激发的，请计算输入端相对于 50Ω 参考阻抗的反射系数。

```
>> Zref = 50 * ohm;
s = sparameters(p,freq,Zref);
figure                          % 效果如图 6-56 所示
rfplot(s,1,1)
title('S_1_1')
xlabel('频率(Hz)')
ylabel('幅度(dB)')
>> figure
smplot = smithplot(s);          % 效果如图 6-57 所示
smplot.TitleTop = 'Input Reflection Coefficient';
smplot.LineWidth = 3;
```

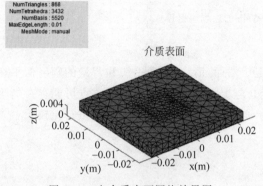

图 6-55　电介质表面网格效果图

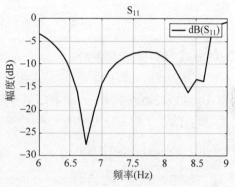

图 6-56　S_1_1 曲线图

（9）整个波段的模式变化。

从堆叠贴片的端口分析中观察到：宽阻抗带宽将对远场辐射模式产生影响。要理解这一点，请在反射系数图中的两个凹槽处$-6.75\mathrm{GHz}$ 和 $8.25\mathrm{GHz}$，绘制该天线远场的辐射模式。

```
>> patternfreqs = [6.75 * GHz, 8.25 * GHz];
freqIndx = arrayfun(@(x) find(freq == x),patternfreqs);
figure
pattern(p,freq(freqIndx(1)))    % 效果如图 6-58 所示
figure
pattern(p,freq(freqIndx(2)))    % 效果如图 6-59 所示
```

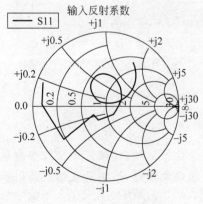

图 6-57　输入反射系数图

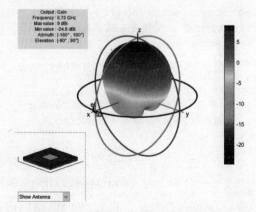

图 6-58　凹槽为$-6.75\mathrm{GHz}$ 的远场辐射模式

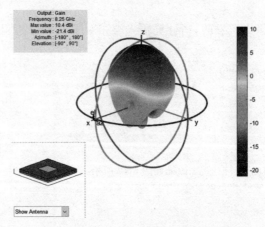

图 6-59   凹槽为 8.25GHz 的远场辐射模式

（10）实际跨频带增益变化。

在接近天顶的较高仰角处，该模式相对稳定。然而，请注意，地平线和背景的辐射似乎在 6～9GHz 频段的高频端增长。这些结果考虑了介电损耗，但没有考虑到馈电点可能存在的阻抗不匹配。为了了解阻抗失配的影响，计算在天顶的实际增益，并将其与增益进行比较。

```
>> D = zeros(1,numel(freq));
az = 0;
el = 90;
for i = 1:numel(freq)
    D(i) = pattern(p,freq(i),az,el);
end
% 绘制增益,效果如图 6-60 所示
h = figure;
plot(freq./GHz,D,'-*','LineWidth',2)
xlabel('频率(Hz)')
ylabel('幅度(dB)')
grid on
title('增益随频率变化')
% 计算不匹配因素
gamma = rfparam(s,1,1);
mismatchFactor = 10 * log10(1 - abs(gamma).^2);
% 计算实际增益,效果如图 6-61 所示
Gr = mismatchFactor.' + D;
figure(h)
hold on
plot(freq./GHz,Gr,'r-.')
legend('增益','实际增益','Location','best')
title('增益和实际增益随频率的变化')
hold off
```

总的来说，该天线在接近天顶时表现出良好的增益变化稳定性，在接近地平线和背景区域时形状变化较大。在 6～9GHz 频段的上、下频端实现最大增益，特别是在输入反射系数的凹槽处，其匹配性最好。在 7～9GHz 范围内，实际的增益仅下降约 0.6dB。实际增益在 6.5GHz 以下和在 8.5GHz 以上的折算值是由于阻抗失配。

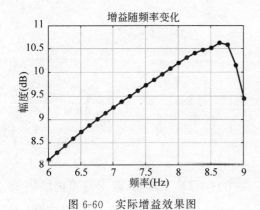

图 6-60 实际增益效果图

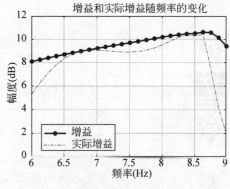

图 6-61 增益和实际增益的频率变化效果

第7章 无线通信的物理层

实现无线通信的物理层主要用到 LTE 工具箱,该工具箱提供用于设计、仿真和验证 LTE、LTE-Advanced 和 LTE-Advanced Pro 通信系统且符合标准的函数和应用程序。该系统工具箱加速了 LTE 算法和物理层(PHY)开发,支持黄金参考验证和一致性测试,并能够生成测试波形。

借助该工具箱,我们可以配置、仿真、测量和分析端到端通信链路,还可以创建并重复使用符合性测试平台来验证设计、原型和实现是否符合 LTE 标准。

通过使用带有 RF 仪器或硬件支持数据包的 LTE 工具箱,我们可以将发射机和接收机模型连接到无线设备并通过无线传输和接收来验证设计。

7.1 波形生成

利用 LTE 工具箱中的函数可以生成符合标准的 LTE、LTE-Advanced 和 LTE-Advanced Pro 波形。还可配置和创建各种下行链路、上行链路以及信道和信号。

7.1.1 下行链路处理

利用下行链路处理可生成下行链路物理信号、物理信道、传输信道和控制信息。

1. 使用下行链路传输信道和物理信道对 LTE 波形建模

例 7-1 演示了如何使用来自 LTE 工具箱的函数为 6 个资源块、4 个天线发射分集生成一个完整的下行共享信道(DL-SCH)传输。物理通道模型如下。

- 物理下行共享信道(PDSCH)。
- 物理下行控制信道(PDCCH)。
- 物理下行链路控制格式指示灯通道(PCFICH)。

【例 7-1】 为所有 4 个天线端口生成一个时域波形(后 OFDM 调制),并只考虑一个子帧(编号为 0)。

注意:生成 RMC 波形的推荐方法是使用 lteRMCDLTool,这个例子展示了如何通过创建和组合单个物理通道来构建波形。

实例的具体实现步骤如下。

（1）配置结构。

利用 eNodeB 配置一个结构。

```
>> enb.NDLRB = 6;                  % 下行块块编号(DL-RB)
enb.CyclicPrefix = 'Normal';       % CP 长度
enb.PHICHDuration = 'Normal';      % 正常 PHICH 持续时间
enb.DuplexMode = 'FDD';            % FDD 双工模式
enb.CFI = 3;                       % PDCCH 符号
enb.Ng = 'Sixth';                  % HICH 组
enb.CellRefP = 4;                  % 4 天线端口
enb.NCellID = 10;                  % 元胞数组 ID
enb.NSubframe = 0;                 % 子帧数 0
```

（2）子帧资源网格生成。

可以使用 lteDLResourceGrid 函数轻松创建资源网格。这里将为一个子帧创建一个空的资源网格。子坐标系是一个三维矩阵，行数 NDLRB 表示可用子载波数，因为每个资源块有 12 个子载波，所以行数为 12×enb。列数等于一个子帧中 OFDM 符号的个数，因为正常循环前缀每个插槽有 7 个 OFDM 符号，而一个子帧中有 2 个插槽，所以列数为 7×2。子帧的平面数（第三维）为 4，对应 enb.CellRefP 中指定的 4 个天线端口。

```
>> subframe = lteDLResourceGrid(enb);
```

（3）DL-SCH 和 PDSCH 设置。

DL-SCH 和 PDSCH 使用结构 PDSCH 进行配置。这里的设置使用 QPSK 调制配置 4 个天线发射分集。

```
>> pdsch.NLayers = 4;              % 层数
pdsch.TxScheme = 'TxDiversity';    % 传输机制
pdsch.Modulation = 'QPSK';         % 调制机制
pdsch.RNTI = 1;                    % 16bit 特定标记
pdsch.RV = 0;
```

（4）生成 PDSCH 映射索引。

利用 ltePDSCHIndices 函数将 PDSCH 复杂符号映射到子帧资源网格的索引。此功能所需的参数包括 enb 中某些单元范围的设置、信道传输配置 pdsch 和物理资源块(prb)。其中，prb 表示 PDSCH 的传输资源分配。在本例中，我们假设所有的资源块都分配给 PDSCH，这是使用列向量指定的，如下所示。

因为 MATLAB 是使用基于 1 的索引，所以这些索引是"基于 1"的，用于在资源网格上直接映射。在这种情况下，我们假设子帧中的两个插槽共享相同的资源分配，即通过指定一个两列矩阵作为分配，每个列将引用子帧中的每个槽，并对每个槽进行不同的分配。得到的矩阵 pdschIndices 有 4 列，每列包含一组线性样式的索引，指向每个天线端口中用于 PDSCH 的资源元素。

DL-SCH 传输的编码块大小可以通过 ltePDSCHIndices 函数来计算。ltePDSCHIndices 函数返回一个信息结构作为它的第二个输出，其中包含参数 G，它指定编码和速率匹配的 DL-SCH 数据位的数量，以满足物理 PDSCH 容量。该值随后将用于参数化 DL-SCH 信道编码。

```
>> pdsch.PRBSet = (0:enb.NDLRB - 1).';        % 子帧资源分配
[pdschIndices,pdschInfo] = ...
        ltePDSCHIndices(enb, pdsch, pdsch.PRBSet, {'1based'});
```

（5）DL-SCH 信道编码。

接着生成 DL-SCH 位并应用信道编码。可以使用 ltedlch 执行，包括 CRC 计算、代码块分段、CRC 插入、turbo 编码、速率匹配和代码块拼接。

```
>> codedTrBlkSize = pdschInfo.G;     % 可用 PDSCH 比特
transportBlkSize = 152;              % 传输块大小
dlschTransportBlk = randi([0 1], transportBlkSize, 1);
                                     % 进行信道编码
codedTrBlock = lteDLSCH(enb, pdsch, codedTrBlkSize, ...
                dlschTransportBlk);
```

（6）生成 PDSCH 复杂符号。

在生成物理层下行使用 ltePDSCH 生成共享信道复杂符号，对编码传输块进行如下操作：置乱、调制、层映射和预编码。除了在 enb 中指定的某些小范围设置外，此函数还需要与调制和信道传输配置 pdsch 相关的其他参数，得到的矩阵 pdschSymbols 有 4 列，每一列包含映射到每个天线端口的复杂符号。

```
>> pdschSymbols = ltePDSCH(enb, pdsch, codedTrBlock);
```

（7）PDSCH 映射。

使用简单的分配操作，将复杂的 PDSCH 符号轻松地映射到每个天线端口的每个资源网格。PDSCH 符号在资源网格中的位置由 pdschIndices 给出。

```
>> % 将 PDSCH 符号映射到资源网格上
subframe(pdschIndices) = pdschSymbols;
```

（8）DCI 信息配置。

DCI（Downlink Control Information），传递关于 DL-SCH 资源分配、传输格式以及与 DL-SCH 混合 ARQ 相关的信息。lteDCI 可以用来生成 DCI 消息映射到物理下行控制通道（PDCCH）。这些参数包括下行资源块（RBs）的数量、DCI 格式和资源指示值（RIV）。当 RIV 为 26 时，即对应全带宽分配。lteDCI 函数返回一个结构体和一个包含 DCI 消息位的向量，两者包含相同的信息。该结构体更具可读性，而串行 DCI 消息是一种更适合发送到信道编码阶段的格式。

```
>> dci.DCIFormat = 'Format1A';            % DCI 消息格式
dci.Allocation.RIV = 26;                  % 资源指示值
[dciMessage, dciMessageBits] = lteDCI(enb, dci);    % DCI 消息
```

（9）DCI 信道编码。

DCI 报文位是信道编码的，包括 CRC 插入、尾咬卷积编码和速率匹配。PDCCHFormat 表示一个 CCE（Control Channel Element）用于传输 PDCCH，CCE 由 36 个有用的资源元素组成。

```
>> pdcch.NDLRB = enb.NDLRB;    % 总 BW 中的 DL - RB 数
pdcch.RNTI = pdsch.RNTI;       % 16 位值
pdcch.PDCCHFormat = 0;         % 聚合级别 1 的 CCE
% 对 DCI 报文位进行编码,形成编码 DCI 位
codedDciBits = lteDCIEncode(pdcch, dciMessageBits);
```

(10) CFI 信道编码。

一个子帧中 OFDM 符号的数量与控制格式指示器(CFI)的值相关。如果小控制区域设置结构 enb 指定 CFI 值为 3,即在下行 6 个资源块的情况下,控制区域使用 4 个 OFDM 符号。CFI 信道编码使用 lteCFI 函数,编码位的结果集是一个由 32 个元素组成的向量。

```
>> cfiBits = lteCFI(enb);
```

(11) 生成 PCFICH 复杂符号。

对 CFI 编码位进行置乱、QPSK 调制、映射到层并以 PCFICH 复杂符号形成预编码。pcfichSymbols 是一个 4 列的矩阵,其中每列包含映射到每个天线端口的 PCFICH 复杂符号。

```
>> pcfichSymbols = ltePCFICH(enb, cfiBits);
```

(12) 生成 PCFICH 索引与资源网格映射。

利用适当的映射索引将 PCFICH 复杂符号映射到子帧资源网格中。这些是使用 ltePCFICHIndices 函数生成的。注意,得到的矩阵有 4 列,每一列包含每个天线端口的线性指标。这些索引是基于 1 的,但是它们也可以使用基于 0 的生成。结果矩阵包含 pcfichSymbols 中 pcfichIndices 指定位置的复杂符号。

```
>> pcfichIndices = ltePCFICHIndices(enb);
% 将 PCFICH 符号映射到资源网格
subframe(pcfichIndices) = pcfichSymbols;
```

(13) 画网格。

绘制第一根天线的资源网格。这包括实例中添加的物理通道(黄色部分):PDSCH、PDCCH 和 PCFICH。

```
>> surf(abs(subframe(:,:,1)));    % 效果如图 7-1 所示
view(2);
axis tight;
xlabel('OFDM 符号');
ylabel('副载波');
title('资源网格');
```

(14) OFDM 调制。

通过对下行符号进行 OFDM 调制来实现时域映射。得到的矩阵有 4 列,每一列包含每个天线端口的样本。

```
>> [timeDomainMapped, timeDomainInfo] =
lteOFDMModulate(enb, subframe)
timeDomainMapped =
```

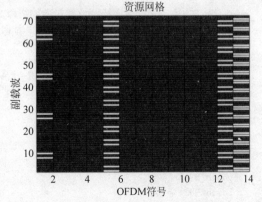

彩色图片

图 7-1　第一根天线的资源网格图

```
    -0.0012 + 0.0118i    0.0026 + 0.0046i   -0.0073 + 0.0063i   -0.0046 - 0.0003i
    -0.0005 + 0.0046i   -0.0025 + 0.0095i   -0.0144 - 0.0073i   -0.0112 + 0.0163i
     0.0072 - 0.0030i    0.0030 + 0.0072i   -0.0163 - 0.0017i   -0.0061 + 0.0119i
     0.0104 + 0.0078i    0.0105 + 0.0038i   -0.0015 + 0.0143i    0.0160 - 0.0119i
  ...
    timeDomainInfo =
    包含以下字段的 struct:
              SamplingRate: 1920000
                      Nfft: 128
                 Windowing: 4
        CyclicPrefixLengths: [10 9 9 9 9 9 9 10 9 9 9 9 9]
```

2. LTE DL-SCH 和 PDSCH 处理链

在 LTE 中,下行共享信道(DL-SCH)是一种传输信道,用于传输用户数据、专用控制和用户专用的高层信息和下行系统信息。物理下行共享信道(PDSCH)是承载 DL-SCH 编码数据的物理信道。

【例 7-2】 此实例展示了下行共享通道(DL-SCH)和物理下行共享通道(PDSCH)处理的不同阶段,并提供了这些中间阶段的数据访问。

实现步骤如下。

(1) 设置。

实例中使用的函数需要结合单元范围的参数和通道特定的参数。这些作为结构的字段或单个参数输入到函数中。

```
>> % 计算单元范围的设置
% 单元范围的参数被分组成一个结构 enb
% 使用的许多函数需要下面指定的参数子集
enb.NDLRB = 50;                          % 资源块数量
enb.CellRefP = 4;                        % Cell 特定的参考信号端口
enb.NCellID = 0;                         % Cell ID
enb.CyclicPrefix = 'Normal';             % 正常循环前缀
enb.CFI = 2;                             % 控制区域长度
enb.DuplexMode = 'FDD';                  % FDD 双模式
enb.TDDConfig = 1;                       % 上行/下行配置(仅限 TDD)
enb.SSC = 4;                             % 特殊子帧配置(仅限 TDD)
enb.NSubframe = 0;                       % 子帧数

% DL-SCH 和 PDSCH 通道特定设置在参数结构 PDSCH 中指定.对于 R.14 FDD RMC,有两个码字,因此调
% 制方案被指定为包含符号向量或具有字符向量的单元阵列.同样重要的是 TrBlkSizes 参数,要确
% 保使其具有正确的元素数量作为预期的码字数量.速率匹配阶段的软比特数由终端 PCFICH 复杂
% 符号设置
TrBlkSizes = [11448; 11448];             % 2 个元件用于 2 个码字传输
pdsch.RV = [0 0];                        % RV 为 2 个码字
pdsch.NSoftbits = 1237248;               % UE 的软信道位的数目为 2
% PDSCH Settings
pdsch.TxScheme = 'SpatialMux';
pdsch.Modulation = {'16QAM','16QAM'};    % 用于 2 个码字的符号调制
pdsch.NLayers = 2;                       % 两个空间传输层
pdsch.NTxAnts = 2;                       % 发射天线数量
pdsch.RNTI = 1;                          % RNTI 值
pdsch.PRBSet = (0:enb.NDLRB-1)';         % 充分分配的 PRBs
pdsch.PMISet = 0;                        % 预编码矩阵指数
```

```
pdsch.W = 1;                                    % 没有形成 UE - specific 波束
% 只需要'Port5', 'Port7 - 8', 'Port8'和'Port7 - 14'方案
if any(strcmpi(pdsch.TxScheme,{'Port5','Port7 - 8','Port8', 'Port7 - 14'}))
    pdsch.W = transpose(lteCSICodebook(pdsch.NLayers,pdsch.NTxAnts,[0 0]));
end
```

（2）下行共享通道（DL-SCH）处理。

每个调度的子帧都有一个传输块进入处理链（对于空间复用方案，可以有两个传输块）。传输块被编码和速率匹配到 PDSCH 信道位容量。PDSCH 容量取决于 PRB 分配、调制模式和传输模式，该值为 ltePDSCHIndices 函数的输出提供。传输通道编码过程包括以下阶段。

- 传输块 CRC 附件：传输块的错误检测由 CRC 提供。
- 代码块分割：代码块分割输入数据向量为一个单元阵列。函数 lteDLSCHInfo 提供给定块大小的代码块分段信息。
- 信道编码：turbo 编码器（lteTurboEncode）可以并行处理包含所有代码块段的单元数组，并返回包含单个 turbo 编码块段的单元数组。
- 速率匹配和代码块连接：根据速率匹配，创建一个码字 PDSCH 传输，并进行代码块的连接。

```
>> % 用于创建随机传输块的随机数初始化
rng('default');
% 将调制字符阵列或单元阵列转换为字符串阵列以便统一处理
pdsch.Modulation = string(pdsch.Modulation);
% 从传输块的数量中获取码字的数量
nCodewords = numel(TrBlkSizes);
% 生成传输块
trBlk = cell(1,nCodewords);        % Initialize the codeword(s)
for n = 1:nCodewords
    trBlk{n} = randi([0 1],TrBlkSizes(n),1);
end
% 从 ltePDSCHIndices 信息输出中获取速率匹配所需的物理通道位容量
[~,pdschInfo] = ltePDSCHIndices(enb, pdsch, pdsch.PRBSet);
% 为 lteRateMatchTurbo 定义一个带参数的结构数组
chs = pdsch;
chs(nCodewords) = pdsch;           % 对于两个码字,数组有两个元素
% 初始化代码字(s)
cw = cell(1,nCodewords);
for n = 1:nCodewords
    % 为传输块添加 CRC
    crccoded = lteCRCEncode(trBlk{n}, '24A');
    % 代码块分段返回带有填充位和类型为 24b 的 CRC 的代码块段的单元数组
    blksegmented = lteCodeBlockSegment(crccoded);
    % 信道编码返回单元数组中的 turbo 编码段
    chencoded = lteTurboEncode(blksegmented);
    % 将参数捆绑在结构 chs 中以进行速率匹配,因为该函数同时需要单元范围和通道特定的参数
    chs(n).Modulation = pdsch.Modulation{n};
    chs(n).DuplexMode = enb.DuplexMode;
    chs(n).TDDConfig = enb.TDDConfig;
    % 计算码字的层数
    if n == 1
```

```
            chs(n).NLayers = floor(pdsch.NLayers/nCodewords);
        else
            chs(n).NLayers = ceil(pdsch.NLayers/nCodewords);
        end
        % 速率匹配返回为 turbo 编码数据定义的子块交错、位收集、位选择和修剪后的码字,并合并代
        % 码块段的单元数组
        cw{n} = lteRateMatchTurbo(chencoded,pdschInfo.G(n),pdsch.RV(n),chs(n));
    end
```

(3) 处理物理层下行共享通道(PDSCH)。

一个或两个传输编码块(码字)可以在 PDSCH 上同时传输,这取决于所使用的传输方式,如码字经过置乱、调制、层映射、预编码、ue 特定波束形成和资源元素映射。预编码矩阵的大小为 $N \times P$,其中 N 为一个天线端口的调制符号数,P 为传输天线数。

- 置乱:一个子帧中最多可以传输两个码字,每个码字的位用不同的置乱序列进行置乱。置乱序列在每个子帧开始时初始化,并取决于 RNTI、NCellID、NSubframe 和码字索引。

- 调制:置乱码字后使用其中一种调制模型('QPSK'、'16QAM'、'64QAM'或'256QAM')进行符号调制。

- 层映射:根据所使用的传输方案将被调制的复杂符号映射到一个或多个层中。对于单端口(端口 0、5、7、8),采用单层方式。对于发射分集,只允许一个码字,层数(2 层或 4 层)必须等于用于物理信道传输的天线端口数。对于空间多路复用,最多可在 8 层上传输 1 或 2 个码字。层数小于等于物理信道中用于传输的天线端口数。

- 预编码:预编码阶段从层映射阶段取 m-bylayer 矩阵,返回大小为 m-byp 的矩阵,用于在 P 天线上传输。对于单端口(端口 0、5、7 或 8),此阶段是透明的,对于发射分集,2 或 4 天线端口采用预编码。空间复用的预编码取决于是使用带有蜂窝特定参考信号的天线端口('SpatialMux'、'CDD'和'多用户'传输方式)还是使用具有 ue 特定参考信号的天线端口(* 'Port5'、'Port7-8'、'Port8'和'Port7-14'传输方式)。

- 映射到资源元素:将复杂的调制符号映射到定义的资源元素上,以创建传输网格。这个步骤在本例中没有显示,但是可以通过使用 lteDLResourceGrid 函数创建一个空的资源网格并将符号映射到 ltePDSCHIndices 函数返回的资源元素来轻松完成。

```
>> % 初始化已调制的符号
modulated = cell(1,nCodewords);
for n = 1:nCodewords
            % 生成置乱序列
    scramseq = ltePDSCHPRBS(enb,pdsch.RNTI,n-1,length(cw{n}));
            % 扰乱码字
    scrambled = xor(scramseq,cw{n});
            % 符号调制置乱码字
    modulated{n} = lteSymbolModulate(scrambled,pdsch.Modulation{n});
end
% 层映射的结果是一个(每层符号)NLayers 矩阵
layermapped = lteLayerMap(pdsch,modulated);
% 预编码结果为(每个天线的符号)NTxAnts 矩阵
precoded = lteDLPrecode(enb, pdsch, layermapped);
% 选择性地应用波束形成(如果没有波束形成,W 可能是 1 或标识)
```

```
pdschsymbols = precoded * pdsch.W;
```

（4）PDSCH 解码。

解码是 PDSCH 复杂符号矩阵在物理下行共享信道（PDSCH）处理调制的逆过程。信道逆处理包括反预编码、层解映射和码字分离、软解调和反扰。反预编码是利用预编码矩阵的伪逆进行的。对涉及传播信道或噪声的应用，在解码之前需对接收的符号进行信道估计和均衡。

```
>> % 反预编码(伪逆基)返回(符号数)×NLayers 矩阵
if (any(strcmpi(pdsch.TxScheme,{'Port5' 'Port7 - 8' 'Port8' 'Port7 - 14'})))
        rxdeprecoded = pdschsymbols * pinv(pdsch.W);
else
        rxdeprecoded = lteDLDeprecode(enb,pdsch,pdschsymbols);
end
% 层映射返回包含一个或两个码字的单元格数组.由调制方式字符向量的个数推导出调制词的个数
layerdemapped = lteLayerDemap(pdsch,rxdeprecoded);
% 初始化恢复的码字
cws = cell(1,nCodewords);
for n = 1:nCodewords
        % 接收符号的软解调
        demodulated = lteSymbolDemodulate(layerdemapped{n},pdsch.Modulation{n},'Soft');
        % 生成用于反扰的置乱序列
        scramseq = ltePDSCHPRBS(enb,pdsch.RNTI,n - 1,length(demodulated),'signed');
        % 对接收到的 bits 进行解码
        cws{n} = demodulated. * scramseq;
end
```

（5）DL-SCH 解码。

下行共享信道（DL-SCH）解码包括速率恢复、turbo 解码、块级联和 CRC 计算。另外，函数 lteDLSCHDecode 也提供相同的功能。该函数还返回 type-24A 传输块 CRC 解码结果、type-24B 编码块集 CRC 解码结果、HARQ 进程解码状态，并提供参数来指定初始HARQ 进程状态。

```
>> % 初始化接收到的传输块和 CRC
rxTrBlk = cell(1,nCodewords);
crcError = zeros(1,nCodewords);
for n = 1:nCodewords
        cbsbuffers = [];
        raterecovered = lteRateRecoverTurbo (cws {n}, TrBlkSizes, pdsch. RV (n), chs (n),
cbsbuffers);
        NTurboDecIts = 5; % turbo 解码迭代周期数
        % Turbo 解码返回已解码代码块的单元数组
        turbodecoded = lteTurboDecode(raterecovered,NTurboDecIts);
        % 在移除任何填充和可能存在的 24b 型 CRC 位之后,将输入代码块段分割为单个输出数据块
        [blkdesegmented,segErr] = lteCodeBlockDesegment(turbodecoded,(TrBlkSizes + 24));
        % 在检查 CRC 错误后,CRC 解码返回传输块
        [rxTrBlk{n},crcError(n)] = lteCRCDecode(blkdesegmented,'24A');
end
```

这个例子解释了下行共享通道（DL-SCH）和物理下行共享通道（PDSCH）处理，并对LTE 工具箱中支持这些通道的不同函数进行了深入介绍。该实例还说明了如何使用低级

函数来建模通道,并且该方法可用于应用程序,包括从这些中间处理阶段生成黄金参考测试向量,以独立验证替代实际的不同处理阶段。这个例子还展示了LTE工具箱和MATLAB平台如何为大规模验证和测试创建一个强大的环境。

3. 波形生成与仿真的LTE参数化

下面实例中,我们将讨论工具箱提供的两个顶级函数:lteRMCDL,它创建一个完整的参数集;lteRMCDLTool,它生成下行波形。通过结合这两个函数,可以很容易地生成符合标准的LTE波形。

【例7-3】 生成符合标准的LTE波形并进行仿真。

下行波形发生器函数需要一个单一的层次MATLAB结构,该结构指定了传输通道、物理通道和输出波形中存在的物理信号的所有参数集。生成器函数返回时域波形、填充的资源网格和创建波形时使用的参数集。

lteRMCDL函数可以为预先配置的参考测量通道(RMC)以及自定义配置提供一个完整的参数结构。lteRMCDLTool函数直接使用此参数来生成波形,或者它可以被用作创建波形的模板,为任何组成通道或信号创建具有用户指定值的波形。例如,改变传输方式/模式、调制方式、码率或改变物理信道的功率级别。需要注意的是,所有用户提供的值都是在调用lteRMCDL函数之前定义的。这是因为lteRMCDL函数不会覆盖在输入处已经定义的任何参数值(只读参数除外)。图7-2显示了典型模拟设置的参数化。

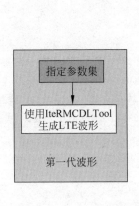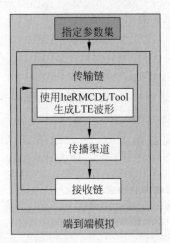

图7-2 典型模拟设置的参数化图

其实现步骤如下。

(1) LTE下行链路参数化选项。

LTE工具箱支持指定参数集的不同方式,这些参数集定义了组成物理信道和信号。

- 根据区域范围和PDSCH创建参数集:lteRMCDL函数根据区域范围和PDSCH参数对传输块大小进行处理。假定所有下行链路和特殊(如果为TDD模式)子帧都已调度,这允许指定参数的子集,然后该函数计算兼容的缺失参数以创建完整的参数集。该方法通常可用于创建子帧5处于活动状态的配置。

- 使用预定义的参数集之一:lteRMCDL函数支持RMC形式的许多标准定义的参数集。如果存在与要求完全匹配的配置,或者想要生成与RMC对应的波形,则可以直接使用该 RMC 编号进行 RMC 表查找和参数集创建。支持的 RMC 及其顶级参数如图 7-3 所示。

参数化选项　　　　　　　　　　　　　　　　参数化选项

```
R.0 (Port0, 1 RB, 16QAM, CellRefP=1, R=1/2)        R.31-3A FDD (CDD, 50 RB, 64QAM, CellRefP=2, R=0.85-0.90)
R.1 (Port0, 1 RB, 16QAM, CellRefP=1, R=1/2)        R.31-3A TDD (CDD, 68 RB, 64QAM, CellRefP=2, R=0.87-0.90)
R.2 (Port0, 50 RB, QPSK, CellRefP=1, R=1/3)        R.31-4 (CDD, 100 RB, 64QAM, CellRefP=2, R=0.87-0.90)
R.3 (Port0, 50 RB, 16QAM, CellRefP=1, R=1/2)       R.43 FDD (Port7-14, 50 RB, QPSK, CellRefP=2, R=1/3)
R.4 (Port0, 6 RB, QPSK, CellRefP=1, R=1/3)         R.43 TDD (SpatialMux, 100 RB, 16QAM, CellRefP=4, R=1/2)
R.5 (Port0, 15 RB, 64QAM, CellRefP=1, R=3/4)       R.44 FDD (Port7-14, 50 RB, QPSK, CellRefP=2, R=1/3)
R.6 (Port0, 25 RB, 64QAM, CellRefP=1, R=3/4)       R.44 TDD (Port7-14, 50 RB, 64QAM, CellRefP=2, R=1/2)
R.7 (Port0, 50 RB, 64QAM, CellRefP=1, R=3/4)       R.45 (Port7-14, 50 RB, 16QAM, CellRefP=2, R=1/2)
R.8 (Port0, 75 RB, 64QAM, CellRefP=1, R=3/4)       R.45-1 (Port7-14, 39 RB, 16QAM, CellRefP=2, R=1/2)
R.9 (Port0, 100 RB, 64QAM, CellRefP=1, R=3/4)      R.48 (Port7-14, 50 RB, QPSK, CellRefP=2, R=1/2)
R.10 (TxDiversity|SpatialMux, 50 RB, QPSK, CellRefP=2, R=1/3)   R.50 FDD (Port7-14, 50 RB, 64QAM, CellRefP=2, R=1/2)
R.11 (TxDiversity|SpatialMux|CDD, 50 RB, 16QAM, CellRefP=2, R=1/2)  R.50 TDD (Port7-14, 50 RB, QPSK, CellRefP=2, R=1/3)
R.12 (TxDiversity, 6 RB, QPSK, CellRefP=4, R=1/3)   R.51 (Port7-14, 50 RB, 16QAM, CellRefP=2, R=1/2)
R.13 (SpatialMux, 50 RB, QPSK, CellRefP=4, R=1/2)   R.6-27RB (Port0, 27 RB, 64QAM, CellRefP=1, R=3/4)
R.14 (SpatialMux|CDD, 50 RB, 16QAM, CellRefP=4, R=1/2)  R.12-9RB (TxDiversity, 9 RB, QPSK, CellRefP=4, R=1/3)
R.25 (Port5, 50 RB, QPSK, CellRefP=1, R=1/3)        R.11-45RB (CDD, 45 RB, 16QAM, CellRefP=2, R=1/2)
R.26 (Port5, 50 RB, 16QAM, CellRefP=1, R=1/2)
R.27 (Port5, 50 RB, 64QAM, CellRefP=1, R=3/4)
R.28 (Port5, 1 RB, 16QAM, CellRefP=1, R=1/2)
```

图 7-3　参数化选项

- 自定义预定义的参数集之一：在许多情况下，我们想要的波形配置与预定义的参数集所给出的略有不同。在这种情况下，我们可以从预定义的 RMC 之一开始，然后修改需要不同值的参数来创建完整的自定义参数集。

（2）下面代码使用重要的区域范围和 PDSCH 参数进行参数化。

```
>> % 以下实例显示了如何创建 20MHz, QPSK, 3/4 速率波形, 该波形与全分配的 2 个发射天线的传输模
% 式 8(" Port7 - 8"传输方案)相对应
dataStream = [ 1 0 0 1 ];                              % 定义输入用户数据流
params = struct();                                     % 初始化参数结构
params.NDLRB = 100;                                    % 20 MHz bandwidth
params.CellRefP = 2;                                   % 前两个端口上的单元参考信号
params.PDSCH.PRBSet = (0:params.NDLRB - 1)';           % 全额分配
params.PDSCH.TargetCodeRate = 3/4;                     % 目标码率
params.PDSCH.TxScheme = 'Port7 - 8';                   % 传输模式 8
params.PDSCH.NLayers = 2;                              % 2 层传输
params.PDSCH.Modulation = 'QPSK';                      % 调制方式
params.PDSCH.NSCID = 0;
params.PDSCH.NTxAnts = 2;                              % 2 个发射天线
params.PDSCH.W = lteCSICodebook(params.PDSCH.NLayers,...
                    params.PDSCH.NTxAnts,0).';         % 预编码矩阵
% 使用 lteRMCDL 填充其他参数字段
fullParams = lteRMCDL(params);
% 使用完整参数集"fullParams"生成波形
[dlWaveform, dlGrid, dlParams] = lteRMCDLTool(fullParams,dataStream);
% dlWaveform 是时域波形,dlGrid 是资源网格
% dlParams 是在波形生成中使用的完整参数集
>> dlParams
dlParams =
  包含以下字段的 struct:
```

```
            NDLRB: 100
          CellRefP: 2
          NCellID: 0
      CyclicPrefix: 'Normal'
               CFI: 3
        PCFICHPower: 0
                Ng: 'Sixth'
     PHICHDuration: 'Normal'
             HISet: [112 × 3 double]
        PHICHPower: 0
            NFrame: 0
         NSubframe: 0
      TotSubframes: 10
         Windowing: 0
        DuplexMode: 'FDD'
             PDSCH: [1 × 1 struct]
   OCNGPDCCHEnable: 'Off'
    OCNGPDCCHPower: 0
   OCNGPDSCHEnable: 'Off'
    OCNGPDSCHPower: 0
         OCNGPDSCH: [1 × 1 struct]
         SerialCat: 1
      SamplingRate: 30720000
              Nfft: 2048
```

（3）使用预定义参数集进行参数化。

如果存在一个完全符合要求的预定义参数集，或者要生成与 RMC 对应的波形，请使用该 RMC 编号创建完整的参数集。

```
% 创建与 R.0 RMC 相对应的波形
>> params = lteRMCDL('R.0');          % 定义参数集
[dlWaveform, dlGrid, dlParams] = lteRMCDLTool(params,dataStream);
% 如果最终应用是生成波形，还可以直接将 RMC 编号与发生器一起使用来创建波形
[dlWaveform, dlGrid, dlParams] = lteRMCDLTool('R.0',dataStream);
```

（4）在子帧 5 中使用码率和参考 PDSCH 进行参数化。

假设我们要在子帧 5 中使用 2 层开环空间复用、16QAM 调制、1/2 速率以及参考 PDSCH 传输来定义两个 10MHz 码字全频带 PDSCH。对于下行参考测量信道，R. 31-3A 符合这些标准，但它具有 64QAM 调制和可变码率。

为了创建所需的参数集，我们从 R. 31-3A RMC 开始，以启用子帧 5 中的 PDSCH 传输。然后，lteRMCDL 函数根据编码率计算传输块大小。

```
>> params = struct();          % 初始化参数结构
params.RC = 'R.31 − 3A';
params.PDSCH.TargetCodeRate = 1/2;
params.PDSCH.Modulation = '16QAM';
% 使用 lteRMCDL 填充其他参数字段
fullParams = lteRMCDL(params);
% 使用完整参数集"fullParams"生成波形
[dlWaveform, dlGrid, dlParams] = lteRMCDLTool(fullParams,{dataStream, dataStream});
```

注意：由于所需的参数集与该 RMC 紧密匹配（包括子帧 5 中的参考 PDSCH），因此以

"R. 31-3A"作为起点。我们也可以通过不指定上面的 RC(或将 RC 设置为空([]))来生成参数集。在这种情况下,参数集将对应于所有下行链路和特殊(如果为 TDD 模式)子帧中的参考 PDSCH。

(5) 使用 MCS/传输块大小进行参数化。

在某些情况下,我们知道 MCS 或传输块的大小,并希望创建相应的波形。例如,下面代码在给定资源分配为 50 RB 的情况下,为 MCS 索引 10 创建参数集:

```
>> mcsIndex = 10;
% 从 MCS 值获取 ITBS 和调制
[itbs,modulation] = lteMCS(mcsIndex);
params = struct();                                  % 初始化参数结构
% 带宽(NDLRB)必须大于或等于分配
params.NDLRB = 50;                                  % 设置带宽
params.PDSCH.PRBSet = (0:params.NDLRB – 1)';        % 全额分配
params.PDSCH.Modulation = modulation;               % 设置调制方式
nrb = size(params.PDSCH.PRBSet,1);                  % 获取分配的 RB 数
tbs = double(lteTBS(nrb,itbs));                     % 获取传输块尺寸
% 现在创建在子帧 5 中没有传输的"TrBlkSizes"向量
params.PDSCH.TrBlkSizes = [ones(1,5) * tbs 0 ones(1,4) * tbs];
% 现在使用 lteRMCDL 填充其他参数字段
fullParams = lteRMCDL(params);
% 现在使用完整参数集" fullparams"生成波形
[dlWaveform, dlGrid, dlParams] = lteRMCDLTool(fullParams,dataStream);
```

此方法也可以用于创建参数集,该参数集的传输块大小不是标准定义的,或者所需的传输块大小对应于大于 0.93 的编码率(将编码率限制为最大 0.93)。对于这种情况,我们可以指定传输块的大小,如上面的实例所示,lteRMCDL 函数将相应地更新其他参数。请注意,由于可能存在 SIB1 PDSCH,RMC 通常不会在子帧 5 中定义参考 PSDCH 传输。如果需要参考 PDSCH,则有以下两种方法可以启用它。

• RMC 是通过"RC"字段指定的,可以是"R. 31-3A"或"R. 31-4"。

•"RC"字段不存在或被指定为空(例如 params. RC = [])。

(6) 使用可变码率和资源分配进行参数化。

lteRMCDL 和 lteRMCDLTool 函数可用于生成波形,其中参数与在帧中的子帧上有所不同(如 CFI,PRBSet,TargetCodeRate)。当每个子帧的值更改时,可以将 CFI 和目标代码速率指定为向量,将 PRBSet 指定为单元阵列。

在此实例中,我们创建了与 R. 31-3 FDD RMC 对应的波形,其中每个子帧的编码率和分配有所不同。这两个码字 RMC 在子帧 0 中的码率为 0.61,在子帧 5 中的码率为 0.62,在所有其他子帧中的码率为 0.59。分配的资源块数在子帧 5 中为(4 … 99),在所有其他子帧中为全带宽(0 … 99)。

```
>> params = struct();                           % 初始化参数结构
params.NDLRB = 100;                             % 设置带宽(20MHz)
params.CellRefP = 2;                            % 设置特定于单元的参考信号端口
params.CFI = 1;                                 % 给 PDCCH 分配 1 个符号
params.PDSCH.PRBSet = {(0:99)'(0:99)'(0:99)'(0:99)'(0:99)' ...
                      (4:99)'(0:99)'(0:99)'(0:99)'(0:99)'};
```

```
params.PDSCH.TargetCodeRate = [0.61 0.59 0.59 0.59 0.59 0.62 0.59 0.59 0.59 0.59];
params.PDSCH.TxScheme = 'CDD';                    %2个码字闭环空间复用器
params.PDSCH.NLayers = 2;                         % 每个代码字为1层
params.PDSCH.Modulation = {'64QAM', '64QAM'};    % 设置2个调制码字
% 使用 lteRMCDL 填充其他参数字段
fullParams = lteRMCDL(params);
% 使用完整参数集"fullParams"生成波形
[dlWaveform, dlGrid, dlParams] = lteRMCDLTool(fullParams,{dataStream, dataStream});
```

4. LTE 下行链路测试模型(E-TM)波形生成

LTE 规范定义了发射机测试的一致性测试模型。其中包括发射信号质量、输出功率动态、各种调制方式的误差向量幅度(EVM)、基站(BS)输出功率、参考符号(RS)绝对精度等。这个例子演示了如何使用 LTE 工具箱函数生成这些不同的测试模型波形。

所有 E-UTRA 测试模型均使用以下参数。

- 单天线端口,1 个码字,1 层,无任何预编码。
- 持续时间为 10 个子帧(10ms)。
- 正常循环前缀。
- 本地化类型的虚拟资源块。
- 不使用特定于用户设备(UE)的参考信号。

会产生以下物理通道和信号。

- 参考信号(CellRS)。
- 主同步信号(PSS)。
- 二次同步信号(SSS)。
- 物理广播信道。
- 物理控制格式指示灯通道(PCFICH)。
- 物理混合 arq 指示灯通道(PHICH)。
- 物理下行控制信道(PDCCH)。
- 物理下行共享信道(PDSCH)。

根据所需的测试用例选择测试模型。

【例 7-4】 本例的测试模型 E-TM1.1 应用于以下方面的测试。

- BS 输出功率。
- 有害辐射-占用带宽,相邻信道泄漏功率比(ACLR),工作频带有害辐射,发射机杂散辐射。
- 发射机互调。
- 参考信号绝对精度。

E-TM1.1 模型的测试步骤如下。

(1) 测试模型选择。

这个实例将生成如下所示的测试模型 1.1。

```
>> tm = '1.1'    % 测试模型
```

允许测试工具箱的模型值("1.1","1.2","2","2","3.1","3.1","3.2","3.3")。

（2）选择带宽。

工具箱中的测试模型生成函数要求指定如下所示带宽。

```
>> bw = '1.4MHz';      % 带宽
```

（3）生成测试模型。

信道型号和带宽决定了 TS 36.141 中规定的物理信道和信号参数。生成的波形 timeDomainSig 是经过 OFDM 调制、循环前缀插入和加窗后的时域信号。txGrid 是一个二维数组，表示跨越 10 个子帧的资源网格。

```
>> [timeDomainSig, txGrid, txInfo] = lteTestModelTool(tm,bw);
```

（4）绘制传输资源网格。

绘制资源网格 txGrid，用图例描述将哪些资源元素分配给哪些物理通道和信号。

```
>> hPlotDLResourceGrid(txInfo,txGrid);      % 效果如图 7-4 所示
```

（5）绘制光谱图。

绘制时域信号的光谱图。

```
>> % 计算光谱图
[y,f,t,p] = spectrogram(timeDomainSig, 512, 0, 512, txInfo.SamplingRate);
% 重新排列频率轴和频谱图,使零频率在轴的中间,即表示为一个复杂的基带波形
f = (f - txInfo.SamplingRate/2)/1e6;
p = fftshift(10 * log10(abs(p)));
% 绘制光谱图
figure;
surf(t * 1000,f,p,'EdgeColor','none');                  % 效果如图 7-5 所示
xlabel('时间(ms)');
ylabel('频率(MHz)');
zlabel('功率 (dB)');
title(sprintf('试验模型 E - TM 的光谱图 % s, % s',tm, bw));
```

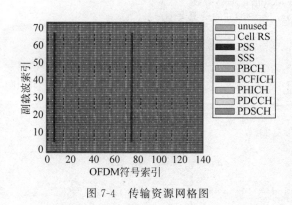

图 7-4　传输资源网格图

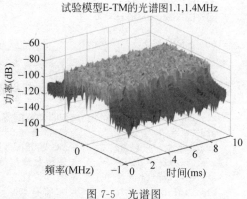

图 7-5　光谱图

彩色图片

7.1.2　上行链路处理

上行链路处理可生成上行链路物理信号、物理信道、传输信道和控制信息。下面通过几个实例来演示上行链路的处理过程。

1. 使用 SRS 和 PUCCH 对上行链路波形建模

【例 7-5】 此实例演示如何配置用户设备（UE）和蜂窝特定的发声参考信号（SRS）传输。

物理上行控制通道（Physical Uplink Control Channel，PUCCH）也被配置用于传输。

（1）说明。

SRS 配置分为 2 部分：特定于 UE 和特定于 cell。特定于 UE 的部分描述了该 UE 实际 SRS 传输的时间表和内容。特定于 cell 部分描述了 cell 单元中任何 UE 可以传输时的时间调度——cell 特定的调度必须是此调度的子集。

在这个例子中，特定于 cell 的 SRS 配置具有 5ms 的周期性，其偏移量为 0（由 SRS 发出信号）。特定于 UE 的 SRS 配置具有 10ms 周期，偏移量为 0（由 SRS 发出信号）。UE 特有的配置意味着 UE 被配置为仅在子帧 0 中生成 SRS。

当运行这个例子时，MATLAB 命令窗口的输出显示了所有 10 个子帧的 PUCCH 传输，在子帧 0 和 5 中缩短，在子帧 0 中有一个 SRS 传输。

（2）UE 配置。

```
>> ue = struct;
ue.NULRB = 15;                    % 资源块数量
ue.NCellID = 10;                  % 物理层特性
ue.Hopping = 'Off';              % 禁用跳频
ue.CyclicPrefixUL = 'Normal';    % 正常循环前缀
ue.DuplexMode = 'FDD';           % 双频分(FDD)
ue.NTxAnts = 1;                   % 发射天线数量
ue.NFrame = 0;                    % 帧数
```

（3）PUCCH 配置。

```
>> pucch = struct;
% PUCCH 资源索引向量，每个传输天线一个
pucch.ResourceIdx = 0:ue.NTxAnts - 1;
pucch.DeltaShift = 1;             % PUCCH 增量移位参数
pucch.CyclicShifts = 0;          % PUCCH 增量偏移参数
pucch.ResourceSize = 0;          % 分配给 PUCCH 的资源大小
```

（4）SRS 配置。

```
>> srs = struct;
srs.NTxAnts = 1;          % 发射天线数量
srs.SubframeConfig = 3;   % SRS 周期 = 5ms, 偏移 = 0
srs.BWConfig = 6;         % SRS 带宽配置
srs.BW = 0;               % UE 特有的 SRS 带宽配置
srs.HoppingBW = 0;        % SRS 跳频配置
srs.TxComb = 0;           % 偶指数蜂窝传输
srs.FreqPosition = 0;     % 频域位置
srs.ConfigIdx = 7;        % UE 特有 SRS period = 10ms, offset = 0
srs.CyclicShift = 0;      % UE 跳频
```

（5）子帧循环。

处理循环每次生成 1 个子帧，这些都被连接起来为一帧（1 个子帧）创建资源网格。循环执行以下操作。

- SRS 信息：通过调用 lteSRSInfo，我们可以获得与给定子帧的 SRS 相关的信息。从 lteSRSInfo 调用中返回结构 srsInfo 的 IsSRSSubframe 字段，表示当前的子帧（ue. nsubframe 给出）是一个 cell-specific SRS 子帧（IsSRSSubframe=1）或不是（IsSRSSubframe=0）。这确保了后续的 PUCCH 对正确生成所有子帧的 cell-specific SRS 进行配置，并省略了 cell-specific SRS 子帧中 PUCCH 的最后一个符号。

- PUCCH 1 解调参考信号（DRS）的产生和映射：DRS 信号位于每个槽位的第 3、4 和 5 个符号，因此永远不会与 SRS 发生碰撞。

- PUCCH 1 的生成和映射：与 DRS 不同，PUCCH 1 传输可以占用子帧的最后一个符号，除非 ue. Shortened=1，在这种情况下，子帧的最后一个符号将被保留为空。

- SRS 生成和映射：根据 UE 特定的 SRS 配置生成和映射 SRS。ltesrsinices 和 lteSRS 函数都使用字段 UE、NSubframe 和 SRS。ConfigIdx 用以确定当前子帧是否配置为 SRS 传输；如果不是，两个函数的输出都是空的。

```
txGrid = [];                                        % 创建空的资源网格
for i = 1:10                                         % 10 个子帧程序
% 配置子帧号(基于 0)
ue.NSubframe = i - 1;
fprintf('Subframe % d:\n',ue.NSubframe);
% 确定此子帧是否为 cell - specific SRS 子帧,如果是,配置 PUCCH 以缩短传输
srsInfo = lteSRSInfo(ue, srs);
ue.Shortened = srsInfo.IsSRSSubframe;               % 复制 SRS 信息到 UE 结构
% 创建空上行链路子帧
txSubframe = lteULResourceGrid(ue);
% 生成 PUCCH1 DRS 并将其映射到资源网格
drsIndices = ltePUCCH1DRSIndices(ue, pucch);        % DRS 索引
drsSymbols = ltePUCCH1DRS(ue, pucch);               % DRS 序列
txSubframe(drsIndices) = drsSymbols;                % 映射到资源网格
% 生成并映射 PUCCH1 到资源网格
pucchIndices = ltePUCCH1Indices(ue, pucch);         % PUCCH1 指数
ACK = [0; 1];                                        % HARQ 指示值
pucchSymbols = ltePUCCH1(ue, pucch, ACK);           % PUCCH1 序列
txSubframe(pucchIndices) = pucchSymbols;            % 映射到资源网格
if (ue.Shortened)
    disp('PUCCH 短传输');
else
    disp('PUCCH 长传输');
end
srs.SeqGroup = mod(ue.NCellID,30);
% 根据 TS 36.211 5.5.1.4 配置 SRS base sequence number (v)
srs.SeqIdx = 0;
% 生成 SRS 并将其映射到资源网格(在特定于 UE 的 SRS 配置下处于活动状态)
[srsIndices, srsIndicesInfo] = lteSRSIndices(ue, srs);   % SRS 索引
srsSymbols = lteSRS(ue, srs);                            % SRS 顺序
if (srs.NTxAnts == 1 && ue.NTxAnts > 1)                  % 映射到资源网格
    % 在多天线中选择分集天线
    txSubframe( ...
        hSRSOffsetIndices(ue, srsIndices, srsIndicesInfo.Port)) = ...
        srsSymbols;
```

```
        else
            txSubframe(srsIndices) = srsSymbols;
        end
        % 到控制台的消息，指示何时将 SRS 映射到资源网格
        if(~isempty(srsIndices))
            disp('Transmitting SRS');
        end
        % 连接子框以形成框
        txGrid = [txGrid txSubframe]; % #ok
    end
```

输出如下：

```
>> Uplink_Waveform
Subframe 0:
PUCCH 短传输
Transmitting SRS
Subframe 1:
PUCCH 长传输
Subframe 2:
PUCCH 长传输
Subframe 3:
PUCCH 长传输
Subframe 4:
PUCCH 长传输
Subframe 5:
PUCCH 短传输
Subframe 6:
PUCCH 长传输
Subframe 7:
PUCCH 长传输
Subframe 8:
PUCCH 长传输
Subframe 9:
PUCCH 长传输
```

（6）结果。

生成的图如图 7-6 所示，此图显示了 txGrid 中 140 个符号中每个 SC-FDMA 符号的有源子载波数。所有 SC-FDMA 符号包含 12 个子载波，与 PUCCH 的单个资源块带宽相对应，除了：

- 符号 13，子帧 0 的最后一个符号，该子帧 0 有 48 个有源子载波，对应一个 8 个资源块的 SRS 传输。
- 符号 83，子帧 5 的最后一个符号，它有 0 个主动子载波对应于缩短的 PUCCH（最后一个符号为空），允许潜在的 SRS 通过本区域的另一个 UE 传输。

```
figure;                          % 效果如图 7-6 所示
for i = 1:ue.NTxAnts
    subplot(ue.NTxAnts,1,i);
    plot(0:size(txGrid,2) - 1,sum(abs(txGrid(:,:,i)) ~ = 0),'r:o')
    xlabel('符号数');
    ylabel('活跃的副载波');
    title(sprintf('天线 % d',i - 1));
```

```
end
% 在带边用 PUCCH 绘制资源网格,在子帧 0 中使用 SRS 梳状传输
figure;
pcolor(abs(txGrid));        % 效果如图 7-7 所示
colormap([1 1 1; 0 0 0.5])
shading flat;
xlabel('SC - FDMA 符号'); ylabel('副载波')
```

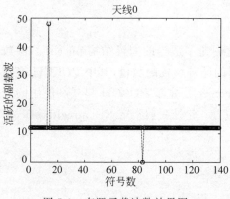

图 7-6　有源子载波数效果图

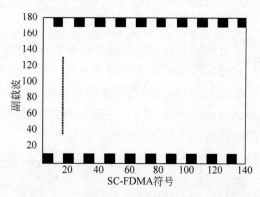

图 7-7　资源网格图

2. 混合 PUCCH 格式传输和接收

下面实例中配置两台终端分别传输第一终端的 PUCCH 格式 1 信号和第二终端的 PUCCH 格式 2 信号,还会产生适当的解调参考信号(DRS)。发射信号通过两个不同的衰落信道并加入加性高斯白噪声(AWGN),模拟在一个 eNodeB 上接收来自两个终端的信号。然后对每个信号(即属于每个终端的信号)进行同步、SC-FDMA 解调、均衡、PUCCH 解调,最后解码。绘制的图显示了即使它们共享相同的物理资源元素(Res),两个不同信号的通道仍然可以独立估计。

【例 7-6】　此实例演示混合 PUCCH 格式信号的传输和接收。

实现步骤如下。

(1) UE1 配置。

第一个终端使用结构 UE1 进行配置。

```
>> ue1.NULRB = 6;                % 资源块数量
ue1.NSubframe = 0;               % 子帧数
ue1.NCellID = 10;                % 物理层单元特性
ue1.RNTI = 61;                   % 无线网络临时标识符
ue1.CyclicPrefixUL = 'Normal';   % 循环前缀
ue1.Hopping = 'Off';             % 跳频
ue1.Shortened = 0;               % 保留最后的符号用于 SRS 传输
ue1.NTxAnts = 1;                 % 发射天线数量
```

(2) UE2 配置。

类似地,配置第二个终端 UE2,这个结构与 UE1 的配置相同,但有以下两个例外。

- 没有缩短字段,因为这不适用于 PUCCH 格式 2。
- 无线电网络临时标识符(RNTI)值不同(这里不使用,因为它只与物理上行共享信道

PUSCH 传输相关，但不同的终端会有不同的 RNTI)。

```
>> ue2.NULRB = 6;              % 资源块数量
ue2.NSubframe = 0;             % 子帧数
ue2.NCellID = 10;             % 物理层单元特性
ue2.RNTI = 77;                % 无线网络临时标识符
ue2.CyclicPrefixUL = 'Normal';  % 循环前缀
ue2.Hopping = 'Off';           % 跳频
ue2.NTxAnts = 1;              % 发射天线数量
```

（3）PUCCH 1 配置。

对于第一个 UE，使用了格式 1 的 PUCCH，因此创建了适当的配置结构 pucch1。参数 CyclicShifts 指定了在资源块中 PUCCH 格式 1 使用的循环移位的数量，其中 PUCCH 格式 1 和 PUCCH 格式 2 的混合物被传输。参数 ResourceSize 指定了 PUCCH 格式 2 使用的资源大小，有效地确定了 PUCCH 格式 1 传输的起始位置；此处我们指定 ResourceIdx=0，它将使用第一个 PUCCH 格式 1 资源。

```
>> pucch1.ResourceIdx = 0;    % PUCCH 资源索引
pucch1.DeltaShift = 1;        % δ移位
pucch1.CyclicShifts = 1;      % 循环移位次数
pucch1.ResourceSize = 0;      % 分配给 PUCCH 格式的资源大小
```

（4）PUCCH 2 配置。

对于第二个 UE，使用了格式 2 的 PUCCH，因此创建了适当的配置结构 pucch2。参数 CyclicShifts 和 ResourceSize 的值与 PUCCH 格式 1 配置相同。ResourceIdx 的值被设置为第一个 PUCCH 格式 2 资源，这意味着现在为 PUCCH 格式 1 和 PUCCH 格式 2 配置的物理资源块是相同的。

```
>> pucch2.ResourceIdx = 0;    % PUCCH 资源索引
pucch2.CyclicShifts = 1;      % 循环移位次数
pucch2.ResourceSize = 0;      % 分配给 PUCCH 格式 2 的资源大小
```

（5）信道传播模型配置。

两台终端所要传输的传输通道配置为结构通道。所述通道的采样率配置为匹配所述第一个 UE 输出的采样率；注意，第二个 UE 的输出使用相同的采样率。当我们对每个 UE 使用这种通道配置时，结构的 Seed 参数将对每个 UE 设置不同的值，从而产生不同的传播模型。

```
>> channel.NRxAnts = 4;               % 接收天线数量
channel.DelayProfile = 'ETU';        % 延迟概率
channel.DopplerFreq = 300.0;         % 多普勒频率
channel.MIMOCorrelation = 'Low';     % MIMO 相关
channel.InitTime = 0.0;              % 初始化时间
channel.NTerms = 16;                 % 衰落模型中的振荡器
channel.ModelType = 'GMEDS';         % 瑞利衰落模型类型
channel.InitPhase = 'Random';        % 随机的初始阶段
channel.NormalizePathGains = 'On';   % 归一化延迟功率
channel.NormalizeTxAnts = 'On';      % 对发射天线进行标准化
% 设置采样率
info = lteSCFDMAInfo(ue1);
channel.SamplingRate = info.SamplingRate;
```

（6）噪声的配置。

信噪比由 SNR＝＝Es/No 给出，其中 Es 是感兴趣的信号的能量，No 是噪声功率。可以确定待加噪声的功率，使 Es 和 No 经过 SC-FDMA 解调后归一化，达到所需的信噪比 SNRdB。SC-FDMA 解调前添加的噪声将被 IFFT 放大，放大为 IFFT 的平方根。在这个模拟中，通过将期望的噪声功率除以这个值来考虑这一点。另外，由于噪声的实部和虚部在合并成加性高斯白噪声之前是分别产生的，因此噪声幅值必须按 1/G2 的比例缩放，因此产生的噪声功率为 1。

```
>> SNRdB = 21.0;
% 标准化噪声功率
SNR = 10^(SNRdB/20);
N = 1/(SNR * sqrt(double(info.Nfft)))/sqrt(2.0);
% 设置随机数生成器
rng('default');
```

（7）信道估计配置。

信道估计器使用结构 cec 配置。这里将使用三次插值，平均窗口为 12×1 的分辨率。此处配置信道估计器使用一种特殊模式，以确保能够展开和正交不同的重叠 PUCCH 传输。

```
>> cec = struct;                    % 信道估计配置结构
cec.PilotAverage = 'UserDefined';   % 导频平均类型
cec.FreqWindow = 12;                % REs(特殊模式)窗口的平均频率
cec.TimeWindow = 1;                 % REs 的平均时间窗(特殊模式)
cec.InterpType = 'cubic';           % 三次插值
```

（8）生成 PUCCH 格式 1。

现在完成了所有必要的配置，生成了 PUCCH 格式 1 及其 DRS。PUCCH 格式 1 携带 HARQ 指示 hi1，在这种情况下有 2 个指示：意味着传输格式为 1b 以及 PUCCH 格式 1 DRS 不携带数据。

```
>> % PUCCH 1 调制/编码
hi1 = [0; 1];                       % 创建 HARQ 指标
disp('hi1:');
disp(hi1.');
hi1:
     0     1
>> pucch1Sym = ltePUCCH1(ue1, pucch1, hi1);
pucch1DRSSym = ltePUCCH1DRS(ue1, pucch1);
```

（9）生成 PUCCH 格式 2。

PUCCH 格式 2 DRS 携带 HARQ 指示 hi2，在这种情况下有 2 个指示：传输格式为 2b 以及 PUCCH 格式 2 本身携带编码信道质量信息（CQI）。这里的信息 CQI 被编码，然后被调制。

```
>> % PUCCH 2 DRS 调制
hi2 = [1; 1];            % 创建 HARQ 指标
disp('hi2:');
disp(hi2.');
hi2:
```

```
        1       1
% PUCCH 2 编码
pucch2DRSSym = ltePUCCH2DRS(ue2, pucch2, hi2);
cqi = [0; 1; 1; 0; 0; 1];        % 创建通道质量信息
disp('cqi:');
disp(cqi.');
cqi:
0       1       1       0       0       1
>> codedcqi = lteUCIEncode(cqi);
% PUCCH 2 调制
pucch2Sym = ltePUCCH2(ue2, pucch2, codedcqi);
```

（10）创建 PUCCH 和 PUCCH DRS 传输的索引。

```
>> pucch1Indices = ltePUCCH1Indices(ue1, pucch1);
pucch2Indices = ltePUCCH2Indices(ue2, pucch2);
pucch1DRSIndices = ltePUCCH1DRSIndices(ue1, pucch1);
pucch2DRSIndices = ltePUCCH2DRSIndices(ue2, pucch2);
```

（11）UE1 传输。

传输第一个 UE 的整体信号的步骤：将 PUCCH 格式 1 和相应的 DRS 信号映射到空资源网格中，执行 SC-FDMA 调制，然后通过衰落传播信道传输。

```
>> % 创建资源网格
grid1 = lteULResourceGrid(ue1);
grid1(pucch1Indices) = pucch1Sym;
grid1(pucch1DRSIndices) = pucch1DRSSym;
% SC - FDMA 调制
txwave1 = lteSCFDMAModulate(ue1, grid1);
% 信道建模，在波形末端添加额外的 25 个样本，以覆盖从信道建模中预期的时延范围(实现时延和
% 信道时延扩展的组合)
channel.Seed = 13;
rxwave1 = lteFadingChannel(channel,[txwave1; zeros(25,1)]);
```

（12）UE2 传输。

此处为传输第二终端的整体信号。注意，使用的种子与第一次 UE 使用的种子相比较，它们的随机种子通道不同，这可确保对两个传输使用不同的传播模型。

```
>> % 创建资源网格
grid2 = lteULResourceGrid(ue2);
grid2(pucch2Indices) = pucch2Sym;
grid2(pucch2DRSIndices) = pucch2DRSSym;
% SC - FDMA 调制
txwave2 = lteSCFDMAModulate(ue2, grid2);
% 信道建模，在波形末端添加额外的 25 个样本，以覆盖从信道建模中预期的时延范围(实现时延和
% 信道时延扩展的组合)
channel.Seed = 15;
rxwave2 = lteFadingChannel(channel, [txwave2; zeros(25, 1)]);
```

（13）基站的接收。

对基站接收机的输入进行建模，将两个逐渐变弱信号与功率为高斯噪声的信号相加。

```
>> rxwave = rxwave1 + rxwave2;
% 添加噪声
noise = N * complex(randn(size(rxwave)), randn(size(rxwave)));
rxwave = rxwave + noise;
```

（14）UE1 的同步和 SC-FDMA 解调。

使用 PUCCH1 DRS 信号计算 UE1 上行帧定时估计，然后用于解调 SC-FDMA 信号。得到的网格 rxgrid1 是一个三维矩阵，行数表示子载波数，列的数量等于 SC-FDMA 符号在一个子帧中的数量。子载波和符号的数量是相同的，网格从 lteslscfdma 解调传递到 lteSLSCFDMAInfo，网格中的平面数（第三维）对应接收大线数。

```
>> % 同步
offset1 = lteULFrameOffsetPUCCH1(ue1, pucch1, rxwave);
% SC - FDMA 解调
rxgrid1 = lteSCFDMADemodulate(ue1, rxwave(1 + offset1:end, :));
```

（15）UE1 的信道估计与均衡。

获得每个发射机和基站接收机之间的信道的估计，并应用均衡对其产生影响。使用 lteULChannelEstimatePUCCH1 创建通道估计，信道估计功能由结构 cec 配置，该函数返回是传输网格中的通道资源元素的权重 3D 矩阵。第 1 维是副载波，第 2 维是 SC-FDMA 符号，第 3 维是接收天线。使用 lteEqualizeMMSE 均衡信道对接收的资源网格产生影响，这个函数使用估计的信道（H1）来均衡接收到的资源网格（rxGrid1）。

```
>> % 信道估计
[H1, n0] = lteULChannelEstimatePUCCH1(ue1, pucch1, cec, rxgrid1);
% 从所有接收天线和信道估计的给定子帧中提取 PUCCH 对应的 REs
[pucchrx1, pucchH1] = lteExtractResources(pucch1Indices, rxgrid1, H1);
% 均衡
eqgrid1 = lteULResourceGrid(ue1);
eqgrid1(pucch1Indices) = lteEqualizeMMSE(pucchrx1, pucchH1, n0);
```

（16）PUCCH1 解码。

最后对 PUCCH 格式 1 信道进行解码，提取有用的 HARQ 指示位。

```
>> rxhi1 = ltePUCCH1Decode(ue1, pucch1, length(hi1), ...
    eqgrid1(pucch1Indices));
disp('rxhi1:');
disp(rxhi1.');
rxhi1:
    0    1
```

（17）UE2 接收器。

使用 PUCCH 2 DRS 信号计算 UE2 上行帧定时估计，然后用于解调 SC-FDMA 信号。在这种情况下，还可以找到 PUCCH 格式 2 DRS 上传递的混合 ARQ 指示位，得到的网格 rxgrid2 是一个三维矩阵。使用 lteULChannelEstimatePUCCH2 对通道进行估计。使用 lteEqualizeMMSE 均衡信道对接收的资源网格产生影响。最后对 PUCCH 格式 2 信道进行解码，提取有用的 CQI 信息位。

```
>> % 同步(和 PUCCH 2 DRS 解调/解码)
```

```
[offset2,rxhi2] = lteULFrameOffsetPUCCH2(ue2,pucch2,rxwave,length(hi2));
disp('rxhi2:');
disp(rxhi2.');
rxhi2:
    1    1
>> % SC - FDMA 解调
rxgrid2 = lteSCFDMADemodulate(ue2, rxwave(1 + offset2:end, :));
% 信道估计
[H2, n0] = lteULChannelEstimatePUCCH2(ue2, pucch2, cec, rxgrid2, rxhi2);
% 从所有接收天线和信道估计的给定子帧中提取 PUCCH 对应的 REs
[pucchrx2, pucchH2] = lteExtractResources(pucch2Indices, rxgrid2, H2);
% 均衡
eqgrid2 = lteULResourceGrid(ue2);
eqgrid2(pucch2Indices) = lteEqualizeMMSE(pucchrx2, pucchH2, n0);
% PUCCH2 解调
rxcodedcqi = ltePUCCH2Decode(ue2, pucch2, eqgrid2(pucch2Indices));
% PUCCH2 解码
rxcqi = lteUCIDecode(rxcodedcqi, length(cqi));
disp('rxcqi:');
disp(rxcqi.');
rxcqi:
    0    1    1    0    0    1
```

（18）显示估计通道。

一个图可以独立地显示两个不同的信号的信道估计，即使它们共享相同的物理 res。PUCCH 格式 1 信道估计用红色表示，PUCCH 格式 2 信道估计用蓝色表示。

```
>> hPUCCHMixedFormatDisplay(H1, eqgrid1, H2, eqgrid2);    % 效果如图 7-8 所示
```

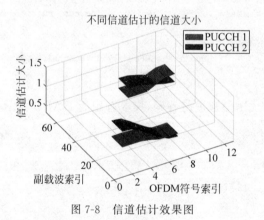

图 7-8　信道估计效果图

3. Release 10 PUSCH 多码字传输与接收建模

【例 7-7】　此实例展示了如何使用 LTE 工具箱实现多码字传输和接收，然后修改该配置以发送两个相同配置的码字。

（1）设置。

本节设置 FRC A3-2 关联的 UE（User Equipment）配置结构，并修改为使用两个码字，这两个码字的配置是相同的。

```
>> % 为 FRC A3 - 2 生成配置
```

```
frc = lteRMCUL('A3 - 2');
% UE 配置
frc.TotSubframes = 1;        % 子帧总数
frc.NTxAnts = 2;             % 发射天线数量
% 更新物理上行共享通道(PUSCH)配置为两个相同配置的码字
frc.PUSCH.NLayers = 2;
frc.PUSCH.Modulation = repmat({frc.PUSCH.Modulation},1,2);
frc.PUSCH.RV = repmat(frc.PUSCH.RV,1,2);
frc.PUSCH.TrBlkSizes = repmat(frc.PUSCH.TrBlkSizes,2,1);
```

（2）编码。

本节设置传输块和上行控制信息（UCI），然后将其编码生成上行共享信道（UL-SCH）。对生成的码字采用 PUSCH 调制。

```
>> % 设置两个码字的传输块大小和数据
TBSs = frc.PUSCH.TrBlkSizes(:,frc.NSubframe + 1);                % transport block sizes
trBlks = {(randi([0 1], TBSs(1), 1)) (randi([0 1], TBSs(2), 1))};  % data
% 设置 UCI 内容
CQI = [1 0 1 0 0 0 1 1 1 0 0 0 1 1].';
RI  = [0 1 1 0].';
ACK = [1 0].';
% UL - SCH 编码包括 UCI 编码
cws = lteULSCH(frc,frc.PUSCH,trBlks,CQI,RI,ACK);
% PUSCH 调制
puschSymbols = ltePUSCH(frc,frc.PUSCH,cws);
```

（3）解码。

本节对 PUSCH 进行解调，并应用信道解码。然后对产生的 UCI 进行解码，产生接收到的信道质量指示器（CQI）、等级指示（RI）和确认（ACK）。

```
>> % PUSCH 解调
ulschInfo = lteULSCHInfo(frc,frc.PUSCH,TBSs,length(CQI),length(RI),...
            length(ACK),'chsconcat');              % 获取 UL - SCH 信息
llrs = ltePUSCHDecode(frc,ulschInfo,puschSymbols);    % PUSCH 解码
% UL - SCH 解码
softBuffer = [];
[rxtrblks,crc,softBuffer] = lteULSCHDecode(frc,ulschInfo,TBSs,llrs,softBuffer);
% UCI 解码
[llrsData,llrsCQI,llrsRI,llrsACK] = lteULSCHDeinterleave(frc,ulschInfo,llrs);
rxCQI = lteCQIDecode(ulschInfo,llrsCQI);              % CQI 解码
rxRI = lteRIDecode(ulschInfo,llrsRI);                 % RI 解码
rxACK = lteACKDecode(ulschInfo,llrsACK);             % ACK 解码
```

（4）结果。

显示两个码字的解码的 CRC，同时显示发射和接收的 CQI、RI 和 ACK 位。

```
>> hULMulticodewordTxRxDisplayResults(crc,CQI,RI,ACK,rxCQI,rxRI,rxACK);
CRCs:
Codeword 1: 0
Codeword 2: 0
CQI:
transmitted: 1 0 1 0 0 0 1 1 1 0 0 0 1 1
received   : 1 0 1 0 0 0 1 1 1 0 0 0 1 1
```

```
RI:
transmitted: 0  1  1  0
received   : 0  1  1  0
ACK:
transmitted: 1  0
received   : 1  0
```

7.2 链路级仿真

本节实现对端到端通信链路建模，执行波形生成、信道建模和接收机操作，并计算 BER、BLER、吞吐量和一致性测试。

7.2.1 传播信道模型

本小节主要学习描绘和仿真 3D 信道、MIMO 衰落信道（EPA、EVA 和 ETU）和移动高速列车 MIMO 信道。

1. 仿真传播信道

【例 7-8】 此实例展示了如何模拟传播通道。它演示了如何产生蜂窝特定的参考信号，将它们映射到资源网格，执行 OFDM 调制，并通过衰落信道传递结果。

（1）以下代码实现将单元格范围的设置指定为结构 enb 中的字段。本例中使用的许多函数都需要这些字段的子集。

```
>> enb.NDLRB = 9;
enb.CyclicPrefix = 'Normal';
enb.PHICHDuration = 'Normal';
enb.CFI = 3;
enb.Ng = 'Sixth';
enb.CellRefP = 1;
enb.NCellID = 10;
enb.NSubframe = 0;
enb.DuplexMode = 'FDD';
antennaPort = 0;
```

（2）资源网格和传输波形。

下面代码调用 lteDLResourceGrid 函数，生成一个子帧资源网格。这个函数为一个子帧创建一个空的资源网格。

```
>> subframe = lteDLResourceGrid(enb);
% 生成特定的单元参考符号(CellRS)，并使用线性索引将它们映射到资源网格的资源元素(Res)中
>> cellRSsymbols = lteCellRS(enb,antennaPort);
cellRSindices = lteCellRSIndices(enb,antennaPort,{'1based'});
subframe(cellRSindices) = cellRSsymbols;
% 在子帧中对复杂符号进行 OFDM 调制
>> [txWaveform,info] = lteOFDMModulate(enb,subframe);
```

第一个输出参数 tx 波形，包含传输的 OFDM 调制符号。第二个输出参数 info 是一个包含调制过程细节的结构，为字段信息。SamplingRate 提供时域波形的采样率 R_{sampling}：

$$R_{\text{sampling}} = \frac{30.72\text{MHz}}{2048 \times N_{\text{FFT}}}$$

其中，N_{FFT} 为 OFDM 傅里叶逆变换（IFT）的大小。

（3）传播渠道。

构建 LTE 多径衰落信道。首先，通过创建一个结构 channel 来设置通道参数。

```
>> channel.Seed = 1;
channel.NRxAnts = 1;
channel.DelayProfile = 'EVA';
channel.DopplerFreq = 5;
channel.MIMOCorrelation = 'Low';
channel.SamplingRate - info.SamplingRate;
channel.InitTime = 0;
```

采样率 SamplingRate 在信道模型中，必须将它设置为 lteOFDMModulate 函数返回的信息字段。

通过调用 lteFadingChannel 函数将数据生成一个 LTE 多径衰落信道，第一个输入参数 tx 波形是一个 LTE 传输样本阵列，每一行包含每个发射天线的波形样本。这些波形被过滤形成通道指定的延迟剖面图。

```
>> rxWaveform = lteFadingChannel(channel,txWaveform);
```

（4）接收波形。

输出参数 rx 波形是通道输出信号矩阵，每一行对应于每个接收天线的波形，rx 波形矩阵的行数是 1。

```
>> size(rxWaveform)
ans =
        1920            1
```

（5）绘制信号在衰落信道之前和之后的波形。

绘制频谱分析仪前通道和后通道波形。使用 spectralaverage = 10 来减少绘制信号中的噪声。

```
>> title = '波形前和后衰落信道';
saScope = dsp.SpectrumAnalyzer('SampleRate',info.SamplingRate,'ShowLegend',true,...
    'SpectralAverages',10,'Title',title,'ChannelNames',{'Before','After'});
saScope([txWaveform,rxWaveform]);
```

运行程序，效果如图 7-9 所示。

2. 系统对象（System object）

（1）System object 的定义。

System object 是一种专用的 MATLAB 对象，许多工具箱中都包含 System object。System object 专为实现和仿真输入随时间变化的动态系统而设计，它的许多信号处理、通信和控制系统都是动态的。在动态系统中，输出信号的值同时取决于输入信号的瞬时值以及系统的过往行为。System object 使用内部状态来存储下一个计算步骤中使用的系统过往行为。因此，System object 非常适用于分段处理大型数据流的迭代计算，如视频和音频处理系统。这种处理流化数据的功能具有不必在内存中保存大量数据的优点。采用流化数据，我们还可以使用高效利用循环的简化程序。

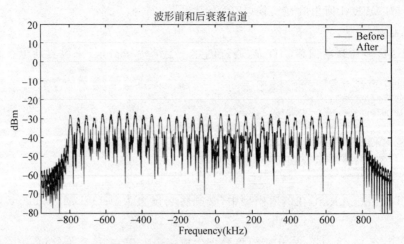

RBW=1.87kHz, Sample rate=1.92MHz

图 7-9　波形前后的衰落信道

　　例如,我们可以在系统中使用 System object,以便从某个文件中读取数据、对该数据进行滤波,然后将滤波后的输出写入其他文件。通常,每次循环迭代中都会将指定数量的数据传递给滤波器。文件读取器对象使用状态来跟踪在文件中开始下一次数据读取的位置。同样,文件写入器对象会跟踪并在最后将数据写入输出文件的位置,以使数据不会被覆盖。滤波器对象保留其自身的内部状态,以确保滤波正常执行。

　　这些优点使得 System object 适用于处理流化数据。System object 支持以下功能。

- 定点算术运算(需要 Fixed-Point Designer 许可证)。
- C 代码生成(需要 MATLAB Coder 或 Simulink Coder 许可证)。
- HDL 代码生成(需要 HDL Coder 许可证)。
- 可执行文件或共享库生成(需要 MATLAB Compiler 许可证)。

System object 至少使用以下两个命令来处理数据。

- 创建对象(如 fft256＝dsp.FFT)。
- 通过对象运行数据(如 fft256(x))。

　　通过将创建与执行分离,我们可以创建多个持久的可重用对象,并且每个对象具有不同的设置。使用此方法可避免重复进行输入确认和验证、便于在编程循环中使用并提高整体性能。相比较而言,MATLAB 函数必须在每次调用时对参数进行验证。

　　除了系统工具箱提供的 System object 以外,我们还可以创建自己的 System object。

　　(2) 运行 System object。

　　要运行某个 System object 并执行其算法定义的操作,我们可以调用该对象,就好像它是一个函数一样。例如,要创建一个 FFT 对象(该对象使用 dsp.FFT System object、将长度指定为 1024 并命名为 dft),可使用:

```
dft = dsp.FFT('FFTLengthSource','Property','FFTLength',1024);
```

　　要使用输入 x 运行此对象,可使用:

```
dft(x);
```

如果在不带任何输入参数的情况下运行 System object，则必须包含空的圆括号。例如：

```
asysobj();
```

当运行某个 System object 时，该对象还会执行与数据处理有关的其他重要任务，如初始化和处理对象状态。

注意：运行 System object 的替代方法是使用 step 函数。例如，对使用 dft = dsp.FFT 创建的对象，可以通过 step(dft,x) 来运行该对象。

接下来介绍几个常用的传播信道模型函数。

3. lte3DChannel 系统对象

lte3DChannel 系统对象通过 TR 36.873 链路级多输入/多输出（MIMO）衰落信道过滤输入信号，以获得信道受损信号。函数的调用格式如下。

lte3d=lte3DChannel：创建一个 TR 36.873 链路级 MIMO 系统对象。

lte3d=lte3DChannel(Name,Value)：通过使用一个或多个名称-值对，创建具有属性集的对象。属性名称需要用引号包含，后面跟着指定的值。未指定的属性采用默认值。

lte3d=lte3DChannel.makeCDL(DelayProfile)：根据指定 CDL 延迟配置文件创建对象，延迟扩展为 30ns。

lte3d=lte3DChannel.makeCDL(DelayProfile,DelaySpread)：创建具有指定 CDL 延迟配置文件和延迟扩展的对象。

lte3d=lte3DChannel.makeCDL(DelayProfile,DelaySpread,KFactor)：创建具有指定 CDL 延迟配置文件、延迟扩展和 k 因子缩放的对象。

【例 7-9】 使用 lte3DChannel System 对象绘制不同样本密度值的通道输出和路径增益。

```
% 设置最大多普勒频移为 300Hz,信道采样率为 10kHz
>> lte3d = lte3DChannel.makeCDL('CDL-B');
lte3d.MaximumDopplerShift = 300.0;
lte3d.SampleRate = 10e3;
lte3d.Seed = 19;
% 配置发射和接收天线阵列
>> lte3d.TransmitAntennaArray.Size = [1 1 1];
lte3d.ReceiveAntennaArray.Size = [1 1 1];
% 创建一个长度为 40 个样本的输入波形
>> T = 40;
in = ones(T,1);
```

针对不同的 SampleDensity 属性值，绘制通道的阶跃响应（显示为直线）和相应的路径增益（显示为圆形）。

- 当 SampleDensity=Inf 时，为每个输入样本获取通道速射。
- 当 SampleDensity=X 时，通道速射的速率为 Fcs=2 * X * MaximumDopplerShift。

lte3DChannel 对象通过零阶保持插值将通道速射应用于输入波形。该对象在输入结束之后接收一个额外的速射，一些最终的输出样本使用这个额外的值来最小化插值误差。由于系统中存在实现路径延迟的过滤器，通道输出包含一个瞬态（和一个延迟）。

```
>> s = [Inf 5 2];              % 样本密度
legends = {};
figure; hold on;
SR = lte3d.SampleRate;
for i = 1:length(s)
        % 使用选定的样本密度调用信道
        release(lte3d); lte3d.SampleDensity = s(i);
        [out,pathgains,sampletimes] = lte3d(in);
        chInfo = info(lte3d); tau = chInfo.ChannelFilterDelay;

        % 绘制通道输出时间
        t = lte3d.InitialTime + ((0:(T-1)) - tau).'/ SR;
        h = plot(t,abs(out),'o-'); h.MarkerSize = 2; h.LineWidth = 1.5;
        desc = ['Sample Density = ' num2str(s(i))];
        legends = [legends ['Output, ' desc]];
        disp([desc ', Ncs = ' num2str(length(sampletimes))]);
```

相对于样本密度的通道输出和路径增益

图 7-10 通道输出和路径增益效果图

```
        % 根据样本时间绘制路径增益
        h2 = plot(sampletimes - tau/SR, abs(sum
(pathgains,2)),'o');
        h2.Color = h.Color; h2.MarkerFaceColor =
h.Color;
        legends = [legends ['Path Gains, ' desc]];
end
xlabel('时间(s)');
title('相对于样本密度的通道输出和路径增益');
ylabel('通道幅度');
```

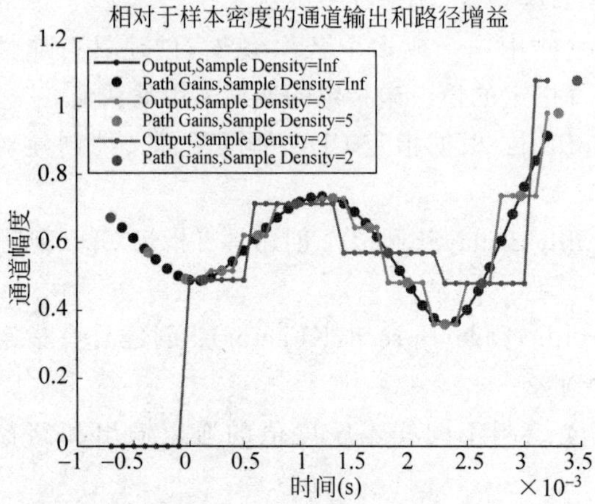

运行程序,输出如下,效果如图 7-10 所示。

```
legend(legends,'Location','NorthWest');
Sample Density = Inf, Ncs = 40
Sample Density = 5, Ncs = 13
Sample Density = 2, Ncs = 6
```

4. lteFadingChannel 函数

在 MATLAB 中,提供了 lteFadingChannel 函数用于返回多径衰落 MIMO 信道传播信息结构。函数的调用格式如下。

[out,info] = lteFadingChannel(model,in):返回信道输出信号矩阵及给定的多径瑞利衰落信道模型和输入波形的信息结构。

【例 7-10】 在衰落信道上传输多个子帧。

```
% 使用 for 循环通过衰落信道传输若干子帧
% 定义通道配置结构
>> chcfg.DelayProfile = 'EPA';
chcfg.NRxAnts = 1;
chcfg.DopplerFreq = 5;
chcfg.MIMOCorrelation = 'Low';
chcfg.Seed = 1;
chcfg.InitPhase = 'Random';
chcfg.ModelType = 'GMEDS';
chcfg.NTerms = 16;
```

```
chcfg.NormalizeTxAnts = 'On';
chcfg.NormalizePathGains = 'On';
% 定义传输波形配置结构,初始化为 RMC 'R.10'和一个子帧
>> rmc = lteRMCDL('R.10');
rmc.TotSubframes = 1;
```

在 for 循环中,生成 10 个子帧,每次一个子帧。

* 在 for 循环之外,定义延迟,它考虑实现延迟和信道延迟扩展的组合。
* 设置子帧数并初始化子帧开始时间,每个子帧分配 1ms。
* 产生一个发射波形。
* 初始化发射天线个数和波形采样率。
* 通过信道发送波形。在信道滤波之前,给生成的波形附加零延迟。

```
>> delay = 25;
for subframeNumber = 0:9
    rmc.NSubframe = mod(subframeNumber,10);
    chcfg.InitTime = subframeNumber/1000;
    [txWaveform,txGrid,info] = lteRMCDLTool(rmc,[1;0;1;1]);
    numTxAnt = size(txWaveform,2);
    chcfg.SamplingRate = info.SamplingRate;
    rxWaveform = lteFadingChannel(chcfg,[txWaveform; zeros(delay,numTxAnt)]);
end
```

7.2.2 一致性测试

在通信系统中,可实现执行链路级 BER、BLER 和吞吐量一致性测试。下面通过几个例子来测试链路级的一致性。

1. 单天线(TM1)、发射分集(TM2)、开环(TM3)和闭环(TM4/6)空间复用的 PDSCH 吞吐量一致性测试

下面例子演示了如何使用 LTE 工具箱测量以下传输模式(TM)的物理下行共享通道(PDSCH)吞吐量性能。

* TM1:单天线(端口 0)。
* TM2:发射分集。
* TM3:基于开环码本的预编码——循环延迟分集(CDD)。
* TM4:基于闭环码本的空间复用。
* TM6:基于单层闭环码本的空间复用。

实例还展示了如何参数化和自定义不同 TM 的设置,它还支持使用并行计算工具箱来减少有效的模拟时间。

【例 7-11】 测量传输模式的物理下行共享通道吞吐量性能,并减少有效的模拟时间。

实现步骤如下。

(1)介绍。

这个例子测量了许多信噪比点的吞吐量。所提供的代码可以在多种传输模式下运行:TM1、TM2、TM3、TM4 和 TM6。

例子是在一个子帧一个子帧的基础上工作的,对于每个考虑的信噪比点,生成一个填

充资源网格,并调制 OFDM 以创建发射波形。产生的波形通过一个有噪声的衰落信道,然后由接收机执行以下操作:信道估计、均衡、解调和解码。PDSCH 的吞吐量性能是通过在信道解码器的输出处使用块 CRC 结果来确定的。

可以使用 parfor 循环代替 for 循环来计算信噪比。parfor 语句是并行计算工具箱的一部分,它并行执行信噪比循环以减少总模拟时间。

(2) 模拟配置。

这个例子是执行模拟长度为 2 帧的一些信噪比点(应该使用大量的 nframe 来产生有意义的吞吐量结果)。SNRIn 可以是值的数组,也可以是标量。一些时域调制和某些调制方式对噪声和信道损伤的鲁棒性比其他方式强,因此不同的参数集可能需要使用不同的信噪比值。

```
>> NFrames = 2;                    % 帧数
SNRIn = [10.3 12.3 14.3];         % 信噪比范围(dB)
```

(3) eNodeB 配置。

本节选择感兴趣的 TM 并设置 eNodeB 参数。使用变量 txMode 选择 TM,该变量可以取值 TM1、TM2、TM3、TM4 和 TM6。

```
>> txMode = 'TM4';               % TM1, TM2, TM3, TM4, TM6
```

为简单起见,本例中建模的所有 TM 都具有 50 个资源块的带宽和 0.5 的代码率。不指定 RMC 编号确保所有下行子帧都被调度。如果 RMC 被指定(如'R.0'),则子帧 5 在大多数情况下不被调度。

变量 txMode 通过 switch 语句选择 TM。每个 TM 都指定了所需的参数。此实例不执行 DCI 格式解码,因此 DCIFormat 字段不是严格必要的。然而,由于 DCI 格式与 TM 紧密相连,因此包含它是为了完整性。

```
>> simulationParameters = []; % 清除 simulationParameters
simulationParameters.NDLRB = 50;
simulationParameters.PDSCH.TargetCodeRate = 0.5;
simulationParameters.PDSCH.PRBSet = (0:49)';
switch txMode
% 单天线(Port0)模式(TM1)
    case 'TM1'
        fprintf('\nTM1 - 单天线(port 0)\n');
        simulationParameters.PDSCH.TxScheme = 'Port0';
        simulationParameters.PDSCH.DCIFormat = 'Format1';
        simulationParameters.CellRefP = 1;
        simulationParameters.PDSCH.Modulation = {'16QAM'};
% 发射分集模式(TM2)
    case 'TM2'
        fprintf('\nTM2 - Transmit diversity\n');
        simulationParameters.PDSCH.TxScheme = 'TxDiversity';
        simulationParameters.PDSCH.DCIFormat = 'Format1';
        simulationParameters.CellRefP = 2;
        simulationParameters.PDSCH.Modulation = {'16QAM'};
        simulationParameters.PDSCH.NLayers = 2;
```

```
% CDD 模式(TM3)
    case 'TM3'
        fprintf('\nTM3 - CDD\n');
        simulationParameters.PDSCH.TxScheme = 'CDD';
        simulationParameters.PDSCH.DCIFormat = 'Format2A';
        simulationParameters.CellRefP = 2;
        simulationParameters.PDSCH.Modulation = {'16QAM', '16QAM'};
        simulationParameters.PDSCH.NLayers = 2;
% 空间复用模式(TM4)
    case 'TM4'
        fprintf('\nTM4 - 基于码本的空间多路复用\n');
        simulationParameters.CellRefP = 2;
        simulationParameters.PDSCH.Modulation = {'16QAM', '16QAM'};
        simulationParameters.PDSCH.DCIFormat = 'Format2';
        simulationParameters.PDSCH.TxScheme = 'SpatialMux';
        simulationParameters.PDSCH.NLayers = 2;
         % No codebook restriction
        simulationParameters.PDSCH.CodebookSubset = '';
% Single layer spatial multiplexing mode (TM6)
    case 'TM6'
        fprintf(...
        '\nTM6 - 基于码本的单层空间多路复用\n');
        simulationParameters.CellRefP = 4;
        simulationParameters.PDSCH.Modulation = {'QPSK'};
        simulationParameters.PDSCH.DCIFormat = 'Format2';
        simulationParameters.PDSCH.TxScheme = 'SpatialMux';
        simulationParameters.PDSCH.NLayers = 1;
         % 没有电报密码本限制
        simulationParameters.PDSCH.CodebookSubset = '';
    otherwise
        error('传播方式应该是其中之一:TM1, TM2, TM3, TM4 or TM6.')
end
% 设置适用于所有 TM 的其他 simulationParameters 字段
simulationParameters.TotSubframes = 1;          % 每次生成一个子帧
simulationParameters.PDSCH.CSI = 'On';          % 软比特由 CSI 加权
```

输出结果如下:

```
TM4 - 基于码本的空间多路复用
% 调用 lteRMCDL 生成没有在 simulationParameters 中指定的默认 eNodeB 参数,该参数在后面使用
% lteRMCDLTool 生成波形时被调用
>> enb = lteRMCDL(simulationParameters);
% 输出 enb 结构包含帧内每个码字子帧的传输块大小和冗余版本序列等字段,这些将在稍后的模拟
% 中使用
>> rvSequence = enb.PDSCH.RVSeq;
trBlkSizes = enb.PDSCH.TrBlkSizes;
% 码字数 ncw 是 enb.PDSCH.Modulation 字段中的条目数
>> ncw = length(string(enb.PDSCH.Modulation));
% 设置闭环 TM(TM4、TM6)的循环时延
>> pmiDelay = 8;
% 下面打印一些相关的模拟参数,检查这些值以确保它们符合预期。如果手动指定传输块大小,则
% 显示的代码速率对于检测问题很有用,典型值是 1/3、1/2 和 3/4
>> hDisplayENBParameterSummary(enb, txMode);
-- Parameter summary: -----------------------------------------
```

```
                    Duplexing mode: FDD
                  Transmission mode: TM4
              Transmission scheme: SpatialMux
     Number of downlink resource blocks: 50
     Number of allocated resource blocks: 50
 Cell – specific reference signal ports: 2
          Number of transmit antennas: 2
               Transmission layers: 2
               Number of codewords: 2
             Modulation codeword 1: 16QAM
      Transport block sizes codeword 1:   11448 11448 11448 11448 11448 11448   11448
 11448   11448     11448
         Code rate codeword 1:    0.515    0.48     0.48     0.48     0.48  0.4918    0.48
 0.48     0.48     0.48
        Modulation codeword 2: 16QAM
      Transport block sizes codeword 2:     11448      11448      11448      11448      11448
 11448     11448     11448     11448     11448
         Code rate codeword 2:    0.515    0.48     0.48     0.48     0.48  0.4918    0.48
 0.48     0.48     0.48
```

（4）传播信道模型配置。

结构通道包含通道模型配置参数。

```
>> channel.Seed = 6;                    % 通道的种子
channel.NRxAnts = 2;                    % 2 个接收天线
channel.DelayProfile = 'EPA';           % 时延特性
channel.DopplerFreq = 5;                % 多普勒频率
channel.MIMOCorrelation = 'Low';        % 多路天线相关性
channel.NTerms = 16;                    % 衰落模型中的振荡器
channel.ModelType = 'GMEDS';            % 瑞利衰落模型类型
channel.InitPhase = 'Random';           % 随机初始阶段
channel.NormalizePathGains = 'On';      % 归一化延迟功率
channel.NormalizeTxAnts = 'On';         % 对发射天线进行标准化
% 从返回的值来设置通道模型的采样率
ofdmInfo = lteOFDMInfo(enb);
channel.SamplingRate = ofdmInfo.SamplingRate;
```

（5）信道估计配置。

变量 perfectChanEstimator 控制信道估计器的行为，有效值为 true 或 false。当设置为 true 时，使用精准信道响应作为估计，否则根据接收导频信号的值得到不精准估计。

```
>> % 控制信道估计器的标志
perfectChanEstimator = false;
```

如果 perfectChanEstimator 被设置为 false，则需要配置结构 cec 来参数化信道估计器。信道在时间和频率上变化缓慢，因此使用一个较大的平均窗口来平均噪声。

```
>> % 配置信道估计
cec.PilotAverage = 'UserDefined';       % 平均的类型导频符号
cec.FreqWindow = 41;                    % REs 中的频率窗口大小
cec.TimeWindow = 27;                    % 以 REs 表示的时间窗口大小
cec.InterpType = 'Cubic';               % 二维插值
```

```
cec.InterpWindow = 'Centered';          % 插值窗口类型
cec.InterpWinSize = 1;                   % 插值窗口大小
```

（6）显示模拟信息。

变量 displaySimulationInformation 控制仿真信息的显示,例如用于显示每个子帧的 HARQ 进程 ID。在 CRC 错误的情况下,还会显示 RV 序列的索引值。

```
>> displaySimulationInformation = true;
```

（7）处理循环。

为了确定每个信噪比点的吞吐量,PDSCH 数据在一个子帧一个子帧的基础上进行分析,步骤如下。

- 更新当前的 HARQ 流程。根据基于 CRC 结果的确认(ACK)或否定确认(NACK), HARQ 过程要么携带新的传输数据,要么重新传输先前发送的传输数据。所有这些都是由 HARQ 调度程序 hHARQScheduling 处理的。PDSCH 数据根据 HARQ 状态进行更新。
- 创建传输波形。由 HARQ 过程产生的数据被传递到 lteRMCDLTool,产生一个 OFDM 调制波形,包含物理信道和信号。
- 噪声信道建模。该波形通过衰落信道并添加噪声(AWGN)。
- 执行同步和 OFDM 解调。接收的符号因延迟和信道延迟扩展被偏移,然后对这些符号进行 OFDM 解调。
- 进行信道估计。估计了信道响应和噪声水平,这些估计值被用来解码 PDSCH。
- PDSCH 解码。所有发射和接收天线,连同噪声估计对 PDSCH 符号进行恢复,通过 ltePDSCHDecode 解调和解码器,以获得接收码字的估计。
- 解码下行共享信道(DL-SCH)和存储块 CRC 错误的 HARQ 进程。将解码后的软位向量传递给 lteDLSCHDecode。这些解码码字和返回块 CRC 错误用于确定系统的吞吐量。新软缓冲区 harqProc(harqID).decstate 的内容在该函数的输出中可用,用于解码下一子帧。

```
% 由资源网格维数得到发射天线数 P.dims 是 M×N×P,其中 M 是子载波数,N 是符号数,P 是发射天
% 线数
dims = lteDLResourceGridSize(enb);
P = dims(3);
% 初始化变量用于模拟和分析阵列存储所有信噪比点的最大吞吐量
maxThroughput = zeros(length(SNRIn),1);
% 阵列存储所有信噪比点的模拟吞吐量
simThroughput = zeros(length(SNRIn),1);
% 获取用于 HARQ 处理的 HARQ ID 序列,这是 HARQ 进程调度的索引列表
[~,~,enbOut] = lteRMCDLTool(enb, []);
harqProcessSequence = enbOut.PDSCH.HARQProcessSequence;
% 临时变量'enb_init', 'channel_init'和'harqProcessSequence_init'用于优化并行处理
enb_init = enb;
channel_init = channel;
harqProcessSequence_init = harqProcessSequence;
legendString = ['Throughput: ' char(enb.PDSCH.TxScheme)];
allRvSeqPtrHistory = cell(1,numel(SNRIn));
```

```
nFFT = ofdmInfo.Nfft;
for snrIdx = 1:numel(SNRIn)
% parfor snrIdx = 1:numel(SNRIn)
% 要使用并行计算提高速度,请注释掉上面的'for'语句,取消下面的'parfor'语句的注释
% 这需要并行计算工具箱.如果没有安装,'parfor'将默认为'for'语句.如果使用'parfor',
% 建议将上面的变量'displaySimulationInformation'设置为false,否则每个信噪比点的模拟信息
% 显示将重叠
        % 根据循环变量设置随机数生成器种子,以确保独立的随机流
        rng(snrIdx,'combRecursive');
        SNRdB = SNRIn(snrIdx);
        fprintf('\n模拟在 %g dB SNR for %d Frame(s)\n',SNRdB, NFrames);
        % 初始化仿真和分析中使用的变量
        offsets = 0;                               % 初始化帧偏移值
        offset = 0;                                % 初始化无线电帧的帧偏移值
        blkCRC = [];                               % 初始化所有子帧的帧偏移量
        bitTput = [];                              % 每子帧成功接收的比特数
        txedTrBlkSizes = [];                       % 每个子帧的传输比特数
        enb = enb_init;                            % 初始化 RMC 配置
        channel = channel_init;                    % 初始化通道配置
        harqProcessSequence = harqProcessSequence_init;    % 初始化 HARQ 进程序列
        pmiIdx = 0;                                % 在延迟队列中的 PMI 索引
% 变量 harqPtrTable 存储所有 HARQ 进程的 RV 序列值指针的历史值。由于一些子帧没有数据,所
% 以用 NAN 预分配
        rvSeqPtrHistory = NaN(ncw, NFrames * 10);
        % 初始化所有 HARQ 进程的状态
        harqProcesses = hNewHARQProcess(enb);
        % 使用随机 pm 为第一个"pmiddelay"子帧,直到从 UE 获得反馈。请注意,PMI 反馈只适用于空
        % 间复用的 TM(TM4 和 TM6),但是这里的代码需要在使用并行计算工具箱时对 SNR 循环中的变
        % 量进行完全初始化
        pmidims = ltePMIInfo(enb, enb.PDSCH);
        txPMIs = randi([0 pmidims.MaxPMI], pmidims.NSubbands, pmiDelay);
        for subframeNo = 0:(NFrames * 10 - 1)
            % 更新子帧数
            enb.NSubframe = subframeNo;
            % 从 HARQ 进程序列中获取子帧的 HARQ 进程 ID
            harqID = harqProcessSequence(mod(subframeNo, length(harqProcessSequence)) + 1);
            % 如果在当前子帧中有一个传输阻塞(由非零的'harqID'表示),执行传输和接收,否则
            % 继续下一帧
            if harqID == 0
                continue;
            end
            % 更新当前的 HARQ 流程
            harqProcesses(harqID) = hHARQScheduling(harqProcesses(harqID), subframeNo,
rvSequence);
            % 提取当前子帧传输块大小
            trBlk = trBlkSizes(:, mod(subframeNo, 10) + 1).';
            % 显示运行时信息
            if displaySimulationInformation
                disp('');
                disp(['子帧: ' num2str(subframeNo)...
                             '. HARQ 进程 ID: ' num2str(harqID)]);
            end
            % 更新 RV 序列指针表
            rvSeqPtrHistory(:, subframeNo + 1) = ...
```

```
                         harqProcesses(harqID).txConfig.RVIdx.';
% 使用 HARQ 进程状态更新 PDSCH 传输配置
enb.PDSCH = harqProcesses(harqID).txConfig;
data = harqProcesses(harqID).data;
% 在延迟队列中设置相应的 PMI 值
if strcmpi(enb.PDSCH.TxScheme, 'SpatialMux')
    pmiIdx = mod(subframeNo, pmiDelay);          % 在延迟队列中的 PMI 索引
    enb.PDSCH.PMISet = txPMIs(:, pmiIdx + 1);    % 设置 PMI
end
% 产生传输波形
txWaveform = lteRMCDLTool(enb, data);
% 添加 25 个填充样本,这将涵盖从信道建模中预期的时延范围(实现时延和信道时延扩
% 展的组合)
txWaveform = [txWaveform; zeros(25, P)]; % #ok < AGROW >
% 从 'enbOut' 获取 HARQ ID 序列用于 HARQ 处理
harqProcessSequence = enbOut.PDSCH.HARQProcessSequence;
% 初始化每个子帧的信道时间
channel.InitTime = subframeNo/1000;
% 通过通道模型传递数据
rxWaveform = lteFadingChannel(channel, txWaveform);
% 计算包含下行功率分配补偿的噪声增益
SNR = 10^((SNRdB - enb.PDSCH.Rho)/20);
% 采样率是 OFDM 调制中 IFFT 大小和天线数量的函数
N0 = 1/(sqrt(2.0 * enb.CellRefP * double(nFFT)) * SNR);
% 创建加性高斯白噪声
noise = N0 * complex(randn(size(rxWaveform)),randn(size(rxWaveform)));
% 在接收到的时域波形中加入 AWGN
rxWaveform = rxWaveform + noise;
% 每一帧,在子帧 0 上计算一个新的同步偏移量
if (mod(subframeNo,10) == 0)
    offset = lteDLFrameOffset(enb, rxWaveform);
    if (offset > 25)
        offset = offsets(end);
    end
    offsets = [offsets offset]; % #ok
end
% 同步接收波形
rxWaveform = rxWaveform(1 + offset:end, :);
% 对接收到的数据进行 OFDM 解调,重建资源网格
rxSubframe = lteOFDMDemodulate(enb, rxWaveform);
% 信道估计
if(perfectChanEstimator)
    estChannelGrid = lteDLPerfectChannelEstimate(enb, channel, offset); % #ok
    noiseGrid = lteOFDMDemodulate(enb, noise(1 + offset:end ,:));
    noiseEst = var(noiseGrid(:));
else
    [estChannelGrid, noiseEst] = lteDLChannelEstimate( ...
        enb, enb.PDSCH, cec, rxSubframe);
end
% 得到 PDSCH 指数
pdschIndices = ltePDSCHIndices(enb, enb.PDSCH, enb.PDSCH.PRBSet);
% 从接收的子帧中获取 PDSCH 资源元素,根据 PDSCH 功率因数 Rho 对接收的子帧进行
% 缩放
[pdschRx, pdschHest] = lteExtractResources(pdschIndices, ...
```

```
                    rxSubframe * (10^( - enb. PDSCH. Rho/20)), estChannelGrid);
            % 解密 PDSCH
            dlschBits = ltePDSCHDecode(...
                            enb, enb. PDSCH, pdschRx, pdschHest, noiseEst);
            % 解码 DL - SCH
            [decbits, harqProcesses(harqID). blkerr, harqProcesses(harqID). decState] = ...
                lteDLSCHDecode(enb, enb. PDSCH, trBlk, dlschBits, ...
                            harqProcesses(harqID). decState);
            % 显示块错误
            if displaySimulationInformation
                if any(harqProcesses(harqID). blkerr)
                    disp(['块错误. RV 序列: ' num2str(harqProcesses(harqID). txConfig. RVIdx)...
                        ', CRC: ' num2str(harqProcesses(harqID). blkerr)])
                else
                    disp(['没有错误. RV 序列: ' num2str(harqProcesses(harqID). txConfig. RVIdx)...
                        ', CRC: ' num2str(harqProcesses(harqID). blkerr)])
                end
            end

            if any(trBlk)
                blkCRC = [blkCRC harqProcesses(harqID). blkerr]; % # ok < AGROW >
                bitTput = [bitTput trBlk. * (1 - ...
                    harqProcesses(harqID). blkerr)]; % # ok < AGROW >
                txedTrBlkSizes = [txedTrBlkSizes trBlk]; % # ok < AGROW >
            end

            % 向 eNodeB 提供循环反馈
            if strcmpi(enb. PDSCH. TxScheme, 'SpatialMux')
                PMI = ltePMISelect(enb, enb. PDSCH, estChannelGrid, noiseEst);
                txPMIs(:, pmiIdx + 1) = PMI;
            end
        end
    % 计算最大吞吐量和模拟吞吐量
    maxThroughput(snrIdx) = sum(txedTrBlkSizes);          % 最大可能的吞吐量
    simThroughput(snrIdx) = sum(bitTput, 2);              % 模拟吞吐量
    % 在命令窗口中动态显示结果
    fprintf([['\n 吞吐量(Mbps) 为 ', num2str(NFrames) '帧(s) '],...
        '= %.4f\n'], 1e - 6 * simThroughput(snrIdx)/(NFrames * 10e - 3));
    fprintf([['吞吐量(% %) 为', num2str(NFrames) '帧(s) = %.4f\n'],...
        simThroughput(snrIdx) * 100/maxThroughput(snrIdx));
    allRvSeqPtrHistory{snrIdx} = rvSeqPtrHistory;
end
% 绘制所有 HARQ 过程的 RV 序列
hPlotRVSequence(SNRIn, allRvSeqPtrHistory, NFrames);
```

运行程序,输出如下,效果如图 7-11~图 7-13 所示。

模拟在 10.3 dB SNR for 2 Frame(s)

子帧: 0. HARQ 进程 ID: 1
块错误. RV 序列: 1 1, CRC: 1 1

子帧: 1. HARQ 进程 ID: 2
块错误. RV 序列: 1 1, CRC: 1 1

子帧：2. HARQ 进程 ID：3
块错误. RV 序列：1　1, CRC：1　1

子帧：3. HARQ 进程 ID：4
块错误. RV 序列：1　1, CRC：0　1

子帧：4. HARQ 进程 ID：5
块错误. RV 序列：1　1, CRC：0　1
…

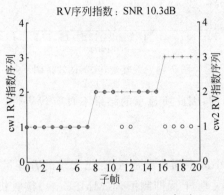

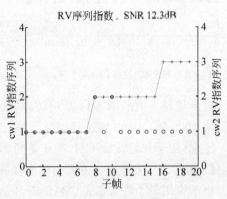

图 7-11　HARQ 过程的 RV 序列 1　　　　图 7-12　HARQ 过程的 RV 序列 2

（8）RV 序列指针图。

上面的代码为模拟的子帧生成带有指向 RV 序列中元素的指针值的图。我们绘制指针并注意在没有按照升序组织的情况下使用的 RV 值。当传输一个新的传输块时，将使用 RV 序列的第一个元素。在上面的图中，该子帧的值为 1，这是模拟开始时的情况。如果需要重传，则选择 RV 序列中的下一个元素，并增加指针，将为重传发生的子帧绘制一个值 2。如果需要进一步重传，指针值将进一步增加。注意，这些图不显示连续帧的子帧 5 中的任何值，这是因为没有数据在这些子帧中传输。

（9）吞吐量结果。

仿真的吞吐量结果在每个信噪比点完成后显示在 MATLAB 命令窗口中。它们也在 simThroughput 和 maxThroughput 中被捕获。simThroughput 是一个阵列，以比特数为单位测量所有模拟信噪比点的吞吐量。maxThroughput 以每个模拟信噪比点的位数来存储最大可能的吞吐量。

```
>> % 绘制吞吐量
figure
plot(SNRIn, simThroughput * 100./maxThroughput,'* - .');
xlabel('SNR (dB)');
ylabel('吞吐量(%)');
title('吞吐量与 SNR')
legend(legendString,'Location','NorthWest');
grid on;
```

运行程序，效果如图 7-14 所示。

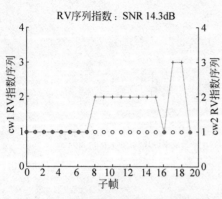

图 7-13　HARQ 过程的 RV 序列 3

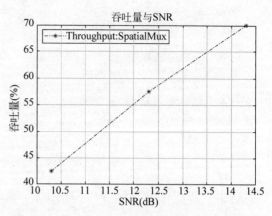

图 7-14　吞吐量与 SNR 效果图

以上代码生成的图 7-14 是用较少的帧数获得的,因此所显示的结果不具有代表性。可尝试用 1000 帧、10000 帧进行模拟。

2. 小区干扰对 PDSCH 吞吐量的影响

【例 7-12】　通过两个主要小区干扰测量服务小区中用户设备(UE)已实现的吞吐量。

例子中用最小均方误差(MMSE)和最小均方误差-干扰抑制组合(MMSE-irc)接收机演示了小区干扰对 PDSCH 吞吐量的影响。

(1) 仿真设置。

默认的模拟长度设置为 4 帧,以保持模拟时间较短。增加 nframe 可以增加模拟时间并产生统计上显著的吞吐量结果。使用变量 eqMethod 来设置接收机均衡,它可以取 'MMSE' 和 'MMSE_IRC' 值。

```
>> NFrames = 4;                  % 帧数
eqMethod = 'MMSE_IRC';           % MMSE, MMSE_IRC
% 信号、干扰和噪声功率级在测试中详细说明,使用以下参数:信号干扰加噪声比(SINR)、主要干扰比
% (DIP)和噪声功率谱密度
>> SINR = 0.8;                   % SINR 单位为 dB
DIP2 = -1.73;
DIP3 = -8.66;
Noc = -98;                       % 平均功率谱密度 dBm/15kHz
```

(2) 服务 eNodeB 配置。

所考虑的测试在 FDD 模式下使用参考通道 R.47。

```
>> % 设置随机数生成器种子
rng('default');
% 根据 R.47 设置小区 1 eNodeB 配置
simulationParameters = struct;
simulationParameters.NDLRB = 50;
simulationParameters.CellRefP = 2;
simulationParameters.NCellID = 0;
simulationParameters.CFI = 2;
simulationParameters.DuplexMode = 'FDD';
simulationParameters.TotSubframes = 1;                    % 这不是总数
% 模拟中使用的子帧,只是我们每次调用波形发生器生成的子帧数。指定 PDSCH 配置子结构
```

```
simulationParameters.PDSCH.TxScheme = 'SpatialMux';
simulationParameters.PDSCH.Modulation = {'16QAM'};
simulationParameters.PDSCH.NLayers = 1;
simulationParameters.PDSCH.Rho = -3;
simulationParameters.PDSCH.PRBSet = (0:49)';
simulationParameters.PDSCH.TrBlkSizes = [8760 8760 8760 8760 8760 0 8760 8760 8760 8760];
simulationParameters.PDSCH.CodedTrBlkSizes = [24768 26400 26400 26400 26400 0 26400 26400 26400 26400];
simulationParameters.PDSCH.CSIMode = 'PUCCH 1-1';
simulationParameters.PDSCH.PMIMode = 'Wideband';
simulationParameters.PDSCH.CSI = 'On';
simulationParameters.PDSCH.W = [];
simulationParameters.PDSCH.CodebookSubset = '1111';
% 指定 PDSCH OCNG 配置
simulationParameters.OCNGPDSCHEnable = 'On';              % 启用 OCNG 填充
simulationParameters.OCNGPDSCHPower = -3;                 % OCNG 功率与 PDSCH Rho 相同
simulationParameters.OCNGPDSCH.RNTI = 0;                  % 虚拟 UE RNTI
simulationParameters.OCNGPDSCH.Modulation = 'QPSK';       % OCNG 符号调制
simulationParameters.OCNGPDSCH.TxScheme = 'TxDiversity';  % OCNG 传输模式 2
% 调用 lteRMCDLTool 以生成在 SimulationParameters 中未指定的默认 eNodeB 参数
>> enb1 = lteRMCDL(simulationParameters);
```

（3）干扰 eNodeB 配置。

两个干扰单元的特征在于结构 enb2 和 enb3。它们具有与服务小区（enb1）相同的字段值，但有以下例外。

- 对于 enb2 和 enb3，Cell Id 分别取值 1 和 2。
- PDSCH 调制方案由传输模式 4（TM4）干扰模型指定。该值在逐个子帧的基础上发生变化，并在主处理循环中进行修改。

```
% 单元 2
>> enb2 = enb1;
enb2.NCellID = 1;
enb2.OCNGPDSCHEnable = 'Off';
% 单元 3
enb3 = enb1;
enb3.NCellID = 2;
enb3.OCNGPDSCHEnable = 'Off';
```

（4）传播信道和信道估计器配置。

本节设置三个传播通道的参数，分别如下。

- 服务小区到 UE。
- 对 UE 的第一个干扰小区。
- 对 UE 的第二个干扰小区。

```
>> % eNodeB1 到 UE 传播信道
channel1 = struct;                      % 通道配置结构
channel1.Seed = 20;                     % 通道种子
channel1.NRxAnts = 2;                   % 2 个接收天线
channel1.DelayProfile = 'EVA';          % 延迟配置文件
channel1.DopplerFreq = 5;               % 多普勒频率
channel1.MIMOCorrelation = 'Low';       % 多相关天线
```

```
channel1.NTerms = 16;                    % 衰落模型中使用的振荡器
channel1.ModelType = 'GMEDS';            % 瑞利衰落模型类型
channel1.InitPhase = 'Random';           % 随机初始阶段
channel1.NormalizePathGains = 'On';      % 标准化延迟配置文件功率
channel1.NormalizeTxAnts = 'On';         % 对发射天线进行归一化
% 信道采样率取决于 OFDM 调制器中使用的 FFT 大小,这可以使用函数 lteOFDMInfo 获得
>> ofdmInfo = lteOFDMInfo(enb1);
channel1.SamplingRate = ofdmInfo.SamplingRate;
% eNodeB2(干扰)使用传播信道
channel2 = channel1;
channel2.Seed = 122;                     % 通道种子
% eNodeB3(干扰)使用传播信道
channel3 = channel1;
channel3.Seed = 36;                      % 通道种子
% 变量 PerfectChanEstimator 控制通道估计器行为,有效值为 true 或 false。当设置为 true 时,
% 使用精准的信道估计,否则使用基于接收导频信号值的不精准估计
>> % 通道估计器行为
perfectChanEstimator = true;
% 信道估计器配置结构定义如下
% 选择频率和时间平均窗口大小以跨越相对大量的资源元素
% 选择窗口大小以尽可能平均资源元素中的噪声和干扰
% 请注意,过大的时间和频率平均窗口会由于平均信道变化而导致信息丢失
% 这会产生越来越不精准的信道估计,进而影响均衡器的性能
cec = struct;                            % 信道估计配置结构
cec.PilotAverage = 'UserDefined';        % 导频信号平均的类型
cec.FreqWindow = 31;                     % 频率窗口大小
cec.TimeWindow = 23;                     % 时间窗口大小
cec.InterpType = 'Cubic';                % 二维插值
cec.InterpWindow = 'Centered';           % 插值窗类型
cec.InterpWinSize = 1;                   % 插值窗口大小
```

（5）信号、干扰和噪声功率水平。

根据 SINR、DIP 和 Noc 值,可以计算适用于来自服务和干扰小区的信号缩放因子以及噪声水平。

函数 hENBscalingFactors.m 计算缩放因子 K1、K2 和 K3,以应用于来自所考虑的三个单元的通道滤波波形。还计算了应用于高斯白噪声的缩放因子 No。这些值确保信号功率、干扰功率和噪声功率符合指定的 SINR 和 DIP 值。

```
>> % 通道噪声设置
nocLin = 10.^(Noc/10) * (1e-3);          % 线性瓦特
% 考虑 FFT (OFDM) 缩放
No = sqrt(nocLin/(2 * double(ofdmInfo.Nfft)));
% 信号和干扰幅度缩放因子计算
[K1, K2, K3] = hENBscalingFactors(DIP2, DIP3, Noc, SINR, enb1, enb2, enb3);
```

（6）主循环初始化。

在主处理循环之前,我们需要设置混合自动重复请求（HARQ）进程并初始化中间变量。lteRMCDLTool 函数输出与配置对应的 HARQ 进程 ID 序列。HARQ 进程（ID 为 1～8）与每个已调度数据的子帧相关联。序列中的值为 0 表示在相应的子帧中没有传输数据,这可能是因为它是上行链路子帧或因为在下行链路子帧（类似于本实例中的子帧 5）中没有调度

数据。

```
>> % 初始化所有 HARQ 进程的状态
harqProcesses = hNewHARQProcess(enb1);
% 将 HARQ 进程 ID 初始化为 1,因为第一个非零传输块将始终使用第一个 HARQ 进程传输
% 在第一次调用该函数后,这将使用 lteRMCDLTool 输出的完整序列进行更新
harqProcessSequence = 1;
% 为主循环设置变量
lastOffset = 0;          % 初始化与前一帧的帧时序偏移
frameOffset = 0;         % 初始化帧时序偏移
nPMI = 0;                % 初始化计算的预编码器矩阵指示(PMI)集的数量
blkCRC = [];             % 所有考虑的子帧的块 CRC
bitTput = [];            % 每个子帧成功接收的比特数
txedTrBlkSizes = [];     % 每子帧传输的比特数
% 为每个子帧计算传输的总比特数向量
runningMaxThPut = [];
% 为每个子帧计算存储成功接收比特数的向量
runningSimThPut = [];
% 获取发射天线的数量
dims = lteDLResourceGridSize(enb1);
P = dims(3);
% 为每个码字和每个子帧的传输块大小分配序列
rvSequence = enb1.PDSCH.RVSeq;
trBlkSizes = enb1.PDSCH.TrBlkSizes;
% 设置闭环空间复用的 PMI 延迟
pmiDelay = 8;
% 初始化第一个"pmiDelay"子帧的 PMI
pmiDims = ltePMIInfo(enb1,enb1.PDSCH);
txPMIs = zeros(pmiDims.NSubbands, pmiDelay);
% 用于指示是否可以从 UE 获得有效 PMI 反馈的标志
pmiReady = false;
```

(7) 主循环。

主循环迭代指定数量的子帧。对于每个带有数据的下行子帧,执行以下操作。

- 检查 HARQ 进程并确定是否发送新数据包或是否需要重传。
- 从服务小区和干扰小区生成下行链路波形。
- 使用传播通道过滤波形并添加高斯白噪声。
- 同步和 OFDM 解调来自服务小区的信号。
- 估计服务小区的传播信道。
- 均衡和解码 PDSCH。
- 解码 DL-SCH。
- 使用获得的块 CRC 确定吞吐量性能。

```
>> fprintf('\nSimulating % d frame(s)\n',NFrames);
% 主循环:对于所有子帧
for subframeNo = 0:(NFrames * 10 - 1)
    % 为每个子帧重新初始化通道种子以增加可变性
    channel1.Seed = 1 + subframeNo;
    channel2.Seed = 1 + subframeNo + (NFrames * 10);
    channel3.Seed = 1 + subframeNo + 2 * (NFrames * 10);
    % 更新子帧号
```

```
enb1.NSubframe = subframeNo;
enb2.NSubframe = subframeNo;
enb3.NSubframe = subframeNo;
duplexInfo = lteDuplexingInfo(enb1);
if duplexInfo.NSymbolsDL ~ = 0                 % 仅针对下行链路子帧
    % 从 HARQ 进程序列中获取子帧的 HARQ 进程 ID
    harqID = harqProcessSequence(mod(subframeNo, length(harqProcessSequence)) + 1);
    % 如果当前子帧中有调度的传输块(由非零'harqID'表示),则执行发送和接收; 否则,继续
    % 下一个子帧
    if harqID == 0
        continue;
    end
    % 更新当前 HARQ 进程
    harqProcesses(harqID) = hHARQScheduling( ...
        harqProcesses(harqID), subframeNo, rvSequence);
    % 提取当前子帧传输块大小
    trBlk = trBlkSizes(:, mod(subframeNo, 10) + 1).';
    % 使用 HARQ 进程状态更新 PDSCH 传输配置
    enb1.PDSCH.RVSeq = harqProcesses(harqID).txConfig.RVSeq;
    enb1.PDSCH.RV = harqProcesses(harqID).txConfig.RV;
    dlschTransportBlk = harqProcesses(harqID).data;
    % 将 PMI 设置为延迟队列中的适当值
    if strcmpi(enb1.PDSCH.TxScheme, 'SpatialMux')
        pmiIdx = mod(subframeNo, pmiDelay);               % 延迟队列中的 PMI 指数
        enb1.PDSCH.PMISet = txPMIs(:, pmiIdx + 1);    % 设置 PMI 指数
    end
    % 创建发射波形
    [tx, ~ ,enbOut] = lteRMCDLTool(enb1, dlschTransportBlk);
    % 填充 25 个样本以覆盖通道建模预期的延迟范围(实现延迟和通道延迟扩展的组合)
    txWaveform1 = [tx; zeros(25, P)];
    % 从 enbOut 获取 HARQ ID 序列以进行 HARQ 处理
    harqProcessSequence = enbOut.PDSCH.HARQProcessSequence;
    % 函数 hTM4InterfModel 生成干扰发射信号
    txWaveform2 = [hTM4InterfModel(enb2); zeros(25, P)];
    txWaveform3 = [hTM4InterfModel(enb3); zeros(25, P)];
    % 指定当前子帧的通道时间
    channel1.InitTime = subframeNo/1000;
    channel2.InitTime = channel1.InitTime;
    channel3.InitTime = channel1.InitTime;
    % 通过通道传递数据
    rxWaveform1 = lteFadingChannel(channel1, txWaveform1);
    rxWaveform2 = lteFadingChannel(channel2, txWaveform2);
    rxWaveform3 = lteFadingChannel(channel3, txWaveform3);
    % 产生噪声
    noise = No * complex(randn(size(rxWaveform1)), ...
        randn(size(rxWaveform1)));
    % 将 AWGN 添加到接收到的时域波形
    rxWaveform = K1 * rxWaveform1 + K2 * rxWaveform2 + K3 * rxWaveform3 + noise;
    % 在子帧 0 上,计算一个新的同步偏移
    if (mod(subframeNo, 10) == 0)
        frameOffset = lteDLFrameOffset(enb1, rxWaveform);
        if (frameOffset > 25)
            frameOffset = lastOffset;
        end
```

```
        lastOffset = frameOffset;
end
% 同步接收波形
rxWaveform = rxWaveform(1 + frameOffset:end, :);
% 按 1/K1 缩放 rxWaveform 以避免通道解码阶段的数值问题
rxWaveform = rxWaveform/K1;
% 对接收到的数据进行 OFDM 解调得到资源网格
rxSubframe = lteOFDMDemodulate(enb1, rxWaveform);
% 执行信道估计
if(perfectChanEstimator)
    estChannelGrid = lteDLPerfectChannelEstimate(enb1, channel1, frameOffset);
    noiseInterf = K2 * rxWaveform2 + K3 * rxWaveform3 + noise;
    noiseInterf = noiseInterf/K1;
    noiseGrid = lteOFDMDemodulate(enb1, noiseInterf(1 + frameOffset:end ,:));
    noiseEst = var(noiseGrid(:));
else
    [estChannelGrid, noiseEst] = lteDLChannelEstimate( ...
        enb1, enb1.PDSCH, cec, rxSubframe);
end
% 获取 PDSCH 索引
pdschIndices = ltePDSCHIndices(enb1,enb1.PDSCH,enb1.PDSCH.PRBSet);
% 获取 PDSCH 资源元素,通过 PDSCH 功率因数 Rho 缩放接收到的子帧
[pdschRx, pdschHest] = lteExtractResources(pdschIndices, ...
        rxSubframe * (10^( - enb1.PDSCH.Rho/20)), estChannelGrid);
% 执行均衡和解预编码
if strcmp(eqMethod, 'MMSE')
    % MIMO 均衡和解预编码(基于 MMSE)
    [rxDeprecoded,csi] = lteEqualizeMIMO(enb1,enb1.PDSCH,...
        pdschRx,pdschHest,noiseEst);
else
    % MIMO 均衡和解预编码(基于 MMSE - IRC)
    [rxDeprecoded,csi] = hEqualizeMMSEIRC(enb1,enb1.PDSCH,...
        rxSubframe,estChannelGrid,noiseEst);
end
% 执行层解映射、解调和解扰
cws = ltePDSCHDecode(enb1,setfield(enb1.PDSCH, 'TxScheme',...
    'Port7 - 14'),rxDeprecoded);        % PDSCH 传输方式修改为 port7 - 14,以跳过解预
                                        % 编码操作
% 通过 CSI 缩放 LLR
cws = hCSIscaling(enb1.PDSCH,cws,csi);
% 解码 DL - SCH
[decbits, harqProcesses(harqID).blkerr,harqProcesses(harqID).decState] = ...
    lteDLSCHDecode(enb1, enb1.PDSCH, trBlk, cws, ...
    harqProcesses(harqID).decState);
% 存储值以计算吞吐量
% 仅适用于具有数据和有效 PMI 反馈的子帧
if any(trBlk) && pmiReady
    blkCRC = [blkCRC harqProcesses(harqID).blkerr];
    txedTrBlkSizes = [txedTrBlkSizes trBlk];
    bitTput = [bitTput trBlk. * (1 - harqProcesses(harqID).blkerr)];
end
runningSimThPut = [runningSimThPut sum(bitTput,2)];
runningMaxThPut = [runningMaxThPut sum(txedTrBlkSizes,2)];
% 向 eNodeB 提供 PMI 反馈
```

```
        if strcmpi(enb1.PDSCH.TxScheme,'SpatialMux')
            PMI = ltePMISelect(enb1, enb1.PDSCH, estChannelGrid, noiseEst);
            txPMIs(:, pmiIdx + 1) = PMI;
            nPMI = nPMI + 1;
            if nPMI >= pmiDelay
                pmiReady = true;
            end
        end
    end
end
end
```

输出如下：

Simulating 4 frame(s)

(8) 结果。

最后提供了一个图表，其包含所有模拟子帧的运行测量吞吐量。

```
>> maxThroughput = sum(txedTrBlkSizes);                    % 最大可能吞吐量
simThroughput = sum(bitTput,2);                           % 模拟吞吐量
% 显示达到的吞吐量百分比
disp(['Achieved throughput ' num2str(simThroughput * 100/maxThroughput) ' %'])
% 绘制运行吞吐量
figure;plot(runningSimThPut * 100./runningMaxThPut)        % 效果如图 7-15 所示
ylabel('吞吐量(%)');
xlabel('模拟子帧');
title('吞吐量');
Achieved throughput 78.5714 %
```

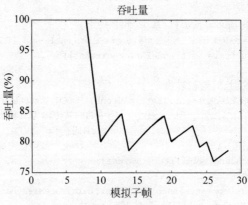

图 7-15　吞吐量效果图

DSP 系统工具箱(DSP System Toolbox)提供多种算法、App 和示波器,用于在 MATLAB 和 Simulink 中设计、仿真和分析信号处理系统。我们可以为通信、雷达、音频、医疗设备、IoT 和其他应用进行实时 DSP 系统建模。

DSP System Toolbox 支持设计和分析 FIR、IIR、多速率、多级和自适应滤波器。可以从变量、数据文件和网络设备的信号流传输到系统开发和验证中。时域示波器、频谱分析器和逻辑分析器支持对流信号进行动态可视化和测量。它支持 C/C++ 代码生成,还支持从滤波器、FFT、IFFT 和其他算法进行定点建模和 HDL 代码生成。

8.1 MATLAB 中的流信号处理

DSP System Toolbox 为 MATLAB 中的流信号处理提供框架。该系统工具箱带有一个针对流信号处理进行优化的信号处理算法库,涉及单速率和多速率滤波器、自适应滤波器和 FFT。该系统工具箱是我们设计、仿真和布局信号处理解决方案的理想选择,适用于音频、生物医学、通信、控制、地震、传感器和语音等多种应用领域。

流信号处理方法能够处理持续流动的数据流,通常可以通过将输入数据划分为帧并在采集每个帧时对其进行处理来加速仿真。例如,MATLAB 中的流信号处理能够实时处理多声道音频。

流信号处理依托于一个 DSP 算法组件库,这些组件属于 System object,可表示数据驱动算法、发送端和接收端。System object 可通过自动执行数据索引、缓冲和算法状态管理等任务来帮助我们创建流应用程序。我们可以将 MATLAB System object 与标准 MATLAB 函数及运算符混合使用。

我们可以使用时域示波器和频谱分析器对流信号进行可视化和测量。还可使用针对流信号和数据进行优化的算法,将单速率、多速率和自适应滤波器应用到流数据。

8.1.1 流式信号处理简介

【例 8-1】 使用 System 对象在 MATLAB 中进行流式信号处理。

在每个处理循环中逐帧(或逐块)读入和处理信号,我们可以控制每一帧的大小。此实例中,在每个处理循环中使用陷波峰值滤波器过滤1024个样本的帧。输入是从dsp.SineWave对象逐帧流式传输的正弦波信号。该滤波器是使用dsp.NotchPeakFilter对象创建的陷波峰值滤波器。为了确保在过滤每一帧时顺利处理,系统对象会自动从一帧到下一帧保持过滤器的状态。

(1) 初始化流组件。

初始化正弦波源以产生正弦波,陷波峰值滤波器对正弦波进行滤波,频谱分析仪显示滤波后的信号。输入正弦波有两种频率:一种为100Hz,另一种为1000Hz。

```
% 创建两个 dsp.SineWave 对象,一个生成 100 Hz 正弦波,另一个生成 1000 Hz 正弦波
>> Fs = 2500;
Sineobject1 = dsp.SineWave('SamplesPerFrame',1024,...
                    'SampleRate',Fs,'Frequency',100);
Sineobject2 = dsp.SineWave('SamplesPerFrame',1024,...
                    'SampleRate',Fs,'Frequency',1000);
SA = dsp.SpectrumAnalyzer('SampleRate',Fs,'NumInputPorts',2,...
     'PlotAsTwoSidedSpectrum',false,...
     'ChannelNames',{'SinewaveInput','NotchOutput'},'ShowLegend',true);
```

(2) 创建陷波峰值滤波器。

创建一个二阶IIR陷波峰值滤波器过滤正弦波信号。该滤波器的陷波频率为750Hz,Q因子为35。Q因子越高,陷波的3dB带宽越窄。如果在流式传输期间调整滤波器参数,可以立即在频谱分析仪输出中看到效果。

```
>> Wo = 750;
Q  = 35;
BW = Wo/Q;
NotchFilter = dsp.NotchPeakFilter('Bandwidth',BW,...
     'CenterFrequency',Wo, 'SampleRate',Fs);
fvtool(NotchFilter);   % 效果如图 8-1 所示
```

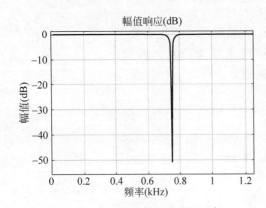

图 8-1 幅值响应效果图

(3) 流输入和处理信号。

构建一个for循环以运行3000次迭代。在每次迭代中,输入正弦波的1024个样本(一帧),并对输入信号的每一帧应用陷波滤波器。要生成输入信号,请将两个正弦波相加。产生的信号是具有两个频率的正弦波:一个频率为100Hz,另一个频率为1000Hz。根据VecIndex的值,滤波器的陷波被调谐到100Hz、500Hz、750Hz或1000Hz的频率。当流式传输期间滤波器参数发生变化时,滤波器带宽相应地改变,频谱分析仪中的输出会相应更新。

```
>> FreqVec = [100 500 750 1000];
VecIndex = 1;
VecElem = FreqVec(VecIndex);
for Iter = 1:3000
    Sinewave1 = Sineobject1();
```

```
    Sinewave2 = Sineobject2();
    Input = Sinewave1 + Sinewave2;
    if (mod(Iter,350) == 0)
        if VecIndex < 4
            VecIndex = VecIndex + 1;
        else
            VecIndex = 1;
        end
        VecElem = FreqVec(VecIndex);
    end
    NotchFilter.CenterFrequency = VecElem;
    NotchFilter.Bandwidth = NotchFilter.CenterFrequency/Q;
    Output = NotchFilter(Input);
    SA(Input,Output);
end
fvtool(NotchFilter)
```

运行程序,效果如图 8-2 及图 8-3 所示。

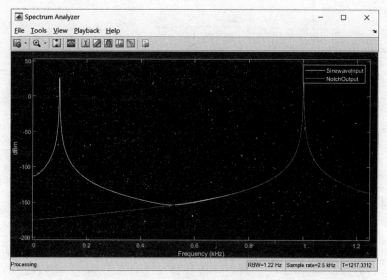

图 8-2　频谱分析仪效果图

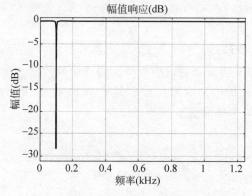

图 8-3　幅值响应效果图

以上代码中,在处理循环结束时,CenterFrequency 为 100Hz。在滤波器输出中,100Hz 频率被陷波滤波器完全抵消,而 1000Hz 频率不受影响。

8.1.2　过滤噪声正弦波信号的帧

【例 8-2】　在 MATLAB 中对噪声信号进行低通滤波,并使用频谱分析仪将原始信号和滤波后的信号可视化。

(1) 指定信号源。

输入信号是频率为 1kHz 和 10kHz 的两个正弦波的总和,采样率为 44.1kHz。

```
>> Sine1 = dsp.SineWave('Frequency',1e3,'SampleRate',44.1e3);
Sine2 = dsp.SineWave('Frequency',10e3,'SampleRate',44.1e3);
```

(2) 创建低通滤波器。

使用通用的 Remez FIR 滤波器 dsp.LowpassFilter 算法设计最小阶 FIR 低通滤波器。将通带频率设置为 5000Hz,将阻带频率设置为 8000Hz。通带纹波为 0.1dB,阻带衰减为 80dB。

```
>> FIRLowPass = dsp.LowpassFilter('PassbandFrequency',5000,...
    'StopbandFrequency',8000);
```

(3) 创建频谱分析仪。

设置频谱分析仪以比较原始信号和滤波信号的功率谱,频谱单位是 dBm。

```
>> SpecAna = dsp.SpectrumAnalyzer('PlotAsTwoSidedSpectrum',false, ...
    'SampleRate',Sine1.SampleRate, ...
    'NumInputPorts',2,...
    'ShowLegend',true, ...
    'YLimits',[ - 145,45]);
SpecAna.ChannelNames = {'Original noisy signal','Low pass filtered signal'};
```

(4) 指定每帧样本数。

本实例使用基于帧的处理,每帧数据都包含来自独立通道的连续样本。基于帧的处理有利于许多信号处理应用,因为我们可以一次处理多个样本。通过将数据缓冲到帧中并处理多样本数据帧,可以缩短信号处理算法的计算时间。此处将每帧的样本数设置为 4000。

```
>> Sine1.SamplesPerFrame = 4000;
Sine2.SamplesPerFrame = 4000;
```

(5) 过滤嘈杂的正弦波信号。

将标准偏差为 0.1 的零均值高斯白噪声添加到正弦波的总和中,并使用 FIR 滤波器过滤。在运行仿真时,频谱分析仪显示源信号中高于 8000Hz 的频率被衰减。结果信号保持在 1kHz 的峰值,因为它落在低通滤波器的通带内。

```
>> for i = 1 : 1000
    x = Sine1() + Sine2() + 0.1. * randn(Sine1.SamplesPerFrame,1);
    y = FIRLowPass(x);
    SpecAna(x,y);
end
release(SpecAna)
```

运行程序,效果如图 8-4 所示。

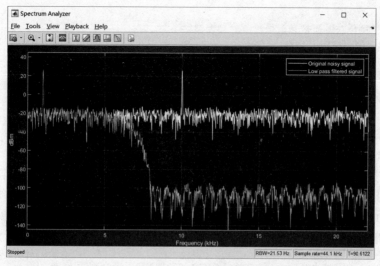

图 8-4　过滤嘈杂的正弦波信号频谱分析仪效果图

8.2　设计和实现滤波器

设计低通滤波器时,首先要选择的是设计 FIR 滤波器还是 IIR 滤波器。当线性相位响应很重要时,我们通常会选择 FIR 滤波器。FIR 滤波器也往往是定点实现的首选,因为它们通常对量化效果更稳健。FIR 滤波器也用于许多高速实现,如 FPGA 或 ASIC,因为它们适用于流水线。

IIR 滤波器(特别是双二阶滤波器)用于不关心相位线性度的应用(如音频信号处理)。IIR 滤波器通常在计算上更有效,因为它们可以用比 FIR 滤波器更少的系数来满足设计规范。IIR 滤波器也往往具有较短的瞬态响应和较小的群延迟。然而,使用最小相位和多速率设计可以使 FIR 滤波器在群延迟和计算效率方面与 IIR 滤波器相媲美。

【例 8-3】　设计低通滤波器。

该实例重点介绍了 DSP System Toolbox 中一些最常用的命令行工具。或者,可以使用 Filter Builder 应用程序来实现此处介绍的所有设计。

(1)指定滤波器阶数。

在许多实际情况中,我们都必须指定滤波器顺序。例如,目标硬件将滤波器顺序限制为特定数字;或者计算的可用预算(MIPS)为我们提供了有限的滤波器顺序。

Signal Processing Toolbox 中的 FIR 设计函数(包括 fir1、firpm 和 firls)都能够设计具有指定阶数的低通滤波器。在 DSP System Toolbox 中,具有指定阶数的低通 FIR 滤波器设计的首选函数是 firceqrip。此函数设计具有指定通带/阻带纹波值和指定通带边缘频率的最佳等纹波低通/高通 FIR 滤波器,阻带边缘频率是设计的结果。

```
% 以 48kHz 采样的数据设计一个低通 FIR 滤波器,通带边缘频率为 8kHz,通带纹波为 0.01dB,阻带衰
% 减为 80dB,并将过滤器阶数限制为 120
>> N  = 120;
   Fs  = 48e3;
```

```
Fp  = 8e3;
Ap  = 0.01;
Ast = 80;
>> % 以线性单位获取通带和阻带纹波的最大偏差
Rp  = (10^(Ap/20) − 1)/(10^(Ap/20) + 1);
Rst = 10^( − Ast/20);
>> % 使用 firceqrip 设计滤波器并查看幅度频率响应
NUM = firceqrip(N,Fp/(Fs/2),[Rp Rst],'passedge');
fvtool(NUM,'Fs',Fs)      % 效果如图 8-5 所示
```

由此产生的阻带边缘频率约为 9.64kHz。

（2）最小阶数设计。

最佳等纹波滤波器的另一个设计函数是 firgr。firgr 可以设计满足通带/阻带纹波约束以及具有最小可能滤波器阶数的指定过渡宽度的滤波器。例如，如果阻带边缘频率指定为 10kHz，则生成的滤波器的阶数为 100，而不是使用 firceqrip 设计的 120 阶滤波器。注意，较小的滤波器阶数来自较大的过渡带。

```
% 指定 10kHz 的阻带边缘频率.获得通带纹波为 0.01dB 和阻带衰减为 80dB 的最小阶 FIR 滤波器
>> Fst = 10e3;
NumMin = firgr('minorder',[0 Fp/(Fs/2) Fst/(Fs/2) 1], [1 1 0 0],[Rp,Rst]);
% 绘制使用 firgr 获得的最小阶 FIR 滤波器和使用 firceqrip 设计的 120 阶滤波器的幅度频率响应.
% 最小阶数设计使滤波器的阶数为 100,正如预期的那样,120 阶滤波器的过渡区域比 100 阶滤波
% 器的过渡区域窄
hvft = fvtool(NUM,1,NumMin,1,'Fs',Fs);      % 效果如图 8-6 所示
legend(hvft,'N = 120','N = 100')
```

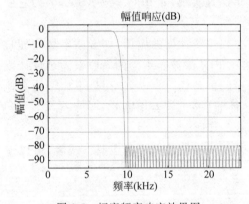

图 8-5　幅度频率响应效果图

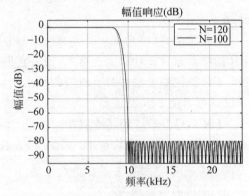

图 8-6　幅度频率响应效果图

（3）过滤数据。

要将滤波器应用于数据，我们可以使用 filter 命令或使用 dsp.FIRFilter。dsp.FIRFilter 在循环执行时具有管理状态的优势。dsp.FIRFilter 还具有定点功能，支持 C 代码生成、HDL 代码生成以及针对 ARM Cortex M 和 ARM Cortex A 的优化代码生成。

```
% 使用 120 阶 FIR 低通滤波器在 256 个样本的帧中过滤 10s 具有零均值和单位标准偏差的白噪声,
% 并在频谱分析仪上查看结果
>> LP_FIR = dsp.FIRFilter('Numerator',NUM);
SA     = dsp.SpectrumAnalyzer('SampleRate',Fs,'SpectralAverages',5);
tic
```

```
while toc < 10
    x = randn(256,1);
    y = LP_FIR(x);
    step(SA,y);
end
```

运行程序,效果如图 8-7 所示。

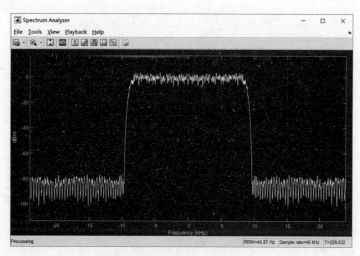

图 8-7　频谱分析仪效果图

(4) 使用 dsp.LowpassFilter。

dsp.LowpassFilter 是将 firceqrip、firgr 和 dsp.FIRFilter 结合使用的替代方法。基本上,dsp.LowpassFilter 将两步过程浓缩为一步。dsp.LowpassFilter 支持定点、支持 C 代码生成、HDL 代码生成和 ARM Cortex 代码生成等,它与 dsp.FIRFilter 具有相同的优势。

```
% 以 48kHz 采样的数据,设计一个低通 FIR 滤波器,通带边缘频率为 8kHz,通带纹波为 0.01dB,阻带
% 衰减为 80dB,将滤波器阶数限制为 120。根据规范创建一个 dsp.FIRFilter
>> LP_FIR = dsp.LowpassFilter('SampleRate',Fs,...
    'DesignForMinimumOrder',false,'FilterOrder',N,...
    'PassbandFrequency',Fp,'PassbandRipple',Ap,'StopbandAttenuation',Ast);
% LP_FIR 中的系数与 NUM 中的系数相同
>> NUM_LP = tf(LP_FIR);
% 可以使用 LP_FIR 直接过滤数据,还可以使用 FVTool 分析滤波器或使用 measure 测量响应
>> fvtool(LP_FIR,'Fs',Fs);
measure(LP_FIR)
```

运行程序,输出如下,效果如图 8-8 所示。

```
ans =
采样率      : 48 kHz
通带边缘    : 8 kHz
3 - dB 点 : 8.5843 kHz
6 - dB 点 : 8.7553 kHz
阻带边缘    : 9.64 kHz
通带波纹    : 0.01 dB
阻带衰减    : 79.9981 dB
过渡带宽度  : 1.64 kHz
```

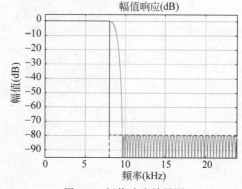

图 8-8　幅值响应效果图

（5）使用 dsp. LowpassFilter 设计最小阶。

我们可以使用 dsp. LowpassFilter 来设计最小阶滤波器，并使用 measure 来验证设计是否符合规定的规格。滤波器的顺序是 100。

```
>> LP_FIR_minOrd = dsp.LowpassFilter('SampleRate',Fs,...
      'DesignForMinimumOrder',true,'PassbandFrequency',Fp,...
      'StopbandFrequency',Fst,'PassbandRipple',Ap,'StopbandAttenuation',Ast);
measure(LP_FIR_minOrd)
Nlp = order(LP_FIR_minOrd)
```

运行程序，输出如下：

```
ans =
采样率      : 48 kHz
通带边缘    : 8 kHz
3 - dB 点 : 8.7136 kHz
6 - dB 点 : 8.922 kHz
阻带边缘    : 10 kHz
通带波纹    : 0.0098641 dB
阻带衰减    : 80.122 dB
过渡带宽度  : 2 kHz
Nlp =
    100
```

（6）设计 IIR 滤波器。

椭圆滤波器是最佳等纹波 FIR 滤波器的 IIR 对应物。因此，可以使用相同的规格来设计椭圆滤波器。IIR 滤波器获得的滤波器阶数远小于相应 FIR 滤波器的阶数。

```
% 设计一个椭圆滤波器,其采样率、截止频率、通带纹波约束和阻带衰减与 120 阶 FIR 滤波器相同,将
% 椭圆滤波器的滤波器阶数减少到 10
>> N = 10;
LP_IIR = dsp.LowpassFilter('SampleRate',Fs,'FilterType','IIR',...
      'DesignForMinimumOrder',false,'FilterOrder',N,...
      'PassbandFrequency',Fp,'PassbandRipple',Ap,'StopbandAttenuation',Ast);
% 比较 FIR 和 IIR 设计,并计算它们的设计成本
>> hfvt = fvtool(LP_FIR,LP_IIR,'Fs',Fs);
legend(hfvt,'FIR Equiripple, N = 120', 'IIR Elliptic, N = 10');
cost_FIR = cost(LP_FIR)
cost_IIR = cost(LP_IIR)
```

运行程序，输出如下，效果如图 8-9 所示。

```
cost_FIR =
  包含以下字段的 struct:
                NumCoefficients: 121
                     NumStates: 120
     MultiplicationsPerInputSample: 121
          AdditionsPerInputSample: 120
cost_IIR =
  包含以下字段的 struct:
                NumCoefficients: 25
                     NumStates: 20
     MultiplicationsPerInputSample: 25
```

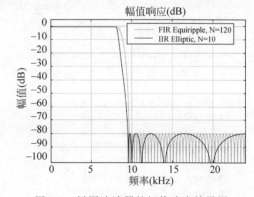

图 8-9　椭圆滤波器的幅值响应效果图

```
AdditionsPerInputSample: 20
```

由以上结果可知,FIR 和 IIR 滤波器具有相似的幅度响应。IIR 滤波器的成本约为 FIR 滤波器成本的 1/6。

(7) 运行 IIR 滤波器。

IIR 滤波器设计为双二阶滤波器,要将滤波器应用于数据,请使用与 FIR 情况相同的命令。

```
% 使用 10 阶 IIR 低通滤波器在 256 个样本的帧中过滤 10s 具有零均值和单位标准偏差的高斯白噪
% 声,并在频谱分析仪上查看结果
>> SA = dsp.SpectrumAnalyzer('SampleRate',Fs,'SpectralAverages',5);
tic
while toc < 10
    x = randn(256,1);
    y = LP_IIR(x);
    SA(y);
end
```

运行程序,效果如图 8-10 所示。

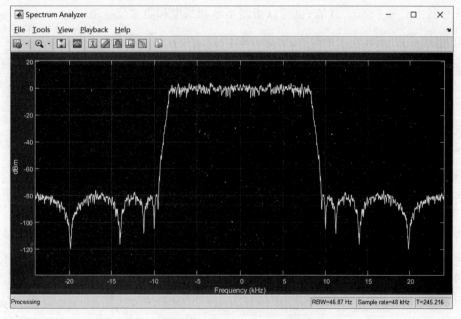

图 8-10　频谱分析仪显示 IIR 滤波效果图

(8) 可变带宽 FIR 和 IIR 滤波器。

我们还可以设计允许在运行时更改截止频率的滤波器,dsp. VariableBandwidthFIRFilter 和 dsp. VariableBandwidthIIRFilter 可用于此类情况。

8.3　多速率信号处理

多速率滤波器是滤波器的不同部分以不同速率运行的滤波器。当输入和输出采样率不同时,如在抽取、插值或两者的组合时,通常使用此类滤波器。但是,多速率滤波器通常用于输入采样率和输出采样率相同的设计中。在此类滤波器中会发生内部抽取和插值。与标准的单速率滤波器设计相比,这种滤波器可使滤波器长度大大减少。

最基本的多速率滤波器是内插器、抽取器和速率转换器。这些滤波器正在构建更高级滤波器技术的组件,如滤波器组和正交镜像滤波器(QMF)。我们可以使用 designMultirateFIR 函数在 MATLAB 和 Simulink 中设计这些滤波器。

该函数使用 FIR Nyquist 滤波器设计算法来计算滤波器系数。要在 MATLAB 中实现这些滤波器,请将这些系数用作 dsp. FIRDecimator、dsp. FIRInterpolator 和 dsp. FIRRateConverter 系统对象的输入。

designMultirateFIR 函数的输入是插值因子和抽取因子。或者我们可以提供半多相长度和阻带衰减,抽取器的插值因子设置为 1,同理,内插器的抽取因子设置为 1。

【例 8-4】 在 MATLAB 中实现 FIR 抽取器。

相同的工作流程也适用于 FIR 内插器和 FIR 速率转换器。

(1) 实现 FIR 抽取器。

要实现 FIR 抽取器,我们必须首先使用 designMultirateFIR 函数对其进行设计。指定感兴趣的抽取因子(通常大于 1)和等于 1 的插值因子。还可以使用默认的半多相长度 12 和默认的阻带衰减 80dB。或者,也可以指定半多相长度和阻带衰减值。

```
% 设计一个 FIR 抽取器,抽取因子设置为 3,半多相长度设置为 14,使用默认阻带衰减 80dB
>> b = designMultirateFIR(1,3,14);
% 提供系数向量 b 作为 dsp.FIRDecimator 系统对象的输入
>> FIRDecim = dsp.FIRDecimator(3,b);
fvtool(FIRDecim);    % 效果如图 8-11 所示
```

默认情况下,fvtool 显示幅值响应,浏览 fvtool 工具栏还可以查看相位响应、脉冲响应、群延迟和其他滤波器分析信息。

使用 FIRDecim 对象过滤嘈杂的正弦波输入,正弦波的频率为 1000Hz 和 3000Hz,噪声是均值为零且标准偏差为 1e-5 的高斯白噪声。抽取的输出将以采样率的三分之一作为输入。初始化两个 dsp. SpectrumAnalyzer System 对象,一个用于输入,另一个用于输出。

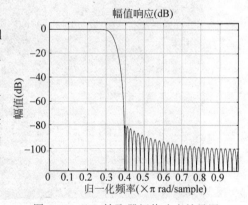

图 8-11 FIR 抽取器幅值响应效果图

```
f1 = 1000;
f2 = 3000;
Fs = 8000;
source = dsp.SineWave('Frequency',[f1,f2],'SampleRate',Fs,...
      'SamplesPerFrame',1026);
specanainput = dsp.SpectrumAnalyzer('SampleRate',Fs,...
      'PlotAsTwoSidedSpectrum',false,...
      'ShowLegend',true,'YLimits',[-120 30],...
      'Title','Noisy Input signal',...
      'ChannelNames', {'Noisy Input'});
specanaoutput = dsp.SpectrumAnalyzer('SampleRate',Fs/3,...
      'PlotAsTwoSidedSpectrum',false,...
```

```
    'ShowLegend',true,'YLimits',[-120 30],...
    'Title','Filtered output',...
    'ChannelNames', {'Filtered output'});
% 在输入中以流的形式传输并在处理循环中过滤信号
>> for Iter = 1:100
    input = sum(source(),2);
    noisyInput = input + (10^-5) * randn(1026,1);
    output = FIRDecim(noisyInput);
    specanainput(noisyInput)
    specanaoutput(output)
end
```

运行程序,效果如图 8-12 及图 8-13 所示。

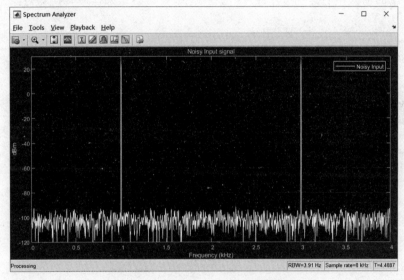

图 8-12 噪声信号输入频谱分析仪效果图

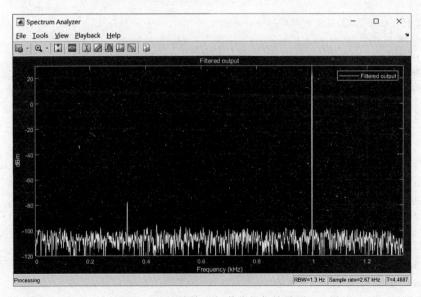

图 8-13 滤波输出频谱分析仪效果图

（2）采样率转换。

采样率转换是将信号的采样率从一种采样率转换为另一种采样率的过程。多级滤波器最大限度地减少了采样率转换中涉及的计算量。要利用 dsp.SampleRateConverter 对象执行有效的多级速率转换，需要：

- 接收输入采样率和输出采样率作为输入；
- 将设计问题划分为最佳阶段；
- 设计各个阶段所需的所有滤波器；
- 实施设计。

该设计确保在中间步骤中不会出现混叠。在此实例中，将有噪声的正弦波信号的采样率从 192kHz 的输入率更改为 44.1kHz 的输出率，并初始化采样率转换器对象。

```
>> SRC = dsp.SampleRateConverter;
% 显示滤波器信息
>> info(SRC)
ans =
    'Overall Interpolation Factor    : 147
    Overall Decimation Factor        : 640
    Number of Filters                : 3
    Multiplications per Input Sample: 27.667188
    Number of Coefficients           : 8631
    Filters:
        Filter 1:
        dsp.FIRDecimator      - Decimation Factor      : 2
        Filter 2:
        dsp.FIRDecimator      - Decimation Factor      : 2
        Filter 3:
        dsp.FIRRateConverter - Interpolation Factor: 147
                             - Decimation Factor      : 160 '
```

由结果可看到，SRC 是一个三级滤波器：两个 FIR 抽取器，后跟一个 FIR 速率转换器。

```
% 初始化正弦波源,正弦波有两种频率：一种为 2000Hz,另一种为 5000Hz
>> source = dsp.SineWave ('Frequency',[2000 5000],'SampleRate',192000,...
    'SamplesPerFrame',1280);
% 初始化频谱分析仪以查看输入和输出信号
>> Fsin = SRC.InputSampleRate;
Fsout = SRC.OutputSampleRate;
specanainput = dsp.SpectrumAnalyzer('SampleRate',Fsin,...
    'PlotAsTwoSidedSpectrum',false,...
    'ShowLegend',true,'YLimits',[ - 120 30],...
    'Title','Input signal',...
    'ChannelNames', {'Input'});
specanaoutput = dsp.SpectrumAnalyzer('SampleRate',Fsout,...
    'PlotAsTwoSidedSpectrum',false,...
    'ShowLegend',true,'YLimits',[ - 120 30],...
    'Title','Rate Converted output',...
    'ChannelNames', {'Rate Converted output'});
% 输入信号流并转换信号的采样率
>> for Iter = 1 : 5000
```

```
        input = sum(source(),2);
        noisyinput = input + (10^ - 5) * randn(1280,1);
        output = SRC(noisyinput);
        specanainput(noisyinput);
        specanaoutput(output);
end
```

运行程序,效果如图 8-14 及图 8-15 所示。

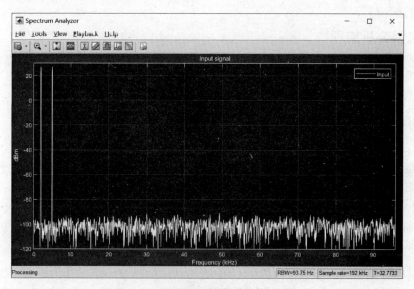

图 8-14　输入信号频谱分析仪效果图

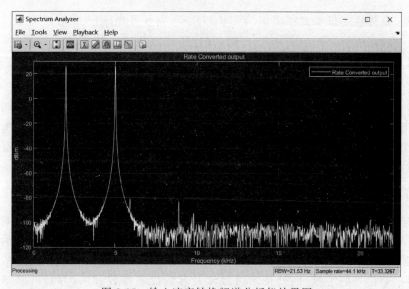

图 8-15　输入速率转换频谱分析仪效果图

图 8-15 显示的频谱在 $[0,F_s/2]$ 范围内是一侧的。对于显示输入的频谱分析仪(见图 8-15),$F_s/2$ 为 192000/2。对于显示输出的频谱分析仪,$F_s/2$ 为 44100/2。因此,信号的采样率从 192kHz 变为 44.1kHz。

8.4　光谱分析

根据物质的光谱来鉴别物质及确定它的化学组成和相对含量的方法叫光谱分析,其优点是灵敏、迅速。历史上曾通过光谱分析发现了许多新元素,如铷、铯、氦等。根据分析原理光谱分析可分为发射光谱分析与吸收光谱分析两种。根据被测成分的形态可分为原子光谱分析与分子光谱分析。光谱分析的被测成分是原子的称为原子光谱,被测成分是分子的则称为分子光谱。

8.4.1　光谱分析原理

发射光谱分析是根据被测原子或分子在激发状态下发射的特征光谱的强度计算其含量。

吸收光谱是根据待测元素的特征光谱,通过样品蒸汽中待测元素的基态原子吸收被测元素的光谱后被减弱的强度计算其含量。它符合郎珀-比尔定律:

$$A = -\lg I/\text{IO} = -\lg T = KCL$$

式中,I 为透射光强度,IO 为发射光强度,T 为透射比,L 为光通过原子化器的光程(长度)。由于 L 是不变值,所以 $A = KC$。

因此光谱分析的物理原理为:任何元素的原子都是由原子核和绕核运动的电子组成的,原子核外电子按其能量的高低分层分布而形成不同的能级,因此,一个原子核可以具有多种能级状态。

能量最低的能级状态称为基态能级($E0 = 0$),其余能级称为激发态能级,而能最低的激发态则称为第一激发态。正常情况下,原子处于基态,核外电子在各自能量最低的轨道上运动。

如果将一定外界能量如光能提供给该基态原子,当外界光能量 E 恰好等于该基态原子中基态和某一较高能级之间的能级差 E 时,该原子将吸收这一特征波长的光,外层电子由基态跃迁到相应的激发态。原来提供能量的光经分光后谱线中缺少了一些特征光谱线,因而产生原子吸收光谱。

电子跃迁到较高能级以后处于激发态,但激发态电子是不稳定的,大约经过 $8\sim10s$ 以后,激发态电子将返回基态或其他较低能级,并将电子跃迁时所吸收的能量以光的形式释放出去,这个过程称原子发射光谱。可见原子吸收光谱过程吸收辐射能量,而原子发射光谱过程则释放辐射能量。

8.4.2　估计功率谱

时域信号的功率谱(PS)是基于有限数据集的信号中包含的功率在频率上的分布。在许多信号处理应用中,信号的频域表示通常比时域表示更容易分析。例如噪声消除和系统识别,都是基于信号的特定频率修改。功率谱估计的目标是从时间样本序列中估计信号的功率谱。根据对信号的了解,估计技术可以涉及参数或非参数方法,并且可以基于时域或频域分析。例如,常见的参数化技术涉及将观测值拟合到自回归模型。一种常见的非参数技术是周期图。对于长度相对较小的信号,滤波器组方法产生的频谱估计具有更高的分辨率、更准确的低噪声,比 Welch 方法更精确的峰值,并且只有低频谱泄漏或没有频谱泄漏。这些优势是以增加计算量和较慢跟踪为代价的。

在 MATLAB 中,我们可以使用 dsp. SpectrumAnalyzer System object 对动态信号进行实时频谱分析。可以在频谱分析仪中查看频谱数据,并使用 isNewDataReady 和 getSpectrumData 对象函数将数据存储在工作区变量中。还可以使用 dsp. SpectrumEstimator System 对象和 dsp. ArrayPlot 对象来查看光谱数据。dsp. SpectrumEstimator 对象的输出是光谱数据,可以获取该数据以进行进一步处理。

1. 使用 dsp. SpectrumAnalyzer 估计功率谱

要查看信号的功率谱,可以使用 dsp. SpectrumAnalyzer System object。我们可以更改输入信号的动态,并实时查看这些更改对信号功率谱的影响。

【例 8-5】 使用 dsp. SpectrumAnalyzer System object 查看信号功率谱,并查看更改对信号功率谱的影响。

(1) 初始化。

初始化正弦波源产生正弦波,频谱分析仪显示信号的功率谱。输入正弦波有两种频率:一种为 1000Hz,另一种为 5000Hz。

```
% 创建两个 dsp. SineWave 对象,一个生成 1000Hz 正弦波,另一个生成 5000Hz 正弦波
>> Fs = 44100;
Sineobject1 = dsp. SineWave('SamplesPerFrame',1024,'PhaseOffset',10,...
    'SampleRate',Fs,'Frequency',1000);
Sineobject2 = dsp. SineWave('SamplesPerFrame',1024,...
    'SampleRate',Fs,'Frequency',5000);
SA = dsp. SpectrumAnalyzer('SampleRate',Fs,'Method','Filter bank',...
    'SpectrumType','Power','PlotAsTwoSidedSpectrum',false,...
    'ChannelNames',{'Power spectrum of the input'},'YLimits',[ - 120 40],'ShowLegend',true);
```

(2) 估计。

输入并估计信号的功率谱。构建一个 for 循环以运行 5000 次迭代。在每次迭代中,流式传输每个正弦波的 1024 个样本(一帧)并计算每个帧的功率谱。要生成输入信号,请将两个正弦波相加。产生的信号是具有两个频率的正弦波:一个频率为 1000Hz,另一个频率为 5000Hz。添加均值为零且标准差为 0.001 的高斯噪声。要获取光谱数据以进行进一步处理,请使用 isNewDataReady 和 getSpectrumData 对象函数。变量数据包含频谱分析仪上显示的频谱数据以及有关频谱的附加统计信息。

```
>> data = [];
for Iter = 1:7000
    Sinewave1 = Sineobject1();
    Sinewave2 - Sineobject2();
    Input = Sinewave1 + Sinewave2;
    NoisyInput = Input + 0.001 * randn(1024,1);
    SA(NoisyInput);
    if SA.isNewDataReady
        data = [data;getSpectrumData(SA)];
    end
end
release(SA);
```

运行程序,效果如图 8-16 所示。

在频谱分析仪输出中(见图 8-16),我们可以看到两个不同的峰值:一个位于 1000Hz,

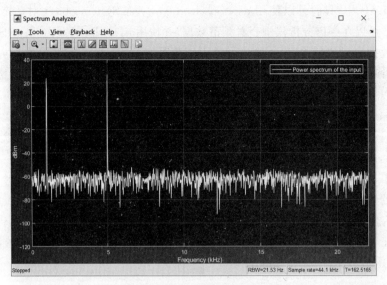

图 8-16　频谱数据效果图

另一个位于 5000Hz。

分辨率带宽（RBW）是频谱分析仪可以分辨的最小频率带宽。默认情况下，dsp. SpectrumAnalyzer 对象的 RBWSource 属性设置为 Auto。在这种模式下，RBW 是频率跨度与 1024 的比值。在双边谱中，该值是 $\dfrac{F_{s}}{1024}$，而在单边谱中，它是 $\dfrac{\frac{F_{s}}{2}}{1024}$。本例中的频谱分析仪显示的是一侧频谱，因此，RBW 是 (44100/2)/1024 或 21.53Hz。

使用此 RBW 值计算一次频谱更新所需的输入样本数 N_{sample} 由 $N_{sample} = \dfrac{F_{s}}{RBW}$ 给出。在本例中，N_{sample} 是 44100/21.53 或 2048 个样本。

要区分显示中的两个频率，两个频率之间的距离必须至少为 RBW。在此实例中，两个峰值之间的距离为 4000Hz，大于 RBW，所以我们可以清楚地看到峰值。如果将第二个正弦波的频率更改为 1015Hz，即两个频率之间的距离小于 RBW，则不能明显区分两个频率。

```
>> release(Sineobject2);
Sineobject2.Frequency = 1015;
for Iter = 1:5000
    Sinewave1 = Sineobject1();
    Sinewave2 = Sineobject2();
    Input = Sinewave1 + Sinewave2;
    NoisyInput = Input + 0.001 * randn(1024,1);
    SA(NoisyInput);
end
release(SA);
```

运行程序，效果如图 8-17 所示。

要提高频率分辨率，请将 RBW 降低到 1Hz，例如：

```
>> SA.RBWSource = 'property';
SA.RBW = 1;
for Iter = 1:5000
    Sinewave1 = Sineobject1();
    Sinewave2 = Sineobject2();
    Input = Sinewave1 + Sinewave2;
    NoisyInput = Input + 0.001 * randn(1024,1);
    SA(NoisyInput);
end
release(SA);
```

运行程序,效果如图 8-18 所示。

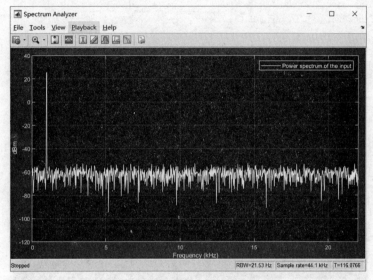

图 8-17　两个频率没有明显区分效果图

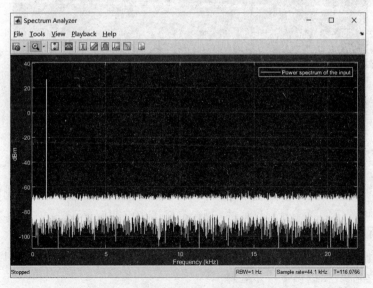

图 8-18　RBW 降低到 1Hz 峰值效果图

当我们增加频率分辨率时,时间分辨率会降低。要在频率分辨率和时间分辨率之间保持良好的平衡,请将 RBWSource 属性更改为 Auto。

在流式传输期间,可以更改输入属性或频谱分析仪属性,并立即查看其对频谱分析仪输出的影响。例如,当循环的索引为 1000 的倍数时,更改第二个正弦波的频率。

```
>> release(Sineobject2);
SA.RBWSource = 'Auto';
for Iter = 1:5000
    Sinewave1 = Sineobject1();
    if (mod(Iter,1000) == 0)
        release(Sineobject2);
        Sineobject2.Frequency = Iter;
        Sinewave2 = Sineobject2();
    else
        Sinewave2 = Sineobject2();
    end
    Input = Sinewave1 + Sinewave2;
    NoisyInput = Input + 0.001 * randn(1024,1);
    SA(NoisyInput);
end
release(SA);
```

运行程序,效果如图 8-19 所示。

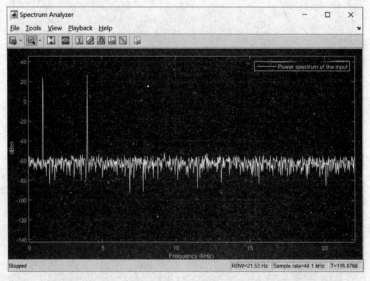

图 8-19　更改输入属性后频谱分析仪输出效果图

在运行流循环时,我们可以看到第二个正弦波的峰值根据迭代值而变化。同样,可以在仿真运行时更改任何频谱分析仪属性,并查看输出中的相应更改。

2. 使用 dsp. SpectrumEstimator 估计功率谱

我们可以使用 dsp. SpectrumEstimator 系统对象计算信号的功率谱。可以获取频谱估计器的输出并存储数据以供进一步处理。

【例 8-6】　使用 dsp. SpectrumEstimator 计算信号功率谱,并存储输出数据。

（1）初始化。

使用与上一小节中使用 dsp.SpectrumAnalyzer 估计功率谱相同的源。输入正弦波有两种频率：一种为 1000Hz；另一种为 5000Hz。初始化 dsp.SpectrumEstimator 以使用滤波器组方法计算信号的功率谱。使用 dsp.ArrayPlot 对象查看信号的功率谱。

```
>> Fs = 44100;
Sineobject1 = dsp.SineWave('SamplesPerFrame',1024,'PhaseOffset',10,...
    'SampleRate',Fs,'Frequency',1000);
Sineobject2 = dsp.SineWave('SamplesPerFrame',1024,...
    'SampleRate',Fs,'Frequency',5000);

SpecEst = dsp.SpectrumEstimator('Method','Filter bank',...
    'PowerUnits','dBm','SampleRate',Fs,'FrequencyRange','onesided');
ArrPlot = dsp.ArrayPlot('PlotType','Line','ChannelNames',{'Power spectrum of the input'},...
    'YLimits',[-80 30],'XLabel','Number of samples per frame','YLabel',...
    'Power (dBm)','Title','One-sided power spectrum with respect to samples');
```

（2）估计。

构建一个 for 循环以运行 5000 次迭代，输入并估计信号的功率谱。在每次迭代中，流式传输每个正弦波的 1024 个样本（一帧）并计算每个帧的功率谱。将均值为 0 且标准偏差为 0.001 的高斯噪声添加到输入信号中。

```
>> for Iter = 1:5000
    Sinewave1 = Sineobject1();
    Sinewave2 = Sineobject2();
    Input = Sinewave1 + Sinewave2;
    NoisyInput = Input + 0.001 * randn(1024,1);
    PSoutput = SpecEst(NoisyInput);
    ArrPlot(PSoutput);
end
```

运行程序，效果如图 8-20 所示。

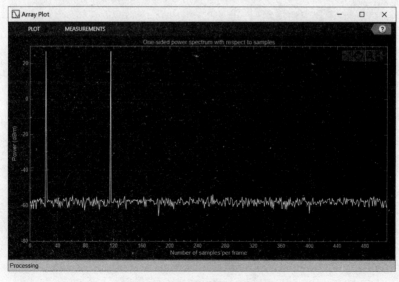

图 8-20　输入信号的功率频谱

使用滤波器组方法,频谱估计具有高分辨率且峰值精确、频谱无泄漏。

(3)将 x 轴转换为频率表示。

默认情况下,阵列图显示每帧样本数相关的功率谱数据。x 轴上的点数等于输入帧的长度。频谱分析仪根据频率绘制功率谱数据,对于一侧频谱,频率在 $[0, F_s/2]$ 范围内变化。对于两侧频谱,频率在 $[-F_s/2, F_s/2]$ 范围内变化。要将阵列图的 x 轴从基于样本转换为基于频率,请执行以下操作。

- 单击配置属性图标。
- 对于单侧光谱:在 Main 选项卡上,将 Sample increment 设置为 F_s/帧长度(FrameLength)和 X-offset 为 0。
- 对于两侧光谱:在 Main 选项卡上,将 Sample increment 设置为 F_s/帧长度(FrameLength)和 X-offset 为 $-F_s/2$。

在此实例中,光谱是一侧的,因此 Sample increment 和 X-offset 分别设置为 44100/1024 和 0。要以 kHz 为单位指定频率,请将样本增量设置为 44.1/1024。

```
>> ArrPlot.SampleIncrement = (Fs/1000)/1024;
ArrPlot.XLabel = 'Frequency (kHz)';
ArrPlot.Title = 'One-sided power spectrum with respect to frequency';
for Iter = 1:5000
    Sinewave1 = Sineobject1();
    Sinewave2 = Sineobject2();
    Input = Sinewave1 + Sinewave2;
    NoisyInput = Input + 0.001 * randn(1024,1);
    PSoutput = SpecEst(NoisyInput);
    ArrPlot(PSoutput);
end
```

运行程序,效果如图 8-21 所示。

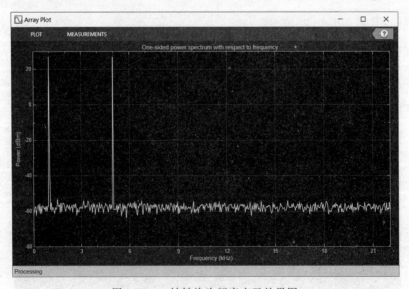

图 8-21　x 轴转换为频率表示效果图

dsp. SpectrumEstimator 对象的输出包含光谱数据可用于进一步处理。数据可以实时处理,也可以存储在工作区中。

8.4.3 估计未知系统的传递函数

我们可以根据系统测量的输入和输出数据来估计未知系统的传递函数。

在 DSP 系统工具箱中,我们可以使用 MATLAB 中的 dsp. TransferFunctionEstimator 系统对象来估计系统的传递函数。输入 x 和输出 y 之间的关系由线性时不变传递函数 T_{xy} 建模。传递函数是 x 和 y 的交叉功率谱密度 P_{yx} 与 x 的功率谱密度 P_{xx} 之比:

$$T_{xy}(f) = \frac{P_{yx}(f)}{P_{xx}(f)}$$

dsp. TransferFunctionEstimator 对象使用 Welch 的平均周期图法来计算 P_{xx} 和 P_{xy}。x 和 y 之间的相干性或幅度平方相干性定义为:

$$C_{xy}(f) = \frac{|P_{xy}|^2}{P_{xx} \times P_{yy}}$$

相干函数估计可以从 x 预测 y 的程度。相干性的值在 $0 \leqslant C_{xy}(f) \leqslant 1$ 的范围内。假如 $C_{xy}(f)=0$,则输入 x 和输出 y 无关。$0 \leqslant C_{xy}(f) \leqslant 1$ 表示以下情况之一。

- 测量有噪声。
- 系统是非线性的。
- 输出 y 是 x 和其他输入的函数。

线性系统的相干性表示输入在该频率下产生的输出信号功率的小数部分。对于特定频率,$1-C_{xy}$ 是对输入无贡献的输出功率的估计值。

下面实现在 MATLAB 中估计传递函数。要在 MATLAB 中估计系统的传递函数,请使用 dsp. TransferFunctionEstimator 系统对象。该对象实现了 Welch 的平均修正周期图方法,并使用测量的输入和输出数据进行估计。

【例 8-7】 用 Welch 的平均修正周期图方法估计传递函数。

(1) 初始化系统。

该系统是两个滤波器级的级联:dsp. LowpassFilter、dsp. AllpassFilter 和 dsp. AllpoleFilter 的并联。

```
>> allpole = dsp.AllpoleFilter;
allpass = dsp.AllpassFilter;
lpfilter = dsp.LowpassFilter;
```

(2) 指定信号源。

系统的输入是频率为 $100\,Hz$ 的正弦波,采样率为 $44.1\,kHz$。

```
>> sine = dsp.SineWave('Frequency',100,'SampleRate',44100,...
    'SamplesPerFrame',1024);
```

(3) 创建传递函数估计器。

要估计系统的传递函数,请创建 dsp. TransferFunctionEstimator 系统对象。

```
>> tfe  = dsp.TransferFunctionEstimator('FrequencyRange','onesided',...
    'OutputCoherence', true);
```

（4）创建阵列图。

初始化两个 dsp. ArrayPlot 对象：一个用于显示系统的幅度响应，另一个用于显示输入和输出之间的相干性估计。

```
>> tfeplotter = dsp.ArrayPlot('PlotType','Line',...
    'XLabel','Frequency (Hz)',...
    'YLabel','Magnitude Response (dB)',...
    'YLimits',[- 120 20],...
    'XOffset',0,...
    'XLabel','Frequency (Hz)',...
    'Title','System Transfer Function',...
    'SampleIncrement',44100/1024);
coherenceplotter = dsp.ArrayPlot('PlotType','Line',...
    'YLimits',[0 1.2],...
    'YLabel','Coherence',...
    'XOffset',0,...
    'XLabel','Frequency(Hz)',...
    'Title','Coherence Estimate',...
    'SampleIncrement',44100/1024);
```

默认情况下，阵列图的 x 轴以样本为单位。要将此轴转换为频率，请将 dsp. ArrayPlot 对象的 SampleIncrement 属性设置为 Fs/1024。在此实例中，此值为 44100/1024 或 43.0664。对于两侧光谱，dsp. ArrayPlot 对象的 X-Offset 属性必须为 $[-F_s/2]$，频率在 $[-F_s/2, F_s/2]$ 范围内变化。在本例中，阵列图显示了单侧光谱，因此，将 X-Offset 设置为 0。频率在 $[0, F_s/2]$ 范围内变化。

（5）估计传递函数。

传递函数估计器接收两个信号：两级滤波器的输入和两级滤波器的输出。滤波器的输入是包含加性高斯白噪声的正弦波，噪声的平均值为零，标准偏差为 0.1。估计器估计两级滤波器的传递函数，估计器的输出是滤波器的频率响应，它是复数，要提取此复数估计的幅度部分，请使用 abs 函数。要将结果转换为 dB，请应用 $20 * \log10$（幅度）的转换因子。

```
>> for Iter = 1:1000
    input = sine() + .1 * randn(1024,1);
    lpfout = lpfilter(input);
    allpoleout = allpole(lpfout);
    allpassout = allpass(lpfout);
    output = allpoleout + allpassout;
    [tfeoutput,outputcoh] = tfe(input,output);
    tfeplotter(20 * log10(abs(tfeoutput)));
    coherenceplotter(outputcoh);
end
```

运行程序，效果如图 8-22 及图 8-23 所示。

图 8-22 显示了系统的幅度响应。图 8-23 显示了系统输入和输出之间的相干性估计。两幅图中的连贯性如预期的那样在 $[0,1]$ 范围内变化。

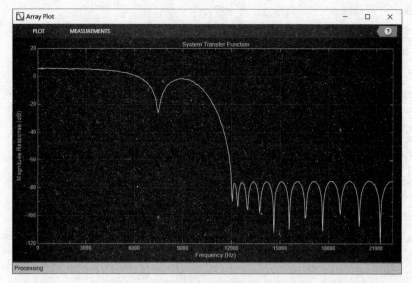

图 8-22　系统幅度响应频谱分析仪效果图

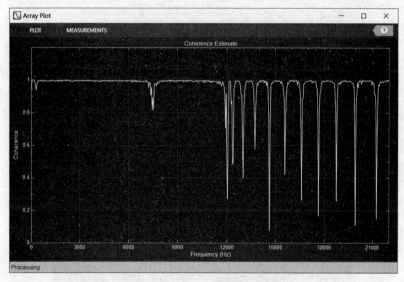

图 8-23　相干估计频谱分析仪效果图

8.5　频谱测量

频谱测量是指在频域内测量信号的频率分量,以获得信号的多种参数和信号所通过的网络的参数。频谱指组成信号的全部频率分量的总集,在一般的频谱测量中,往往把幅度谱称为频谱。实际的信号频谱往往都是混合频谱,被测量的连续信号或周期信号,除了它的基频、各次谐波和寄生信号所呈现的离散频谱外,往往不可避免地伴有随机热噪声所呈现的连续频谱作为基底。

8.5.1　频谱可视化和测量

本节实例说明如何使用时间范围和频谱分析仪在 MATLAB 中可视化和测量时域和频

域中的信号。

1. 时域和频域中的信号可视化

【例 8-8】 创建频率为 $100\,\mathrm{Hz}$、采样率为 $1000\,\mathrm{Hz}$ 的正弦波。

以 $1\mathrm{s}$ 为间隔生成带有附加 $N(0,0.0025)$ 白噪声的 $100\,\mathrm{Hz}$ 正弦波,时间为 $5\mathrm{s}$。将信号发送到时间示波器和频谱分析仪进行显示和测量。

```
>> SampPerFrame = 1000;
Fs = 1000;
SW = dsp.SineWave('Frequency', 100, ...
    'SampleRate', Fs, 'SamplesPerFrame', SampPerFrame);
TS = dsp.TimeScope('SampleRate', Fs, 'TimeSpan', 0.1, ...
    'YLimits', [−2, 2], 'ShowGrid', true);
SA = dsp.SpectrumAnalyzer('SampleRate', Fs);
tic;
while toc < 5
  sigData = SW() + 0.05 * randn(SampPerFrame,1);
  TS(sigData);
  SA(sigData);
end
```

运行程序,效果如图 8-24 及图 8-25 所示。

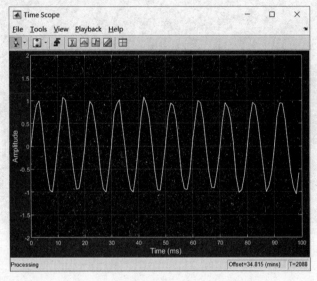

图 8-24 所创建正弦波示波器效果图

2. 时域测量

使用时间范围,我们可以进行许多信号测量。可以使用以下测量值。

• 光标测量:在所有示波器上显示放置屏幕光标。

• 信号统计:显示所选信号的最大值、最小值、峰-峰值差、平均值、中值、RMS 值以及最大值和最小值出现的时间。

• 双电平测量:显示有关选定信号的转换、过冲或下冲以及周期的信息。

• 峰值查找器:显示最大值及其出现的时间。

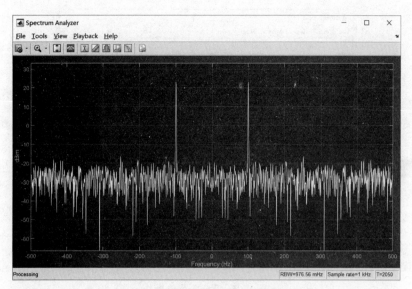

图 8-25　频谱分析仪正弦波效果图

我们可以单击时间示波器菜单中的 Tools→Measurements 选项来启用或禁用这些测量，相关快捷工具如图 8-26 所示。利用 Tools 菜单测量的步骤如图 8-27 所示。

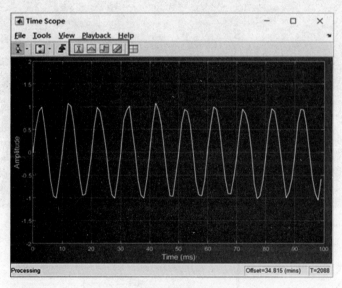

图 8-26　测量快捷菜单

为了说明在时间范围内测量的使用，下面启用峰值查找器来标记三个正弦波频率。以 dBm 为单位的频率值和功率显示在 Peak Finder 面板中。我们可以增加或减少最大峰数、指定最小峰距离，还可以从 Peak Finder 测量面板的设置窗格中更改其他设置，如图 8-28 所示。

8.5.2　编程获取测量数据

使用 dsp. SpectrumAnalyzer 系统对象计算和显示嘈杂的正弦输入信号的功率谱。启用以下属性，测量频谱中的峰值、光标位置、邻道功率比、失真和 CCDF 值。

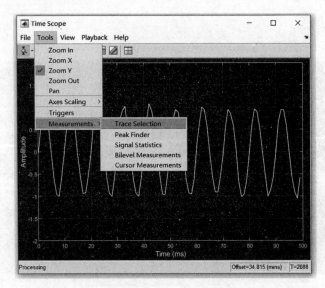

图 8-27 Tools 菜单操作

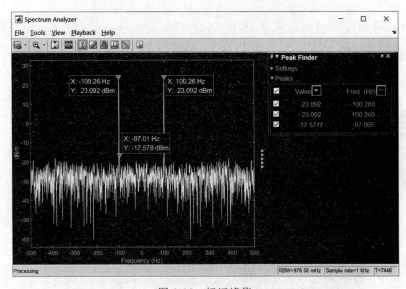

图 8-28 标记峰值

- 峰值查找器。
- 光标测量。
- 通道测量。
- 失真测量。
- CCDF 测量。

【例 8-9】 使用 dsp.SpectrumAnalyzer 计算和显示信号的功率谱。

（1）初始化。

输入正弦波有两个频率：1000Hz 和 5000Hz。创建两个 dsp.SineWave 系统对象以生成这两个频率。创建一个 dsp.SpectrumAnalyzer 系统对象来计算和显示功率谱。

```
>> Fs = 44100;
Sineobject1 = dsp.SineWave('SamplesPerFrame',1024,'PhaseOffset',10,...
    'SampleRate',Fs,'Frequency',1000);
Sineobject2 = dsp.SineWave('SamplesPerFrame',1024,...
    'SampleRate',Fs,'Frequency',5000);
SA = dsp.SpectrumAnalyzer('SampleRate',Fs,'Method','Filter bank',...
    'SpectrumType','Power','PlotAsTwoSidedSpectrum',false,...
    'ChannelNames',{'Power spectrum of the input'},'YLimits',[-120 40],'ShowLegend',true);
```

（2）启用测量数据。

要获得测量值，请将测量值的 Enable 属性设置为 true。

```
>> SA.CursorMeasurements.Enable = true;
SA.ChannelMeasurements.Enable = true;
SA.PeakFinder.Enable = true;
SA.DistortionMeasurements.Enable = true;
```

（3）使用 getMeasurementsData。

输入有噪声的正弦波信号并使用频谱分析仪估计信号的功率谱，测量光谱的特性。使用 getMeasurementsData 函数以编程方式获取这些测量值。isNewDataReady 函数指示何时有新的光谱数据，最后将测量数据存储在变量数据中。

```
>> data = [];
for Iter = 1:1000
    Sinewave1 = Sineobject1();
    Sinewave2 = Sineobject2();
    Input = Sinewave1 + Sinewave2;
    NoisyInput = Input + 0.001 * randn(1024,1);
    SA(NoisyInput);
    if SA.isNewDataReady
        data = [data;getMeasurementsData(SA)];
    end
end
```

运行程序，效果如图 8-29 所示。

图 8-29 中频谱分析仪右侧显示启用的测量窗格，这些窗格中显示的值与数据变量的最后一个时间步中显示的值匹配。我们可以访问数据的各个字段，以编程方式获取各种测量值。

（4）比较峰值。

峰值由 PeakFinder 属性获得。下面代码验证在数据的最后一个时间步中获得的峰值是否与频谱分析仪绘图上显示的值匹配。

```
>> peakvalues = data.PeakFinder(end).Value
peakvalues =
   26.9850
   24.1733
  -52.0399
>> frequencieskHz = data.PeakFinder(end).Frequency/1000
frequencieskHz =
    4.9957
    0.9905
    1.8949
```

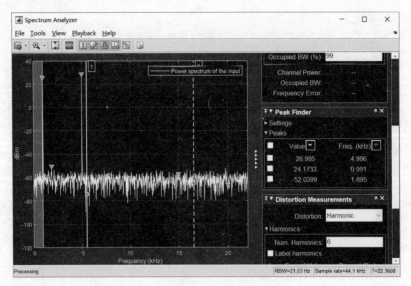

图 8-29　估计信号的功率谱图

8.6　布局

8.6.1　设计定点滤波器

【例 8-10】　设计用于定点输入的滤波器,并且分析系数量化对滤波器设计的影响。

（1）介绍。

定点滤波器常用于数字信号处理器,其中数据存储和功耗是关键的限制因素。根据我们指定的约束条件,DSP 系统工具箱软件允许我们设计高效的定点滤波器。本例中的滤波器是低通等纹波 FIR 滤波器。在实例中,首先为浮点输入设计滤波器获得基线,并可以使用此基线与定点滤波器进行比较。

（2）FIR 滤波器设计。

低通 FIR 滤波器具有以下规格。

- 采样率:2000Hz。

- 中心频率:450Hz。

- 过渡宽度:100Hz。

- 等纹波设计。

- 通带内最大为 1dB 纹波。

- 阻带中的最小衰减为 80dB。

```
>> samplingFrequency = 2000;
centerFrequency = 450;
transitionWidth = 100;
passbandRipple = 1;
stopbandAttenuation = 80;
designSpec = fdesign.lowpass('Fp,Fst,Ap,Ast',...
      centerFrequency - transitionWidth/2, ...
      centerFrequency + transitionWidth/2, ...
      passbandRipple,stopbandAttenuation, ...
```

```
        samplingFrequency);
LPF = design(designSpec,'equiripple','SystemObject',true)
LPF =
    dsp.FIRFilter - 属性:
                Structure: 'Direct form'
        NumeratorSource: 'Property'
              Numerator: [1 × 52 double]
      InitialConditions: 0
    显示 所有属性
% 查看基线频率响应. 虚线表示用于创建滤波器
% 的设计规范
>> fvtool(LPF)    % 效果如图 8-30 所示
```

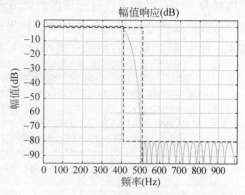

图 8-30　FIR 滤波器幅值响应图

(3) 全精度定点操作。

过滤器的定点特性包含在对象显示的定点特性部分中。默认情况下,滤波器使用全精度算法处理定点输入。在全精度运算中,滤波器根据需要对乘积、累加器和输出使用尽可能多的位,以防止任何溢出或舍入。如果不想使用全精度算法,可以将 FullPrecisionOverride 属性设置为 false,然后分别设置乘积、累加器和输出数据类型。

```
>> rng default
inputWordLength = 16;
fixedPointInput = fi(randn(100,1),true,inputWordLength);
floatingPointInput = double(fixedPointInput);
floatingPointOutput = LPF(floatingPointInput);
release(LPF)
fullPrecisionOutput = LPF(fixedPointInput);
norm(floatingPointOutput - double(fullPrecisionOutput),'inf')
ans =
    6.8994e - 05
```

全精度定点滤波的结果与浮点滤波非常接近,但精度不高,其原因是系数量化。在定点滤波器中,系数和输入的 CoefficientsDataType 属性具有相同的字长(16)。滤波器在全精度模式下的频率响应更清楚地表明了这一点。测量函数表明,该量化系数滤波器的最小阻带衰减为 76.6913dB,小于浮点滤波器的 80dB。

```
>> LPF.CoefficientsDataType
ans =
    'Same word length as input'
>> fvtool(LPF)       % 效果如图 8-31 所示
>> measure(LPF)      % 检测滤波器的规格
ans =
采样率      : 2 kHz
通带边缘    : 400 Hz
3 - dB 点 : 416.2891 Hz
6 - dB 点 : 428.1081 Hz
阻带边缘    : 500 Hz
通带波纹    : 0.96325 dB
阻带衰减    : 76.6913 dB
过渡带宽度  : 100 Hz
```

滤波器上次用于定点输入,仍处于锁定状态。因此,fvtool 显示定点频率响应,虚线点响应是参考浮点滤波器的响应,实线是与定点输入一起使用的滤波器的响应。由于系数字长限制为 16 位,因此无法匹配所需的频率响应。这就解释了浮点和定点设计之间的差异。增加系数字长所允许的位数可以减小量化误差,并使我们能够满足 80dB 阻带衰减的设计要求。使用 24 位的系数字长可实现 80.1275dB 的衰减。

```
>> LPF24bitCoeff = design(designSpec,'equiripple','SystemObject',true);
LPF24bitCoeff.CoefficientsDataType = 'Custom';
coeffNumerictype = numerictype(fi(LPF24bitCoeff.Numerator,true,24));
LPF24bitCoeff.CustomCoefficientsDataType = numerictype(true, ...
            coeffNumerictype.WordLength,coeffNumerictype.FractionLength);
fullPrecisionOutput32bitCoeff = LPF24bitCoeff(fixedPointInput);
norm(floatingPointOutput − double(fullPrecisionOutput32bitCoeff),'inf')
ans =
   4.1077e − 07
>> fvtool(LPF24bitCoeff)          % 效果如图 8-32 所示
>> measure(LPF24bitCoeff)          % 检测滤波器的规格
ans =
采样率      : 2 kHz
通带边缘     : 400 Hz
3 − dB 点 : 416.2901 Hz
6 − dB 点 : 428.1091 Hz
阻带边缘     : 500 Hz
通带波纹     : 0.96329 dB
阻带衰减     : 80.1275 dB
过渡带宽度    : 100 Hz
```

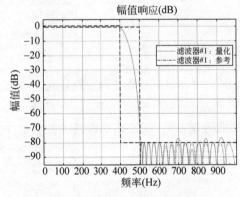

图 8-31　全精度定点滤波器幅值响应图

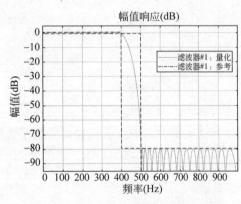

图 8-32　增加系数字长后的幅值响应图

（4）设计参数和系数量化。

在许多定点设计应用中,系数字长是不灵活的。例如,假设被限制使用 14 位,在这种情况下,不能达到要求的最小阻带衰 80dB,因为 14 位系数量化滤波器的最小衰减仅为 67.2987dB。

```
>> LPF14bitCoeff = design(designSpec,'equiripple','SystemObject',true);
coeffNumerictype = numerictype(fi(LPF14bitCoeff.Numerator,true,14));
LPF14bitCoeff.CoefficientsDataType = 'Custom';
LPF14bitCoeff.CustomCoefficientsDataType = numerictype(true, ...
            coeffNumerictype.WordLength,coeffNumerictype.FractionLength);
```

```
measure(LPF14bitCoeff,'Arithmetic','fixed')    % 检测滤波器的规格
ans =
```
采样率　　　: 2 kHz
通带边缘　　: 400 Hz
3 - dB 点 : 416.2939 Hz
6 - dB 点 : 428.1081 Hz
阻带边缘　　: 500 Hz
通带波纹　　: 0.96405 dB
阻带衰减　　: 67.2987 dB
讨滤带宽度　: 100 Hz

对于 FIR 滤波器,一般来说,系数字长的每一位提供大约 5dB 的阻带衰减。因此,如果我们的滤波器的系数总是量化到 14 位,那么我们可以期望最小阻带衰减仅在 70dB 左右。在这种情况下,设计阻带衰减小于 70dB 的滤波器更为实用。放宽这一要求将导致低阶设计。

```
>> designSpec.Astop = 60;
LPF60dBStopband = design(designSpec,'equiripple','SystemObject',true);
LPF60dBStopband.CoefficientsDataType = 'Custom';
coeffNumerictype = numerictype(fi(LPF60dBStopband.Numerator,true,14));
LPF60dBStopband.CustomCoefficientsDataType = numerictype(true, ...
             coeffNumerictype.WordLength,coeffNumerictype.FractionLength);
measure(LPF60dBStopband,'Arithmetic','fixed')    % 检测滤波器的规格
ans =
```
采样率　　　: 2 kHz
通带边缘　　: 400 Hz
3 - dB 点 : 419.3391 Hz
6 - dB 点 : 432.9718 Hz
阻带边缘　　: 500 Hz
通带波纹　　: 0.92801 dB
阻带衰减　　: 59.1829 dB
过渡带宽度　: 100 Hz
```
>> order(LPF14bitCoeff)
ans =
    51
>> order(LPF60dBStopband)
ans =
    42
```

由结果可看出,滤波器阶数从 51 降到 42,这意味着实现新的 FIR 滤波器需要较少的抽头。如果仍然希望在不影响系数位数的情况下获得高的最小阻带衰减,则必须放宽另一个滤波器设计约束:过渡带宽度。增加过渡带宽度可以使我们在相同系数字长的情况下获得更高的衰减。然而,即使在放松过渡带宽度之后,也几乎不可能实现每比特系数字长超过 5dB。

```
>> designSpec.Astop = 80;
transitionWidth = 200;
designSpec.Fpass = centerFrequency - transitionWidth/2;
designSpec.Fstop = centerFrequency + transitionWidth/2;
LPF300TransitionWidth = design(designSpec,'equiripple', ...
                           'SystemObject',true);
```

```
LPF300TransitionWidth.CoefficientsDataType = 'Custom';
coeffNumerictype = numerictype(fi(LPF300TransitionWidth.Numerator, ...
                                  true, 14));
LPF300TransitionWidth.CustomCoefficientsDataType = numerictype(true, ...
              coeffNumerictype.WordLength,coeffNumerictype.FractionLength);
measure(LPF300TransitionWidth,'Arithmetic','fixed')   % 检测滤波器的规格
ans =
采样率      : 2 kHz
通带边缘     : 350 Hz
3 - dB 点 : 385.4095 Hz
6 - dB 点 : 408.6465 Hz
阻带边缘     : 550 Hz
通带波纹     : 0.74045 dB
阻带衰减     : 74.439 dB
过渡带宽度    : 200 Hz
```

如结果所见,将过渡带宽度增加到 200Hz 时,14 位系数的阻带衰减为 74.439dB,而将过渡带宽度设置为 100Hz 时,阻带衰减为 67.2987dB。增加过渡带宽度的另一个好处是,滤波器阶数也减少了,在这种情况下,从 51 降到 27。

```
>> order(LPF300TransitionWidth)
ans =
     27
```

8.6.2　生成 DSP 应用程序

【例 8-11】　使用 DSP 系统工具的系统对象 MATLAB 函数创建独立应用程序。

在实例中,我们从使用 RLS 滤波器进行系统识别的函数 RLSFilterSystemIDCompilerExampleApp 开始,可以使用 MATLAB Compiler 函数生成一个可执行应用程序,然后运行该应用程序。生成此类独立应用程序的优势在于它们甚至可以在未安装 MATLAB 的系统上运行。

(1) 系统识别算法。

递归最小二乘(RLS)滤波器是自适应滤波器,可用于识别未知系统。RLSFilterSystemIDCompilerExampleApp 使用 RLS 滤波器来识别具有可变截止频率的系统。该系统是使用 dsp.VariableBandwidthFIRFilter 实现的低通 FIR 滤波器。

RLS 滤波器是使用 dsp.RLSFilter 实现的。

(2) MATLAB 仿真。

要验证 RLSFilterSystemIDCompilerExampleApp 的使用,请在 MATLAB 命令窗口中运行该函数。它需要一个可选输入,即迭代步数,默认值为 300 次迭代。

```
>> RLSFilterSystemIDCompilerExampleApp;
```

运行程序,弹出一个如图 8-33 所示的用户界面(UI),其中有两个我们可以控制的参数,分别如下。

- 截止频率(Hz): 为识别的低通滤波器的截止频率,指定为[0,5000]Hz 范围内的标量。
- RLS 遗忘因子: 用于系统识别的 RLS 滤波器的遗忘因子,指定为[0,1]范围内的标量。

　　当仿真完成或单击 Stop Simulation(停止仿真)按钮时,我们将看到对这些参数所做的更改以及它如何影响 RLS 滤波器的均方误差(MSE),如图 8-34 所示。

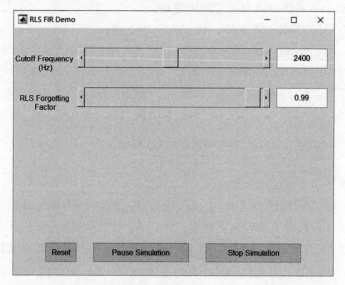

图 8-33　RLS FIR 界面

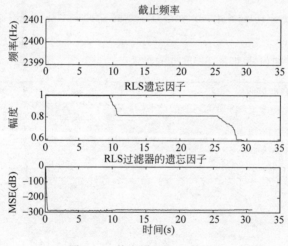

图 8-34　均方误差(MSE)的图

　　(3) 为编译创建一个临时目录。

　　一旦我们对 MATLAB 中的函数仿真感到满意,就可以编译该函数。在编译之前,创建一个有写权限的临时目录。将主 MATLAB 函数和关联的帮助程序文件复制到此临时目录中。

```
>> compilerDir = fullfile(tempdir,'compilerDir');     % Name of temporary directory
if ~exist(compilerDir,'dir')
    mkdir(compilerDir);                               % Create temporary directory
end
curDir = cd(compilerDir);
copyfile(which('RLSFilterSystemIDCompilerExampleApp'));
copyfile(which('HelperRLSFilterSystemIdentificationSim'));
```

```
copyfile(which('HelperCreateParamTuningUI'));
copyfile(which('HelperUnpackUIData'));
```

（4）将 MATLAB 函数编译为独立应用程序。

在创建的临时目录中，对 MATLAB 函数 RLSFilterSystemIDCompilerExampleApp 运行 mcc 命令。mcc 调用 MATLAB 编译器，该编译器将 MATLAB 函数编译为保存在当前目录中的独立可执行文件。使用 MATLAB Compiler 中的 mcc 函数将 RLSFilterSystemIDCompilerExampleApp 编译为独立应用程序。指定"-m"选项以生成独立应用程序，"-N"选项仅包含通过"-p"选项指定的路径中的目录。

```
>> mcc('-mN', 'RLSFilterSystemIDCompilerExampleApp', ...
        '-p', fullfile(matlabroot,'toolbox','dsp'));
```

注意，此步骤需要几分钟才能完成。

（5）运行布局的应用程序。

使用 system 命令运行生成的独立应用程序。请注意，使用 system 命令运行独立应用程序会使用当前的 MATLAB 环境以及此 MATLAB 安装所需的任何库文件。

```
>> if ismac
        status = system(fullfile('RLSFilterSystemIDCompilerExampleApp.app', ...
            'Contents', 'MacOS', 'RLSFilterSystemIDCompilerExampleApp'));
    else
        status = system(fullfile(pwd, 'RLSFilterSystemIDCompilerExampleApp'));
    end
```

运行程序，用户界面（UI）如图 8-35 所示。

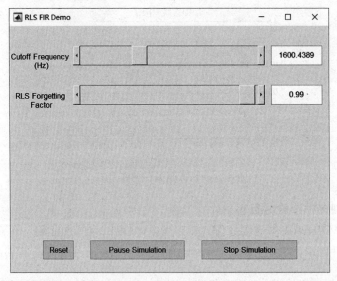

图 8-35　RLS FIR 界面

调整对应的两个参数时，得到均方误差图如图 8-36 所示。

与 MATLAB 实例"使用 RLS 自适应过滤的系统识别"类似，运行此可执行应用程序也会启动一个 UI。UI 允许我们调整参数，结果会立即反映在模拟中。例如，在模拟运行时将

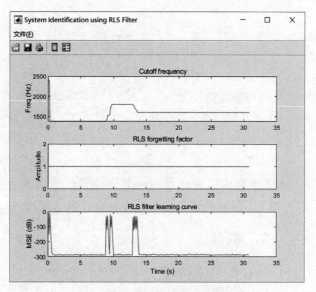

图 8-36 均方误差图

"截止频率（Hz）"的滑块向左移动，我们将看到截止频率图下降以及 RLS 滤波器 MSE 的相应波动。我们可以使用 UI 上的按钮来暂停或停止模拟。

（6）清理生成的文件。

生成并布局可执行文件后，我们可以通过在 MATLAB 命令提示符下运行以下命令来清理临时目录：

```
cd(curDir);
rmdir(compilerDir,'s');
```

第9章 5G通信技术

本章主要内容为仿真、分析和测试 5G 通信系统。在介绍这些内容前,先对 5G 技术的相关概念进行介绍。

9.1 5G 概述

9.1.1 5G 的基本特征

相比于 3G、4G 等通信,5G 应具备下面的要求和特征。

(1) 数据流量的增长。

产业界人士预测 10 年以后,移动数据量将达到 1000 倍。5G 的吞吐量能力特别大,就算在很忙的时候也能提升到 1000 倍,可以到达每平方千米 100Gbit/s 以上。

(2) 联网设备增长 100 倍。

伴随着智能终端和物联网的迅速发展,预计 10 年后,联网的设备数目将增加 600~1000 倍,相对于 4G 网络将增长 100 倍,相对一些特殊的应用,单位面积将通过 5G 网络的设备数目达到 100 万/km²。

(3) 峰值速率至少达到 10Gbit/s。

2021 年以后的 5G 网络,相对于 4G 网络的峰值速率需提高 10 倍以上,达到 10Gbit/s,在特殊情况下,用户单链峰值速率要求达 100Gbit/s。

(4) 用户速率可达到 10Gbit/s,特殊需求达到 100Gbit/s。

一般条件下,在 5G 网络中用户在任何时候都能获得 10Gbit/s 以上的速率。对于特殊需求的业务和用户将达到 100Gbit/s,如急救车内高清医疗图像传输服务。

(5) 可靠性高、时延短。

2021 年以后的 5G 网络,需要满足用户在线服务需求,能随时随地进行各种体验,并且还需满足工业信息系统、应急通信等更多场景需求。需要进一步地降低用户的控制时延,与 4G 网络相比,达到 1/10~1/5。对于关系重大财产安全的业务和人类生命可靠性必须提升到 99.9999% 以上。

(6) 频谱利用相对较高。

由于 5G 网络用户的业务量大、规模大、流量高,相对来说,使用频率需求量也大,需要通过压缩等创新技术及频率倍增的应用,来提高频率利用率。相对 4G 网络来说,5G 的频谱效率要提高 5~10 倍,以便解决流量带来的频谱短缺问题。

节省能源、绿色低碳是未来通信技术的发展方向,在 5G 网络中,需要利用节约能源的设计,使网络能耗效率提高 1000 倍,来满足 1000 倍流量的需求。

9.1.2　5G 的关键技术

从目前角度看,5G 的关键技术应包含以下几个方面:一是 5G 关键技术与无线网络构架;二是 5G 无线输送的关键技术;三是 5G 移动通信总体技术系统;四是 5G 移动通信验证技术。下面对 5G 技术进行总体介绍。

1. 高频段传输

目前,移动通信系统频段主要是 3GHz 以内,伴随着用户人数的增加,频谱资源也变得十分拥挤,然而在高频段里,如毫米波频率是 27.3～350GHz,带宽则高达 284.6GHz,超过微波全部带宽的 12 倍。毫米波与微波相比,元器件的尺寸要小很多,毫米波系统能轻而易举小型化,实现进行极高速短距离通信,支持 5G 传输速率和容量需求。

2. 多天线传输技术

多天线传输技术经历了从二维到三维,从无源到有源,从高阶多输入多输出到大规模阵列的发展,能把频谱利用率提高 15 倍甚至更高,是目前 5G 技术的重要研究方向。

3. 同时同频全双工技术

同时同频全双工技术被称为高效的频谱效率技术,该技术在相同的物理信道上对两个方向信号进行传输,在通信双工节点的接收机处通过取消自身发射的信号干扰,在发射信号时,可同时接收另一节点的同频信号。

4. 设备间直接通信技术

以往的移动通信系统采用以基站为中心点,实现对市区覆盖的组网方式,基站及中继站是不能随便移动的,网络结构是有限制的。在 5G 网络里,用户规模大,数据流量大,以传统的基站模式为中心的组网方式是没办法满足业务需求的。D2D 直接通信技术在没有基站的情况下也能运转,实现了通信设备间的直接通信,开拓了新的网络连接方式。

5. 密集网络技术

5G 是一个智能化、宽带化、多元化、综合化的网络,数据流量是 4G 的 1000 倍。想要实现以上目标有两种技术:一是在宏基站处布置大规模天线来取得室外空间增益;二是布置密集网络来满足室外和室内数据需求。未来高频段宽带将采用更加密集的方案,部署高达 200 个以上扇区。

6. 新型网络架构技术

为了满足高容量、大规模的用户需求,5G 网络架构将具有低时延、低成本、易维护、扁平化特点。目前业界主要集中在云架构和 C-RAN 的研究上。

7. 智能化技术

5G 的中心网络,是由大型服务器来组成的云计算平台,通过交换机网络及具有数据交换功能的路由器与基站相连接,宏基站具有大数据存储功能和运算计算功能,时效性特强或特别大的数据,提交到云计算中心进行网络处理。终端或基站的数量多、形态多,不一样的业务应选取不一样的频段,连接方式和天线多样化,所以需要具有自动模式切换、智能配置、智能识别的功能,实现智能组网。未来智能化技术是实现 5G 网络的关键技术。

9.2　5G 工具箱的基础知识

5G 工具箱提供了功能和参考实例,可帮助我们表征上行链路和下行链路基带规范,并模拟射频设计和干扰源对系统性能的影响。我们可以使用 Wireless Waveform Generator 应用程序以编程方式或交互方式生成波形并自定义测试台。通过这些波形,可以验证我们的设计、原型和实施是否符合 3GPP 5G NR 规范。

9.2.1　同步和突发信号块

此实例显示如何生成同步信号块(SSB)并生成多个 SSB 以形成同步信号突发(SS Burst)。形成同步信号块(主要和次要同步信号、物理广播信道)的信道和信号被创建并映射到表示块的矩阵中。最后创建一个表示同步信号突发的矩阵,突发中的每个同步信号块都被创建并映射到矩阵中。

1. SS/PBCH 块

我们将同步信号/物理广播信道(SS/PBCH)块定义为 240 个子载波和 4 个 OFDM 符号,其中包含以下信道和信号。

- 主要同步信号(PSS)。
- 次要同步信号(SSS)。
- 物理广播信道(PBCH)。
- PBCH 解调参考信号(PBCH DM-RS)。

在其他文件中,例如 TS 38.331,SS/PBCH 被称为"同步信号块"或"SS 块"。

【例 9-1】　创建一个表示 SS/PBCH 块的 240×4 矩阵。

```
>> ssblock = zeros([240 4])
ssblock =
     0     0     0     0
     0     0     0     0
     0     0     0     0
     0     0     0     0
     0     0     0     0
     0     0     0     0
     0     0     0     0
     ...
```

(1)主要同步信号(PSS)。

```
% 为给定的小区创建 PSS 符号
>> ncellid = 17;
pssSymbols = nrPSS(ncellid)
pssSymbols =
    -1
    -1
    -1
    -1
    -1
    -1
     1
    ...
```

变量 pssSymbols 是一个列向量,包含 PSS 的 127 个 BPSK 符号
```
% 创建 PSS 索引:
>> pssIndices = nrPSSIndices;
```

变量 pssIndices 是一个与 pssSymbols 大小相同的列向量。pssIndices 的每个元素中的值是 SS/PBCH 块中位置的线性索引,pssSymbols 中的相应符号应映射到该位置。因此,PSS 符号到 SS/PBCH 块的映射可以通过简单的 MATLAB 分配来执行,使用线性索引来选择 SS/PBCH 块矩阵的正确元素。请注意,缩放因子 1 应用于 PSS 符号,以表示 β_{PSS}。

```
>> ssblock(pssIndices) = 1 * pssSymbols;
% 绘制 SS/PBCH 块矩阵以显示 PSS 的位置
>> imagesc(abs(ssblock));
caxis([0 4]);
axis xy;
xlabel('OFDM 符号');
ylabel('副载波');
title('包含 PSS 的 SS/PBCH 块');
```

运行程序,效果如图 9-1 所示。

(2) 次要同步信号(SSS)。

为 SSS 配置与 PSS 相同的小区标识 。

```
>> sssSymbols = nrSSS(ncellid)
sssSymbols =
    - 1
      1
    - 1
    - 1
    - 1
      1
    - 1
    ...
```

按照与 PSS 相同的模式,创建 SSS 索引并将 SSS 符号映射到 SS/PBCH 块。请注意,缩放因子 2 应用于 SSS 符号,用 β_{PSSS} 表示。

```
>> sssIndices = nrSSSIndices;
ssblock(sssIndices) = 2 * sssSymbols;
```

索引的默认形式是基于 1 的线性索引,适用于 ssblock 等 MATLAB 矩阵的线性索引。但是,NR 标准文档根据 OFDM 子载波和符号下标来描述 OFDM 资源,使用基于 0 的编号。为了方便与 NR 标准进行交叉检查,索引函数接受允许选择索引样式(线性索引与下标)和基数(基于 0 与基于 1)的选项。

```
>> sssSubscripts = nrSSSIndices('IndexStyle','subscript','IndexBase','0based')
sssSubscripts =
  127×3 uint32 矩阵
      56       2       0
      57       2       0
      58       2       0
      59       2       0
```

```
    60      2      0
    61      2      0
    ...
```

从下标可以看出,SSS 位于 SS/PBCH 块的 OFDM 符号 2(基于 0),从副载波 56(基于 0)开始。

```
% 再次绘制 SS/PBCH 块矩阵以显示 PSS 和 SSS 的位置
>> imagesc(abs(ssblock));
caxis([0 4]);
axis xy;
xlabel('OFDM 符号');
ylabel('副载波');
title('包含 PSS 和 SSS 的 SS/PBCH 块');
```

运行程序,效果如图 9-2 所示。

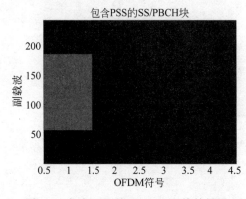

图 9-1 包含 PSS 的 SS/PBCH 块效果图

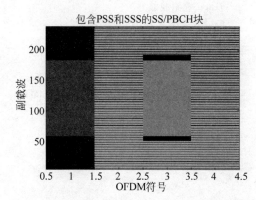

图 9-2 包含 PSS 和 SSS 的 SS/PBCH 块效果图

(3)物理广播信道(PBCH)。

PBCH 承载长度为 864 位的码字,通过执行主信息块(MIB)的 BCH 编码创建。这里使用了一个由 864 个随机比特组成的 PBCH 码字。

```
>> cw = randi([0 1],864,1);
```

PBCH 调制由以下步骤组成。

- 加扰。
- 调制。
- 映射到物理资源。

(4)加扰和调制。

PBCH 的加扰序列根据小区标识 ncellid 进行初始化,用于加扰 PBCH 码字的子序列取决于 SS/PBCH 块索引的值 v、2 或 3 个 LSB。在实例中,$v=0$。函数 nrPBCH 创建加扰序列的合适子序列,执行加扰,然后执行 QPSK 调制。

```
>> v = 0;
pbchSymbols = nrPBCH(cw,ncellid,v)
pbchSymbols =
    0.7071 - 0.7071i
```

```
    0.7071 + 0.7071i
  - 0.7071 + 0.7071i
    0.7071 - 0.7071i
  - 0.7071 + 0.7071i
  - 0.7071 - 0.7071i
    …
```

（5）映射到资源元素。

创建 PBCH 索引并将 PBCH 符号映射到 SS/PBCH 块。请注意，对 PBCH 符号应用了 3 的缩放因子，用 β_{PBCH} 表示。

```
>> pbchIndices = nrPBCHIndices(ncellid);
ssblock(pbchIndices) = 3 * pbchSymbols;
% 再次绘制 SS/PBCH 块矩阵以显示 PSS、SSS 和 PBCH 的位置
>> imagesc(abs(ssblock));
caxis([0 4]);
axis xy;
xlabel('OFDM 符号');
ylabel('副载波');
title('包含 PSS, SSS 和 PBCH 的 SS/PBCH 块');
```

运行程序，效果如图 9-3 所示。

（6）PBCH 解调参考信号（PBCH DM-RS）。

SS/PBCH 块的最后一个组成部分是与 PBCH 相关联的 DM-RS。与 PBCH 类似，所使用的 DM-RS 序列源自 SS/PBCH 块索引。

```
> ibar_SSB = 0;
dmrsSymbols = nrPBCHDMRS(ncellid,ibar_SSB)
dmrsSymbols =
    0.7071 - 0.7071i
    0.7071 + 0.7071i
  - 0.7071 + 0.7071i
  - 0.7071 + 0.7071i
    0.7071 - 0.7071i
    0.7071 + 0.7071i
    0.7071 - 0.7071i
    …
```

创建 PBCH DM-RS 索引并将 PBCH DM-RS 符号映射到 SS/PBCH 块。请注意，将比例因子 4 应用于 PBCH DM-RS 符号，用 $\beta_{PBCH}^{DM\text{-}RS}$ 表示。

```
>> dmrsIndices = nrPBCHDMRSIndices(ncellid);
ssblock(dmrsIndices) = 4 * dmrsSymbols;
再次绘制 SS/PBCH 块矩阵以显示 PSS、SSS、PBCH 和 PBCH DM - RS 的位置
>> imagesc(abs(ssblock));
caxis([0 4]);
axis xy;
xlabel('OFDM 符号');
ylabel('副载波');
title('包含 PSS,SSS、PBCH 和 PBCH DM - RS 的 SS/PBCH 块');
```

运行程序，效果如图 9-4 所示。

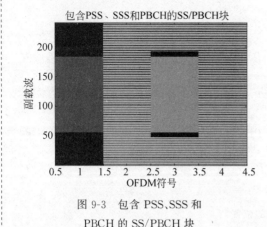

图 9-3 包含 PSS、SSS 和
PBCH 的 SS/PBCH 块

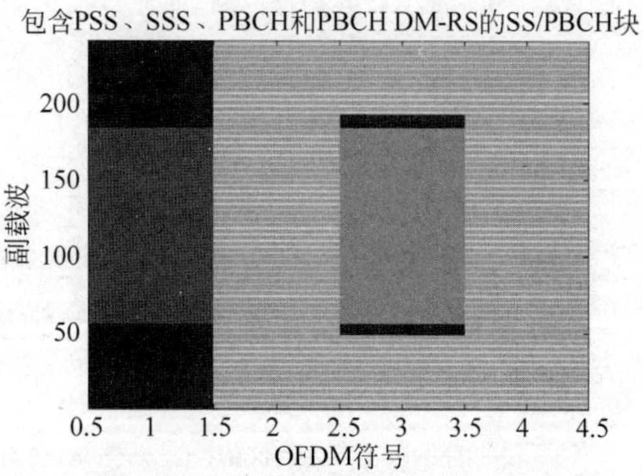

图 9-4 包含 PSS、SSS、PBCH
和 PBCH DM-RS 的 SS/PBCH 块

2. 产生 SS 突发

由多个 SS/PBCH 块组成的 SS 突发可以通过创建更大的网格并将 SS/PBCH 块映射到适当的位置来生成，每个 SS/PBCH 块根据位置得出正确的参数。

【例 9-2】 创建 SS 突发。

(1) 创建 SS 突发网格。

在 NR 标准中，OFDM 符号被分组为时隙、子帧和帧。定义一帧中有 10 个子帧，每个子帧的时长固定为 1ms。每个 SS 突发的持续时间为半帧，因此跨越 5 个子帧。

```
>> nSubframes = 5
```

将每个时隙定义为具有 14 个 OFDM 符号（对于正常循环前缀长度），这是固定的。

```
>> symbolsPerSlot = 14
```

然而，每个子帧的时隙数量是变化的，并且是子载波间隔的函数。随着子载波间隔的增加，OFDM 符号持续时间减少，因此更多的 OFDM 符号可以适应 1ms 的固定子帧持续时间。

有 5 种子载波间隔配置 $\mu = 0, 1, \cdots, 4$，对应的子载波间隔为 $15 \cdot 2^{\mu}$ kHz。在这个例子中，我们将使用 $\mu = 1$，对应于 30kHz 的子载波间隔。

```
>> mu = 1;
```

每个子帧的时隙数为 2^{μ}，因为子载波间隔加倍会使 OFDM 符号持续时间减半。请注意，NR 中时隙的定义与 LTE 不同：LTE 中的子帧由 7 个符号的 2 个时隙组成（对于正常循环前缀），而在 NR 中，使用 LTE 子载波间隔（$\mu = 0$，15kHz）的子帧由 14 个符号的 1 个时隙组成。

```
% 计算一个 SS 突发中的 OFDM 符号总数
>> nSymbols = symbolsPerSlot * 2^mu * nSubframes
nSymbols =
    140
% 为整个 SS 突发创建一个空网格
>> ssburst = zeros([240 nSymbols])
ssburst =
    列 1 至 30
```

```
    0   0   0   0   0   0   0   0   0   0   0   0   0   0   0   0
 0   0   0   0   0   0   0   0   0   0   0   0   0   0   0   0
    0   0   0   0   0   0   0   0   0   0   0   0   0   0   0   0
 0   0   0   0   0   0   0   0   0   0   0   0   0   0   0   0
    0   0   0   0   0   0   0   0   0   0   0   0   0   0   0   0
 0   0   0   0   0   0   0   0   0   0   0   0   0   0   0   0
    0   0   0   0   0   0   0   0   0   0   0   0   0   0   0   0
 0   0   0   0
 ...
```

（2）定义 SS 块模式。

SS 突发中的 SS/PBCH 块的模式由 TS 38.213 中的小区搜索过程间接指定，TS 38.213 描述了 UE 可以检测到 SS/PBCH 块的位置。有 5 种块模式（Case A～Case E），它们具有不同的副载波间隔，适用于不同的载波频率。

```
% 为块模式 Case B 创建候选 SS/PBCH 块中第一个符号的索引，每个突发具有 L = 8 个块
>> n = [0, 1];
firstSymbolIndex = [4; 8; 16; 20] + 28 * n;
firstSymbolIndex = firstSymbolIndex(:).'
firstSymbolIndex =
     4     8    16    20    32    36    44    48
```

（3）创建 SS 突发内容。

现在可以创建一个循环，它生成每个 SS 块并将其分配到 SS 突发的适当位置。

```
>> ssblock = zeros([240 4]);
ssblock(pssIndices) = pssSymbols;
ssblock(sssIndices) = 2 * sssSymbols;
for ssbIndex = 1:length(firstSymbolIndex)
    i_SSB = mod(ssbIndex,8);
    ibar_SSB = i_SSB;
    v = i_SSB;
    pbchSymbols = nrPBCH(cw,ncellid,v);
    ssblock(pbchIndices) = 3 * pbchSymbols;
    dmrsSymbols = nrPBCHDMRS(ncellid,ibar_SSB);
    ssblock(dmrsIndices) = 4 * dmrsSymbols;
    ssburst(:,firstSymbolIndex(ssbIndex) + (0:3)) = ssblock;
end
% 绘制 SS 突发内容
>> imagesc(abs(ssburst));
caxis([0 4]);
axis xy;
xlabel('OFDM 符号');
ylabel('副载波');
title('模式 Case B 的 SS 突发');
```

运行程序，效果如图 9-5 所示。

9.2.2 建模下行链路控制信息

下面实例描述了 5G 新无线电通信系统的下行控制信息（DCI）处理。从随机 DCI 消息开始，它对消息编码进行建模，然后在发送

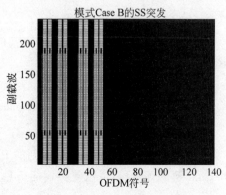

图 9-5 模式 CaseB 的 SS 突发

端进行物理下行链路控制信道（PDCCH）处理。相应的接收器组件恢复传输的控制信息元素。

【例 9-3】 创建下行链路的控制信息。

（1）系统参数。

为特定于 UE 的搜索空间设置参数。

```
>> rng(211);            % 为可重复性设置 RNG 状态
nID = 23;               % pdcch - DMRS - 扰码 ID
rnti = 100;             % UE 特定搜索空间中 PDCCH 的 C - RNTI
K = 64;                 % DCI 消息位数
E = 288;                % PDCCH 资源的比特数
```

（2）DCI 编码。

基于下行链路格式的 DCI 消息比特使用 nrDCIEncode 函数进行编码，该函数包括 CRC 附加、极性编码和速率匹配阶段。

```
>> dciBits = randi([0 1],K,1,'int8');
dciCW = nrDCIEncode(dciBits,rnti,E);
```

（3）PDCCH 符号生成。

使用 nrPDCCH 函数将编码的 DCI 比特（码字）映射到物理下行链路控制信道（PDCCH），该函数返回加扰的 QPSK 调制符号。

```
>> sym = nrPDCCH(dciCW,nID,rnti);
```

对于 NR，PDCCH 符号被映射到 OFDM 网格的资源元素，该网格还具有 PDSCH、PBCH 和其他参考信号元素。然后是 OFDM 调制和信道传输。为简单起见，我们接下来直接通过 AWGN 信道传递 PDCCH 符号。

（4）通道。

考虑到编码率和 QPSK 调制，PDCCH 符号通过指定 SNR 的 AWGN 信道传输。

```
>> EbNo = 3;            % 分贝
bps = 2;               % 每个符号位,QPSK 为 2
EsNo = EbNo + 10 * log10(bps);
snrdB = EsNo + 10 * log10(K/E);
rxSym = awgn(sym,snrdB,'measured');
```

（5）PDCCH 解码。

使用 nrPDCCHDecode 函数，对已知的用户特定参数和信道噪声方差接收到的符号进行解调。

```
>> noiseVar = 10.^( - snrdB/10);       % 信号功率
rxCW = nrPDCCHDecode(rxSym,nID,rnti,noiseVar);
```

（6）DCI 解码。

使用 nrDCIDecode 函数对接收到的 PDCCH 码字进行解码。这包括速率恢复、极性解码和 CRC 解码等阶段，以恢复传输的信息位。

```
>> listLen = 8;              % 极性解码列表长度
```

```
[decDCIBits, mask] = nrDCIDecode(rxCW, K, listLen, rnti);
isequal(mask, 0)
ans =
  logical
   1
>> isequal(decDCIBits, dciBits)
ans =
  logical
   1
```

对于已知接收者，C-RNTI 信息有助于解码。输出掩码值 0 表示传输中没有错误。对于选定的系统参数，解码信息与传输的信息位匹配。

9.2.3　5G 新无线电极性编码

选择极性码作为 5G NR 通信系统控制信道的信道编码技术已经证明了 Arikan 发现的优点，并将在商业系统中建立应用。基于信道极化的概念，这个新的编码系列是容量实现而不是容量逼近。凭借比 LDPC 和 Turbo 码更好或相当的性能，它取代了 LTE 系统中用于控制信道的咬尾卷积码。它适用于增强型移动宽带（eMBB）以及广播信道（BCH）的下行链路和上行链路控制信息（DCI/UCI）。

【例 9-4】　在 AWGN 信道上使用 QPSK 调制启用极化编码下行链路仿真的组件。

（1）说明。

实例重点介绍了为 5G 新无线电（NR）通信系统选择新极性信道编码技术。在 3GPP 指定的两种主要类型的代码结构中，对 CRC 辅助极性（CA-Polar）编码方法进行建模。

实例中描述了极性编码方案的主要组件，包含用于代码构建、编码和解码以及速率匹配的各个组件。它对 AWGN 上的极化编码 QPSK 调制链路进行建模，并针对编码方法的不同消息长度和码率呈现块错误率结果。

在以下部分中，将进一步详细介绍各个极性编码组件。

```
>> s = rng(100);          % 提高可重复性
   % 指定用于模拟的代码参数
K = 54;                   % 以比特为单位的消息长度，包括 CRC，K > 30
E = 124;                  % 速率匹配输出长度，E <= 8192
EbNo = 0.8;               % 以 dB 为单位的 EbNo
L = 8;                    % 列表长度，2 的幂，[1 2 4 8]
numFrames = 10;          % 要模拟的帧数
linkDir = 'DL';          % 链路方向：下行（'DL'）或上行（'UL'）
```

（2）极性编码。

对于下行链路，输入比特在极性编码之前进行交织，上行链路没有规定这种交织。

极性编码使用与 SNR 无关的方法，其中每个子信道的可靠性是离线计算的，并且有序序列存储为最大代码长度。极性码的嵌套特性允许该序列用于任何码率和所有小于最大码长的码长。nrPolarEncode 函数实现了输入 K 位的非系统编码。

```
>> if strcmpi(linkDir, 'DL')
       % 下行链路（K >= 36，包括 CRC 位）
       crcLen = 24;        % DL 的 CRC 位数
       poly = '24C';       % CRC 多项式
```

```
        nPC = 0;              % 奇偶校验位的数量
        nMax = 9;             % n 的最大值
        iIL = true;           % 交错输入
        iBIL = false;         % 交织编码位
else
        % 上行链路(K > 30, 包括 CRC 位)
        crcLen = 11;
        poly = '11';
        nPC = 0;
        nMax = 10;
        iIL = false;
        iBIL = true;
end
```

（3）速率匹配和速率恢复。

极性编码的比特集(N)进行速率匹配以输出指定数量的比特(E)用于资源元素映射。编码位被子块交织并传递到长度为 N 的循环缓冲区。根据所需的码率和 K、E、N 的选定值，重复($E \geqslant N$)和打孔或缩短($E < N$)均可通过从缓冲器读取输出比特来实现。

- 对于打孔，从末尾取 E 位。
- 为了缩短时间，从一开始就读取 E 位。
- 对于重复，E 位以 N 为模重复。

对于下行链路，选择的比特被传递到调制映射器，而对于上行链路，它们在映射之前被进一步交织。速率匹配处理由函数 nrRateMatchPolar 实现。在接收端，对每种情况完成速率恢复：

- 对于打孔，删除位的相应 LLR 设置为零。
- 对于缩短，删除位的相应 LLR 被设置为一个大值。
- 对于重复，选择对应于前 N 位的一组 LLR。

```
% 速率恢复处理由函数 nrRateRecoverPolar 实现
>> R = K/E;                        % 有效码率
bps = 2;                           % 每个符号的位数,BPSK 为 1,QPSK 为 2
EsNo = EbNo + 10 * log10(bps);
snrdB = EsNo + 10 * log10(R);      % 分贝
noiseVar = 1./(10.^(snrdB/10));
% 通道
chan = comm.AWGNChannel('NoiseMethod','Variance','Variance',noiseVar);
```

（4）极性解码。

下行链路(DCI 或 BCH)或上行链路(UCI)消息位的隐式 CRC 编码规定了使用 CRC 辅助的连续取消列表解码(CA-SCL)作为信道解码器算法。众所周知,CA-SCL 解码的性能优于 turbo 或 LDPC 码,这是 3GPP 采用 polar 码的主要原因之一。

Tal 与 Vardy 根据似然(概率)描述 SCL 解码算法。然而,由于下溢,固有的计算在数值上是不稳定的。为了克服这个问题,Stimming 等人在对数似然比(LLR)域中提供 SCL 解码。列表解码的特征在于 L 参数,它代表最可能保留的解码路径的数量。在解码结束时,L 条路径中最可能的代码路径是解码器输出,随着 L 的增加,解码器的性能也会提高,但是,收益递减。

对于 CRC 连接的输入消息，如果至少有一条路径具有正确的 CRC，则 CA-SCL 解码会修剪掉其他 CRC 无效的路径。对于下行链路，使用 24 位的 CRC，而对于上行链路，指定了 6 位和 11 位的 CRC，它们随 K 的值而变化。

解码器由函数 nrPolarDecode 实现，该函数支持所有三种 CRC 长度。在输出解码位之前，解码器功能还考虑了在发射机处为下行链路指定的输入位交织。

```
>> % 误差
ber = comm.ErrorRate;
```

（5）帧循环处理。

在误块率（BLER）模拟中使用先前描述的极性编码组件，对于处理的每一帧，执行以下步骤。

- 生成 K-crcLen 随机位。
- 计算 CRC 并将其附加到这些位。
- CRC 附加位被极性编码为母码块长度。
- 执行速率匹配以传输 E 位。
- E 位是 QPSK 调制的。
- 添加指定功率的高斯白噪声。
- 噪声信号被软 QPSK 解调以输出 LLR 值。
- 执行速率恢复考虑打孔、缩短或重复。
- 恢复的 LLR 值使用 CA-SCL 算法进行极性解码，包括去交织。
- 在解码的 K 位之外，将前 K-crcLen 位与传输的参数进行比较以更新 BLER 和误码率（BER）指标。

在仿真结束时，报告两个性能指标，BLER 和 BER。

```
>> numferr = 0;
for i = 1:numFrames
    % 生成随机消息
    msg = randi([0 1],K - crcLen,1);
    % 附加 CRC
    msgcrc = nrCRCEncode(msg,poly);
    % 极性编码
    encOut = nrPolarEncode(msgcrc,E,nMax,iIL);
    N = length(encOut);
    % 速率匹配
    modIn = nrRateMatchPolar(cncOut,K,E,iBIL);
    % 调制
    modOut = nrSymbolModulate(modIn,'QPSK');
    % 添加高斯白噪声
    rSig = chan(modOut);
    % 软解调
    rxLLR = nrSymbolDemodulate(rSig,'QPSK',noiseVar);
    % 恢复率
    decIn = nrRateRecoverPolar(rxLLR,K,N,iBIL);
    % 极性解码
    decBits = nrPolarDecode(decIn,K,E,L,nMax,iIL,crcLen);
    % 比较 msg 和解码位
```

```
    errStats = ber(double(decBits(1:K - crcLen)), msg);
    numferr = numferr + any(decBits(1:K - crcLen)~ = msg);
end
>> disp(['误块率: ' num2str(numferr/numFrames) ...
    ', 误码率: ' num2str(errStats(1)) ...
    ', 信噪比 = ' num2str(snrdB) 'dB'])
rng(s);        % 恢复 RNG
```

运行程序,输出如下:

误块率: 0, 误码率: 0, 信噪比 = 0.20002 dB

9.2.4 DL-SCH 和 UL-SCH 的 LDPC 处理

此节实例重点介绍了 5G NR 下行链路和上行链路共享传输信道(DL-SCH 和 UL-SCH)的低密度奇偶校验(LDPC)编码链。

【例 9-5】 实现 5G 信号的低密度奇偶校验编码链。

(1) 共享通道参数。

该实例使用 DL-SCH 来描述处理,这也适用于 UL-SCH。为在下行链路共享(DL-SCH)信道上传输的传输块选择参数。

```
>> rng(210);              % 为可重复性设置 RNG 状态
A = 10000;                % 传输块长度,为正整数
rate = 449/1024;          % 目标码率,0 < R < 1
rv = 0;                   % 冗余版本,0~3
modulation = 'QPSK';      % 调制方案,QPSK,16QAM,64QAM,256QAM
nlayers = 1;              % 层数,传输块为 1~4
```

基于选定的传输块长度和目标编码率,使用 nrDLSCHInfo 函数确定 DL-SCH 编码参数。

```
>> % DL - SCH 编码参数
cbsInfo = nrDLSCHInfo(A, rate);
disp('DL - SCH 编码参数')
disp(cbsInfo)
DL - SCH 编码参数
    CRC: '24A'
      L: 24
    BGN: 1
      C: 2
    Lcb: 24
      F: 244
     Zc: 240
      K: 5280
      N: 15840
```

DL-SCH 支持多码字传输(即两个传输块),而 UL-SCH 仅支持单个码字。除了上面列出的 DL-SCH 调制之外,UL-SCH 还支持 pi/2-BPSK 调制。

(2) 使用 LDPC 编码处理传输块。

从 MAC 层传送到物理层的数据称为传输块。对于下行链路共享信道(DL-SCH),传输块经历以下处理阶段。

- CRC 附件。
- 代码块分段和代码块 CRC 附件。
- 使用 LDPC 的信道编码。
- 速率匹配和码块级联。

在传递到物理下行链路共享信道（PDSCH）中进行加扰、调制、层映射和资源/天线映射，每个阶段都由一个函数执行，如下所示。

```
>> % 随机传输块数据生成
in = randi([0 1],A,1,'int8');
% 传输块 CRC 附件
tbIn = nrCRCEncode(in,cbsInfo.CRC);
% 代码块分段和 CRC 附件
cbsIn = nrCodeBlockSegmentLDPC(tbIn,cbsInfo.BGN);
% LDPC 编码
enc = nrLDPCEncode(cbsIn,cbsInfo.BGN);
% 速率匹配和码块级联
outlen = ceil(A/rate);
chIn = nrRateMatchLDPC(enc,outlen,rv,modulation,nlayers);
```

基于可用资源，速率匹配和码块级联过程的输出比特数必须与 PDSCH 的比特容量相匹配。在此实例中，由于未对 PDSCH 进行建模，因此将其设置为基于先前选择的传输块大小来实现目标码率。

类似的处理适用于 UL-SCH，其物理上行链路共享信道（PUSCH）是 UL-SCH 码字的接收者。

（3）通道。

实例使用了一个没有噪声的简单双极通道。通过完整的 PDSCH 或 PUSCH 处理，我们还可以考虑衰落信道、AWGN 和其他射频损耗。

```
>> chOut = double(1 - 2 * (chIn));
```

（4）使用 LDPC 解码处理接收。

DL-SCH 信道的接收端处理包括对发送端的相应双重操作，步骤如下。

- 速率恢复。
- LDPC 解码。
- 代码块分割和 CRC 解码。
- 传输块 CRC 解码。

每个阶段都由一个函数执行，如下所示。

```
>> % 速率恢复
raterec = nrRateRecoverLDPC(chOut,A,rate,rv,modulation,nlayers);
% LDPC 解码
decBits = nrLDPCDecode(raterec,cbsInfo.BGN,25);
% 代码块分割和 CRC 解码
[blk,blkErr] = nrCodeBlockDesegmentLDPC(decBits,cbsInfo.BGN,A + cbsInfo.L);
disp(['每个 CRC 代码块的错误: [' num2str(blkErr) ']'])
% 传输块 CRC 解码
[out,tbErr] = nrCRCDecode(blk,cbsInfo.CRC);
```

```
disp(['错误的 CRC 传输块: 'num2str(tbErr)])
disp(['没有错误的恢复的传输块: 'num2str(isequal(out,in))])
每个 CRC 代码块的错误: [0  0]
错误的 CRC 传输块: 0
没有错误的恢复的传输块: 1
```

如结果所示,在代码块和传输代码块中都没有 CRC 错误。对于无噪声信道,传输块被恢复和解码都没有错误,正如预期的那样。

9.3　下行信道

在 MATLAB 中,使用 5G 工具箱下行链路信道实现的功能如下。

- 创建用于传输和接收的物理信号和通道。
- 创建、编码和解码传输通道。
- 编码和解码下行链路控制信息。

在实施 NR 系统和设备的下行链路处理链时,将这些功能作为验证和一致性测试的黄金参考。我们还可以修改和自定义函数,并将它们用于自定义参考模型中。

本节将对下行信道的相关函数进行介绍,再通过相应例子来总体说明下行信道的使用。

9.3.1　下行物理信号

用户设备(UE)使用主下行同步信号和辅下行同步信号来获取小区标识和帧定时,UE 使用解调参考信号(DM-RS)和信道状态信息参考信号(CSI-RS)来辅助信道估计并支持测量。对于相位噪声补偿,UE 使用 PDSCH 相位跟踪参考信号(PT-RS)。

1. 同步信号函数

在 MATLAB 中,提供了 nrPSS、nrPSSIndices、nrSSS、nrSSSIndices 函数实现同步信号。下面对这几个函数的用法及应用进行介绍。

1)nrPSS 函数

在 5G 通信系统工具箱中,提供了 nrPSS 函数用于生成 PSS 符号。函数的语法格式如下。

sym＝nrPSS(ncellid):返回物理层小区标识符号 ncellid 的主同步信号(PSS)符号。

sym＝nrPSS(ncellid,'OutputDataType',datatype):指定 PSS 符号的数据类型。

【例 9-6】　为给定的小区标识生成 127 个 PSS 二进制相移键控(BPSK)调制符号序列。PSS 在同步信号/物理广播信道(SS/PBCH)块的第一个符号中传输。

```
>> ncellid = 17;
pss = nrPSS(ncellid)
pss =
    -1
    -1
    -1
    -1
    -1
    -1
     1
     1
```

$$1$$
$$-1$$
$$\dots$$

2) nrPSSIndices 函数

在 5G 通信系统工具箱中,提供了 nrPSSIndices 函数生成 PSS 资源元素索引。函数的语法格式如下。

ind=nrPSSIndices:返回主同步信号(PSS)的资源元素索引。返回的索引是基于线性索引形式的,这种索引形式可以是直接索引与同步信号/物理广播信道(SS/PBCH)块对应的 240×4 矩阵的元素。索引的顺序指示如何映射 PSS 调制符号。

ind=nrPSSIndices(Name,Value):通过使用一个或多个名称(Name)-值(Value)对参数指定索引格式选项,未指定的选项采用默认值。

【例 9-7】 在单个 SS/PBCH 块内生成与 PSS 关联的 127 个资源元素索引。

```
>> ind = nrPSSIndices
ind =
  127×1 uint32 列向量
     57
     58
     59
     60
     61
     62
```

3) nrSSS 函数

在 5G 通信系统工具箱中,提供了 nrSSS 函数生成 SSS 符号。函数的语法格式如下。

sym=nrSSS(ncellid):返回物理层小区标识号 ncellid 的辅助同步信号(SSS)符号。

sym=nrSSS(ncellid,'OutputDataType',datatype):指定 SSS 符号的数据类型。

【例 9-8】 为给定的小区标识生成 127 个 SSS 二进制相移键控(BPSK)调制符号序列。SSS 在同步信号/物理广播信道(SS/PBCH)块的第三个符号中传输。

```
>> ncellid = 17;
sss = nrSSS(ncellid)
sss =
     -1
      1
     -1
     -1
     -1
      1
     -1
      1
     -1
    ...
```

4) nrSSSIndices 函数

在 5G 通信系统工具箱中,提供了 nrSSSIndices 函数生成 SSS 资源元素索引。函数的语法格式如下。

ind＝nrSSSIndices：返回辅助同步信号(SSS)的资源元素索引。返回的索引是基于线性索引形式的,这种索引形式可以是直接索引与同步信号/物理广播信道(SS/PBCH)块对应的 240×4 矩阵的元素。索引的顺序指示如何映射 SSS 调制符号。

ind＝nrSSSIndices(Name,Value)：通过使用一个或多个名称(Name)-值(Value)对参数指定索引格式选项,未指定的选项采用默认值。

【例 9-9】 在单个 SS/PBCH 块内生成与 SSS 关联的 127 个资源元素索引。

```
>> ind = nrSSSIndices
ind =
  127×1 uint32 列向量
   537
   538
   539
   540
   541
   542
   543
   544
   545
   ...
```

2. PDSCH 解调参考信号函数

在 MATLAB 中,提供了 nrPDSCHDMRS、nrPDSCHDMRSIndices、nrPDSCHDMRSConfig 函数实现 PDSCH 解调参考信号。下面对这几个函数的用法及应用进行介绍。

1) nrPDSCHDMRS 函数

在 5G 通信系统工具箱中,提供了 nrPDSCHDMRS 函数生成 PDSCH DM-RS 符号。函数的语法格式如下。

sym＝nrPDSCHDMRS(carrier,pdsch)：返回包含物理下行链路共享信道(PDSCH)的解调参考信号(DM-RS)符号的矩阵。

sym＝nrPDSCHDMRS(carrier,pdsch,'OutputDataType',datatype)：指定 DM-RS 符号的数据类型。

【例 9-10】 利用 nrPDSCHDMRS 函数生成 PDSCH DM-RS 符号和索引。

```
>> % 创建一个配置对象,指定槽号为 10
>> carrier = nrCarrierConfig('NSlot',10);
>> % 创建物理下行链路共享信道(PDSCH)配置对象 pdsch,其中物理资源块(PRB)从 0 到 30 分配
>> pdsch = nrPDSCHConfig;
pdsch.PRBSet = 0:30;
>> % 创建具有指定属性的 PDSCH 解调参考信号(DM-RS)对象 dmrs
>> dmrs = nrPDSCHDMRSConfig;
dmrs.DMRSConfigurationType = 2;
dmrs.DMRSLength = 2;
dmrs.DMRSAdditionalPosition = 1;
dmrs.DMRSTypeAPosition = 2;
dmrs.DMRSPortSet = 5;
dmrs.NIDNSCID = 10;
dmrs.NSCID = 0;
>> % 将 PDSCH DM-RS 配置对象分配给 PDSCH 配置对象的 DMRS 属性
```

```
>> pdsch.DMRS = dmrs;
>> % 为指定的载波、PDSCH 配置和输出格式名称 - 值对参数生成 PDSCH DM - RS 符号和索引
>> sym = nrPDSCHDMRS(carrier,pdsch,'OutputDataType','single')
sym =
  496×1 single 列向量
  - 0.7071 - 0.7071i
  - 0.7071 + 0.7071i
  - 0.7071 + 0.7071i
    0.7071 + 0.7071i
    0.7071 + 0.7071i
  - 0.7071 - 0.7071i
    …
>> ind = nrPDSCHDMRSIndices(carrier,pdsch,'IndexBase','0based','IndexOrientation','carrier')
ind =
  496×1 uint32 列向量
  1252
  1253
  1258
  1259
  1264
  1265
    …
% 在载波资源网格上显示生成的 DM - RS 符号
grid = complex(zeros([carrier.NSizeGrid * 12 carrier.SymbolsPerSlot pdsch.NumLayers]));
grid(ind + 1) = sym;
imagesc(abs(grid(:,:,1)));
axis xy;
xlabel('OFDM 符号');
ylabel('副载波');
title('载波资源网格中的 PDSCH DM - RS 资源元素');
```

运行程序,效果如图 9-6 所示。

2) nrPDSCHDMRSIndices 函数

在 5G 通信系统工具箱中,提供了 nrPD-
SCHDMRSIndices 函 数 生 成 PDSCH DM-
RS 索引。函数的语法格式如下。

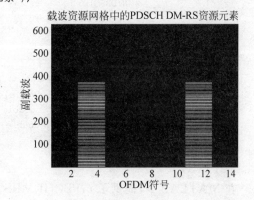

图 9-6 DM-RS 符号效果

ind = nrPDSCHDMRSIndices (carrier,
pdsch):返回包含物理下行链路共享信道
(PDSCH)的解调参考信号(DM-RS)资源元
素(RE)索引的矩阵。carrier 指定特定
OFDM 载波配置参数。pdsch 指定 PDSCH
配置参数。返回的索引使用线性索引形式从 1 开始。

ind = nrPDSCHDMRSIndices(carrier,pdsch,Name,Value):使用一个或多个名称
(Name)-值(Value)对参数指定输出格式选项,未指定的选项采用默认值。

该参数的应用可参考例 9-10。

3) nrPDSCHDMRSConfig 函数

nrPDSCHDMRSConfi 函数为物理下行链路共享信道(PDSCH)设置解调参考信号
(DM-RS)配置参数。该函数定义了 PDSCH DM-RS 符号和索引生成的属性以及未用于

DM-RS 符号位置中的数据的资源元素模式。该函数的只读属性提供资源块(RB)内的 DM-RS 子载波位置、码分复用(CDM)组以及 DM-RS 符号的时间和频率权重。默认情况下,该函数在符号索引 2(基于 0)处指定单个符号 DM-RS,配置类型为 1,天线端口为 0。在设置 nrPDSCHConfig 函数的 DMRS 属性时使用此对象。函数的语法格式如下。

dmrs=nrPDSCHDMRSConfig:为具有默认属性的 PDSCH 创建 DM-RS 配置对象。

dmrs = nrPDSCHDMRSConfig(Name,Value):使用一个或多个名称(Name)-值(Value)对参数指定属性。用引号将每个属性括起来。例如,'DMRSConfigurationType',1,'DMRSLength',2 指定配置类型为 1 的双符号 DM-RS。未指定的属性采用其默认值。

【例 9-11】 创建物理下行链路共享信道(PDSCH)解调参考信号(DM-RS)对象。

```
%指定单符号 DMRS,配置类型为 2,DM-RS 附加位置数为 2,天线端口为 0、1、3
>> dmrs = nrPDSCHDMRSConfig;
dmrs.DMRSConfigurationType = 2;
dmrs.DMRSLength = 1;
dmrs.DMRSAdditionalPosition = 2;
dmrs.DMRSPortSet = [0 1 3];
>> dmrs      %查看相应的属性
dmrs =
  nrPDSCHDMRSConfig - 属性:
        DMRSConfigurationType: 2
           DMRSReferencePoint: 'CRB0'
             DMRSTypeAPosition: 2
      DMRSAdditionalPosition: 2
                   DMRSLength: 1
              CustomSymbolSet: []
                  DMRSPortSet: [0 1 3]
                      NIDNSCID: []
                        NSCID: 0
      NumCDMGroupsWithoutData: 2
    Read - only properties:
                    CDMGroups: [0 0 1]
                   DeltaShifts: [0 0 2]
             FrequencyWeights: [2 × 3 double]
                  TimeWeights: [2 × 3 double]
      DMRSSubcarrierLocations: [4 × 3 double]
                   CDMLengths: [2 1]
```

3. PBCH 解调参考信号

在 MATLAB 中,提供了 nrPBCHDMRS、nrPBCHDMRSIndices 函数实现 PBCH 解调参考信号。下面对这两个函数的用法及应用进行介绍。

1) nrPBCHDMRS 函数

在 5G 通信系统工具箱中,提供了 nrPBCHDMRS 函数生成 PBCH DM-RS 符号。函数的语法格式如下。

sym=nrPBCHDMRS(ncellid,ibar_SSB):由 ncellid 标识,返回物理层小区的物理广播信道(PBCH)解调参考信号(DM-RS)符号。参数 ibar_SSB 指定 DM-RS 加扰初始化的时间相关部分。

sym=nrPBCHDMRS(ncellid,ibar_SSB,'OutputDataType',datatype):指定 DM-RS

符号的数据类型。

【例 9-12】 生成与帧的后半帧($n\_hf=1$)中的第三个 SS 块($i\_SSB=2$)相关联的 144 个 PBCH DM-RS 符号序列。

```
>> ncellid = 17;
i_SSB = 2;
n_hf = 1;
ibar_SSB = i_SSB + (4 * n_hf);
dmrs = nrPBCHDMRS(ncellid,ibar_SSB)
dmrs =
 - 0.7071 + 0.7071i
   0.7071 + 0.7071i
   0.7071 - 0.7071i
 - 0.7071 - 0.7071i
 - 0.7071 + 0.7071i
   0.7071 + 0.7071i
   ...
```

2）nrPBCHDMRSIndices 函数

在 5G 通信系统工具箱中，提供了 nrPBCHDMRSIndices 函数生成 PBCH DM-RS 资源元素索引。函数的语法格式如下。

ind=nrPBCHDMRSIndices(ncellid)：返回物理广播信道(PBCH)解调参考信号 (DM-RS)的资源元素索引。对应的物理层单元由 ncellid 标识。返回的 ind 是基于线性索引形式的。这种索引形式可以直接索引与同步信号/物理广播信道(SS/PBCH)块对应的 240×4 矩阵的元素。索引的顺序指示如何映射 PBCH DM-RS 调制符号。

ind=nrPBCHDMRSIndices(ncellid,Name,Value)：通过使用一个或多个名称(Name)-值 (Value)对参数指定其他索引格式选项，未指定的选项采用默认值。

【例 9-13】 为给定的小区标识生成与单个 SS/PBCH 块内的 PBCH DM-RS 符号相关联的 144 个资源元素索引。

```
>> ncellid = 17;
indices = nrPBCHDMRSIndices(ncellid)
indices =
  144×1 uint32 列向量
   242
   246
   250
   254
   258
   ...
```

4. 通道状态信息参考信号

在 MATLAB 中，提供了 nrCSIRS、nrCSIRSIndices、nrCSIRSConfig 函数实现通道状态信息参考信号。下面对这三个函数的用法及应用进行介绍。

1）nrCSIRS 函数

在 5G 通信系统工具箱中，提供了 nrCSIRS 函数生成 CSI-RS 符号。函数的语法格式如下。

[sym,info]=nrCSIRS(carrier,csirs)：返回信道状态信息参考信号（CSI-RS）符号 sym。参数 carrier 为特定的 OFDM 参数指定载波配置参数。参数 csirs 指定一个或多个零功率（ZP）或非零功率（NZP）CSI-RS 资源的 CSI-RS 资源配置参数。当同时配置 ZP 和 NZP 资源时，返回的符号的顺序是 ZP 后跟 NZP，与 csirs 指定的资源顺序无关。该函数还返回结构信息 info，其中包含有关 CSI-RS 位置的信息。

[sym,info]=nrCSIRS(carrier,csirs,Name,Value)：使用一个或多个名称（Name）-值（Value）对参数指定输出格式选项，未指定的选项采用默认值。

【例 9-14】 利用 nrCSIRS 函数生成 ZP 和 NZP-CSI-RS 符号和索引。

```
>> carrier = nrCarrierConfig('NSlot',10);
```

为两个周期资源创建一个 CSI-RS 资源配置对象，分别使用行号 3 和 5、符号位置 13 和 9 以及子载波位置 6 和 4 指定一个 NZP 资源和一个 ZP 资源。对于这两种资源，将周期设置为 5，将偏移设置为 1，将密度设置为 1。

```
>> csirs = nrCSIRSConfig;
csirs.CSIRSType = {'nzp','zp'};
csirs.CSIRSPeriod = {[5 1],[5 1]};
csirs.RowNumber = [3 5];
csirs.Density = {'one','one'};
csirs.SymbolLocations = {13,9};
csirs.SubcarrierLocations = {6,4};
% 为指定的载波、CSI-RS 资源配置和输出格式名称-值对参数生成 CSI-RS 符号和索引，并验证符
% 号和索引的格式
>> [sym,info_sym] = nrCSIRS(carrier,csirs,...
                 'OutputResourceFormat','cell')
sym =
  1×2 cell 数组
    {0×1 double}    {0×1 double}
info_sym =
  包含以下字段的 struct：
        ResourceOrder: [2 1]
            KBarLBar: {{1×1 cell}  {1×2 cell}}
    CDMGroupIndices: {[0]  [0 1]}
            KPrime: {[0 1]  [0 1]}
            LPrime: {[0]  [0]}
>> [ind,info_ind] = nrCSIRSIndices(carrier,csirs,...
                 'IndexStyle','subscript','OutputResourceFormat','cell')
ind =
  1×2 cell 数组
    {0×3 uint32}    {0×3 uint32}
info_ind =
  包含以下字段的 struct：
        ResourceOrder: [2 1]
            KBarLBar: {{1×1 cell}  {1×2 cell}}
    CDMGroupIndices: {[0]  [0 1]}
            KPrime: {[0 1]  [0 1]}
            LPrime: {[0]  [0]}
% 根据指定的 csirs.CSIRSType 索引，验证生成的输出的顺序是 ZP-CSI-RS 资源，然后是 NZP-
% CSI-RS 资源
>> info_sym.ResourceOrder
```

```
ans =
     2      1
>> info_ind.ResourceOrder
ans =
     2      1
```

2）nrCSIRSIndices 函数

在 5G 通信系统工具箱中，提供了 nrCSIRSIndices 函数生成 CSI-RS 资源元素索引。函数的语法格式如下。

[ind,info]＝nrCSIRSIndices(carrier,csirs)：返回信道状态信息参考信号（CSI-RS）的资源元素索引 ind。参数 carrier 为特定的 OFDM 参数指定载波配置参数。参数 csirs 指定一个或多个零功率（ZP）或非零功率（NZP）CSI-RS 资源的 CSI-RS 资源配置参数。当同时配置 ZP 和 NZP 资源时，返回的索引的顺序是 ZP 后跟 NZP，与 csirs 指定的资源顺序无关。该函数还返回结构信息 info，其中包含有关 CSI-RS 位置的信息。

[ind,info] ＝ nrCSIRSIndices（carrier,csirs,Name,Value）：使用一个或多个名称（Name）-值（Value）对参数指定输出格式选项，未指定的选项采用默认值。

函数的用法可参考例 9-14。

3）nrCSIRSConfig 函数

在 5G 通信系统工具箱中，提供了 nrCSIRSConfig 函数为一个或多个零功率（ZP）或非零功率（NZP）CSI-RS 资源设置信道状态信息参考信号（CSI-RS）配置参数。函数的语法格式如下。

csirs＝nrCSIRSConfig：创建具有默认属性的 CSI-RS 配置对象。

csirs＝nrCSIRSConfig（Name,Value）：使用一个或多个名称（Name）-值（Value）对参数指定属性，并用引号将每个属性括起来。例如，'CSIRSType',{'zp','nzp','zp'},'Density',{'one','dot5odd','three'},'SubcarrierLocations',{0,4,[0 4]}指定了三个不同频率密度值和不同频域位置的 CSI-RS 资源，未指定的属性采用其默认值。

函数的用法可参考例 9-14。

5. PDSCH 相位跟踪参考信号

在 MATLAB 中，提供了 nrPDSCHPTRS、nrPDSCHPTRSIndices、nrPDSCHPTRSConfig 函数实现 PDSCH 相位跟踪参考信号。下面对这三个函数的用法及应用进行介绍。

1）nrPDSCHPTRS 函数

在 5G 通信系统工具箱中，提供了 nrPDSCHPTRS 函数生成 PDSCH PT-RS 符号。函数的语法格式如下。

sym＝nrPDSCHPTRS(carrier,pdsch)：返回 sym，其包含物理下行链路共享信道（PDSCH）的相位跟踪参考信号（PT-RS）符号。参数 carrier 指定特定 OFDM 的载波配置参数，而 pdsch 指定 PDSCH 配置参数。

sym ＝ nrPDSCHPTRS（carrier,pdsch,'OutputDataType',datatype）：指定输出 PT-RS 符号的数据类型。

【例 9-15】 利用 nrPDSCHPTRS 函数生成 PDSCH PT-RS 符号和索引。

```
>> carrier = nrCarrierConfig;
```

```
% 创建一个默认的 PDSCH 配置对象,然后启用 PT-RS 配置
pdsch = nrPDSCHConfig;
pdsch.EnablePTRS = 1;
% 创建具有指定属性的 PDSCH 相位跟踪参考信号(PT-RS)配置对象
ptrs = nrPDSCHPTRSConfig;
ptrs.TimeDensity = 2;
ptrs.FrequencyDensity = 4;
ptrs.REOffset = '10';
% 将 PDSCH PT-RS 配置对象分配给 PDSCH 配置对象的 PTRS 属性
pdsch.PTRS = ptrs;
% 生成单一的 PDSCH PT-RS 符号数据类型
sym = nrPDSCHPTRS(carrier,pdsch, 'OutputDataType', 'single')
sym =
    78×1 single 列向量
    -0.7071 - 0.7071i
    -0.7071 - 0.7071i
     0.7071 - 0.7071i
     0.7071 - 0.7071i
     0.7071 - 0.7071i
    -0.7071 - 0.7071i
    -0.7071 + 0.7071i
    ...
>> % 以下标形式生成 PDSCH PTRS 索引,并将索引方向设置为带宽部分
ind = nrPDSCHPTRSIndices(carrier,pdsch, 'IndexStyle', 'subscript', 'IndexOrientation', 'bwp')
ind =
    78×3 uint32 矩阵
        19       1       1
        67       1       1
       115       1       1
       163       1       1
       211       1       1
       259       1       1
       307       1       1
       355       1       1
       ...
```

2) nrPDSCHPTRSIndices 函数

在 5G 通信系统工具箱中,提供了 nrPDSCHPTRSIndices 函数生成 PDSCH PT-RS 索引。函数的语法格式如下。

ind=nrPDSCHPTRSIndices(carrier,pdsch):以线性形式返回 ind,其包含物理下行链路共享信道(PDSCH)的基于 1 的相位跟踪参考信号(PT-RS)资源元素(RE)。对于给定的载波配置 carrier,为物理下行链路共享信道配置 pdsch。

ind=nrPDSCHPTRSIndices(carrier,pdsch,Name,Value):使用一个或多个名称(Name)-值(Value)对参数指定输出格式选项,未指定的选项采用默认值。

函数的用法可参考例 9-15。

3) nrPDSCHPTRSConfig 函数

在 5G 通信系统工具箱中,提供 nrPDSCHPTRSConfig 函数为物理下行链路共享信道(PDSCH)设置相位跟踪参考信号(PT-RS)配置参数。默认情况下,对象定义具有时间密度为 1、频率密度为 2、资源元素偏移为 0 和 PTRS 端口集为[]的 PT-RS。在设置 nrPDSCHConfig

函数的 PTRS 属性时使用此函数。函数的语法格式如下。

ptrs＝nrPDSCHPTRSConfig：为具有默认属性的 PDSCH 创建 PT-RS 配置对象。

ptrs＝nrPDSCHPTRSConfig(Name,Value)：使用一个或多个名称(Name)-值(Value)对参数指定属性,并用引号将每个属性括起来。例如,'TimeDensity',2,'FrequencyDensity',4 将时间密度设置为 2,将频率密度设置为 4,未指定的属性采用默认值。

函数的用法可参考例 9-15。

9.3.2　下行传输信道

5G NR 广播信道(BCH)和下行共享信道(DL-SCH)使用传输信道对具有特定特性的传输块进行编码和传输。5G 工具箱支持以下下行传输信道。

- BCH(广播信道)：BCH 对用户设备(UE)接入网络所需的系统信息进行编码。编码信息被映射到物理广播信道(PBCH)。
- DL-SCH(下行共享信道)：DL-SCH 对用户数据和信息进行编码。编码数据被映射到物理下行链路共享信道(PDSCH)。

下面对下行传输信道的有关函数进行介绍。

1. 广播信道

在 MATLAB 中,提供了 nrBCH、nrBCHDecode 函数实现广播信道。下面对这两个函数的用法及应用进行介绍。

1) nrBCH 函数

在 5G 通信系统工具箱中,提供了 nrBCH 函数实现广播信道(BCH)编码。函数的语法格式如下。

cdblk＝nrBCH(trblk,sfn,hrf,lssb,idxoffset,ncellid)：对 BCH 传输块 trblk 进行编码,并返回编码的 BCH 传输块。该函数还设置了以下一些参数作为输入。

- sfn：系统帧号。
- hrf：同步信号/物理广播信道(SS/PBCH)块传输中的半帧位。
- lssb：半帧中候选 SS/PBCH 块的数量。
- idxoffset：副载波偏移或 SS 块索引,取决于 lssb 的输入值。
- ncellid：物理层小区标识号。

【例 9-16】　利用 nrBCH 函数生成与 24 位 BCH 传输块对应的二进制值的随机序列。

```
>> trblk = randi([0 1],24,1,'int8');
% 指定物理层小区标识号为 321,系统帧号为 10,后半帧
nid = 321;
sfn = 10;
hrf = 1;
% 将候选 SS/PBCH 块的数量指定为 8.当将候选 SS/PBCH 块的数量指定为 4 或 8 时,可以指定副载波
% 偏移 kssb 作为 BCH 编码器的输入参数
lssb = 8;
kssb = 18;
% 使用指定的参数对 BCH 传输块进行编码
cdblk = nrBCH(trblk,sfn,hrf,lssb,kssb,nid);
```

```
% 当指定候选 SS/PBCH 块数为 64 时,可以指定 SS 块索引 ssbIdx 作为输入参数,而不是子载波偏
% 移 kssb
lssb = 64;
ssbIdx = 13;
% 使用更新的输入参数对 BCH 传输块进行编码
cdblk2 = nrBCH(trblk,sfn,hrf,lssb,ssbIdx,nid)
cdblk2 =
    864×1 int8 列向量
    1
    0
    1
    0
    ...
```

2) nrBCHDecode 函数

在 5G 通信系统工具箱中,提供了 nrBCHDecode 函数实现广播信道(BCH)解码。函数的语法格式如下。

scrblk=nrBCHDecode(softbits,L):实现对对数似然比(LLR)软位进行解码。函数返回解码后的加扰 BCH 传输块 scrblk,输入参数 L 是用于极化解码的列表长度。

[scrblk,errFlag] = nrBCHDecode(softbits,L):还返回错误标志 errFlag,以指示 scrblk 解码后是否包含错误。

[scrblk,errFlag,trblk,lsbofsfn,hrf,msbidxoffset] = nrBCHDecode(softbits,L,lssb, ncellid):还返回解码和未加扰的 BCH 传输块 trblk。其他输入参数是候选同步信号/物理广播信道 (SS/PBCH)块的数量 lssb 和物理层小区标识号 ncellid。该函数还返回以下信息元素。

- lsbofsfn:系统帧号的四个最低有效位(LSB)。
- hrf:半帧位。
- msbidxoffset:索引偏移的最高有效位(MSB)。

【例 9-17】 利用 nrBCHDecode 函数生成与 24 位 BCH 传输块对应的二进制值的随机序列。

```
>> trblk = randi([0 1],24,1,'int8');
% 指定物理层小区标识号为 321,系统帧号为 10,后半帧
nid = 321;
sfn = 10;
hrf = 1;
% 将候选 SS/PBCH 块的数量指定为 8.当将候选 SS/PBCH 块的数量指定为 4 或 8 时,可以指定副载波
% 偏移 kssb 作为 BCH 编码器的输入参数
lssb = 8;
kssb = 18;
% 使用指定的参数对 BCH 传输块进行编码
bch = nrBCH(trblk,sfn,hrf,lssb,kssb,nid);
% 使用 8 位的极性解码列表长度对编码的传输块进行解码并恢复信息
listLen = 8;
[∼,errFlag,rxtrblk,rxSFN4lsb,rxHRF,rxKssb] = nrBCHDecode( ...
    double(1 - 2 * bch),listLen,lssb,nid);
% 验证解码是否有错误
errFlag
```

```
errFlag =
  uint32
   0
>> isequal(trblk,rxtrblk)
ans =
  logical
   1
>> isequal(bi2de(rxSFN4lsb','left - msb'),mod(sfn,16))
ans =
  logical
   1
>> [isequal(hrf,rxHRF) isequal(de2bi(floor(kssb/16),1),rxKssb)]
ans =
  1×2 logical 数组
   1   1
```

2. 下行共享信道

在 MATLAB 中,提供了 nrDLSCH、nrDLSCHDecoder、nrDLSCHInfo 函数实现下行共享信道。下面对这三个函数的用法及应用进行介绍。

1) nrDLSCH 函数

nrDLSCH 系统对象将下行链路共享信道(DL-SCH)编码器处理链应用于一个或两个传输块。DL-SCH 编码过程包括循环冗余校验(CRC)、码块分段和 CRC、低密度奇偶校验(LDPC)编码、速率匹配和码块级联。应用 DL-SCH 编码器处理链的步骤如下。

• 创建 nrDLSCH 对象并设置其属性。

• 使用参数调用对象,使它像是一个函数一样。

函数的语法格式如下。

encDL＝nrDLSCH:创建一个 DL-SCH 编码器系统对象。

encDL＝nrDLSCH(Name,Value):使用一个或多个名称(Name)-值(Value)对创建具有属性设置的对象,并将属性名称括在引号内,后跟指定的值。未指定的属性采用默认值。

【例 9-18】 利用 nrDLSCH 生成与一个长度为 5120 的传输块相对应的二进制值的随机序列。

```
>> trBlkLen = 5120;
trBlk = randi([0 1],trBlkLen,1,'int8');
% 使用指定的目标码率创建和配置 DL - SCH 编码器系统对象
targetCodeRate = 567/1024;
encDL = nrDLSCH;
encDL.TargetCodeRate = targetCodeRate;
% 将传输块加载到 DL - SCH 编码器中
setTransportBlock(encDL,trBlk);
% 调用 64 - QAM 调制方案、1 个传输层、10240 位输出长度和冗余版本 0 的编码器.编码器将 DL - SCH
% 处理链应用于加载到对象中的传输块
mod = '64QAM';
nLayers = 1;
outlen = 10240;
rv = 0;
codedTrBlock = encDL(mod,nLayers,outlen,rv);
% 创建和配置 DL - SCH 解码器系统对象
decDL = nrDLSCHDecoder;
```

```
decDL.TargetCodeRate = targetCodeRate;
decDL.TransportBlockLength = trBlkLen;
% 在代表编码传输的软位上调用 DL-SCH 解码器.输出中的错误标志表示块解码是否有错误
rxSoftBits = 1.0 - 2.0 * double(codedTrBlock);
[decbits,blkerr] = decDL(rxSoftBits,mod,nLayers,rv)
decbits =
  5120×1 int8 列向量
  0
  0
  0
  1
  0
  1
  ...
>> % 验证发送和接收的消息位是否相同
isequal(decbits,trBlk)
ans =
  logical
  1
```

2) nrDLSCHDecoder 函数

nrDLSCHDecoder 系统对象将下行链路共享信道(DL-SCH)解码器处理链应用于对应于一个或两个 DL-SCH 编码传输块的软比特。DL-SCH 解码过程包括速率恢复、低密度奇偶校验(LDPC)解码、去分段和循环冗余校验(CRC)解码。该对象实现了 DL-SCH 编码过程的逆操作。应用 DL-SCH 解码器处理链的步骤如下。

• 创建 nrDLSCHDecoder 对象并设置其属性。

• 使用参数调用对象,就好像它是一个函数一样。

函数的语法格式如下。

decDL＝nrDLSCHDecoder：创建一个 DL-SCH 解码器系统对象。

decDL＝nrDLSCHDecoder(Name,Value)：使用一个或多个名称(Name)-值(Value)对创建具有属性设置的对象,并将属性名称括在引号内,后跟指定的值。未指定的属性采用默认值。

函数的应用可参考例 9-18。

3) nrDLSCHInfo 函数

在 5G 通信系统工具箱中,提供了 nrDLSCHInfo 函数获取下行共享信道(DL-SCH)信息。函数的语法格式如下。

info＝nrDLSCHInfo(tBlkLen,targetCodeRate)：返回一个包含输入传输块大小 tBlkLen 和目标码率 targetCodeRate 的 DL-SCH 信息的结构。DL-SCH 信息包括循环冗余校验(CRC)附件、码块分段(CBS)和信道编码。

【例 9-19】 利用 nrDLSCHInfo 函数获取 DL-SCH 信息。

显示的 DL-SCH 信息如下。

• 传输块的每个代码块有 312 个＜NULL＞填充位。

• 在 CBS 之后,每个代码块的位数为 4576。

• 低密度奇偶校验(LDPC)编码后,每个代码块的位数为 13728。

```
>> tBlkLen = 8456;
targetCodeRate = 517/1024;
nrDLSCHInfo(tBlkLen,targetCodeRate)
ans =
  包含以下字段的 struct:
     CRC: '24A'
       L: 24
     BGN: 1
       C: 2
     Lcb: 24
       F: 312
      Zc: 208
       K: 4576
       N: 13728
```

9.4　接收信号

在 5G 通信系统工具箱中,可使用低级函数来处理接收到的 5G NR 信号的信道估计和均衡。我们可以执行实用且完美的信道和定时估计、同步和最小均方误差(MMSE)均衡。

9.4.1　相关函数

在介绍接收信号处理前,先对相关函数的语法格式和用法进行介绍。

1. nrPerfectChannelEstimate 函数

在 5G 通信系统工具箱中,提供了 nrPerfectChannelEstimate 函数实现完美的信道估计。函数的语法格式如下。

h＝nrPerfectChannelEstimate(pathGains,pathFilters,nrb,scs,initialSlot):该函数首先根据信道路径增益 pathGains 和路径滤波器脉冲响应 pathFilters 重建信道脉冲响应。然后使用子载波间隔 scs 和初始时隙编号 initialSlot 对 nrb 个资源块执行正交频分复用(OFDM)解调。

h＝nrPerfectChannelEstimate(___,toffset):同时还指定了时序偏移 toffset,时序偏移指示重构波形上的 OFDM 解调起点。

h＝nrPerfectChannelEstimate(___,toffset,sampleTimes):还指定了通道快照的采样时间 sampleTimes。

h＝nrPerfectChannelEstimate(___,cpl):还指定了循环前缀长度 cpl。

【例 9-20】　绘制 CDL-D 通道模型的估计信道幅度响应。

```
% 使用 nrCDLChannel 系统对象定义信道配置结构
>> cdl = nrCDLChannel;
 cdl.DelayProfile = 'CDL - D';
 cdl.DelaySpread = 30e - 9;
 cdl.MaximumDopplerShift = 5;
 % 创建一个持续时间为 1 个子帧的随机波形
 SR = 15.36e6;
 T = SR * 1e - 3;
cdl.SampleRate = SR;
cdlInfo = info(cdl);
Nt = cdlInfo.NumTransmitAntennas;
```

```
in = complex(randn(T,Nt),randn(T,Nt));
% 通过信道传输输入波形,获取信道过滤中使用的路径过滤器
[~,pathGains,sampleTimes] = cdl(in);
pathFilters = getPathFilters(cdl);
% 使用路径滤波器和路径增益执行时序偏移估计
offset = nrPerfectTimingEstimate(pathGains,pathFilters);
% 使用指定数量的块、子载波间距、时隙编号、定时偏移和采样时间执行完美的信道估计
NRB = 25;
SCS = 15;
nSlot = 0;
hest = nrPerfectChannelEstimate ( pathGains,
pathFilters,...
      NRB,SCS,nSlot,offset,sampleTimes);
size(hest)
ans =
    300    14    2    8
>> % 绘制第一个接收天线的估计信道幅度响应
figure;
surf(abs(hest(:,:,1)));
shading('flat');
xlabel('OFDM 符号');
ylabel('副载波');
zlabel('|H|');
title('信道幅度响应');
```

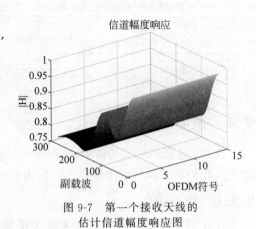

图 9-7　第一个接收天线的
估计信道幅度响应图

运行程序,效果如图 9-7 所示。

2. nrPerfectTimingEstimate 函数

在 5G 通信系统工具箱中,提供了 nrPerfectTimingEstimate 函数实现完美的时序估计。函数的语法格式如下。

[offset,mag]＝nrPerfectTimingEstimate(pathGains,pathFilters):为了找到信道脉冲响应的峰值,该函数首先根据信道路径增益 pathGains 和路径滤波器脉冲响应 pathFilters 重建脉冲响应。信道脉冲响应在所有信道快照上取平均值,并在时序估计之前所有发射和接收天线上求和。该函数返回估计的定时偏移 offset 和信道脉冲响应幅度 mag。

【例 9-21】　使用 nrPerfectTimingEstimate 函数绘制 TDL-C 信道模型的信道脉冲幅度和时序偏移。

```
% 使用 nrTDLChannel 系统对象定义信道配置结构
>> tdl = nrTDLChannel;
tdl.DelayProfile = 'TDL - C';
tdl.DelaySpread = 100e - 9;
% 创建一个持续时间为 1 个子帧的随机波形
tdlInfo = info(tdl);
Nt = tdlInfo.NumTransmitAntennas;
in = complex(zeros(100,Nt),zeros(100,Nt));
% 通过信道传输输入波形
[~,pathGains] = tdl(in);
% 获取信道过滤中使用的路径过滤器
pathFilters = getPathFilters(tdl);
% 估计时序偏移
[offset,mag] = nrPerfectTimingEstimate(pathGains,pathFilters);
% 绘制信道脉冲响应的幅度和定时偏移估计
```

```
[Nh,Nr] = size(mag);
plot(0:(Nh-1),mag,'o:');
hold on;
plot([offset offset],[0 max(mag(:)) * 1.25],'k:','LineWidth',2);
axis([0 Nh-1 0 max(mag(:)) * 1.25]);
legends = "|h|,附件 " + num2cell(1:Nr);
legend([legends "时序偏移估计"]);
ylabel('|h|');
xlabel('信道脉冲响应样本');
```

运行程序,效果如图 9-8 所示。

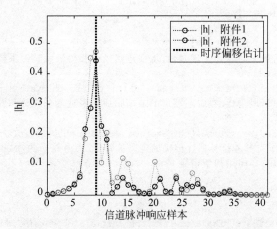

图 9-8 信道脉冲响应的幅度和定时偏移估计图

3. nrChannelEstimate 函数

在 5G 通信系统工具箱中,提供了 nrChannelEstimate 函数实现实际的信道估计。函数的语法格式如下。

[h,nVar,info]=nrChannelEstimate(rxGrid,refInd,refSym):在 refInd 位置使用包含参考符号 refSym 的参考资源网格 rxGrid 执行实际的信道估计。该函数返回信道估计 h、噪声方差估计 nVar 和附加信息 info。

[h,nVar,info]=nrChannelEstimate(rxGrid,refGrid):同时指定一个预定义的参考资源网格 refGrid。

[h,nVar,info]=nrChannelEstimate(___,Name,Value):还使用一个或多个名称(Name)-值(Value)对参数指定选项。

【例 9-22】 比较实用和完美的信道估计。

```
>> % 为物理层单元识别号 42 生成物理广播信道(PBCH)解调参考信号(DM-RS)符号
ncellid = 42;
ibar_SSB = 0;
dmrsSym = nrPBCHDMRS(ncellid,ibar_SSB);
% 获取 PBCH DM-RS 的资源要素指数
dmrsInd = nrPBCHDMRSIndices(ncellid);
% 创建一个包含生成的 DM-RS 符号的资源网格
nTxAnts = 1;
txGrid = complex(zeros([240 14 nTxAnts]));
txGrid(dmrsInd) = dmrsSym;
```

```
% 使用指定的 FFT 长度和循环前缀长度调制资源网格
nFFT = 512;
cpLengths = ones(1,14) * 36;
cpLengths([1 8]) = 40;
nulls = [1:136 377:512].';
txWaveform = ofdmmod(txGrid,nFFT,cpLengths,nulls);
% 使用指定的属性创建一个 TDL-C 信道模型
SR = 7.68e6;
channel = nrTDLChannel;
channel.NumReceiveAntennas = 1;
channel.SampleRate = SR;
channel.DelayProfile = 'TDL-C';
channel.DelaySpread = 100e-9;
channel.MaximumDopplerShift = 20;
% 利用信道滤波器的最大时延和实现时延,从信道路径中获得最大延迟采样数
chInfo = info(channel);
maxChDelay = ceil(max(chInfo.PathDelays * SR)) + chInfo.ChannelFilterDelay;
% 为了从信道中清除延迟采样,在发射波形的末端附加最大延迟采样数和发射天线数对应的 0.通过
% TDL-C 信道模型发送填充波形
[rxWaveform,pathGains] = channel([txWaveform; zeros(maxChDelay,nTxAnts)]);
% 使用 DM-RS 符号作为参考符号估计传输的定时偏移量.参考符号的 OFDM 调制以 15kHz 子载波间
% 距跨越 20 个资源块,并使用初始槽号 0.
nrb = 20;
scs = 15;
initialSlot = 0;
offset = nrTimingEstimate(rxWaveform,nrb,scs,initialSlot,dmrsInd,dmrsSym);
% 根据估计的定时偏移同步接收的波形
rxWaveform = rxWaveform(1 + offset:end, :);
% 创建包含解调和同步接收波形的接收资源网格
rxLength = sum(cpLengths) + nFFT * numel(cpLengths);
cpFraction = 0.55;
symOffsets = fix(cpLengths * cpFraction);
rxGrid = ofdmdemod(rxWaveform(1:rxLength, :),nFFT,cpLengths,symOffsets,nulls);
% 获得实际的信道估计
H = nrChannelEstimate(rxGrid,dmrsInd,dmrsSym);
% 获得完美的信道估计
pathFilters = getPathFilters(channel);
H_ideal = nrPerfectChannelEstimate(pathGains,pathFilters,nrb,scs,initialSlot,offset);
% 比较实际和完美的信道估计
```

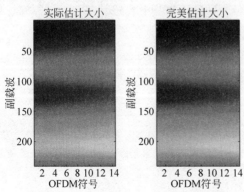

图 9-9　实际估计与完美估计大小效果图

```
figure;
subplot(1,2,1);
imagesc(abs(H));
xlabel('OFDM 符号');
ylabel('副载波');
title('实际估计大小');
subplot(1,2,2);
imagesc(abs(H_ideal));
xlabel('OFDM 符号');
ylabel('副载波');
title('完美估计大小');
```

运行程序,效果如图 9-9 所示。

4. nrTimingEstimate 函数

在 5G 通信系统工具箱中,提供了 nr-

TimingEstimate 函数实现实际时间估计。函数的语法格式如下。

[offset,mag]＝nrTimingEstimate(waveform,nrb,scs,initialSlot,refInd,refSym)：通过将输入波形与参考波形互相关联来进行实际的定时估计。该函数采用正交频分复用(OFDM)技术，在 refInd 位置调制包含参考符号 refSym 的参考资源网格，得到参考波形。OFDM 调制在子载波间距 scs 和初始槽号 initialSlot 处跨越 nrb 个资源块。该函数返回输入波形中每个接收天线的估计定时偏移量 offset 和估计的脉冲响应幅度 mag。

[offset,mag]＝nrTimingEstimate(waveform,nrb,scs,initialSlot,refGrid)：同时指定一个预定义的参考资源网格 refGrid。

[offset,mag]＝nrTimingEstimate(___,'CyclicPrefix',cpl)：还指定 OFDM 调制的循环前缀长度 cpl。

【例 9-23】 利用 nrTimingEstimate 函数估计 TDL-C 信道传输的定时偏移量。

```
% 为物理层单元识别号 42 生成主同步信号(PSS)符号
>> ncellid = 42;
pssSym = nrPSS(ncellid);
% 获取 PSS 的资源元素索引
pssInd = nrPSSIndices();
% 创建一个包含生成的 PSS 符号的资源网格
txGrid = zeros([240 4]);
txGrid(pssInd) = pssSym;
% OFDM 调制资源网格
txWaveform = ofdmmod(txGrid,512,[40 36 36 36],[1:136 377:512].');
% 使用 7.68MHz 的采样率,通过 TDL－C 信道模型发送波形
SR = 7.68e6;
channel = nrTDLChannel;
channel.SampleRate = SR;
channel.DelayProfile = 'TDL－C';
rxWaveform = channel(txWaveform);
% 使用 PSS 符号作为参考符号来估计传输的定时偏移量,参考符号的 OFDM 调制以 15kHz 子载波间距
% 跨越 20 个资源块,并使用初始槽号 0
nrb = 20;
scs = 15;
initialSlot = 0;
offset = nrTimingEstimate(rxWaveform,nrb,scs,initialSlot,pssInd,pssSym)
offset =
        7
```

5. nrEqualizeMMSE 函数

在 5G 通信系统工具箱中，提供了 nrEqualizeMMSE 函数实现最小均方误差(MMSE)均衡。函数的语法格式如下：

[eqSym,csi] = nrEqualizeMMSE(rxSym,hest,nVar)：对提取的物理信道 rxSym 的资源元素应用 MMSE 均衡，并返回 eqSym 中的均衡符号。均衡过程使用估计的信道信息 hest 和接收到的噪声方差 nVar 的估计。该函数还返回软信道状态信息 csi。

【例 9-24】 对物理广播信道(PBCH)的提取资源元素执行 MMSE 均衡。

```
>> % 为 PBCH 传输创建符号和索引
>> ncellid = 146;
v = 0;
```

```
E = 864;
cw = randi([0 1],E,1);
pbchTxSym = nrPBCH(cw,ncellid,v);
pbchInd = nrPBCHIndices(ncellid);
% 为一个发射天线生成一个空的资源阵列,并使用生成的 PBCH 索引用 PBCH 符号填充阵列
P = 1;
txGrid = zeros([240 4 P]);
txGrid(pbchInd) = pbchTxSym;
% 执行 OFDM 调制
txWaveform = ofdmmod(txGrid,256,[22 18 18 18],[1:8 249:256].');
% 创建信道矩阵并将信道应用于传输波形
R = 4;
H = dftmtx(max([P R]));
H = H(1:P,1:R);
H = H / norm(H);
rxWaveform = txWaveform * H;
% 创建信道估计
hEstGrid = repmat(permute(H.',[3 4 1 2]),[240 4]);
nEst = 0.1;
% 执行 OFDM 解调
rxGrid = ofdmdemod(rxWaveform,256,[22 18 18 18],0,[1:8 249:256].');
% 为了准备 PBCH 解码,使用 nrExtractResources 从接收和信道估计网格中提取符号,绘制接收到的
% PBCH 星座图
[pbchRxSym,pbchHestSym] = nrExtractResources(pbchInd,rxGrid,hEstGrid);
figure;
plot(pbchRxSym,'o:');      % 效果如图 9-10 所示
title('收到的 PBCH 星座');
>> % 使用提取的资源元素对 PBCH 进行解码,绘制均衡的 PBCH 星座图
[pbchEqSym,csi] = nrEqualizeMMSE(pbchRxSym,pbchHestSym,nEst);
pbchBits = nrPBCHDecode(pbchEqSym,ncellid,v);
figure;
plot(pbchEqSym,'o:');      % 效果如图 9-11 所示
title('均衡的 PBCH 星座');
```

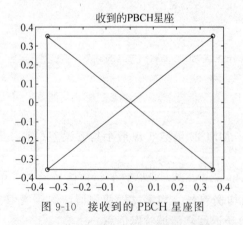 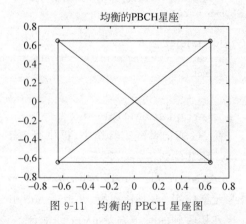

图 9-10　接收到的 PBCH 星座图　　　　图 9-11　均衡的 PBCH 星座图

6. nrExtractResources 函数

在 5G 通信系统工具箱中,提供了 nrExtractResources 函数从资源数组中提取资源元素。函数的语法格式如下。

re＝nrExtractResources(ind,grid):使用资源元素索引 ind 从资源数组网格返回资源

元素。即使 grid 的维度与索引 ind 的维度不同,该函数也可以提取资源元素。在此语法中,指定的索引是基于线性索引形式的。

通常,信道或信号特定函数生成资源元素索引以将信道或信号符号映射到资源网格。索引寻址为 $M×N×P$ 数组中的资源元素。M 为子载波数,N 为 OFDM 符号数,P 为天线端口数。

[re,reind]=nrExtractResources(ind,grid):同时返回 reind,它是资源数组网格中提取的资源元素 re 的索引。数组 reind 与提取的资源元素 re 的大小相同。

[re1,…,reN,reind1,…,reindN] = nrExtractResources(ind,grid1,grid2,…,gridN):使用资源元素索引 ind 从多个资源数组中提取资源元素。

[___]=nrExtractResources(___,Name,Value):还可以指定可选的名称(Name)-值(Value)对参数。使用这些名称-值对组参数指定输入索引的格式和提取方法。未指定的参数采用默认值。

【例 9-25】 提取用于解码的 PBCH 符号和信道估计。

从接收到的网格和关联的信道估计中提取物理广播信道(PBCH)符号,以准备解码波束成形的 PBCH。其实现步骤如下。

(1) PBCH 编码和波束成形。

创建对应 BCH 码字的随机二进制值序列。使用码字为 PBCH 传输创建符号和索引,码字的长度为 864,并指定物理层小区标识号。

```
>> E = 864;
cw = randi([0 1],E,1);
ncellid = 17;
v = 0;
pbchTxSym = nrPBCH(cw,ncellid,v);
pbchInd = nrPBCHIndices(ncellid);
% 使用 nrExtractResources 为波束成形 PBCH 的两个发射天线创建索引,使用这些索引将波束成形的
% PBCH 映射到发射机资源阵列中
P = 2;
txGrid = zeros([240 4 P]);
F = [1 1i];
[~,bfInd] = nrExtractResources(pbchInd,txGrid);
txGrid(bfInd) = pbchTxSym * F;
% OFDM 调制映射到发射机资源阵列中的 PBCH 符号
txWaveform = ofdmmod(txGrid,256,[22 18 18 18],[1:8 249:256].');
```

(2) PBCH 传输和解码。

创建信道矩阵并将其应用于波形。

```
>> R = 3;
H = dftmtx(max([P R]));
H = H(1:P,1:R);
H = H/norm(H);
rxWaveform = txWaveform * H;
% 创建包括波束成形在内的信道估计
hEstGrid = repmat(permute(H.' * F.',[3 4 1 2]),[240 4]);
nEst = 0;
% 使用正交频分复用(OFDM)解调接收到的波形
```

```
rxGrid = ofdmdemod(rxWaveform,256,[22 18 18 18],0,[1:8 249:256].');
 % 在准备 PBCH 解码时,从接收网格和信道估计网格中提取符号
[pbchRxSym,pbchHestSym] = nrExtractResources(pbchInd,rxGrid,hEstGrid);
figure;
plot(pbchRxSym,'o:');        % 效果如图 9-12 所示
title('收到的 PBCH 星座');
```

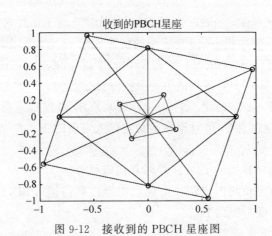

图 9-12　接收到的 PBCH 星座图

9.4.2　用于 5G 信道估计的深度学习数据合成

本小节实例展示了如何使用深度学习工具箱和 5G 通信系统工具箱生成数据训练卷积神经网络(CNN)以进行信道估计。使用经过训练的 CNN,我们可以利用物理下行链路共享信道(PDSCH)解调参考信号(DM-RS)在单输入单输出(SISO)模式下执行信道估计。

【例 9-26】　利用 5G 信道实现信道估计。

(1) 信道估计的方法。

信道估计的一般方法是将已知的参考导频符号插入传输中,然后使用这些导频符号内插剩余的信道响应,其流程如图 9-13 所示。

图 9-13　信道估计流程图

我们还可以使用深度学习技术来执行信道估计。例如,通过将 PDSCH 资源网格视为二维图像,即可以将信道估计问题转化为图像处理问题,类似于去噪或超分辨率,其中 CNN 是有效的。

使用 5G 工具箱,我们可以自定义和生成符合标准的波形和信道模型以用作训练数据。

使用深度学习工具箱,可以使用此训练数据来训练信道估计 CNN。本节实例展示了如何生成此类训练数据以及如何训练信道估计 CNN。该实例还展示了如何使用信道估计 CNN 来处理包含线性内插接收导频符号的图像。实例最后将神经网络信道估计器的结果与实际和完美的估计器进行比较。其整体流程如图 9-14 所示。

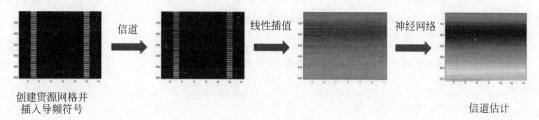

创建资源网格并　　　　　　　　　　　　　　　　　　　信道估计
插入导频符号

图 9-14　整体流程图

（2）神经网络训练。

神经网络训练包括以下步骤。

- 数据生成。
- 将生成的数据拆分为训练集和验证集。
- 定义 CNN 架构。
- 指定训练选项、优化器和学习率。
- 训练网络。

由于信号量大,训练可能需要几分钟时间。默认情况下,禁用训练,使用预训练模型。我们可以通过将 trainModel 设置为 true 来启用训练。

```
>> trainModel = false;
```

如果可用,则在 GPU 上进行训练。这需并行计算工具箱和支持 CUDA 的 NVIDIA GPU,具有 3.0 或更高的计算能力。可以通过在调用 trainNetwork 函数时设置训练选项来修改它。

为数据设置生成 256 个训练示例或训练数据集。这个数据量足以在合理的时间内在 CPU 上训练功能性信道估计网络。为了进行比较,预训练模型基于 16384 个训练实例。

CNN 模型的训练数据具有固定的尺寸维度,网络只能接受 $612 \times 14 \times 1$ 的网格,即 612 个子载波、14 个 OFDM 符号和 1 个天线。因此,该模型只能在固定带宽分配、循环前缀长度和单个接收天线上运行。

CNN 将资源网格视为二维图像,因此网格的每个元素都必须是实数。在信道估计场景中,资源网格具有复杂的数据。因此,这些网格的实部和虚部分别输入 CNN。在此实例中,训练数据从 612×14 复矩阵转换为实数值 $612 \times 14 \times 2$ 矩阵,其中第三维表示实部和虚部。由于在进行预测时必须将实部和虚部网格分别输入神经网络中,因此该实例将训练数据转换为 $612 \times 14 \times 1 \times 2N$ 形式的 4D 数组,其中 N 是训练样本的数量。

为确保 CNN 不会过度拟合训练数据,将训练数据拆分为验证集和训练集。验证数据用于定期监控经过训练的神经网络的性能,当验证损失停止改善时停止训练。在这种情况下,由于数据集较小,验证数据大小与单个小批量的大小相同。

返回的信道估计 CNN 基于不同的延迟扩展、多普勒频移和 0～10dB 的 SNR 范围在各种信道配置上进行训练。

```
>> % 设置可重复性的随机种子(如果使用 GPU,这没有影响)
rng(42)
if trainModel
    % 生成训练数据
    [trainData,trainLabels] = hGenerateTrainingData(256);
    % 设置每个小批量的实例数
    batchSize = 32;
    % 将实部和虚部网格拆分为 2 个图像集,然后连接
    trainData = cat(4,trainData(:,:,1,:),trainData(:,:,2,:));
    trainLabels = cat(4,trainLabels(:,:,1,:),trainLabels(:,:,2,:));
    % 拆分为训练集和验证集
    valData = trainData(:,:,:,1:batchSize);
    valLabels = trainLabels(:,:,:,1:batchSize);
    trainData = trainData(:,:,:,batchSize + 1:end);
    trainLabels = trainLabels(:,:,:,batchSize + 1:end);
    % 每个 epoch 验证大约 5 次
    valFrequency = round(size(trainData,4)/batchSize/5);
    % 定义 CNN 结构
    layers = [ ...
        imageInputLayer([612 14 1],'Normalization','none')
        convolution2dLayer(9,64,'Padding',4)
        reluLayer
        convolution2dLayer(5,64,'Padding',2,'NumChannels',64)
        reluLayer
        convolution2dLayer(5,64,'Padding',2,'NumChannels',64)
        reluLayer
        convolution2dLayer(5,32,'Padding',2,'NumChannels',64)
        reluLayer
        convolution2dLayer(5,1,'Padding',2,'NumChannels',32)
        regressionLayer
    ];
    % 设置训练数据
    options = trainingOptions('adam', ...
        'InitialLearnRate',3e - 4, ...
        'MaxEpochs',5, ...
        'Shuffle','every - epoch', ...
        'Verbose',false, ...
        'Plots','training - progress', ...
        'MiniBatchSize',batchSize, ...
        'ValidationData',{valData, valLabels}, ...
        'ValidationFrequency',valFrequency, ...
        'ValidationPatience',5);
    % 训练网络. 保存的结构 trainingInfo 包含训练进度供以后检查,这种结构对于比较不同优化
    % 方法的最佳收敛速度很有用
    [channelEstimationCNN,trainingInfo] = trainNetwork(trainData, ...
        trainLabels,layers,options);
else
    % 如果 trainModel 设置为 false,则加载预训练网络
    load('trainedChannelEstimationNetwork.mat')
end
```

检查模型的组成和各个层。该模型有 5 个卷积层,输入层需要大小为 612×14 的矩阵,

其中 612 是子载波的数量,14 是 OFDM 符号的数量。每个元素都是一个实数,因为复网格的实部和虚部是分开输入的。

```
>> channelEstimationCNN.Layers
ans =
    具有以下层的 11x1 Layer 数组:
    1    'imageinput'         图像输入        612x14x1 图像
    2    'conv_1'             卷积            64 9x9x1 卷积: 步幅 [1  1], 填充 [4  4  4  4]
    3    'relu_1'             ReLU           ReLU
    4    'conv_2'             卷积            64 5x5x64 卷积: 步幅 [1  1], 填充 [2  2  2  2]
    5    'relu_2'             ReLU           ReLU
    6    'conv_3'             卷积            64 5x5x64 卷积: 步幅 [1  1], 填充 [2  2  2  2]
    7    'relu_3'             ReLU           ReLU
    8    'conv_4'             卷积            32 5x5x64 卷积: 步幅 [1  1], 填充 [2  2  2  2]
    9    'relu_4'             ReLU           ReLU
    10   'conv_5'             卷积            1 5x5x32 卷积: 步幅 [1  1], 填充 [2  2  2  2]
    11   'regressionoutput'   回归输出        mean - squared - error: 响应 'Response'
```

(3) 创建用于仿真的信道模型。

以 dB 为单位设置模拟噪声级别。

```
>> SNRdB = 10;
```

加载预定义的仿真参数,包括 PDSCH 参数和 DM-RS 配置。返回的结构 gnb 是有效的 gNodeB 配置结构,而 pdsch 是为 SISO 传输设置的 PDSCH 配置结构。

```
>> [gnb,pdsch] = hDeepLearningChanEstSimParameters();
```

创建 TDL 信道模型并设置信道参数。要比较估计器的不同信道响应,可以稍后更改这些参数。

```
>> channel = nrTDLChannel;
channel.Seed = 0;
channel.DelayProfile = 'TDL - A';
channel.DelaySpread = 3e - 7;
channel.MaximumDopplerShift = 50;
% 本实例仅支持 SIS 配置
channel.NumTransmitAntennas = 1;
channel.NumReceiveAntennas = 1;
waveformInfo = hOFDMInfo(gnb);
channel.SampleRate = waveformInfo.SamplingRate;
```

获取信道多径分量的最大延迟采样数。这个数字是根据最大延迟的信道路径和信道滤波器的实现延迟计算得出的。获取接收信号时需要这个数字来刷新信道过滤器。

```
>> chInfo = info(channel);
maxChDelay = ceil(max(chInfo.PathDelays * channel.SampleRate)) + chInfo.ChannelFilterDelay;
```

(4) 模拟 PDSCH 传输。

通过执行以下步骤模拟 PDSCH 传输。

• 生成 PDSCH 资源网格。

• 插入 DM-RS 符号。

- 执行 OFDM 调制。
- 通过信道模型发送调制波形。
- 添加高斯白噪声。
- 执行完美的时序同步。
- 执行 OFDM 解调。

```
>> % 生成 DM - RS 索引和符号
[~,dmrsIndices,dmrsSymbols,pdschIndicesInfo] = hPDSCHResources(gnb,pdsch);
% 创建 PDSCH 网格
pdschGrid = zeros(waveformInfo.NSubcarriers,waveformInfo.SymbolsPerSlot,1);
% 将 PDSCH DM - RS 符号映射到网格
pdschGrid(dmrsIndices) = pdschGrid(dmrsIndices) + dmrsSymbols;
% OFDM 调制相关资源元素
txWaveform = hOFDMModulate(gnb,pdschGrid);
```

要刷新信道内容,请在传输波形的末尾附加 0。这些 0 考虑了信道中引入的任何延迟,如多径和实现延迟。0 的数量取决于采样率、延迟分布和延迟扩展。

```
>> txWaveform = [txWaveform; zeros(maxChDelay,size(txWaveform,2))];
% 通过 TDL 信道模型发送数据
>> [rxWaveform,pathGains,sampleTimes] = channel(txWaveform);
```

将加性高斯白噪声(AWGN)添加到接收到的时域波形中。要考虑采样率,请对噪声功率进行归一化。SNR 是针对每个接收天线的每个资源元素(RE)定义的(3GPP TS 38.101-4)。

```
>> SNR = 10^(SNRdB/20);        % 计算线性噪声增益
N0 = 1/(sqrt(2.0 * gnb.NRxAnts * double(waveformInfo.Nfft)) * SNR);
noise = N0 * complex(randn(size(rxWaveform)),randn(size(rxWaveform)));
rxWaveform = rxWaveform + noise;
```

执行完美同步。要找到最强的多径分量,请使用信道提供的信息。

```
>> % 获取路径过滤器以实现完美的信道估计
pathFilters = getPathFilters(channel);
[offset,~] = nrPerfectTimingEstimate(pathGains,pathFilters);
rxWaveform = rxWaveform(1 + offset:end, :);
% OFDM 解调接收到的数据以重新创建资源网格
>> rxGrid = hOFDMDemodulate(gnb,rxWaveform);
% 如果解调了不完整的时隙,则用零填充网格
[K,L,R] = size(rxGrid);
if (L < waveformInfo.SymbolsPerSlot)
    rxGrid = cat(2,rxGrid,zeros(K,waveformInfo.SymbolsPerSlot - L,R));
end
```

(5) 比较和可视化各种信道估计。

我们可以执行和比较同一信道模型的完美、实用和神经网络估计的结果。要执行完美的信道估计,利用 nrPerfectChannelEstimate 函数使用信道提供的路径增益值。

```
>> estChannelGridPerfect = nrPerfectChannelEstimate(pathGains, ...
    pathFilters,gnb.NRB,gnb.SubcarrierSpacing, ...
    0,offset,sampleTimes,gnb.CyclicPrefix);
% 要执行实际的信道估计,可使用 nrChannelEstimate 函数
```

```
>> [estChannelGrid,~] = nrChannelEstimate(rxGrid,dmrsIndices, ...
    dmrsSymbols,'CyclicPrefix',gnb.CyclicPrefix, ...
    'CDMLengths',pdschIndicesInfo.CDMLengths);
```

要使用神经网络进行信道估计,必须对接收到的网格进行插值。然后将插值图像分成实部和虚部,并将这些图像作为单个批次一起输入神经网络。使用 predict 函数对实部和虚部的图像进行预测。最后,将结果连接并转换回复杂数据。

```
>> % 使用导频符号位置插入接收到的资源网格
interpChannelGrid = hPreprocessInput(rxGrid,dmrsIndices,dmrsSymbols);
% 沿着批次维度连接实部和虚部网格
nnInput = cat(4,real(interpChannelGrid),imag(interpChannelGrid));
% 使用神经网络估计信道
estChannelGridNN = predict(channelEstimationCNN,nnInput);
% 将结果转换为复数
estChannelGridNN = complex(estChannelGridNN(:,:,:,1),estChannelGridNN(:,:,:,2));
% 计算每种估计方法的均方误差(MSE).
>> neural_mse = mean(abs(estChannelGridPerfect(:) - estChannelGridNN(:)).^2);
interp_mse = mean(abs(estChannelGridPerfect(:) - interpChannelGrid(:)).^2);
practical_mse = mean(abs(estChannelGridPerfect(:) - estChannelGrid(:)).^2);
% 绘制单个信道估计和从信道滤波器抽头获得的实际信道实现.实际估计器和神经网络估计器都优
% 于线性插值
>> plotChEstimates(interpChannelGrid,estChannelGrid,estChannelGridNN, ...
estChannelGridPerfect,interp_mse,practical_mse,neural_mse);
```

运行程序,效果如图 9-15 所示。

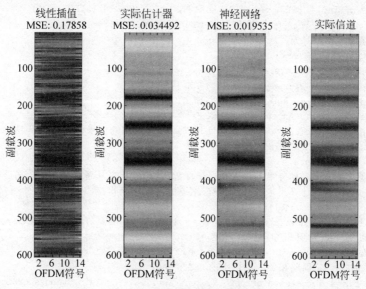

图 9-15   三个信道实现效果图

在以上代码中,调用了三个自定义编写的函数,下面是它们的源代码。

① hPreprocessInput 函数。

该函数执行将网格进行线性插值并将结果输入神经网络,源代码如下。

```
function hest = hPreprocessInput(rxGrid,dmrsIndices,dmrsSymbols)
```

% 这个辅助函数从接收到的网格 rxGrid 中的 dmrsIndices 位置提取 DM - RS 符号,并对提取的导频执
% 行线性插值

```matlab
    % 获得导频符号估计
    dmrsRx = rxGrid(dmrsIndices);
    dmrsEsts = dmrsRx .* conj(dmrsSymbols);
    % 创建空网格以在线性插值后填充
    [rxDMRSGrid, hest] = deal(zeros(size(rxGrid)));
    rxDMRSGrid(dmrsIndices) = dmrsSymbols;
    % 查找给定 DMRS 配置的行和列坐标
    [rows,cols] = find(rxDMRSGrid ~ = 0);
    dmrsSubs = [rows,cols,ones(size(cols))];
    [l_hest,k_hest] = meshgrid(1:size(hest,2),1:size(hest,1));
    % 执行线性插值
    f = scatteredInterpolant(dmrsSubs(:,2),dmrsSubs(:,1),dmrsEsts);
    hest = f(l_hest,k_hest);
end
```

② hGenerateTrainingData 函数。

该函数生成用于信道估计的训练数据,运行 dataSize 迭代次数以创建随机信道配置,并通过插入 DM-RS 符号的 OFDM 调制固定 PDSCH 网格。源代码如下:

```matlab
function [trainData,trainLabels] = hGenerateTrainingData(dataSize)
    % 执行完美的定时同步和 OFDM 解调,在每次迭代时提取导频符号并执行线性插值
    % 使用完美的信道信息来创建标签数据.该函数返回 2 个数组:训练数据和标签
    fprintf('Starting data generation...\n')
    % 可能的频道配置文件列表
    delayProfiles = {'TDL - A', 'TDL - B', 'TDL - C', 'TDL - D', 'TDL - E'};
    [gnb, pdsch] = hDeepLearningChanEstSimParameters();
    % 创建信道模型对象
    nTxAnts = gnb.NTxAnts;
    nRxAnts = gnb.NRxAnts;
    channel = nrTDLChannel;              % TDL 信道对象
    channel.NumTransmitAntennas = nTxAnts;
    channel.NumReceiveAntennas = nRxAnts;
    % 使用从 < matlab:edit('hOFDMInfo') hOFDMInfo >返回的值来设置信道模型采样率
    waveformInfo = hOFDMInfo(gnb);
    channel.SampleRate = waveformInfo.SamplingRate;
    % 得到一个信道多径分量的最大延迟采样数,这个数字是从延迟最大的信道路径和信道滤波
    % 器的实现延迟计算出来的,需要冲洗信道滤波器以获得接收信号
    chInfo = info(channel);
    maxChDelay = ceil(max(chInfo.PathDelays * channel.SampleRate)) + chInfo.ChannelFilterDelay;
    % 返回 DM - RS 索引和符号
    [~,dmrsIndices,dmrsSymbols,~] = hPDSCHResources(gnb,pdsch);
    % 与 PDSCH 传输周期相关的网格中的 PDSCH 映射
    pdschGrid = zeros(waveformInfo.NSubcarriers,waveformInfo.SymbolsPerSlot,nTxAnts);
    % PDSCH DM - RS 预编码和映射
    [~,dmrsAntIndices] = nrExtractResources(dmrsIndices,pdschGrid);
    pdschGrid(dmrsAntIndices) = pdschGrid(dmrsAntIndices) + dmrsSymbols;
    % 相关资源元素的 OFDM 调制
    txWaveform_original = hOFDMModulate(gnb,pdschGrid);
    % 获取用于神经网络预处理的线性插值器坐标
    [rows,cols] = find(pdschGrid ~ = 0);
    dmrsSubs = [rows, cols, ones(size(cols))];
```

```
hest = zeros(size(pdschGrid));
[l_hest,k_hest] = meshgrid(1:size(hest,2),1:size(hest,1));
% 为训练数据和标签预分配内存
numExamples = dataSize;
[trainData, trainLabels] = deal(zeros([612 14 2 numExamples]));
% 数据生成的主循环,迭代函数调用中指定的实例数量
% 循环的每次迭代都会产生一个具有随机延迟扩展、多普勒频移和延迟分布的新信道实现,带
% 有 DM-RS 符号的传输波形的每个扰动都存储在 trainData 中,并且在 trainLabels 中实现了
% 完美的信道
for i = 1:numExamples
    % 释放信道以更改不可调属性
    channel.release
    % 选择一个随机种子来创建不同的信道
    channel.Seed = randi([1001 2000]);
    % 选择随机延迟分布、延迟扩展和最大多普勒频移
    channel.DelayProfile = string(delayProfiles(randi([1 numel(delayProfiles)])));
    channel.DelaySpread = randi([1 300]) * 1e-9;
    channel.MaximumDopplerShift = randi([5 400]);
    % 通过信道模型发送数据,在传输的波形末尾添加零以刷新信道内容,这些零考虑了信道
    % 中引入的任何延迟,如多径延迟和实现延迟。此值取决于采样率、延迟配置文件和延迟
    % 扩展
    txWaveform = [txWaveform_original; zeros(maxChDelay, size(txWaveform_original,2))];
    [rxWaveform,pathGains,sampleTimes] = channel(txWaveform);
    % 将加性高斯白噪声(AWGN)添加到接收到的时域波形中
    % 要考虑采样率,请对噪声功率进行归一化
    % SNR 是针对每个接收天线按 RE 定义的(3GPP TS 38.101-4)
    SNRdB = randi([0 10]);                      % 0~10dB 的随机 SNR 值
    SNR = 10^(SNRdB/20);                        % 计算线性噪声增益
    N0 = 1/(sqrt(2.0 * nRxAnts * double(waveformInfo.Nfft)) * SNR);
    noise = N0 * complex(randn(size(rxWaveform)),randn(size(rxWaveform)));
    rxWaveform = rxWaveform + noise;
    % 完美同步。使用信道提供的信息找到最强的多径分量
    pathFilters = getPathFilters(channel);      % 获取路径过滤器以实现完美的信道估计
    [offset,~] = nrPerfectTimingEstimate(pathGains,pathFilters);
    rxWaveform = rxWaveform(1 + offset:end, :);
    % 对接收到的数据执行 OFDM 解调以重新创建资源网格,包括填充以防实
    % 际同步导致解调不完整时隙
    rxGrid = hOFDMDemodulate(gnb, rxWaveform);
    [K, L, R] = size(rxGrid);
    if (L < waveformInfo.SymbolsPerSlot)
        rxGrid = cat(2,rxGrid,zeros(K,waveformInfo.SymbolsPerSlot-L,R));
    end
    % 使用信道提供的路径增益值实现完美的信道估计,该信道估计不包括发射机预编码的
    % 影响
    estChannelGridPerfect = nrPerfectChannelEstimate(pathGains, ...
        pathFilters,gnb.NRB,gnb.SubcarrierSpacing,0,offset, ...
        sampleTimes,gnb.CyclicPrefix);
    % 线性插值
    dmrsRx = rxGrid(dmrsIndices);
    dmrsEsts = dmrsRx .* conj(dmrsSymbols);
    f = scatteredInterpolant(dmrsSubs(:,2),dmrsSubs(:,1),dmrsEsts);
    hest = f(l_hest,k_hest);
    % 将内插网格拆分为实部和虚部,并沿第三维将它们连接起来,以用于真实信道响应
    rx_grid = cat(3, real(hest), imag(hest));
```

```
            est_grid = cat(3, real(estChannelGridPerfect), ...
                imag(estChannelGridPerfect));
            % 将生成的训练实例和标签添加到相应的数组
            trainData(:,:,:,i) = rx_grid;
            trainLabels(:,:,:,i) = est_grid;
            % 数据生成跟踪器
            if mod(i,round(numExamples/25)) == 0
                fprintf('%3.2f%% complete\n',i/numExamples * 100);
            end
        end
        fprintf('Data generation complete!\n')
end
```

③ plotChEstimates 函数。

该函数用于绘制不同的信道估计并显示测量的 MSE。函数的源代码如下：

```
function plotChEstimates(interpChannelGrid,estChannelGrid,estChannelGridNN, ...
estChannelGridPerfect,interp_mse,practical_mse,neural_mse)
    figure
    subplot(1,4,1)
    imagesc(abs(interpChannelGrid));
    xlabel('OFDM Symbol');
    ylabel('Subcarrier');
    title({'Linear Interpolation', ['MSE: ', num2str(interp_mse)]});
    subplot(1,4,2)
    imagesc(abs(estChannelGrid));
    xlabel('OFDM Symbol');
    ylabel('Subcarrier');
    title({'Practical Estimator', ['MSE: ', num2str(practical_mse)]});
    subplot(1,4,3)
    imagesc(abs(estChannelGridNN));
    xlabel('OFDM Symbol');
    ylabel('Subcarrier');
    title({'Neural Network', ['MSE: ', num2str(neural_mse)]});
    subplot(1,4,4)
    imagesc(abs(estChannelGridPerfect));
    xlabel('OFDM Symbol');
    ylabel('Subcarrier');
    title({'Actual Channel'});
end
```

参 考 文 献

［1］ MATLAB 技术联盟,石良臣. MATLAB/Simulink 系统仿真超级学习手册[M].北京：人民邮电出版社,2014.

［2］ MAHAFZA B R,ELSHERBENI A Z.雷达系统设计 MATLAB 仿真[M].朱国富,黄晓涛,黎向阳,等译. 北京：电子工业出版社,2016.

［3］ PROAKIS J G,SALEHI M,BAUCH G. 现代通信系统(MATLAB 版)[M].刘树棠,任品毅,译. 3 版.北京：电子工业出版社,2017.

［4］ 臧国珍,黄葆华,郭明喜. 基于 MATLAB 的通信系统高级仿真[M].西安：西安电子科技大学山版社,2019.

［5］ 陈泽,占海明. 详解 MATLAB 在科学计算中的应用[M].北京：电子工业出版社,2011.

［6］ 陈爱军. 深入浅出通信原理[M].北京：清华大学出版社,2020.

［7］ 天工在线. MATLAB 2020 从入门到精通[M].北京：中国水利水电出版社,2020.

［8］ 骆忠强,李成杰. 无线通信智能处理及干扰消除技术[M]. 北京：科学出版社,2020.

［9］ ROBERTS M J. 信号与系统：使用变换方法和 MATLAB 分析[M].3 版. 北京：世界图书出版公司,2020.

图书资源支持

感谢您一直以来对清华大学出版社图书的支持和爱护。为了配合本书的使用，本书提供配套的资源，有需求的读者请扫描下方的"书圈"微信公众号二维码，在图书专区下载，也可以拨打电话或发送电子邮件咨询。

如果您在使用本书的过程中遇到了什么问题，或者有相关图书出版计划，也请您发邮件告诉我们，以便我们更好地为您服务。

我们的联系方式：

教学资源·教学样书·新书信息

地　　址：北京市海淀区双清路学研大厦 A 座 714

邮　　编：100084

电　　话：010-83470236　010-83470237

资源下载：http://www.tup.com.cn

客服邮箱：tupjsj@vip.163.com

QQ：2301891038（请写明您的单位和姓名）

用微信扫一扫右边的二维码，即可关注清华大学出版社公众号。

人工智能科学与技术
人工智能|电子通信|自动控制

资料下载·样书申请

书圈